量子力学の冒険

新装改訂版

トランスナショナル　カレッジ　オブ　レックス編

ヒッポファミリークラブ

『量子力学の冒険』に寄せて

ヒッポのカレッジ、トラカレの学生たちと初めて会ったのは1990年3月のことである。

その一月ほど前に、日本から突然電話がかかってきて私と会いたいという。聞けば多言語を同時習得しようという活動を家族ぐるみで行っている団体とのことで、言語のことについては私の専門外であったが、それでも構わないというので、一度会ってみることにしたのである。

シカゴ大学にやってきた若者3人は席に着くなり、自分たちのやっていることについて話し出した。多言語の活動のことについての話はあまりピンとこなかったが、研究活動の方に話題が移るにつれ、次第に私は彼らのやっている自然科学的な視点を持った言語へのアプローチが面白いと思うようになっていった。その中でも特に興味を持ったのが「日本語5母音の秩序」についての話であった。無差別に選んだ日本人数十名の5母音（ア、エ、イ、オ、ウ）を採取し、フーリエ解析をしてそれぞれの母音の特徴をあるグラフに乗せてみる。一人ひとりの分布は全く秩序立っていない。ところが、それを平均してみると実にきれいな対称性を持った分布が表れてくるというのである。（『フーリエの冒険』にその研究成果が掲載されている）

熱意をもって語るその若者たちの姿にも少なからず興味を覚え、それ以来、ヒッポとお付き合いをさせてもらっている。ヒッポの代表理事である榊原さんも1990年代にはアメリカに来た際にはしばしばシカゴにも立ち寄ってくれて、その時にはいつも家内も一緒に楽しい時間を過ごした。

1993年ころ、日本で好評を博した『フーリエの冒険』と『量子力学の冒険』を英訳してアメリカでも販売する計画があるという話を伺った。ちょうど翻訳者を探している最中とのことで、『量子力学の冒険』は私の息子の潤一にやってもらうのはどうか、という話になった。息子は建築の設計を専門としており、物理学は全くの専門外だが、以前から私は自分の仕事のことをもう少し息子にも知ってほしいと思っていたので、よい機会ととらえ、お引き受けすることにした。また『フーリエの冒険』、『量子力学の冒険』の他のどの解説書にもない最大の魅力となっているのは、「素人」が自分たちの分かった過程を書いているところである。そういう意味でも物理学については全くの素人である息子が翻訳を手掛けることは面白いと思ったのである。専門的な記述については私が監修をするということで話がまとまり、こうして『量子力学の冒険』の英訳版が完成した。

アメリカでも多くの人にこの本が受け入れられていることは大変うれしいことである。物理学の本質的な面白さに触れることで、今後、より一層物理学に興味を持つ人が増えることを願っている。

2008年11月12日
シカゴ大学名誉教授
南部　陽一郎

『新装改訂版量子力学の冒険』 出版に向けて

「素人が書いた数学の本」ということで話題になり、10万部を超えるロングセラーとなっている『フーリエの冒険』（1988年・2013年新装改訂版）に続き、1991年に発刊された『量子力学の冒険』が装い新たに改訂版が発刊される。『フーリエの冒険』同様、多言語の同時習得活動を展開するヒッポファミリークラブの研究部門トランスナショナルカレッジ オブ レックス（通称：トラカレ）の学生たちの著で、『量子力学の冒険』も91年の発刊当初から話題を呼び、さまざまな大学、高専、研究所などで教科書や副読本として採用されてきた。

トラカレでは「ことばと人間」の自然科学的探究をテーマにしており、入学のための課題図書がW.ハイゼンベルク著の『部分と全体』（みすず書房）になっている。そのことが学生たちと量子力学との出会いであった。『部分と全体』には、量子力学の誕生を巡って、ボーアやアインシュタイン、シュレディンガー、パウリといった物理学の巨人たちとハイゼンベルクとの対話が生き生きと描き出されている。出てくる専門用語はさっぱり分からないものの、何度も読んでいるうちにそれらの登場人物がいつの間にか身近に感じられるようになっていくから不思議である。そして彼らの仕事についてもっと知りたい、もっと分かりたいという気持ちになってくる。そんな気持ちが量子力学の冒険へとつながった。

「フーリエの冒険」を終えて数学が分かる楽しさを多少体験したとはいえ、力学、電磁気学、熱力学などの知識を何も持ち合わせていない学生たちがいきなり量子力学に挑戦したのだから、ずいぶん無謀なことをしたものである。しかし、そのことが逆に幸いした。たぶん力学から積み上げて行ったらきっと量子力学までたどり着けなかったのではないかと思う。ハイゼンベルクのことをもっと知りたい！ボーアとアインシュタインの激論の内容をもっと理解したい！そんな強い欲求が学生一人ひとりの原動力となり、分からないところは話し合ったり、いろんな本を読み漁ったりしながら理解を深めていった。学生同士で講義し合ううち、最後には学生の中で一番分からなかった人たちが皆の前で感動に溢れる講義ができるようになるまでになっていった。

『量子力学の冒険』は、それまでの常識では説明できなかった量子の現象に「新たな世界観」を与えていく冒険ストーリーであると同時に、トラカレの学生たちが量子力学をどのように理解していったかを描いた冒険ストーリーでもあるのである。

改訂版制作にあたっては、5年以上にわたりお付き合いくださった、藤原印刷の皆様、ヒッポファミリークラブの皆様、研究協力者の方を含むトラカレ関係者の皆様などたくさんの方々にご協力いただいた。中でも、数多くの助言をくださった京都大学名誉教授の山崎和夫先生には大変お世話になった。山崎先生は、トラカレ設立初期の頃より、長いお付き合いをしてくださっている。ハイゼンベルクの元でお仕事をされていた頃の話や、黒板いっぱいに広がる数式の風景も、私たちが量子力学の冒険をスタートした一端となった。今回改めてお話を伺うことで、量子力学の世界の奥深さ、驚くべき自然の秩序、人間の英知を垣間見た。山崎先生をはじめ、ご協力いただいた皆様には、心より感謝を申し上げたい。そして冒険はまだまだ続く。

2019年7月　　　　　　　　一般財団法人　言語交流研究所 ヒッポファミリークラブ

目　次

『量子力学の冒険』に寄せて　iii

『新装改訂版量子力学の冒険』出版に向けて　v

はじめに　1

『量子力学の冒険』〜大まかな流れ〜　15

第１話　*Max Planck and Albert Einstein*　光は何者だ!? ……………45

    1.1　さぁ、冒険に出発だ！　46
    1.2　スリットの実験　52
    1.3　プランクさんの苦悩　56
    1.4　小箱の中には何がある？　84
    1.5　光電効果　89
    1.6　コンプトン効果　97
    1.7　霧箱の実験　106
    1.8　光の正体は…？　110

第２話　*Niels Bohr*　前期量子論 ……………………………………117

    2.1　「量子力学の冒険」第２話のはじまり　118
    2.2　原子の不思議な振る舞い　120
    2.3　ボーア登場　133
    2.4　前期量子論　143
    2.5　理論の矛盾と解決方法　163
    ふろく　「ボーアが使った力学」　176

第３話　*Werner Heisenberg*　量子力学の誕生 ………………………191

    3.1　量子力学スタート！その前の心構え　193
    3.2　古典力学で、単振動を解く　214
    3.3　量子力学をつくる　233
    3.4　マトリックス力学になる　264
    3.5　Einstein との対話　303

第4話 *Luis Victor de Broglie and Erwin Schrödinger* **新しい描像** ········ 307

 4.1 冒険の前半を振り返る 308
 4.2 電子は波だ 312
 4.3 波動力学をつくろう 320
 4.4 自然さんに聞きに行こう！ 338
  4.4.1 ステップ1 自由空間 340
  4.4.2 ステップ2 箱の中 358
  4.4.3 ステップ3 フックの場 372
  4.4.4 ステップ4 水素原子 407
 4.5 複雑な電子の波 413

第5話 *Erwin Schrödinger* **さらば、マトリックス** ················ 437

 5.1 描像を求めて 438
 5.2 WとEの謎を探れ！―シュレディンガー方程式を作ろう― 444
 5.3 完璧を求めて〜さらばマトリックス〜 503
 5.4 危うしシュレディンガー方程式 512

第6話 *Max Born and Werner Heisenberg* **新世界への出発** ········ 527

 6.1 量子討論会「20世紀の自然科学」 528
 6.2 ボルンの確率解釈 546
 6.3 不確定性原理 560
 6.4 量子力学の結末 570

おわりに 575

参考文献 577

索引 578

はじめに

あのさー、そろそろまた次の冒険に
出かけようと思うんだけど・・・

　Hくんのその一言に、待ってましたとばかりみんなが集まってきた。

　ここは若者の街、渋谷。
にぎやかな繁華街を抜け、高級百貨店を横目に進むと、大邸宅が立ち並ぶ一角に7階建ての白いビルディングがある。見上げると、ビルディングの真ん中あたりから、鮮やかな青や黄色が目に飛びこんでくる。時にはそこに、くるくる回ったり、あわただしく手足を上げ下げしている大勢の人の姿が見え隠れする事もあるだろう。そして、音楽やら笑い声やら何やらわからないヘンテコリンな音を耳にする人も多いに違いない。

　このさほど大きくもないビルディングには、毎日、キャピキャピの若者や、乳飲み子を抱えてニコニコ顔のお母さん、背広姿のお父さん、元気すぎる子どもたち、さわやかなOL、ルンルンのおじいちゃん、おばあちゃんなどが足どりも軽やかに吸いこまれていく。さらに出入りする外国の人たちの姿も少なくない。

　とにかく、明るい不思議な空間…、それがあのヒッポファミリークラブ本部だ。

"ヒッポファミリークラブ"って知ってる？

2　はじめに

ヒッポはなあに？
힛포가 뭐지?
Was ist HIPPO?
¿Qué es HIPPO?
Cos'è HIPPO?
What is HIPPO?
咳唯袍是什么？
C'est quoi HIPPO?
Что такое гиппо?

1. 日本語、英語、韓国語、スペイン語、フランス語、中国語、ドイツ語などたくさんのことばを自然に習得しようというクラブなんだ。

2. "自然習得"ってなあに？

3. 勉強したりするんじゃなくて赤ちゃんのように、自然にことばが話せるようになっていくことだよ。

4. 家の中ではあちこちで、もちろん、車の中、通勤・通学の時…、いろんなことばの楽しい歌やお話のCDをBGMのようにしょっ中鳴らして、そして、口ずさんでみるんだ。

5. もちろん一人で暗くやるんじゃない。"ファミリー"って呼ばれる多言語の公園にいろんな家族が集まってきて、歌ったり、踊ったり、CDのことばをキャッチボール!! みんなでいろんなことばを歌うように言って遊ぶんだよ。

6. ファミリークラブっていう名の通り、赤ちゃんから、子どもたち、学生、社会人の独身男性やOL、お父さん、お母さん、そしておじいちゃん、おばあちゃんまで、いろんな年代の仲間がいるんだ。どんな人でも参加できるんだ。

7. ヒッポは日本中にあるから、ステキな友達がたくさんできるよ！

8. 海外のいろんな国にホームステイ交流に出かけたり、日本にいるいろんな国の人たちをホームステイの受け入れしたりできるから、世界中に家族や友達ができるんだ。

詳しいことはヒッポの本部にTELしてきいてね！

そしてこのヒッポファミリークラブには、研究部門であるヒッポの大学、トランスナショナルカレッジオブレックス（通称：トラカレ）がある。

トラカレには試験も無い。成績も無い。学年別のクラスも無ければ、出欠もとらない。高校を卒業した年代から孫のいるおばあちゃんまで、いろんな世代の人がいっしょに学んでいる。

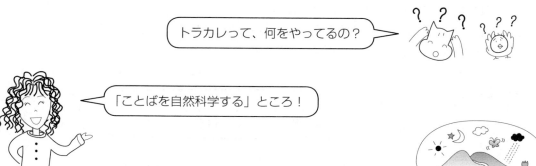

　　僕も初め、「ことばを自然科学する」って意味がさっぱりわからなかったんだ。
　自然っていうと、山とか海とか、そういうものを連想する。
　だから生物の研究がその対象になるのはわかる。
物理でも、惑星のまわり方とかそういうのは何となく自然科学ってわかるけど、りんごが木から落ちるとか、僕がピンポン玉を床に落とすとはねたり転がったりするとか、どうしてそんなものが自然科学の対象になるのかよくわからなかったし、ましてや人間のことばがその対象になるなんて…って感じだったんだ。
　トラカレに入って3年目ぐらいになって、僕はようやく自分で「ことばを自然科学する」っていう意味がわかってきたんだ。
それは、自然科学の対象になるものには、共通点があるってことを発見したからさ。その共通点とは、"くり返し"ってことなんだ。くり返し起こることに対して、それを説明することばを見つける。
それが自然科学なんだと思うんだ。
　りんごが木から落ちる。それはくり返し起こる。どんなりんごでも、条件が同じならりんごは必ずまったく同じように落ちるのだ。このりんごは下に落ちるけど、あのりんごはひとりで木の上に登っていくなんてことはない。それが $F=m\alpha$ で記述されている。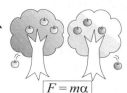
こういうことを見つけることが自然科学さ。
　人間のことばも自然科学できる。
日本に生まれた赤ちゃんは、やがてみんな日本語を、4つのことばが飛び交うルクセンブル

グに生まれた赤ちゃんは、やがてみんなルクセンブルグ語・独語・仏語・英語の４ヵ国語を話せるようになる。誰でも、どんな所に生まれても、そこにことばが聞こえてくる自然な環境さえあれば、人間は必ずことばが話せるようになる。
これは人間の歴史の中でくり返し起きている当たり前のことだよね。
　人間はどうして、どうやってことばが話せるようになるんだろう。
そこにはきっと美しい秩序があるに違いない。
そこで僕たちトラカレでは、このようにことばが自然に話せるようになる道筋を、いろんなアプローチで自然科学しているんだよ。

なるほど。
それでどんなアプローチでことばを追っかけてるの？

フィールドワーク

赤ちゃんたちがことばを獲得していく過程を探っていく。

何といってもヒッポの多言語活動体験!!
その体験を通じて、大人も赤ちゃんと同じ道筋で話せるようになる様子を見ていくことができる。
大人の言語自然習得プロセスを追う。

人間の音声そのものにせまる。
母音や子音の秘密、ことばの調や拍などといった音声認識。

Transnational College of Lex

日本語はどんなふうにできてきたのだろうか。
現存する最古の書、古事記・日本書紀・万葉集などを読み解くことで「ことばの不思議」にせまる。

各界の一流の先生(シニアフェロウ)たちの多種多様な楽しい講義も、トラカレには欠かせない。
とにかく無い無いづくしのトラカレだが、やりたいこと、やることだけは山ほどあるのだ。
何はともあれ、おもしろいところである。

 詳しいことはヒッポの本部に してきいてね！

ぜひトラカレに遊びにきてみてください。

欢迎！
　欢迎！

さてその日、ヒッポの大学、トラカレで、何やら起こりそうな気配だった。
兄貴分のＨくんが"次の冒険"などと言い出したのだから。

フーリエの冒険は、ホントに楽しかったなぁ。

そうそう、まさかあんなにスゴイ冒険ができるなんて夢にも思わなかったよ。

あの冒険で、ずい分たくさんの宝物を手に入れたっけ。

私たちが歩んだフーリエの冒険そのものが宝物だね。

　私たちは音声認識のフィールドワークに取り組む中で、音声の波形解析に必要な"フーリエ解析"という数学に出会うことになったのだった。
　死ぬほどキライだった数学。高校２年の終わりにようやく再見（さよなら）できたというのに、それから何年も経った今になって、なぜこんな所で…。よもや再びお目にかかろうとは。それはまさに"再見"であった。だが今度出会ったのは、あのゾッとするようなわけのわからないものではなかった。自然を表す美しいことばとしての数学だったのである。
　トラカレで、そしてヒッポのみんなで取り組んだフーリエの数学。それは本当に冒険だった。フーリエ級数を仲間といっしょに理解していく過程、その体験をくり返し人前で話ながら１つの講義に仕上げていく過程…。
　それをまとめたのが『フーリエの冒険』だ。
　いまだに売れ続けている影のベストセラーである。

またあんなに楽しい冒険ができるのかと思うとワクワクするなぁ。

ねえ、ところで今度はどんな冒険に出かけるの？

それなんだよ。新しい冒険は何がいいかと思って、そこでみんなに集まってもらったのさ。

作戦会議ってわけね。まず、Ｈくんの考えはどうなの？

うーん、フーリエの次だから、俺は力学あたりがいいんじゃないかと思うんだけど、みんなどうかな？

Hくんは続けた。

これで力学やっとけば、けっこういいと思うんだよね。

それでもみんながシーンとしているので、Hくんは少し困ってこう言った。

みんなの意見もききたいんだけどー、やってみたいのとかあったら何でも言ってみてよ。Fくんなんかどう？

真っ先に指名されて、ちょっとあせったFくんだった。

えっ？うーん、えーと、だから・・・・・

Fくんはいつもこうである。しかしついに意を決したように、だが弱気な声でとつとつと言った。

あの・・・、ぼくはー、量子力学なんかやりたいなんて思ったりして・・・・・、うん。

ええ??!!　リョ、リョーシリキガクウー?!

Hくんは思わず大声で叫んでしまった。そして…、

へへへ、へへへ、量子力学ね。ハハハハなるほど。

とフニャフニャの顔になっていた。

Hちゃんはどう？

あたし？あたしも量子力学がやりたいんだわー。
やっぱりハイゼンベルクのやったことにあこがれちゃう。

お、おれも量子力学がやりたい！

わたしも！

俺も！

私も量子力学！

何と全員が量子力学がやりたいと言い出したのだった。
Hくんの顔は、ますますフニャフニャになっている。

あのさー、量子力学やりたいって俺も思うけどー、わかってんの？　へへへへ、超むずかしいんだよ？　数学の階段があるとするじゃん。
1＋1から始まって、引き算、かけ算、わり算、方程式、微分、積分、行列…
ずーっとずーっと登って雲の上にあるのが量子力学ってかんじだよ。
いわゆる頭のいい人でも、途中の階段でみんなどんどんころげ落ちて、本当に本当にわずかな人間だけが雲の上にたどりつけるんだよ。

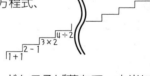

それを聞いてみんなちょっと困ったような顔になった。が、Hくんだけはひとりでうれしそうにヘラヘラ笑っている。
　ヘラヘラはやがてハハハハになり、大声のアハハハになった。

量子力学やろう！みんながやりたいんだから。
ヒッポのやり方でやるんだから、できないわけないんだよね。
フーリエでそのことがわかったんじゃんか。階段は1段1段登るんじゃなくて、いきなりどこの段からでも始められる。それも登るんじゃない。降りるんだよ。
登るのは大変ですぐ疲れてやめちゃうけど、降りるのはラクだもんな。1番上の1番むずかしい段からいけば、あとは一気に降りるだけだ。アハハハ。

Hくんの言う通りだった。
私たちはフーリエの冒険でそのことを体験したのだ。
つまり、数学も人間のことばだということなのだ。
　いわゆる、学校で習う数学のやり方は、学校で習う英語のやり方と全く同じなのである。カンタンと思われるものから順番に1つ1つ進んでいって、どこかでつまずくとそこで終わる。結局、6年以上教室で勉強して英語がしゃべれる人はほとんどいないように、数学でも雲の上にたどりつく人はまれである。
　赤ちゃんたちは必死に勉強するでもなく、わずか4、5年でことばがしゃべれるようになる。でも赤ちゃんたちはあいうえおを覚えて、それをひとつひとつたし合わせてことばが話せるようになるわけではない。カンタン（？）なことばから話し始めるのでもない。カンタンと思われることばだけを耳にしているわけではないのだから。
　大人たち、お兄ちゃん、お姉ちゃんたちの話すことば全体を耳にして、そしてア〜ア〜、ウ〜ウ〜と大まかな音で話し始める。決して単語のたし算、文法のたし算で話せるようになるわけではないのだ。
"全体から部分へ"、それがヒッポのやり方、いや自然のやり方である。
まずことばの大波をとらえる。
そしてだんだんその波が切れ込んでいくのだ。
細かい部分をいくらたし合わせても決して本物のことばの波にはならないのであろう。

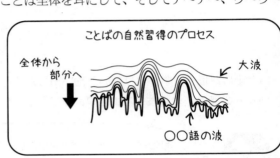

ことばの自然習得のプロセス
全体から部分へ
大波
〇〇語の波

　数学も人間のことばだから、全く同じだったのだ。
でなければ、高校の数学で、いつも赤点をとっていた私がいきなり、それもわずか1ヵ月ほどで"フーリエ級数"を人前で講義するなんてことは不可能だったろう。
そして3、4才の子どもまでもが楽しく「フーリエの冒険」の講座に参加し、本質をとらえた発言をしてわたしたちを驚かせたことなど、とうていあり得なかったはずだ。
　私たちは、誰もがヒッポでいくつもの外国語が話せるようになってきているように、数学も自然について話すことのできるもう一つのことばだから、道筋さえ正しければもう怖くないのである。できるのだ。

 そうだよ。量子力学も怖くないよ。できるよ。

 できるよ。きっと。大波からとらえればいいんだから。やろう！

 やろう！やろう！量子力学の冒険だ!!　イエ〜ィ!!

みんなはもうすっかりその気になっていた。
私は作戦会議の間、始終ニコニコしていた。
量子力学がすっごくむずかしいと聞いてもへっちゃらだった。
なぜって、私の中ではフーリエも量子力学も大して変わりはないからだ。
どれがどれに比べてどれほどむずかしいとか、全く知らないのだから。

フーリエができたんだもん。なんだってできちゃうよ。

知らないということは恐ろしい。超大胆である。

量子力学やろう！やろう！ところで・・・
量子力学ってなぁに？

トラカレとはこういうところである。

　ところで、何もわからないトラカレ生たちが量子力学をやりたいと口をそろえていうのには理由があった。それは、"友だちのやったことを知りたい"ということだった。

　トラカレには入学試験もないのだが、ただし入るまでに課題というのがある。
ひとつは"ヒッポの活動を思いきり楽しむ"こと。
そしてもうひとつが"『部分と全体』を何度も読むこと"だ。

『部分と全体』という本は、ヴェルナー・ハイゼンベルクという物理学者の自伝のようなものだ。彼と、彼の仲間たちが"量子力学"という新しい物理学を作り上げていく一大ドラマなのである。
　ところがこれが一筋縄ではいかない代物なのだ。はじめは2、3ページも読もうものなら、たちまち眠くなる。つまり、私たちには大変むずかしい本なのである。それを何度も読めというのだから絶望的気分に襲われる。
　しかし、これもヒッポだ。1行1行、1ページ1ページ、しっかり理解しながら読み進まなければいけないとしたらきっと一生かけても読み終わらないであろうこの本。そんな時、先輩トラカレ生から"本に風を通せばいいんだ"といわれる。わからなくてもとにかくページをめくって最後まで読めというのだ。そしてまた最初から・・・・・・。これを何度もくり返すのだ。
　ヒッポの多言語CDを1フレーズ1フレーズ理解しながら聞くなんてことはあり得ない。BGMのように全体を聞く。やがてだんだんと耳に残るフレーズがでてくる。大波からである。本を読むことも同じことなのだ。

　さて、そうやって『部分と全体』を読んでいくのだが、初めに誰もがまず少しはわかるのが、いわゆる量子力学の内容そのものとは関係ない部分だ。
　何度か読むと、この本に登場する人たちの名前ぐらいは覚えてしまう。そして写真をながめたりしながら、「ハイゼン君（ハイゼンベルク）ってステキ！」とか、「私はハンス・オイラーが好き！」、「爬

虫類パウリ！」などとお気に入りができたり、すっかり友だちになっているつもりの自分に気がつく。他の本や何かで彼らの名前に出会っただけでも、なんだか友達に会ったような気がして急にうれしくなってしまったりするのだ。そして特に主人公ハイゼンベルクは、いつの間にか私たちみんなの親友になってしまっていた。

　彼が、悩んだり苦しんだりしながら仲間たちと作り上げた量子力学。ヘルゴランド島で見た美しい朝日。彼がやったことを知りたい。私もヘルゴランド島で美しい朝日を見たい。彼のうれしさが私のうれしさになったら……。
　私たちは今は亡きハイゼンベルクに会うことはできない。しかし、彼の残したことばを通して彼に出会うことができるのだ。
　『部分と全体』の中でいちばん読めない部分、"量子力学"そのものの内容。彼がたどった道をたどることで、そこがわかるようになるのではないか。その時こそ、今よりもっとハイゼンベルクと親しくなれるのではないか。"友だちのやったことを知りたい"のだ。
　『部分と全体』に出会った時から、私たちが量子力学をやるようになることは必然だったに違いない。そのときが来たのだ。

　早速、"量子力学の冒険"を踏破するルートが決まった。量子力学を作ってきた物理学者たちの足跡をたどることにする。プランク、アインシュタイン、ボーア、ハイゼンベルク、ド・ブロイ、シュレディンガー、ボルン、そして再びハイゼンベルク。物理学者別にグループを作って取り組むことにした。全員が好きなグループに立候補する。

　10週間で量子力学をやってしまおうというのだ。本番の講義は月曜日の午後。各グループが順番に担当する。リレー形式で10週間、10回で終わる。
　冒険の公式ガイドブックとして、朝永振一郎氏の『量子力学Ⅰ・Ⅱ』が選ばれた。この公式ガイドブックを基に、各グループがそれぞれ練習を重ね、本番に向けて1つの講義を作り上げるのだ。

　冒険のプランができあがった頃、Hくんは、今まで量子力学を冒険したことのある先輩たちに相談してみた。

量子力学？!!!　10週間で？!!
そりゃ君、無謀というものだよ。

　先輩たちは量子力学のむずかしさを、身をもって体験し、ねじりはちまきの10乗ぐらい努力して冒険を終えたつわ者、しかも秀才たちである。もっともな忠告だ。微分、積分も満足にできないような超素人集団が物理学の最高峰、量子力学を、それも10週間でやろうなどふざけた話だ。

量子力学をやるには、あれも知らなきゃいけない、これもわかってなきゃならない。あれとこれとそれとあれと・・・・・とにかく全部できないとダメなのだ、と世間はいう。しかし、そんなこと言ってたら、私たちは一生、量子力学の顔を垣間みることすらできないではないか。

　どんなにエライ人、スゴイ人に"無理だよ！"と言われても、私たちはへっちゃらだった。

だってヒッポだもん！

　私たちは生まれて初めて聞く、最初はわけのわからない外国語でも、赤ちゃんの方法なら誰でもできるようになることを身をもって知ってきた。
　私は約1年ぐらいで、生まれて初めて聞いたロシア語を話せるようになってしまった。もちろんヒッポのやり方でだ。でも、考えてみれば日本語であのことばもロシア語でなんて言うのか知らないし、このことばも知らない。それでも私はロシア語で話したいことが話せる。それはきっとロシア人の2、3才の子どものようなロシア語なのだろうと思う。でも2、3才の子どもは、あとはもう新しいことばをどんどん取り込んでいくだけである。私のロシア語も同じだ。2ヵ月前よりは1週間前、1週間前よりは昨日、昨日よりは今日、という感じでしゃべれるようになっていく。そしてそれを聞いてくれているまわりの仲間たちも、いつの間にか少しずつロシア語が話せるようになってきた。
　自分の中に大きな型さえできてしまえば、あとはその型の中にどんどん取り込んでいくだけだ。器と考えればいい。器の無いところに物を入れようとしても不可能である。"大波をとらえる"というのは、そのことばの型をつかまえること、つまり器作りなのだ。
　数学だって同じやり方でできることを、私たちはこれまたフーリエの冒険で身をもって体験している。だから"量子力学"だけが例外なんてあり得ないことを私たちは直感的に知っていた。なぜ直感的かというと、私たちトラカレ生は、誰一人として"量子力学"をちゃんと理解している者がいなかったからだ。

私は何も気にしないでヘラヘラしていたが、Hくんはちょっと違っていた。

メラメラ
よし！絶対に10週間で量子力学をやってやるゾー！　メラメラ

無謀だといわれて、その目はすっかり燃え上がっていた。

　こうして、先輩たちの忠告をありがたく聞き流して、トラカレ生は量子力学の冒険へと旅立ったのである。

10週間後、私たちは自分の目でヘルゴランド島の美しい朝日を見ていた。いや、淡路島、もしかしたら小豆島ぐらいかも知れない。でも私たちひとりひとりにとってそれは、ハイゼンベルクが見た朝日と同じくらい美しかった。

私たちは大波ではあるけれど、量子力学の冒険をやりとげたのだ。大波をとらえれば、あとは切れ込んでいくだけである。やはり問題の立て方は正しかった。そして次にはまた一歩、ハイゼンベルクが見たヘルゴランド島の朝日に近づくことができると確信したのである。

半年後、私たちは『量子力学の冒険』と題した1冊の試作本を完成させた。それは私たちの冒険の記録だ。まだ赤ちゃんことばの部分もたくさんあるが、今、語れる自分のことばで精いっぱい語ったものである。そしてこれが次の冒険の公式ガイドブックとなるのだった。

あのさー、次の量子力学の冒険には、いつでかけることにしようかぁ？

『量子力学の冒険』の試作本を完成させ、ホッとしたのもつかの間、Hくんがみんなに相談をもちかけた。

せっかく自分たちの手で公式ガイドブック作り上げたんだから、これを使ってもう一度やらない手はないよなぁー。

みんなは考えた。もちろん冒険には出かけたい。しかし、トラカレは他にもやりたいこと、やらなきゃならないプロジェクトが山ほどあるのだ。量子力学ばかりやってもいられない。

少し時間をおいてからでかけることにする？

さんざん、さんざん、話し合ってそうまとまりかけたその時、

といきなり叫んだ者がいた。何を隠そう、それがわがトラカレの学長、"祭酒"であった。みんなは目が点になって、頭がまっ白になってしまった。なぜって、今まであーでもない、こーでもないと、約2時間にもわたって話し合い、そう決まりそうになったその瞬間にである。

私たちの2時間は何だったの？

そう思ったのは私だけではあるまい。実は祭酒はみんなの話し合いの間中、いねむりをしていたとわかったのは、後のことである。

こうしてツルの一声、いや、祭酒の一声で、私たちは引き続き量子力学の冒険に挑むことになった。
　コンピューターゲームをやったことのある者なら常識なのだが、1面をクリアして2面に進むと、必ず条件がついて、少しむずかしくなる。が、それがまたおもしろいのだ。量子力学の冒険も第2回戦となると、それなりの新しい条件がつくことになった。
　まずトラカレ生以外の人に話してみるのだ。量子力学など何も知らないヒッポの仲間に、モニターとして参加してもらうことにした。対象はヒッポのお父さんやお母さん、子どもたちである。
　ということは、必然的に時間の短縮が要求されるのだった。1度目の冒険では、ナント1回の講義に10時間近くかかった。そんな長時間、聴けるヤツはいない。（トラカレ生は聴いたが・・・）そこで、2種類の講座を組むことになった。
量子力学の冒険・月曜トラカレ版（午後3：00〜9：00、全10回）と、
量子力学の冒険・日曜ダイジェスト版（午後1：30〜5：00、全4回）である。
月曜版は細かい所までトラカレ生を中心に、そして日曜版は各グループ1時間半ずつというヒッポの仲間向けの大波講座だ。
　更に、今回冒険に参加するトラカレ生全員が2度目というわけではない。入学したばかりの新入生もいるのだ。彼らは量子力学が初めてであるばかりか、フーリエすらも知らないのである。世間様に言わせれば、そんな初心者も誰もかれも一緒にやろうなどとは言語道断といったところだろう。
　しかし私はへっちゃらだった。

 だってヒッポだもん！

　ヒッポのファミリーには、クラス分けなどというものはない。フツウ、外国語をやるときには、レベルによるクラス分けがされたりする。そりゃそうだ。5年前からやっている人と今日初めて参加する人が、いっしょにやれるわけがない、ということなのだろう。
　でもヒッポはちがう。5年前から参加してる人も、今日初めて参加する人も全部いっしょにやる。全く同じことをやる。そりゃそうだ。ヒッポのファミリーは多言語の飛び交う公園なのだから、近所の公園を思い描いてみればいい。
そこには、ずいぶん前から遊びに来ている花子ちゃんもいれば、おとといに引っ越してきたばかりの太郎君もいて、みんないっしょに遊んでいる。
太郎君は初心者のコーナーで遊びなさい、なんてことは自然の公園の中にはあり得ない。
　5才の太郎君がアメリカに引っ越して、アメリカの公園に遊びに行っても同じことだ。ジョージやメリーと楽しく遊んでいるうちに、1年もすると、もう英語がペラペラになっている。しかも太郎君

14　はじめに

はアメリカに来て1年だから、アメリカの1才の子と同じぐらいの英語かというと、アメリカの6才の子と同じように英語が自由に話せるようになっているのだ。自然にはクラス分けがないのである。

　だからヒッポのファミリーにも、トラカレにも、クラス分けはない。新しく仲間入りした人は前からやっている人に、そして前からやっている人は新しい人に、学べるのだ。フーリエも知らない新入生といっしょに量子力学をやれることは、トラカレにとってへっちゃらどころか、むしろ、うれしいことなのだ。

　こうして新しい仲間もいっしょに、私にとっては二度目の量子力学の冒険に出発したのだった。

『量子力学の冒険』

～大まかな流れ～

さて、「量子力学の冒険」に出かける前に、まずは
"大まか"な道筋をたどってみましょう。超大まかに話
をしていきます。

びくびくしないで、
まずはリラックス！

読むというよりは眺める気分で楽しんでください。

トラカレではことばの研究を
していきたいと思ってたんだけど…

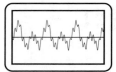

ことば、音声は目で見ることができるの
です。（音の波として…）

but…**フーリエ級数**
複雑な波は単純な波のたし合わせ

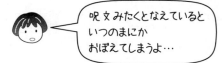

を使わないと分析が
できなかったのです。

それじゃあってことで みんなで"フーリエ"をやることにしたのです。
そしたら…
数式もことばだった。物理も自然を説明することば…

だったことを発見!!

赤ちゃんが生まれたら、かならずことばをしゃべれるようになる

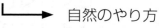

自然のやり方

ヒッポでは家族で楽しく
いろんなことばがしゃべれるようになって
いくのを赤ちゃんの方法でやっていく

を通して私たちがどんな風に自然にことばができていくのかを見ていきたい!!

のがトラカレで

だからトラカレでは数学・物理がへっちゃらなのさ

ことばだからかんたんなんだ
　　　おもしろいんだ

　　　　　　　　　　　　　　　それにねぇ→

 最初は
黒板いっぱいの数式に
頭はクラクラまっしろけ…

　　　　　　But,

 数学もことばなんだからヒッポのCDと同じ
新しいCDだと思って
細かいところはわからなくても
大まかに聞いていけばいいのデス

 だんだんと何回も聞いているうちに
少しずつ細かい所がわかっていくの

　　　　本当にヒッポCDと同じ!!

しかし、なんと言っても…

トラカレに入る時に課題図書があって
『部分と全体』（W．ハイゼンベルク）
をたくさん読みます。このハイゼンベルクが実は量子力
学のスターだったのデス。だから本を読んでおともだち
になったハイゼンベルクのやったことを本当に
知りた〜いって思ったんだ。

量子力学を楽しむには、
まずは
大まかに聞く。
こまかいことは気にしない。

でも
こまかいことなんて
しらないもんね〜
　　　と、あまりいばってはいけない

自分がヒッポで
やっていることと合わせて考えてみる
　　　　　　　　　　　　のがポイント

なんと言ってもが話をするので、ずい分いいかげんです。

あまり気にしないで読んでね。

それでは
　　　　　　　Vámonos!!

第1話

その頃、物理の世界には２つのことばがありました。

① 粒　　○

② 波　〜〜〜〜

物の動きを説明することばをいろいろ見つけていたのですが、どうもそれには粒と波という２種類があったのです。

粒と波は決定的に別物です。

粒
　向こうに投げると

波
　水面に指をチョンと入れると、まわりに波ができてどんどんひろがっていく

波は**連続**

私は粒がいいなぁ〜。
あなたはどちら派？

粒は**ピョンピョン**

ともかくすべてのことを、この２つで説明できてたので問題もなく平和だったのです。

メデタシ
メデタシ

粒は粒で波ではない
波は波で粒ではない
この２つは全く相容れない２人でした

おわり

さて

 はどちらかというと波と思われていました。
光

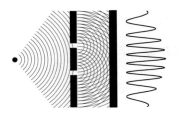

波の特徴として、波はひろがっていくものなので、穴を2つあけとくと波は両方の穴を通り抜け変な模様になる。

波の干渉

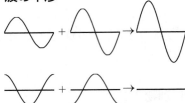

波はいろんな波がたし合わさっているので、たされて倍になるものもあるし、たされて+-、0になってしまうものもあるからなのです。

 も**干渉**したので 光＝波

その頃の光の研究ではやってたのは、

鉄などで作った箱の中を真空にして高温で熱するといろんな色に光ってくるってやつで、その光のエネルギーを調べること。

 を調べるには**スペクトル**を見る。 スペクトルマンって知ってる？

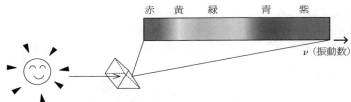

プリズムを使うと太陽の光は7色に見えるように、実はいろんな色がまじっているんだ。
その混ざり具合いを見るのがスペクトル。ミックスジュースの成分（たとえばりんご30％、みかん20％、バナナ30％、桃20％）を見るようなものです。

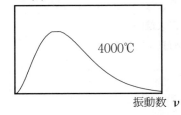

実験してスペクトルはわかった。

なんとかその実験値に合うような数式を見つけようと努力する。

物理ではいつも実験が先で、その後にそこに法則を見つけるんだ。 だからまずは実験!! やってみるのが大切!!

みんな すごいすごい 苦労して見つけた

 $$U(\nu)d\nu = \frac{8\pi\nu^2}{c^3}\frac{h\nu}{e^{\frac{h\nu}{kT}}-1}d\nu$$

 式にクラッとしてはいけない。
片目をつぶって見ればこわくない。

よかったね〜

ところが

まじめなプランクさんがこの式を作ってしまったのはいいが、今度は逆にこの式の意味していることは何だろう？と考え込んでしまったのです。

つまり式を作る時は、あまり意味を考えないで、ともかく実験値に合うことだけを考えたので細かい意味を気にしなかったんだ。

 なんだかヒッポみたい

 毎晩寝ないで考えた。

だって自分の見つけた式の意味がわからないなんて許せなかったのさ。

結論は…
光のエネルギーは $h\nu$ の整数倍とびとびってこと

でもそうなると、← 波の特性
光は波ってことで（だって**干渉**するんだもん）いたからエネルギーも連続になるはず、というのと**ムジュン**してしまう。

つまり光は波なのに
  ┌── エネルギーの値はとびとびという
  │   あり得ないことになってしまった。
数式で書くと
  └→ $E = nh\nu$ （$n = 0, 1, 2, 3, \cdots$）
      エネルギー ↑

これはただの小文字の h ではない。
プランク定数（6.62×10^{-27}）エルグ・秒
というすご物。もちろんプランクが見つけた数。

 覚えとくと博学に見られるよ。

そこに

 天才アインシュタイン登場!!

アインシュタイン said **光は粒だよ!!**

$h\nu$ というエネルギーをもった粒。

 みんながウンウン考えている時に天才はいともたやすく言ってのけてしまう。すごく簡単なことなのに、みんなまさかと思って考えなかったことを…。そのまさかってのがけっこう大事なんだ。

そういうのが天才なのさ。

でもただ言うだけではダメ、×ペケ。

実際に粒としての動きをしてなかったら…

いくら良さそうなこと言っても自然がそうなっていなかったらそれはウソってことだよ

フッフッフッ
ちゃんとあるんだよ

光電効果
コンプトン効果

つぶ
ぴょんぴょん

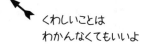
くわしいことはわかんなくてもいいよ

波のことばで説明できないことが、

粒のことばで説明できた。

私たちが日焼けするのも光電効果の1つ。太陽光線に含まれている紫外線は ν が大きいので当然 $h\nu$ も大きくなりエネルギーが大きくなる。

大きなエネルギーの粒が顔にあたるので日焼けするんだって

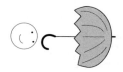
日焼けしたくない人は、紫外線の $h\nu$ に負けない日よけガサを作ればいいのです…なーんて

 が になるとどうなるの…？
光　　　粒

それはすごく変テコリン
ある時は粒、ある時は波なんてずるいよ。

この2人はぜったいに一緒になれない2人なの。
いくら好きになってもダメなのよ。

ど〜する…!?

今までのことはすべて粒と波のことばで説明できていたのに、それができないってことなの？

ど〜する…!?

新しいことばが必要ってことかな…

 まったくわからな〜い。

第2話

その頃、ふしぎなことがもう1つありました。
それは原子のことです。
物を小さくしていくと…小さい粒になって、

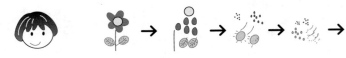

もうこれ以上わけることができないってとこまでいきます。
それが原子　アトムくん　もちろん粒

ところがこの原子も調べていくと
中になんかが構造をもっていることがわかってきた。

でも何と言っても小さいから見えない。
中が見えない時はどうする？

においをかぐ。
ふってみる。
重いかどうかもってみる。
すかしてみる。
などなど、いろいろできるじゃん…。

 多分、…
原子核の回りを電子が回っている。
電子は動くと光を出す。
↓

太陽の回りを地球とかが回ってるみたく

この光は観察できる→スペクトルがわかる。

But この考えでいくと

電子が動いて光を出すというのは、

のと同じことだから
エネルギーを使ってしまうこと。

すると電子は力がなくなって
原子核にどんどんくっついてペシャンコになってしまうはず。

それは困る。
だってもしそうだったら、この私だってある時、とつぜん
ペシャンコになってしまうことだもの。
そんなことって、ゼッタイにない!!

この考えがまちがっているんじゃないの

そうなんだ

ハイゼンベルクの先生。
原子はペシャンコにならないというのは事実だから、そうならないように考えよう!!

発想の大てんかん。
これがときには必要なのよね。

よくわからないけど…

決めちゃえ!!

電子は、原子核の回りを回っていても
⊖ 光を出さない…。

なんと、大胆な考え。
でも光は、観察されているんだってよ～。

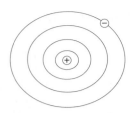

- ボーアの仮説 -

原子の中には、きまった値の軌道が
あり、電子はその上を回っている。

そしてある軌道から別の軌道へ
電子がジャンプした時**光を出す**。

 こう考えれば O.K さ。
これが新しい原子のことばさ。

 う〜ん、さすがだ。
やっぱり頭コチコチはダメだね。
自由な考えと決断力!!

 しつも〜ん...

 Q. どうしてきまった値の軌道にしかいられないの？
Q. 私は、いつジャンプするの？

 わからん…。
そのことには、私も気づいていたんだけど…
なんてったって原子はペシャンコにはならないし、原子から
出る光のスペクトルは決まった値のスペクトルなんだ。

このことを考えると、そうなってしまうんだ。

原子のことを説明する特別なことばが必要なんだ。

 あとのことはハイゼンベルクに考えてもらおう。

 そうなの。
1人で考えていても、わからないことは
みんなの頭を借りるのがラクチン。
いろんなアイデアもあるし、CDのことば
だって1人だけよりみんなからもらった
方がいいものね…。

 トラカレも1人じゃなくて、みんなの頭のあつまりです。
だからね〜、お・も・し・ろ・い・の。

いよいよ…

第3話

ハイゼンベルク
アミメグスタ
トッカーレピアノ
Y物理。

若きハイゼンベルクさっそうと登場!!

原子の中は考えても見えないし、
よくわからないんだから

軌道とか考えるのはヤメテしまおう!!

問題は電子が出す光のスペクトルの
ことさえちゃんと計算して言えたらいいのさ!!

ニールス・ボーア

の考えをもとに、
さらにガシガシとつき進んでいくのだった。

強行突破!!

ときには強行突破は必要である。
ガシガシガムシャラにやるときもあるのさ。
オー！

今までの物理学の計算をうまく使って、エイッと原子の光のスペク
トルを言えるように計算してしまう。
さらに**それ用の数式**も作ってしまう。

な、なんと、これが実は行列という数学だったのですが、
ハイゼンベルクは、それを知らずに自分で作ってしまって
いたのです。スゴイ。

数学ってこういう風に作れるもんだったなんて知らなかった〜。
でも全部、そうやって、できていったものだったんだ本当は。
数式もドラマだね〜。

　　　　　　　　　　　　　　　　　　　　　　　そして…

$$q = \sum_\tau Q(n; n-\tau) e^{i2\pi\nu(n; n-\tau)t}$$
$$H^\circ \xi - W\xi = 0$$

↑ n から τ まで
ジャンプしたときのってイミ

ヤッター！ うれしい!!

これで原子から出る光のスペクトルはカンペキ!!

すごいけど、
原子の中の軌道のことは一切考えられないんだよね〜。
それって原子の中のことを考えるなってこと？

それはあまりにもキョクタンすぎるよ。

いくらスペクトルのことをパーフェクトに言える
ようになったからって、それで原子の中のことを
考えるなと決めてしまうのはまちがっている。

電子のつぶ子
クスン

私はどうなっちゃうの…
消えちゃうの。そんなのイヤだよ〜

ムムム…

第4話

ド・ブローイ

貴族のド・ブローイ。さらりとあらわれる。

みなさん
電子は つぶ だと考えてきましたが、

 なみ だと考えたらどうですか？

だって  光 も ＜ 粒 波

だったでしょう…

なみ だと考えたらきまった値しかとらないってのも
当然のことなのさ。

つまり…

波はかならず  これで1回なので、

こういう途中の話。

どうしても こういう形の値がでてくるのよ。

波と考えたら軌道がなんたらというのも関係ないし

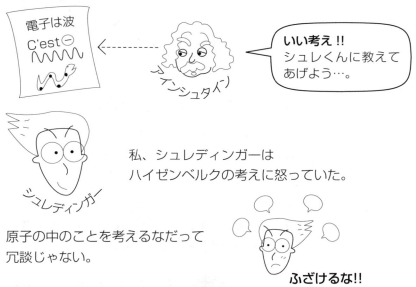

私、シュレディンガーは
ハイゼンベルクの考えに怒っていた。

原子の中のことを考えるなだって
冗談じゃない。

ふざけるな!!

物理ってのは自然のことをちゃんと説明していくもの
なのに、それを途中でやめてしまって光のスペクトルだけ言えたら
いいってのは、手抜きもいい所だ。

ゆるせない。
私はどんなものなのかをハッキリと言ってやる。
ぜったいに言ってやるぞ～。

すごいイキゴミ

これだ!!

電子は波という点からスタートしたら

 とはどういうものか考えられるし、知っているので、原子の中を想像することができる。

想像できるってことが大切なんだよ。
そしてよぉ〜し。

$$\frac{d^2}{dx^2}\phi(x) + 8\pi^2 \frac{m}{h}\left(\frac{E}{h} - \frac{k}{2h}x^2\right)\phi(x) = 0$$

ガシガシ

 どんなもんだい。
この式を使えば電子のことだけでなく、すべてのことを波のことばで説明できるんだぞ〜。

 わたしのことも波で説明できちゃうのあらら…。

第5話

ところが、 =

私の式でだした　と　ハイゼンの式でだした
原子のエネルギー　　　原子のエネルギー

が同じ値なのである。

ってことは、あのいまいましいハイゼンの式は不要、いらない。
私の式1つでうまくいったらそれでいいってことだ。

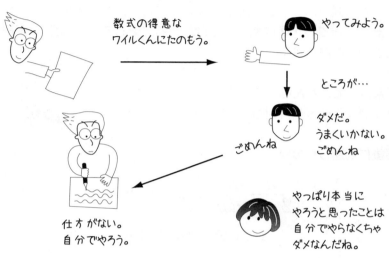

ヤルゾ～

ハイゼンの式
$$\left(\frac{1}{2m}P^{○2}+\frac{k}{2}Q^{○2}\right)\xi - W\xi = 0$$

私シュレディンガーの式
$$\frac{d^2}{dx^2}\phi(x)+8\pi^2\frac{m}{h}\left(\frac{E}{h}-\frac{k}{2h}x^2\right)\phi(x)=0$$

これをうまく形を変えていくと

チチンプイプイ（本当は計算するの）

$$\left\{\frac{1}{2m}\left(\frac{h}{2\pi i}\frac{d}{dx}\right)^2+\frac{k}{2}x^2\right\}\phi(x)-E\phi(x)=0$$

よおく見ると、

$P^○$ と	$\dfrac{h}{2\pi i}\dfrac{d}{dx}$
$Q^○$ と	x
ξ と	$\phi(x)$
W と	E

これが対応しているようだ。

ガンバルゾ〜。

私は本当にがんばった。
ひたすらハイゼンの式をなくすことのみ考えた。私の式でハイゼンの式で計算してだせるスペクトルの値とか全部計算できてしまえば私の式だけが残る。そして私の考え、電子は波ということも残るのだ。

がんばって、がんばって、
ハイゼンが使った行列もなくしてしまった。

最後に到達したのが

$$\left\{ H\left(\frac{h}{2\pi i}\frac{d}{dx}, x\right)\phi - E\phi = 0 \right\}$$

シュレディンガー方程式

完成!!

すばらしいねぇ。
計算に苦労したけどおもしろいこともあったんだ。

それは**ことばの働き**ってことなんだ。

実は、シュレの式の

 は、数式の中でも

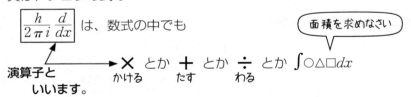

ってたぐいの"〜しなさい"ってイミなの。
だからこれだけでは、何にもならなくて

にくっついてはじめて
"〜する"ということができて計算できるんだ。

たとえば、
演算子→3をかける

$= 3x^2$

こうなれば x の所にいろんな数が
入って計算できるでしょう。

これってヒッポで、

ただ言えることばを言っている時
は、まだことばの演算子状態。

それが、たとえば、MEXiCO に行って

ことばが相手に伝わって働いた時、
はじめて意味をもったことばになる。

人にドッキングして本当のことばとしての意味が生きてくる

ってのと同じ。

だから

相手がいることがとても大切で、

と ひと の間にことばは育っていくんだ。
ひと

それに

**ことばの意味ってのが
ことばが働くってことなんだよね。**

34　『量子力学の冒険』〜大まかな流れ〜

よく意味がわかんないのに、
思わずその場面だと思って言ったら大受けだった。

ことばのことと同じことがいっぱい
あっておもしろいね。
　　　数学もこわくないんだよ。

そのころ、

と大うかれの
シュレディンガーさん！

世の中すべて波だ波!!
電子も波。
ハイゼンの式はもういらない。
私の式はハイゼンの
ヘンチクリンな式よりかんたんかんたん
イェーイ!!

ちょっと待った!!

冷静な目の チェックが入った…

┌─────────────────────────────────┐
│ シュレさんの式の中 $\phi(x)$ 想像できる波だから、│
│ いつ、どこにいるってのがわかるものですよね。　│
│ **だけど**いろいろ計算してみると、　　　　　　│
│ なんと**6次元、9次元**…になっちゃうよ。　　　│
└─────────────────────────────────┘

┌─────────────────────────────────┐
│ **だからやっぱり想像できないんじゃないか。**　│
│ ハイゼンと同じだよ…。　　　　　　　　　　　　│
└─────────────────────────────────┘

ガーン！

私のやってきたことは
一体なんだったのだろう…。

波　　　からスタートしたはずなのに、
いつのまにか、わけのわからない 怪獣になっていたとは…。

いや、まだ私の式は未完な物なのかもしれない。私の
考えはまちがってないはず！どっちにしてもハイゼン
の、わけのわからないのよりは、ましなはず。
いずれ私の問題も解決されるさ。

しかし、問題は解決されなかったのです。
シュレディンガーの式でも電子は、得体
のしれない物になってしまったのです。

第6話

　は粒 or 波？

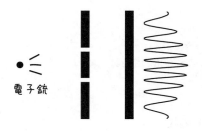電子銃をガンガンうっていくと、2つの穴をすりぬけ壁にあたるんだけど、その時、どこにどの位あたるかというのを見ると干渉の模様になっちゃうんだ。

これは**波**のことじゃない？

でも一方コンプトン効果みたいな**粒**の様子もやるし、

粒と波の両方って気がするよね。

でも **確率、確率の波と考えれば、すべてうまく説明がいくよ。**

確率ってサイコロの6が出る確率は$\frac{1}{6}$っていうあの予想するみたいな？

 そうだそうだ。

確率ですべてを表わしていたのだ。だから、粒とか波とかいうものではないのだよ！

 そんなあいまいに解決してもらっては困る！

たしかに確率という考えを入れるとすべての数値と現象は文句なく結びつく。

波の干渉だと思っていたのが、確率波の干渉と見れば問題はなくなったように見える。
かの 確率は干渉するんだって。

でも、確率というのは大よそということではないか。偶然に大よそということになってしまったと、すましてしまっていいのだろうか？

今まで光とか電子が 粒と波どちら？ ということで

（普通の）

みんながんばってきたのに、それが の粒でも波でもない確率波で確率が干渉して波みたいな干渉模様になるなんて、

なんだか、だまされたみたいな気になる。

 それに、電子が粒としか考えられない霧箱の実験はどうなるんだ。

 霧箱の実験？…

 霧がおきるような箱をつくっておく。
電子？が出るようにしとく。
しばらくすると電子？が箱の中をヒューンと走って、
その後に、飛行機雲みたいな跡が見える。

これは電子が粒ってことの証拠にされていた実験だった。

ウ～ム、ムムム…。
若いハイゼンベルクは考えに考えた。

アインシュタインは言っていた…。

（理論があってはじめて観測ができる。）

 そうなの

たとえば、枕詞や古事記を見ていく時でも、ただやみくもに調べていっても混乱するだけ

青丹吉（あをによし）　奈良（なら）　足引山（あしびきのやま）

枕詞が、かかっている理由があるにちがいないとか、この神さまから生まれた子どもの神と、何か親子のつながりがあるにちがいないとか思って調べていくと、ちゃんとしたつながりが見えてくるんだ。

枕詞＝被枕詞

理論がないとはっきり見えてこないんだね。

そうだ!!

 霧箱の中に電子が飛んでいるのを見たと思っていたが、実は、電子が通って、できた霧粒を見てたのではないだろうか？

ふつうの波

ホースで水をまく時、そのままだと水はホースの幅ぐらいの太さ。

ホース口をせばめると水はパァッとひろがる。

幅がひろい→ひろがりが小さい
幅がせまい→ひろがりが大きい

反比例の関係だね

霧粒の中もそうだ。

霧粒を拡大してみると...

電子の確率の波がひろがろうとすると霧粒にあたって、霧粒のはばは電子に比べるととてつもなく大きいのでひろがりは小さくなる。

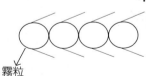
霧粒

結果は、あまり大きくならない。
ひろがりが大きくならないということだ。

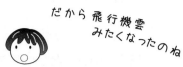

だから飛行機雲みたくなったのね

 波でもひろがらない波になっていたんだ!!

これが **不確定性原理**
$$\Delta x \cdot \Delta p_x \approx h$$
デルタ（あるはばのこと）　プランク定数だヨ!!
ズレみたいの

 あの有名な…

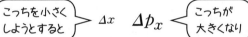

 どっちの幅もなくすことができないの？

 はhの幅より正確にはわからない。

そういう  を量子といいます。

 気がついたら、いつのまにか**量子力学**の世界にを入れてた〜!!

さらにもっとスゴイことになってしまった。

今までは、
見るということと、　見られるものの間には
境界線があった。

あたりまえだよね。

それなのに量子の世界では、

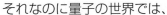

見るということが相手の状態を変えてしまうのだ。

つまり、確率なので、

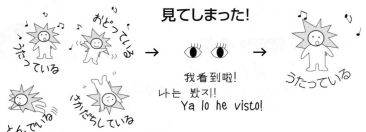

可能性がいくつかある状態　　　　　　１つの状態になってしまう

そして見た後にはじめて、

うたっていると言える!!

 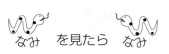

と考えてはいけない!!

みなさん、どう思います？

古典力学では、

　どのように説明できるかを、
人間が外から見て言っていた。

量子力学では、

　をどのように説明できるかを
内側から言う

と決定的に違ってしまったのだ。

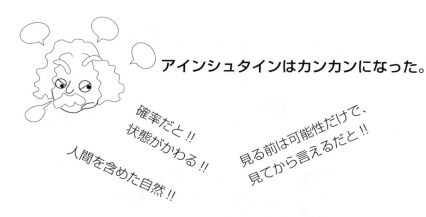

アインシュタインはカンカンになった。

確率だと!!
状態がかわる!!
人間を含めた自然!!
見る前は可能性だけで、
見てから言えるだと!!

けしからん、自然はそんなあやふやなものではない。
人間とかに関係なく何かの秩序があるに決まっている。
こうなったら私がそれを見つけてやる!!

と、死ぬまでこの考えを認めなかったのです。

たしかに変てこだもん…。 天才という人でもあたらしい考え方についていけないってのがあるんだね。

でもことばで説明できることしか私たちはわからないのです。

 でもさぁ、ヒッポでは… This is a pen. It's a pen.
ことば を外からやるんじゃなくて （文法とかスペル 発音などを教えてもらう）

 赤ちゃんという自然さんといっしょに
自分の中でどうなっていくのかを見ていくじゃない。

これって古典力学じゃなくて、量子力学だと思わない?

『量子力学の冒険』〜大まかな流れ〜

　量子の世界を　の世界で考えると

いっぱいあるよ。

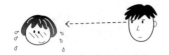　電車とかでふと視線を感じてドキッとする。

　家では歌っているのに、
みんなの前では歌わない。

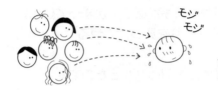　たくさんの人に見られると
緊張してモジモジしてしまう。

見るということが状態を変えてしまう。

　まるで見るということが
エネルギーをもっているようだ。　　

　　　　　　　　　　　　　　　　　　　　見る子ちゃん登場!!

1つ1つのことばの
細かい音　　　　　と　　　　　大波

1つ1つの細かい　　　大波がわからなくなる。
音を気にすると、

大波を気にすると、　細かい音はわからない。

不確定性原理だ！

　いろいろ考えてさがしてみるとおもしろいよ。
おもしろいのがあったら教えてね！

さいごに

どうでしたか？

量子力学が少しはなじんできた…
ますます量子力学のことを知りたくなった…
ヒッポがますますおもしろくなった…
トラカレっておもしろそうと思った…

わかっていくということが
わかってきて
本当におもしろいんだ

…なんて思う？

実は、これは私の希望です。
ハハハ…。

ことばがわかっていくのとまったく同じなのです!!

最後までつきあってくれてありがとう。
読みづらい所が多いけど、なにか、感想とかあったらぜひ
言ってね!!
これは細かい中身よりも私流に解釈していますので、けっこう片寄っているかもしれない。気にしないでね。

謝謝

第 1 話

Max Planck
and
Albert Einstein

光は何者だ！？

いよいよ「量子力学の冒険」に出発だ！

量子力学のそもそものきっかけは「光」の不思議な振る舞いであった。光は昔から「波」として説明されつくしていたが、何と「粒」であると考えなければ説明できない実験が次々と出てきたから大変だ！

光は「粒」なのか「波」なのか？？

この問題をめぐって物理学者たちは 30 年にもわたって大論争を繰りひろげていくことになるのだ。

1.1 さぁ、冒険に出発だ！

いよいよ量子力学の冒険に出発する時が来たね！みんなで協力して楽しい冒険にしよう。

ところでみんなはこの冒険のどんなところを楽しみにしてるの？

オレはやっぱり『部分と全体』の中で話されていることが一体何なのか、それが知りたいな。ハイゼンベルクとシュレディンガーの対決のところなんか「量子力学」の内容がわかるようになって読んだらきっとスゴイ迫力だと思うよ。

「量子」というものを説明する「ことば」を物理学者たちがどんなふうに見つけていったのか知りたいな。トラカレで研究していることも「人間のことば＝自然現象」だから物理のことばで説明できるようになるかもしれない。きっと何か秩序があるはずだよ。「言語(ことば)」にどんな秩序があるのかがわかったらノーベル賞もんだよね。

へー、みんなそれぞれにいろんなこと考えてるんだ。私なんかとにかく「量子力学」っていうのが全然わかんないから、この冒険で少しでも量子力学が身近になったらラッキー！って感じかな。

あのさぁ、基本的なことなんだけど・・・量子力学って物理学の中の１つでしょ？オレにはそもそもこの「物理」っていうのがよくわからなくってさぁ、実は高校の時から「何で物理なんか勉強しなくちゃいけないんだ！」って思ってたんだ。でもトラカレに入って、みんなといろいろなことをやっていくうちに気がついたんだ。もしかしたら物理ってこんなことじゃないかなって。みんなちょっと聞いてくれる？

▲ ハイゼンベルク Heisenberg, Werner Karl [1901-1976], ▲ シュレディンガー Schrödinger, Erwin [1887-1961]

物理学って何だろう？

　高校でやる物理って"おもりを付けたバネがどう動くか"とか"ボールがどう落ちるか"とか"惑星がどう動いているか"とかっていうのを数式を使って表すよね。でもそんな事知らなくってもキャッチボールはできるし、星だってちゃんと見えるでしょ？それなのに何でこんなに苦労して物理なんか勉強しなくちゃいけないんだろう、何で物理学なんてあるんだろうって思ってたんだよね。

　でも最近ふと気がついたんだ。物理学そのものの始まりってこんな感じじゃないかなぁ。

〈ある時、火がついた〉

ある時、偶然に火がついた。

人はその火によって魚を焼いたり、暖まってその便利さに気付いた。

しかし火はやがて消えてしまった。

人はどうしても火の便利さを忘れられないのであった。

〈再び火を〉

便利さが忘れられず偶然に火がつくのを待てなくなった。

自分の手によって火をつけてやろうと考えた。

そしていろいろ考えていくうちに再び火がついた。

そして再び焼き魚を食べることができた。

〈そしてみんなに説明する〉

そんな便利な物はみんなが知りたがる。

みんなにどうやったら火がつくか、説明する。

何度も火を起こしていると、火を起こすことについていろいろなことがわかってきた。

そしてどんどん発展して受け継がれていく。

例えば乾いた木がよく燃えるとか、火種は木と木をこすって作るとか、水をかけると消えてしまうとかね。

　今は火がなぜ燃えるかって全然不思議じゃないけど、昔はとっても不思議なことだったと思うんだ。でも、火があるととても便利だから人間はどうやれば火がつくか一生懸命考える。そうしているうちにだんだん必要なものとそうでないものがわかってきて、最後には"これとこれを用意して、こうすれば必ず火がつく"っていう一種の「法則」みたいなものを発見する。

　物理学ってきっとこんな身近にある不思議な現象を説明するところから始まったんじゃないだろうかって思ったんだ。

　そう思ったらその他の日頃常識となってあまり気にしないことでも、自然現象って"こうすれば絶対にこうなる"っていう自然の決まりがあるんだぁってことに気がついたんだ。その法則をどんどん見つけて説明していった結果が今の「物理学」ってものになっているんだよね、きっと。
　その説明の仕方もただのことばじゃなくて数式を使うんだ。数式って世界のどこの国の人でもわかる"共通のことば"だからね。
　そしたら何で高校の物理で"バネについたおもりがどう動くか"なんてことをやったのかが、やっとわかったんだ。

量子力学も物理学の中の1つだから、きっと「火がつく」っていうことと同じように考えればいいわけね。量子というものが起こす不思議な現象を物理学者さんたちがどのように説明していったか、それを数式で表したのが「量子力学」なのね。

数式って世界共通の「ことば」だもんね。

よし！それじゃあいよいよ量子力学の冒険に出発だ！

「量子」って何だ？

「量子」…このことばをはじめて耳にした時、ほとんどの人は

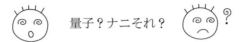

と思うのではないだろうか。

「量子」とは、あらゆる物質を構成している最小の単位のことである。

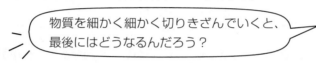

という疑問はすでにギリシア時代から考えられていたことだ。その頃は「原子」（ATOM）というものがあって、それが物質の最小単位であると考えられていた。そして近年になり、その原子が実際にあることが確かめられた。ところが最小の単位かと思われていた原子は、実は更に細かく分けられることが発覚したのである。

それが「量子」なのだ。

とはいっても「量子」という名前の1つの物質があるわけではない。物質を構成している最小の単位には電子、光子、陽子…というようにいくつもの種類があるのだ。つまり、「量子」とはそれらを総称した呼び名なのである。

すべての物質を構成している最小単位、それが量子なのであるから、量子とはいうまでもなく、とても"小さい"。しかも、それは現在の技術をもってしても決して見ることができないほど小さいのである。

"量子は目で見ることができないのだ！"

「量子力学」とは、そんな目では見ることができない量子が自然の中でどう振る舞うのか、それを数式という「ことば」を使って記述しようとしたものである。

でも"目に見えないものを記述する"って一体どうするわけ？だいたい見えないのに、どうしてあるっていうことがわかるの？

確かにその通りである。"見えないのにある"――どうしてそんなことが言えるのだろうか。

目に見えないものを記述する？!

　こういう時は身近なもので考えてみると案外イメージがつかめたりするものだ。例えば、ある人からプレゼントをもらったとして、箱を開けずに中身を当てるためにはどうすればいいかということを考えてみよう。

　箱の大きさや持ってみた重さの加減からいろいろ考える。

　振ってみてどんな音がするか聞いてみる！

　臭いをかいでみる。

　そうか！実際に中身がわからなくても持ってみたり、振ったりしてみてその重さや音なんかから中身を想像してみることができるわけか。

　確かに量子は直接目で見ることはできない。しかし、実験などでそれが引き起こす様々な現象（例えば電子の働きによって電流計の針が動く様子など）は見ることができるのである。
　物理学者はそういった現象を詳しく観察し、直接目では見ることのできない量子がどんなものであるかを記述しようとしたのである。
　"目に見えないものを記述する" というのは、何も量子の世界に限ったことではない。我々だって、誰もいないのに勝手に扉が開いたら「風の力によって」などと説明するように、日常的にもよくやっていることなのである。物理学の中でも、特に熱・統計力学は、目に見えない "小さな粒（分子）" を想定することによって大成功を収めたのであった。

　さて、これで "見えないものを記述する" ということが一体どういうことなのか、だんだんとわかってきた。何もズバリ目に見えるものがいろいろな条件によってどうなるか、ということばかりを説明するのが物理学ではないのだ。たとえ目には見えないものでも、それが引き起こす様々な現象があれば、そこから見えないものがどうなっているかを想像して、説明することだってできるのである。

　なるほど、量子力学もそうやって説明されていったんだ。

　でも量子力学ができるきっかけっていうのは一体どんな事だったんだろう？きっと今までには見た事もないような不思議な現象だったんじゃないかな？

　きっとそうだよ。そこで物理学者たちはそれを説明するのに "量子" というものを考えた。そしたらうまく説明できてしまったっていう感じじゃない？

第1話　光は何者だ !?　51

ところが実際はそうでもないのである。

　量子力学ができるもともとのきっかけとなったのは、実はもうすでにわかりきっていると思われていた

ひかり

光

だったのである。

光は何者だ !?

　太陽の光や電灯の光、そしてろうそくの光など、私たちは普段 "光" に囲まれて生活している。それどころかそもそも「物を見る」ということは、光がなければできないことなのである。だから、光のない生活なんていうのは、私たちにとってもはや考えられないのである。

　こんな身近なものが量子力学のきっかけになったなんて「意外 !!」と思った人もいるのではないだろうか。それにさっき "量子は見えない" と言ったばかりなのだから「光は見えるじゃん！」と反論する人もいるかもしれない。

　確かに私たちは毎日光を見ている。しかし、

　　じゃあ光ってどんな形をしているの？

とか

　　光はどんなふうにして目まで伝わってくるの？

という質問に答えられる人はいるだろうか。

　そうなのだ！実は光そのものの姿を見た人は誰もいないのである。光とは「見えているのに見えない」という世にも不思議なものなのだ。

　そんな不思議な「光」をそれまでの物理学者たちは、どんなふうに説明していたのだろうか。

オー

光は波動である

　量子力学が完成するまでの物理学、つまり「古典物理学」においては、光は "波" であるとして説明されていた。

　　光は "波" !?

　なぜそう考えられていたのかというと、光は**干渉**するからなのである。

　干渉とは、水面に立った2つの波がぶつかりあって起こす誰もが知っているあの現象のことである。

　先ほど述べたように、光は直接そのものの姿を見ることはできない。ところが、ある実験をすると確かに光が干渉している様子を見ることができるのだ。つまり光は私たちの知っている海の波などと同じように伝わってくるということがわかったのである。

　これがはっきりと確かめられたのは、19世紀の初めに行われた「スリットの実験」によってであった。

1.2 スリットの実験

この実験は、1807年にイギリスの物理学者ヤングによって行われたものである。
実験装置は簡単に描くと次のようなものであった。

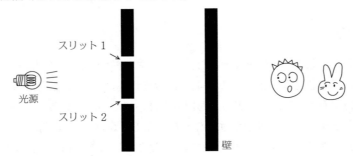

「スリットを通り抜けた単色の光は、向こうの壁にどのように映るか」

これを調べるのが「スリットの実験」である。この実験をすると「波であるか、そうでないか」を確かめることができるのだ。

波の干渉

光で実験してみる前に、まずは"干渉する"ということがどういうことかを実際に目に見える波を使って見てみよう。

水の入った水槽に、図のようなスリット（細長い切り口の穴）が2つある板を立てる。

次に、水に浮かべた"浮き"をある一定の間隔で振動させて、波を立たせてみよう。

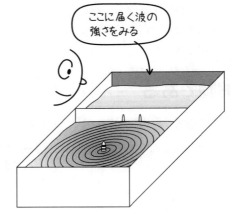

するとその波はスリットを抜けて向こうの壁まで到達する。

さてこの時、壁に到達した波の**強度**はどのようになっているだろうか。
この「波の強度」を調べるのがスリットの実験なのである。

波の強度とは文字どおり波の強さのことで、これは「波の高さ（振幅）」によって決まる。つまり、高い波ほど強度は大きく、低い波ほど小さくなるのである。

ヤング Young, Thomas [1773-1829]

なるほど！海の波でも高波ほど威力があるもんね！

実験は結果をわかりやすくするために、次の3パターンに分けてやってみる。

①スリット1だけを開けた場合
②スリット2だけを開けた場合
③スリットを両方とも開けた場合

《① スリット1だけを開けた場合》

スリット1を通り抜けた波が壁に到達する時、強度が最も大きくなるところはスリット1のちょうど正面、つまりAの位置である。なぜなら波は進む距離が長くなると、だんだん弱くなっていくからである。したがってその強度をグラフに表すと左図のようになる。

《② スリット2だけを開けた場合》

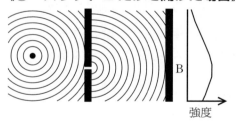

これは①の場合と同じである。今度はBの位置に到達する波の強度が最も強く、スリット2から離れたところほど弱くなっていく。

《③ スリットを両方とも開けた場合》

さぁ、2つとも開けた場合はどうなるだろうか!?

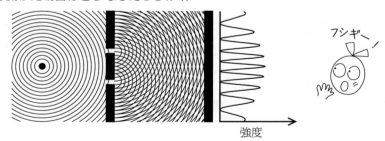

なんと！こんな複雑なグラフになってしまった。

スリット1、スリット2のそれぞれから出た波が 干渉している のだ！

スリットのところから見える放射線状の筋、これが干渉模様なのである。

これは、波同士がぶつかった際に「たし算」され、強めあったり、逆に打ち消しあったりするからである。

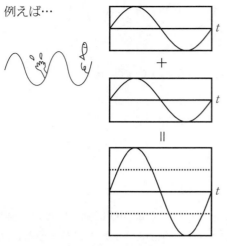

全く同じ波の時は、たされた波は2倍の高さ（振幅）で振動するようになる。

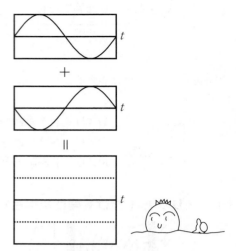

半周期分ずれた波の時は、打ち消しあってしまい、全く波が立たないという状態になってしまう。

「光」の干渉を見てみよう！

さぁ、それではいよいよ光の干渉を見てみよう。トラカレでは実際にレーザー光線を使って実験してみた。レーザー光線は単色の光を発射できるので、この実験にはとても適しているのである。

《レーザー光線を使った実験》

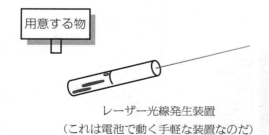

レーザー光線発生装置
（これは電池で動く手軽な装置なのだ）

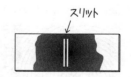

スリットの入ったガラスの板
（ライターであぶりススを付けて、カッターで2本線を入れる）

さぁ、これで準備完了である。レーザー光線をスリット入りのガラスに向けて発射してみよう！スリットを通ったレーザー光線（光）は、向こうにある壁にどんなふうに映るだろうか？

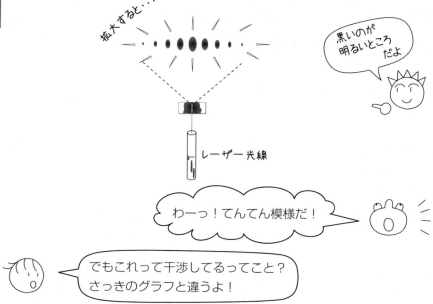

　このようにスリットの実験の結果、確かに「光は波」であることが確かめられた。
　「光＝波動」説はこのヤングの実験以後、約100年間に渡って定説となった。その間完成されたマックスウェルの「電磁気学」は、まさにこの「光＝波動」説の集大成とも言えるものである。
　「電磁気学」の完成によって、光が波であることはますます疑いようの無いものとなっていった。

　ところが！1900年12月、こんなにはっきりと確かめられたはずの「光＝波動」説が、たった1つの実験によってガラガラと音をたてて崩れていくことになってしまう。しかもその実験を説明する数式の意味は、私たちが知っている今までのどの理論にも当てはまらない奇妙なものだったのだ。
　物理学者たちは、この実験のおかげで再び振り出しに戻って考え直さなければならなくなってしまったのである。

　これが新しい理論「量子論」の誕生へとつながっていったのだ。

▲ マクスウェル Maxwell, James Clerk [1831-1879]

1. 3 プランクさんの苦悩

「光＝波動」説が崩れるきっかけになってしまった、たった1つの実験。それは、「空洞輻射」と呼ばれる実験である。

19世紀の終わり、この頃の物理学はもう最終段階にさしかかっていると思われていた。今ある理論、すなわちニュートン力学とマックスウェルの電磁気学（これらは「古典理論」と呼ばれている）を使えば、説明できないものはないと信じられていたのだ。

あと「空洞輻射の問題」と「原子の問題」の2つだけがまだ解決されずに残されていたが、どう考えても、これらも時間の問題と思われた。

この節の主人公であるマックス・プランクは、「空洞輻射」の問題にもう4年間も取り組んでいた。

プランクは、1858年ドイツのキールに生まれた。先祖代々、法律家や神学者という家系の元で育った彼は、まさに“実直”ということばがピッタリの、真面目で保守的な男であった。また、「古典理論の従順な信者」としても有名なプランクは、「エネルギー保存の法則」に魅せられて、この物理の世界に入ったという。

彼は中学、高校ともに抜群の成績で卒業し、1885年からは若くしてキール大学に教授として招かれ、「熱力学」の第一人者といわれるまでに成長する。しかしその地味な性格からか、まだ世の中をアッと言わせるような大発見はなく、地道に研究を続けていたのであった。

そんな彼に大きなチャンスが訪れた。今までだれも説明できなかった「空洞輻射」の問題を解くことに成功したのである。これが彼を一流の物理学者へと押し上げるきっかけとなっていった。

ところが、当のプランクは、自分の出した結果には不満足だった。なぜなら彼の作った理論は、皮肉にも彼の信じていた「古典理論」では絶対に説明できない奇妙な理論となってしまったからである。彼は、自分の作った理論に悩み、何度も何度も計算し直してみた。しかしそれ以外の方法では、絶対に説明することはできなかったのである。

これが、まさか「量子力学」の扉を開ける結果になろうとは、プランク自身はもちろんのこと、一体誰が想像しただろうか。

🐾 プランク Plank, Max Karl Ernst Ludwig [1858-1947]

空洞輻射の問題

「空洞輻射」の問題とは、鉄などでできている中が真空の箱を熱した時、箱の中にはどんな「光」が充満するかというのを調べる実験のことである。

この箱を40度に熱すると、中の温度はどうなるだろうか？

それでは、中に水が入っていたらどうだろう？
中の水は、箱から熱をもらい40度まで温度が上がる。水に熱が伝わっているのだ。
真空の空間には何も入っていないので熱は伝わる事ができないと思ったら大間違い。真空でも熱は伝わるのだ。
何が熱を伝えるかというと、それは 光 なのだ。

これは日向ぼっこができるということと関係がある。暖かい光を絶えず送り続けている太陽と、私たちが日向ぼっこをしている地球の間には1億5千万キロメートルもの真空の空間"宇宙"が広がっている。でも光は何の問題もなく地球に太陽からの熱を運んでくるのである。

「空洞輻射」の実験は、"鉄釘を火で熱していくとやがて光りはじめる"という現象を知っているとわかりやすい。

鉄釘は火で熱するとはじめは赤く光りだす。もっと火を強くしていくと釘からでる光の色はオレンジ色になっていき、もっともっと強くするとだんだん白っぽい光になっていくのである。

「空洞輻射」の実験では、鉄釘の代わりに"鉄でできた箱"を熱する。
するとこの箱は、やはり鉄釘と同じように光りだすのである。

さて、箱が光ると中の空間はどうなるだろう。そう！光が充満するのである。この時、充満する光は先ほどの鉄釘と同じように、やはり温度によって様々な色に変化するだろう。空洞輻射では、この"温度によって変わる光"が問題となる。

つまり「空洞輻射の問題」とは、

> いろいろな温度の時に、箱の中にはどんな光が充満するか

というのを正確に調べ、そしてなぜそうなるのかを説明することなのである。

スペクトル

この箱の中の光のことを正確に表すには、どうしたらよいのだろうか？
実はそれは「スペクトル」という方法を使えば、簡単に表すことができるのだ。

スペクトルってなあに？

スペクトルっていうのは複雑な波の特徴が一目でわかるグラフのことだよ。複雑な波は、実はいろんな単純な波がたし合わさってできているんだ。だから単純な波がどのくらいの分量で入っているかで、その複雑な波のことがわかるんだ。

そうか、そういえば光も波だったもんね！だから光の場合もスペクトルを調べてみれば、その特徴がよくわかるってわけね。

でもそんな"特徴が一目でわかる"グラフってどんなのだろう？

これは「フーリエの冒険」でもおなじみの"ミックスジュース"の例で考えてみるとよくわかる。
A社、B社、C社のそれぞれのミックスジュースは、含まれている材料は全く同じなのに、全然違った味がする。
さて、この味の違いは何だろう？

わかった！含まれている材料の"分量"がそれぞれ違うんだ！

その通り。それでは、その"分量"の違いをグラフにして見てみよう。

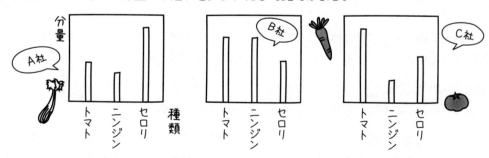

これがスペクトルである。この方法を使うと、「全体の中のどこに特徴があるのか」が一目でわかるので、とても便利なのだ。

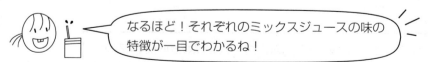
なるほど！それぞれのミックスジュースの味の特徴が一目でわかるね！

さて、それでは本題の「光のスペクトル」に話を戻そう。
「光」は波なのだから、そのスペクトルは"たし合わさっているそれぞれの単純な光の波の分量"をグラフに表せばいいのだ。

光の波の分量？ あんまりピンとこないなぁ

　実はこの「光の波」というのは、普段私たちが見ている光の「色」のことで、その「分量」とは、光の「明るさ」のことなのだ。
　光は普通たくさんの色の光が微妙に混ざりあっていて、それがまるで1つの色であるかのように私たちの目に見えている。だから光のスペクトルを表したい時は、

「調べたい光の中には、どんな色の光がどのくらい含まれているのか」

ということがわかればいいのである。
　これを調べる方法は簡単である。"プリズム"を使えばいいのだ。プリズムを使って光を分解するという実験は、小学校の時に誰もが一度はやったことがあるに違いない。太陽の光などをこのプリズムに通すと、虹のようなきれいな7色の光に分かれる。これこそ「光のスペクトル」なのだ。

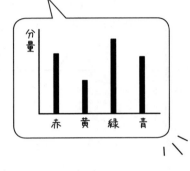

　赤から紫まで変わっていくあのきれいなグラデーションは、実は光の波の「振動数」の順に並んでいて、そしてその振動数ごとの「分量」は、"色の明るさ"によって表されているのである。

　太陽の光などは、一見すると白1色かな？と思ってしまうが、実はありとあらゆる色の光がほぼ均等に混ざり合っていて白っぽく見えているのだ。プリズムによって分かれた光が7色に見えるのは、これは人間の感覚のせいであって、厳密には分かれた色の数は"無限大"である。

　「光のスペクトル」は実はプリズムを使えば簡単に見れることがわかったが、物理学ではもう少し正確に測るために"分光器"という機械を使ってスペクトルを表す。
　といっても別に難しく考えることはない。原理はプリズムと同じなのだが、ただ分かれた光の「振動数」や「分量」が、実際に"数字"として見られるようになっているのだ。

波の振動数と光の色

"細かい波"や"ゆったりとした波"、ひとくちに「波」といっても波には、いろいろな種類の波がある。こういったいろいろな種類の波が、一体"どんな波なのか"というのを物理学では「振動数」ということばを使って区別する。

「1秒間に、波が何回うねっているか」

これが「振動数」である。
具体的に図に描いて見てみよう。

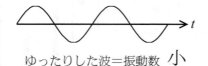
ゆったりした波＝振動数 小

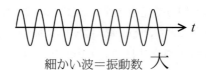
細かい波＝振動数 大

この「振動数」は、一般的に"ν（ニュー）"という記号を使って表される。
だから、これから出てくるたくさんの数式中に"ν"という記号を見つけたら、

あ、これは振動数のことだな

と思えばいい。

ところで「光」の場合は、振動数は「色」に直結している。私たちは振動数の違いを、色の違いとして認識しているのだ。例えば、振動数の小さい光は赤色っぽく見え、振動数の大きい光は紫色っぽく見える。

赤、青、黄色など、私たちが普段感じることのできる光は、実は「可視光線」といって光の中のほんの一部分に過ぎない。私たち人間には"感じることのできない光"というのもあって、紫外線や赤外線、あるいは、エックス線やガンマ線などがこれにあたる。ラジオやテレビなどの"電波"も見えない光の一種で、これらの電波は振動数がとても小さい。（といっても、FMラジオなどは81.3MHzとか82.5MHzなので1秒間に8000万回くらいは振動しているのだ）

箱の中の光はどんなスペクトルになるのだろう⁉

　実際に「空洞輻射」の実験をしてみると、箱の中にはどんな光が充満するのだろうか。まずは、箱の中の温度が4000度の時のスペクトルを見てみよう。

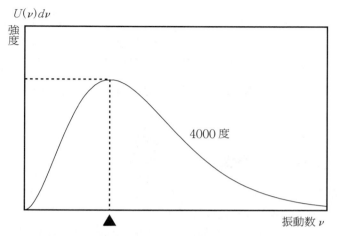

　このグラフは、横軸が「振動数」、たて軸はその振動数の波の「強度」である。このスペクトルを見ると、4000度の時は▲で示された付近の振動数の波がいちばん強いということがわかる。

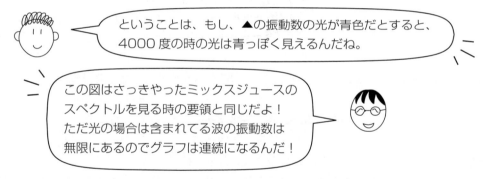

ということは、もし、▲の振動数の光が青色だとすると、4000度の時の光は青っぽく見えるんだね。

この図はさっきやったミックスジュースのスペクトルを見る時の要領と同じだよ！ただ光の場合は含まれてる波の振動数は無限にあるのでグラフは連続になるんだ！

　箱の中の光は温度によって変化するので、これ以外の温度の時には、当然今とは違ったスペクトルになる。

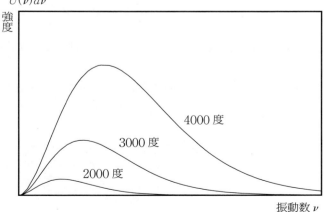

このように、「空洞輻射」の実験をすると、温度によって様々なスペクトルを観測することができるのだ。

さて、問題はこれからである。私たちは、今度はこの実験結果を説明することばを見つけなければならないのだ。即ち、

> 温度によって、なぜそういうスペクトルになるのか

ということを考えなければならないのだ。それができた時はじめて「空洞輻射」の問題を説明したことになるのである。

レイリー・ジーンズの理論

その頃の物理界の大御所といわれていたレイリーとジーンズは、すでに完成していた古典理論を使って、この箱の中の光を説明しようとした。

「古典理論」は、「熱」や「光」に関することもうまく説明できる理論だったので、この場合も当然うまく説明できると考えたのである。

つまり「古典理論」を使うのは当たり前ってわけね！

そして箱の中の光のスペクトルを表すことのできる1つの公式を導きだしたのである。

$$U(\nu)d\nu = \frac{8\pi\nu^2}{c^3}kTd\nu$$

これは彼らの名をとって「レイリー・ジーンズの公式」と呼ばれている。

見たこともないような記号がたくさん並んでいるので、一瞬クラッときてしまう人もいるかもしれないが、細かいところはとりあえずは気にしなくてもいい。

とにかくこの式は、

"ある温度の時に、箱の中の光のスペクトルはどうなっているか"

ということを表しているのだ。そしてそのスペクトルは当然実験から得られるスペクトルと一致するはずであった。

ところが！ ここで大変なことが起きてしまう。完璧なはずのこの公式を使って実際にスペクトルを表してみると・・・

▲ レイリー Rayleigh, Lord John William Struff [1842-1919], ▲ ジーンズ Jeans, Sir James Hopwood [1877-1946]

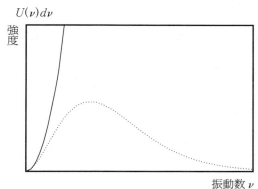

実線：レイリー・ジーンズのグラフ
点線：実際の実験から描いたグラフ

なんと！実験から得られるスペクトルとは、似ても似つかないスペクトルになってしまうのだ。

困ったのは当時の物理学者たちである。
なぜなら古典理論はもうすでに完成された理論なのだから、これを使えば当然完璧な結果が得られるはずだったからである。現に、これ以外の熱に関する現象は、古典理論で全てうまく説明できていたのだ。それなのになぜこの「空洞輻射」の実験だけはうまくいかないのだろうか。

エネルギー等分配の法則

それではここで、「レイリー・ジーンズの公式」が古典理論の法則からどのように作られたのかを見ていこう。
レイリーとジーンズが使った古典理論の法則は、

$$\langle E \rangle = \frac{1}{2} kT$$

という数式で表される。
この式はオーストリアの物理学者 L. ボルツマンによって発見された法則で、「エネルギー等分配の法則」と呼ばれている。読んで字のごとく、エネルギーは平等に配られるという法則である。

この式に使われている"記号"について、もうちょっと詳しく見てみよう。

$\langle E \rangle$ ・・・エネルギーの時間平均

k ・・・定数

T ・・・温度

この「k」は"ボルツマン定数"といって、1.83×10^{-15}［エルグ／度］という数なのだ。

$\frac{1}{2}$ も k も定数、つまり決まった数である。ということは、この式は

エネルギー $\langle E \rangle$ は温度 T のみによって決まる

ということを表しているのである。

▲ ボルツマン Boltzmann, Ludwig Eduard [1844-1906]

T が大きくなれば $\frac{1}{2}kT$ も大きくなり、T が小さければ $\frac{1}{2}kT$ も小さくなる。何の事はない。温度が高ければもらえるエネルギーは大きく、低ければもらえるエネルギーが小さいということなのだ。

"エネルギー" っていうけど、一体何のエネルギーなの？

ボルツマンによれば、この答えは「分子」ということになる。

ボルツマンの出発点は、"この世のあらゆる物は全てこの「分子」という小さな粒が集まってできている" と考えたことである。

この考えが特に威力を発揮したのは、「熱」に関することであった。ボルツマンは、「熱」はこの「分子」の運動によるものであると考えたのである。この読みは見事に的中し、まだ説明されていなかった自然現象を次々と明らかにしていった。

ところでこの「エネルギー等分配の法則」はニュートン力学の考え方によって成り立つ法則である。つまり、分子の運動がどうなっているのかを計算する時は、分子1つ1つにニュートン力学をあてはめていくのである。ところがここで問題が1つ出てくる。物を構成している分子の数はとてつもなく膨大なのである。1億とか1兆なんてものではない。もっともっと多いのだ。

そんな膨大な数の分子1つ1つの動きを考えていたらどうなるだろう。これはもう一生かかっても答がでないほど大変である。

そこで活躍するのがボルツマンが使った「統計」という方法なのだ。

「統計」というのは、テストの平均点を出したり学年の平均身長を出したりするあのやり方である。

ボルツマンはこの統計を使うことによって、膨大な数の分子の振る舞いを記述することに成功したのだ。これが「統計力学」である。

こうしてできあがったのがボルツマンの式

$$\langle E \rangle = \frac{1}{2}kT$$

なのだ。

この式の左辺 $\langle E \rangle$ は、エネルギーはエネルギーでも

時間平均された分子のエネルギー

なのである。

分子のエネルギーは、細かく見ればその時その時で値が違うので、いちいちその変化を見ていたのではあまりにも大変である。そこで「統計」という考え方を使って平均値をとり、そこから分子のエネルギーを知ろうというわけなのだ。

でも気を付けなければならないのは、ここでいう「分子のエネルギー $\langle E \rangle$」とは、分子の粒1つのことではなく、分子1個のもつ「自由度」1つに対してのエネルギーということなのである。

自由度

空間の中をどれだけ自由に動くことができるか

これを表す数、これが「自由度」である。

といってもこれだけではピンとこないので、実際に1個のボールのような分子「1原子分子」の自由度を考えてみよう。

一見まったく自由に動き回ってるように見えるボールが何回の命令で動けなくなるか調べてみよう。動けなくなるということは、自由がなくなったということである。

ボールがあれば簡単にわかるのでみなさんも一緒にやってみてほしい。

ボールは最初まったく自由なので好きなように動かすことができる。

さあ、さっそくこのボールに命令しよう。

今まで自由に動いていたボールがテーブルのような平らな物の上を動いているようなそんな動きになるはずだ。

次の命令である。

こんどは前後にしかに動けなくなる。

これでもうこのボールは少しも動く事ができなくなった。

3回の命令でボールは動けなくなったということは、今まで3つの方向に自由に動いていたことになる。

 つまり自由度は 3 だ！

分子は、それがいくつの原子によって構成されているのかで形がいろいろ変わってくる。たとえば2つの原子でできている「2原子分子」は、ちょうど鉄アレイのような形をしているし、「3原子分子」以上になると原子のつながり方によって形は様々である。形が違えば動き方も違ってくるので、そうなれば当然自由度の数も違ってくる。

自由度の数は、分子の形によって決まるのだ。

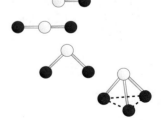

エネルギー等分配の法則では、この自由度1つ1つに $\frac{1}{2}kT$ のエネルギーが分けられる事になるので、ボールのような分子にはこの $\frac{1}{2}kT$ が3自由度分、つまり

$$\langle E \rangle = 3 \times \frac{1}{2}kT = \frac{3}{2}kT$$

のエネルギーが分配されることになるのである。

波に分配されるエネルギーはどうなっているの？

そうか、「エネルギー等分配の法則」には、自由度がすごく関係しているんだね。それがわかればエネルギーがわかるってことか。

うん、でも今やったのは「分子1個に与えられるエネルギー」だったんじゃない？ 光って波だったよね。

え!! じゃあ「波1個に与えられるエネルギー」っていうのがあるのかな？
分子1個というのは、波でいうと何に当たるんだろう？

ボルツマンは、物は分子の集まりだって考えたわけだから・・・。
わかった！「単純な波」じゃない？

　物を構成する基本的な単位が分子なのだから、波の場合でそれに対応するのは「単純な波」なのだ。単純な波が集まってできた複雑な波、それが「物」に対応していると考えることができるのである。

1個の分子の場合は、自由度1つ1つに対して、$\frac{1}{2}kT$ のエネルギーが与えられていたけど、単純な波の場合のエネルギーはどうやって考えるの？

　波の場合には、行ったものを引き戻す力が働く。つまり、波は上がったら必ず下がらなければならない。そうでなければ波にはならないのだ。その力の源となるのが"位置エネルギー"と呼ばれるものなのだ。
　分子の場合は"運動エネルギー"だけを考えれば良かったが、波の場合は運動エネルギーと位置エネルギーの両方を考えなければならない。
　その両エネルギーを足し合わせたものが、波のエネルギー全部になるんだ。

じゃあ、単純な波の場合のエネルギーは、運動エネルギーと位置エネルギーの両方に分配されるから、

$$\langle E \rangle = \frac{1}{2}kT \text{（運動エネルギー）} + \frac{1}{2}kT \text{（位置エネルギー）}$$
$$= kT$$

ってなるってことだね。

運動エネルギーと位置エネルギーの時間的な平均値は、実は同じなので、どちらにも同じ $\frac{1}{2}kT$ が分配されるんだね。

これが1つの波のエネルギーなんだね。

波の数と自由度

ねぇ、でも単純な波にはいつも kT ずつエネルギーが分配されるんだったら変なことにならない？
スペクトルって単純な波ごとの光の強さ、つまり"振動数ごとのエネルギー"を表したグラフだったよね。だったらこんなふうに平になるんじゃない？

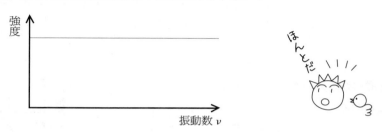

ところが実際はそうはならないのだ。
1次元の波なら確かに上図のような一直線のスペクトルになるのだが、先ほど述べたように光は3次元の波なのである。3次元になると、それぞれの波は同じ強さでも振動数によってその波が「まばらなところ」と、「密集しているところ」があるのである。

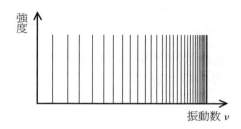

プリズムによって光のエネルギーを測る時には、波の間隔が十分大きい場合には、波1本1本の波の強度を測ることができる。しかし空洞の中の光の場合、波の間隔はとても小さいのだ。だから1本1本の波のエネルギーを測ることはできず、近くのいくつかの波のエネルギーが合わさったものがわかるだけなのだ。

プリズムにも精度があるってことだね。

そうなると、波がまばらなところはプリズムで測ったエネルギーは小さくなるし、密集しているところは大きくなる。だからこの場合、いろいろな振動数で波がどのくらい密集しているか、つまり波の「密集度」を調べなければならないことになるのだ。

でも、波の密集度なんて、どうやって調べるの？

そんなの簡単だよ。ある幅をとって、その中の波の数を数えればいいんだ。

でも密集度は振動数によって変わってしまうわけだから、その幅は小さくなければいけないよね。

そうなのだ。その幅を $d\nu$ として、ある振動数 ν と $\nu+d\nu$ の間の波の数を数えればいいのである。
1次元の場合には、振動数によって波の密集度は変わらないので「等間隔」になる。つまり、平らなスペクトルになるのだ。しかし空洞輻射のように3次元になると、そうはいかない。
いきなり3次元は難しいので2次元で考えてみると

このように、方向が2つになるため、振動数が増えると波のパターンがどんどん増えていくのだ。

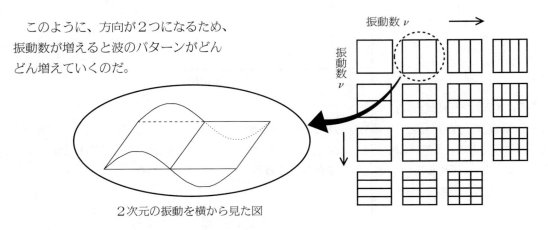

2次元の振動を横から見た図

3次元の場合は、方向が3つになるのでパターンの増え方は更に激しくなるのだ。
実際にはこの密集度はすでに調べられていて、

$$\frac{4\pi\nu^2}{c^3}d\nu$$

となることがわかっている。c は光の速度である。

うーん、なんかよくわからないけど、とにかくある小さい幅 $d\nu$ の中にはこれだけの数の単純な波があるってことね。

この式を見てわかるように、振動数が大きくなるにつれて波の密集度は振動数 ν の2乗に比例して大きくなっていくのだ。

さらにここで、もう一つ考えなければならないのが、波の自由度だ。

光は「横波」と呼ばれる3次元の波で、
それは進行方向に対して「**上下に振動する波**」と「**左右に振動する波**」の2種類があるのである。この2種類を決めてあげれば、あとはこれらの足し合わせで「ななめに振動する波」も表すことができるので、波の動きを全て表すことができるのだ。

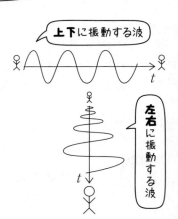

というわけで、この場合の密集度は最終的にさっきの式に自由度「2」をかけた

$$\frac{8\pi\nu^2}{c^3}d\nu$$

となる。

これがわかれば、あとは簡単だ。プリズムによって測られるエネルギーを求めるには、

（波の密集度）×（1つの波のエネルギー）

とすれば良い。

この「プリズムによって測られるエネルギー」を $U(\nu)d\nu$ とかく。

「1つの波のエネルギー」は、古典理論により kT だったのだから、上の式を数式でちゃんと書くと

$$U(\nu)d\nu = \frac{8\pi\nu^2}{c^3}kTd\nu$$

ということになる。これが箱の中の光のスペクトルを表す式である。

やった！レイリー・ジーンズの公式が導き出せた！

でも、ちょっと待った。この式って、「空洞輻射のスペクトル」とは似ても似つかないものを表しているんじゃなかったっけ？

あっそうか。そうだったね。でもなんでだろう？こんなにちゃんと計算してきたのに。

自由度の考え方に問題はなかったし・・・。

じゃあ、エネルギー等分配の法則がいけなかったのかなぁ。ということは、「古典理論」に問題があるの？

そんなことはありえない。なぜなら古典理論は今まで解明できなかった自然の振る舞いはなかったのである。

古典理論が間違っているはずがない！

当時の物理学者たちは、当然そう思った。いや、そう信じたという方が正しいかも知れない。何しろエネルギー等分配の法則が使えないということは、空洞輻射のスペクトルを理論的に求める手段が何もなくなってしまうことになってしまうのだ。

きっと今まで考えにいれてなかった光の微妙な振る舞いを見逃しているに違いない。物理学者たちはそう信じて、光の隠された微妙な振る舞いを一生懸命さがしたのである。

しかし、こうした考えは決してうまくいくことはなかったのであった。

ウィーンの公式

　そんな時にドイツの物理学者ウィーンという人が、空洞輻射のスペクトルを表せる新しい式を発表した。彼は今までの理論にとらわれず彼自身の新しい理論を作ったのである。

　ウィーンの理論は、ある温度の時のスペクトルからそれ以外の温度の時のスペクトルを予測するという方法から作られたものであった。彼はこうしたたくみな方法を使うことによって、どんな温度の時にも実験に合うようなひとつの公式を導き出すことに成功したのだ。

　この理論によると、自由度ごとに分配されるエネルギー $\langle E \rangle$ は今までのように温度 T だけでなく、振動数 ν によっても変わるようになる。

$$\langle E \rangle = \frac{1}{2} kT \quad \text{（今まで使われていたエネルギー等分配の法則の式）}$$

$$\langle E \rangle = \frac{k\beta\nu}{e^{\frac{\beta\nu}{T}}} \quad \text{（ウィーンの公式）}$$

　この式から実際にスペクトルを表す式 $U(\nu)d\nu$ を求めると

$$U(\nu)d\nu = \frac{8\pi\nu^2}{c^3} \frac{k\beta\nu}{e^{\frac{\beta\nu}{T}}} d\nu$$

になる。

　式の中の β は定数で、これを適当に決めると実験から求められるスペクトルとよく一致するというのである。

　では、この式が本当に実験からでたスペクトルと一致するかどうかを見てみよう。

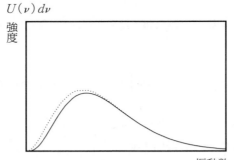

実線：ウィーンのグラフ
点線：実験から出たグラフ

　振動数 ν が大きいところでは実験から出たスペクトルと完全に一致している。ところが、振動数の小さいところはほんのちょっとずれているのだ。

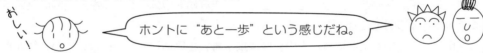

　こうしてウィーンの理論は、おしくも空洞輻射の問題を完全に解決するまでには到らなかったのであった。

👤 ウィーン Wien, Wilhelm Carl Werner Otto Fritz Franz [1864-1928]

プランク登場！

　古典理論を使ったレイリー・ジーンズの公式は実験結果と合わないし、自分で理論まで作って出したウィーンの公式は振動数の大きいところでしか合わないことがわかってしまった。
　物理学者たちはウィーンの公式に代わる新しい公式を見つけなければならなくなってしまったのだ。
　そこでこの節の主役である

　　　　　マックス・プランクの登場だ！　　（わたしがプランクだ）

　プランクはこの「空洞輻射」の問題に、もう4年も前から取り組んでいた。真面目で努力家のプランクは、奇抜な発見や新理論には無縁であったが、レイリー・ジーンズやウィーンの失敗を横目に見ながらコツコツと研究を続けていたのだ。

　そんなプランクであったが、レイリー・ジーンズとウィーンの公式から出てくるスペクトルを見ている時、ある良いことを思いついたのだ。

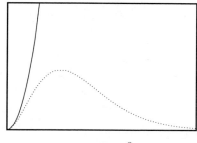
レイリー・ジーンズ
$$U(\nu)d\nu = \frac{8\pi\nu^2}{c^3}kTd\nu$$

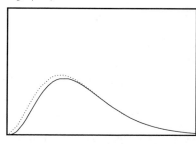
ウィーン
$$U(\nu)d\nu = \frac{8\pi\nu^2}{c^3}\frac{k\beta\nu}{e^{\frac{\beta\nu}{T}}}d\nu$$

ん!? レイリー・ジーンズの公式、これは全然トンチンカンな式だと思っていたが、よく調べてみれば振動数 ν が非常に小さい時だけは実験の結果とピッタリ一致しているではないか！

それにウィーンの公式は振動数が大きい時だけ一致する！
うーむ・・・そうだ！この2つの式をうまくつないだような式が作り出せたら、もしかすると空洞輻射のスペクトルをうまく説明できるかもしれないぞ！

　プランクの大躍進が始まったのは、この時からである。プランクは2つの式をつないだ式を見つけるために、日夜研究に取り組んだ。
　そしてついにウィーンの公式を見直している時に、その式を作り出すことに成功したのだ！

　それがこの式である!!
$$\langle E \rangle = \frac{k\beta\nu}{e^{\frac{\beta\nu}{T}}-1}$$

プランクは、自由度ごとに分配されるエネルギーを前の式のようにすればうまくいくことを発見したのだ。

この式を使うと、スペクトルを表す公式は次のようになる。

$$U(\nu)d\nu = \frac{8\pi\nu^2}{c^3} \frac{k\beta\nu}{e^{\frac{\beta\nu}{T}}-1} d\nu$$

ねえねえ、この式さっき出てこなかったっけ？

ウン、「ウィーンの公式」と似てるね！
ちょっと見くらべてみよう。

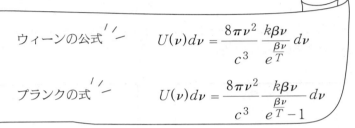

ウィーンの公式　　　$U(\nu)d\nu = \dfrac{8\pi\nu^2}{c^3} \dfrac{k\beta\nu}{e^{\frac{\beta\nu}{T}}} d\nu$

プランクの式　　　$U(\nu)d\nu = \dfrac{8\pi\nu^2}{c^3} \dfrac{k\beta\nu}{e^{\frac{\beta\nu}{T}}-1} d\nu$

あれっ！プランクの式ってウィーンの公式に−1が付いてるだけだ！

本当にこれで「空洞輻射」のスペクトルを完璧に表せるのだろうか。
グラフに描いて見てみよう！

ホントに**ピッタリ**だ！

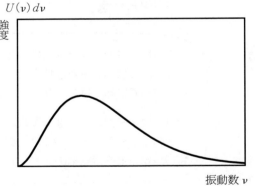

なんと、プランクはウィーンの式に−1を付けただけで、完璧な式を作ってしまったのだ。一説によれば、プランクの弟子が

　　　　　「先生、ウィーンの式に−1を付けるといいんじゃないですか？」

と言ったのでその通りやってみたら本当にピッタリだった。というような噂もあるが、実際はそんなことはなく、プランク自身が一生懸命計算してやっと出た答がたまたまそうなっていたというのが正しいらしい。

私がちゃんと自分で計算したんです！

さて、この式が一体どのように導き出されたのかということはさておいても、プランクの式が正しいとすれば、それは次のような性質をもっているはずである。

振動数の小さい時はレイリー・ジーンズの公式に変身し、振動数の大きい時はウィーンの公式に変身する。

振動数が小さいところは「レイリー・ジーンズの式」でピッタリだったし、逆に大きいところは「ウィーンの式」がピッタリだったんだもんね

それでは、プランクの式が"振動数が大きい時"、"振動数が小さい時"にはそれぞれどうなるかということを見てみよう。

プランクの式からウィーンの公式を導く

まずは、"振動数が大きい時"にプランクの式がどうなるかを見てみよう。
この場合は本当に「ウィーンの公式」と同じになるだろうか。

$$\langle E \rangle = \frac{k\beta\nu}{e^{\frac{\beta\nu}{T}} - 1}$$
プランクの式

νが大きい時

$$\langle E \rangle = \frac{k\beta\nu}{e^{\frac{\beta\nu}{T}}}$$
ウィーンの公式

ウィーンの公式に変形させるのは簡単そうだなぁ。なんたってウィーンの式に -1 を付けたのがプランクの式なんだもんね。

さて、その -1 が関係してるのは式の分母の部分なので $e^{\frac{\beta\nu}{T}} - 1$ の所だけ取り出して考える。$e^{\frac{\beta\nu}{T}}$ の肩に乗っている部分 $\frac{\beta\nu}{T}$ が大きな数になると $e^{\frac{\beta\nu}{T}}$ 全体の値はどうなるだろう？

これは"指数"の問題だから、たとえば 10^n とかで考えてみればいい。

10^n の場合・・・ $n=1$ なら，$10^1=10$
$n=2$ なら，$10^2=100$
$n=5$ なら，$10^5=100000$

それでは $n=100$ だったら？

1000000000000・・・・・・・・

とても書けない！

$e^{\frac{\beta\nu}{T}}-1$ では ν が充分大きい時 $e^{\frac{\beta\nu}{T}}$ がとんでもなく大きな数になる。そんな大きな数から、1を引いたって全然関係ない。

つまり、ν が充分大きい時は -1 はあってもなくてもほとんど関係ないのである。

というわけで ν が大きい時は -1 は無視してもかまわないので、

$$\langle E \rangle = \frac{k\beta\nu}{e^{\frac{\beta\nu}{T}}}$$

となり、「ウィーンの公式」に変身するのだ。

プランクの式からレイリー・ジーンズの公式を導く

次は振動数 ν が小さい時のことを考えてみよう。この場合はレイリー・ジーンズの公式になるはずだ。

レイリー・ジーンズの式って統計力学の式だから、要するに $\langle E \rangle = kT$ ってやつでしょ？
ホントにプランクの式からこれが出てくるのかなぁ。

レイリー・ジーンズの公式に変身させるには、実は必殺技がいる。この技は"テイラー展開"といって e^n というような場合で n が非常に小さい時だけ使うことができるのだ。

今 n にあたるのは $\frac{\beta\nu}{T}$ である。ν が小さい時には n の値も小さくなる。だからこの技を使うことができるのだ。

細かい計算などは省くとして、実際にテイラー展開を使ってみると

$$e^n \fallingdotseq 1 + n$$

となる。プランクの場合は n にあたるのは $\frac{\beta\nu}{T}$ だったから、

$$e^{\frac{\beta\nu}{T}} \fallingdotseq 1 + \frac{\beta\nu}{T}$$

これをさっそくプランクの式に入れると

$$\langle E \rangle = \frac{k\beta\nu}{e^{\frac{\beta\nu}{T}} - 1} = \frac{k\beta\nu}{1 + \frac{\beta\nu}{T} - 1} = \frac{k\beta\nu}{\frac{\beta\nu}{T}}$$
$$= \frac{k\beta\nu T}{\beta\nu} = kT$$

見事！レイリー・ジーンズの公式になった。大成功！！

「プランク公式」の誕生

さあ、式が正しいとわかれば、あとは学会で発表するだけだ！
はやる心を押さえ、プランクはせっせとその準備にとりかかった。

 まずは式をもう少しきれいにまとめよう。

この際にプランクは、式の中の k（ボルツマン定数）、β（ウィーンの考えた定数）をひとまとめにして、「h」という記号で表した。これが後に「量子力学」の建設に決定的役割を果たすことになる

＞ プランク定数 ＜

である。具体的な数字は、

$$h = 6.62 \times 10^{-27} \text{［エルグ・秒］}$$

さて、それではこの h を使って、プランクの式を整理してみよう！

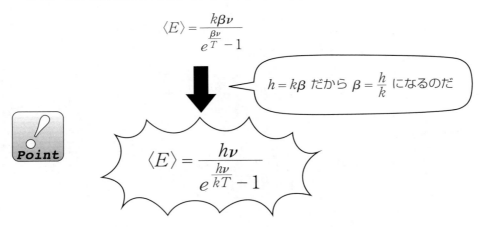

こうして、プランクは1900年の秋の学会でこの式を発表した。物理学者としては異例の遅咲き、42歳でつかみとった"大発見"であった。

それ以後、この数式は実によく空洞輻射の光のスペクトルを表せる式として広く知られるようになり、「プランク公式」と呼ばれるようになった。

しかし、まだ全てが解決した訳ではなかった。プランクにはまだ重要な問題が残されていたのである。それは、

> この式はなぜこんなに空洞輻射のスペクトルをうまく表せるのか

ということである。

とりあえず実験結果を説明する式は完成したものの、肝心の"理論"がまだなかったのだ。

これではいくら何でも片手落ちである。このままでは「偶然に見つけた」と言われても仕方ない。プランクは物理学者の意地をかけて、それからの数週間を不眠不休の生活で考え続けたのであった。

これは、プランクにとって"人生で最も緊張した数週間"だったという。

プランク公式の意味

いろいろと計算しているうちに、プランクはついにある1つの結論に到達した。しかしその結論は彼の思惑とは全く違った、世にも奇妙な結論だったのである。

$$E = nh\nu \quad (n = 0, 1, 2, 3 \cdots)$$

これがその結論である。式を見ただけでは何でもないが、その意味はとんでもないことなのだ。この式をそのまま解釈すると、

光の波のエネルギーはある決まった"とびとびの値"しか取らない

ということになってしまうのだ！

式の左側 E は光のエネルギー。右側はエネルギーの変化はプランク定数 h と振動数 ν をかけたものの整数倍であることを表している。つまり、この式によれば光のエネルギーは 0、$1h\nu$、$2h\nu$、$3h\nu$ ・・・ というぐあいに $h\nu$ ずつ変わり、その間の $1.5h\nu$ とか $0.2h\nu$ という半端な値は、絶対にありえないのである。

このような"とびとびのエネルギー"のことを「エネルギー準位」という。

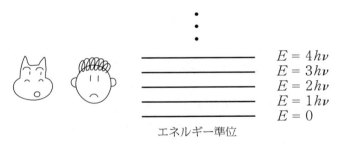

エネルギー準位

これは波の性質を考えると絶対に変なのである。波の性質の1つに、

$$\text{エネルギー} \propto |\text{振幅}|^2$$
＜波のエネルギーは振幅（の2乗）に比例する＞

というのがある。「振幅」とは波の高さのことだから、これは波の高さが高ければエネルギーが大きく、低ければエネルギーも小さいことを意味している。

波の高さが高い津波は、家すらも壊してしまうだけの力を持っているけど、低い波はそんなエネルギーはないもんね。

さて、このことをプランクの導いた結論 $E = nh\nu$ に当てはめて考えてみよう。この式によれば、光のエネルギーは $h\nu$ の整数倍、つまりとびとびの値しかとれない。

そしてその波のエネルギーは「振幅」によって決まる。ということは・・・

エネルギーがとびとびになるためには、波の振幅がとびとびになって
いなければならないことになってしまう！

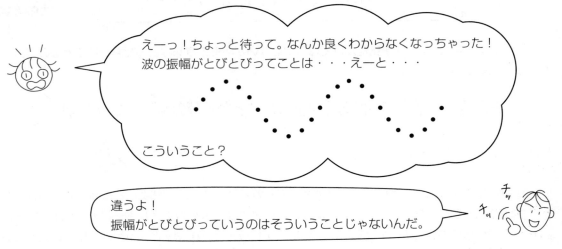

「振幅」というのは、振動している波の高さのことである。

だからいくら光といっても別に難しく考えることはない。光の波も普通の波と同じように上下に振動しているのである。

でも問題は、その振動している波の振幅は"とれる値が決まっている"というところなのだ。普通の波なら振幅はどんな勝手な値でもとることができるが、光の波だけはそれができない。つまり、あらかじめ決まっている振幅でしか振動できないのである。

これはどういうことかというと最初 1 m の高さだった波がいきなり 2 m になったり、そうかと思えばいきなり波がなくなったり・・・。しかもその間の高さの波、例えば 0.5 m とか 1.2 m などの高さの波は絶対ないということなのだ。

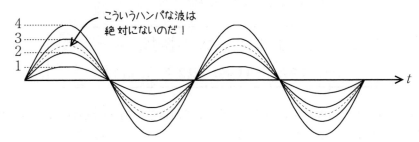

こんなことは絶対にありえない。振幅の高さがとびとびになるなんてことは、あっては困るのである。

でも光の波だけは、そう考えなければ絶対に「空洞輻射のスペクトル」は説明ができないのだ。

$E = nh\nu$ からプランク公式を導く

こんな奇妙な結果を生んでしまったこのプランクの理論。プランク公式を説明するためには本当に $E = nh\nu$ でなければならないのだろうか。

ここではそこに迫ってみよう。

もし本当に $E = nh\nu$ が正しいのなら、この式から「プランク公式」を導き出すことができるはずである。

$$\langle E \rangle = \frac{h\nu}{e^{\frac{h\nu}{kT}} - 1} \quad \text{プランク公式}$$

このプランク公式は、"1自由度あたりのエネルギーの時間平均値"、を表しているのだった。

だからもし本当に $E = nh\nu$ が正しいなら、それを使って常に変化している、1自由度あたりのエネルギーの平均値を求めると、それはプランク公式になるはずなのだ。

確かめてみよう！

ところで平均値の求め方はご存知だろうか？

たとえば、毎日のお茶の時間に食べたクッキーの数の平均値を求めたい時にはどうすればいいか考えてみよう。

毎日お茶の時間に食べたクッキーの数を1週間記録しておく。そしてそのクッキーの数を合計して1週間の日数、つまり7日で割れば1日あたりに食べたクッキーの平均値を求めることができる。

1週間でプランクさんが食べたクッキーの数は、このようになっていたとしよう。

日	:	2個
月	:	3個
火	:	2個
水	:	2個
木	:	1個
金	:	3個
土	:	1個

そしてこの1週間分の統計は、

1個食べた日	:	2日
2個食べた日	:	3日
3個食べた日	:	2日

となる。さぁ、平均値を求めてみよう！

$$\frac{1 \times 2 + 2 \times 3 + 3 \times 2}{2 + 3 + 2} = \frac{14}{7} = 2$$

つまり、1日に食べるクッキーの数は平均2個だったのだ。

平均値を求める時には、いつ、何個クッキーを食べたかはたいして重要ではなく、"何個クッキーを食べた日が、何日あったか"が重要になってくる。なぜなら、統計をとったものがわかれば、いつ何個食べたかはわからなくても平均値を求めることができるからである。

このやり方さえわかっていれば大丈夫。光の波のエネルギーも同じようにすれば平均値を求めることができるのだ。

光の場合は、統計をとるには"あるエネルギーの状態が、ある時間内に何回あるか"ということがわかればいい。これは、もうすでに統計力学の法則からわかっているので、ここではそれをそのまま使うことにしよう。

そうすれば、あとはエネルギーの合計を求めて、時間で割ればいいだけだ。

まず、S.ボルツマンのみつけた統計力学の法則から、あるエネルギーを持つ回数は

$$P(E) = A \cdot e^{-\frac{E}{kT}}$$

で求められることがわかっている。これをグラフに表すとこんなふうになる。

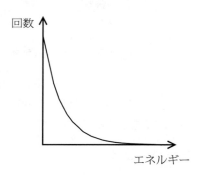

グラフの横軸はエネルギー、縦軸は回数である。

これを見ると、エネルギーが高くなればなるほど回数が少なくなってきていることがわかる。

これは"高いところほど空気は薄い"ということと、ほぼ同じことである。

統計力学の考えにならって空気を小さな粒の集まりだと考えると、その粒のエネルギーは地面から離れるほど大きくなっていく。でも大きなエネルギーを持った粒はそういないので、高いところほど粒の数は少なくなるのである。

このボルツマンの考えた数式を使って、エネルギーの合計を求めてみよう。

まず光のエネルギーは0, $h\nu$, $2h\nu$, $3h\nu$・・・といった決まった値しかとらないことは先に言った通りだ。だから、全体の中で $h\nu$ や $2h\nu$ といったエネルギーをもつ回数は

エネルギー	0	$1h\nu$	$2h\nu$	$3h\nu$
回数	$P(0h\nu)$	$P(1h\nu)$	$P(2h\nu)$	$P(3h\nu)$

となる。するとエネルギーの合計は、

$$0h\nu \cdot P(0h\nu) + 1h\nu \cdot P(1h\nu) + 2h\nu \cdot P(2h\nu) + \cdots\cdots$$

となる。これを全体の回数で割ると

$$\langle E \rangle = \frac{0h\nu \cdot P(0) + 1h\nu \cdot P(1h\nu) + 2h\nu \cdot P(2h\nu) + \cdots}{P(0) + P(1h\nu) + P(2h\nu) + \cdots}$$

これを整理してみる。

$$\langle E \rangle = \frac{h\nu \{P(h\nu) + 2P(2h\nu) + 3P(3h\nu) + \cdots\}}{P(0) + P(1h\nu) + P(2h\nu) + P(3h\nu) \cdots}$$

$P(h\nu) = A \cdot e^{-\frac{h\nu}{kT}}$ となるから

$$\langle E \rangle = \frac{h\nu \left(e^{-\frac{h\nu}{kT}} + 2e^{-\frac{2h\nu}{kT}} + 3e^{-\frac{3h\nu}{kT}} + \cdots \right)}{e^0 + e^{-\frac{h\nu}{kT}} + e^{-\frac{2h\nu}{kT}} + e^{-\frac{3h\nu}{kT}} + \cdots}$$

$e^{-\frac{h\nu}{kT}} = x$ と置けば $e^{-\frac{2h\nu}{kT}} = x^2$、$e^{-\frac{3h\nu}{kT}} = x^3$ $\cdots$ となるので、

$$\langle E \rangle = \frac{h\nu(x + 2x^2 + \cdots)}{1 + x + x^2 + \cdots} \quad \cdots \bigstar$$

ここで、少々数学的な技を使う。これは無限に続くたし算の答を求めることができる便利な公式で

$$\boxed{a + (a+d)x + (a+2d)x^2 + (a+3d)x^3 \cdots = \frac{a}{1-x} + \frac{xd}{(1-x)^2}}$$

と表されている。
　これを、使って★式を書き直そう。
　まず分子を上の公式と見比べてみると

$$a = 0 \qquad d = 1$$

そして分母は

$$a = 1 \qquad d = 0$$

である。
　とすれば、★式は次のように書き代えられる事になる。

$$\langle E \rangle = \frac{h\nu \dfrac{x}{(1-x)^2}}{\dfrac{1}{1-x}} = h\nu \cdot \frac{x(1-x)}{(1-x)^2}$$

$$= \frac{h\nu \cdot x}{1-x}$$

ここで分子分母に x^{-1} をかけると

$$\langle E \rangle = \frac{h\nu x}{(1-x)} \frac{x^{-1}}{x^{-1}}$$

$$= \frac{h\nu}{x^{-1}-1}$$

最後に x を $e^{-\frac{h\nu}{kT}}$ にもどすと

$$\langle E \rangle = \frac{h\nu}{e^{\frac{h\nu}{kT}}-1}$$

となり、これはあのプランク公式である。

あれれ、ちゃんともどったね。

プランクさんの言った通り、確かに $E = nh\nu$ と考えれば空洞輻射の光のスペクトルを表せるんだね！

　これは逆に、空洞輻射のスペクトルがあんなグラフになるのは、光が $E = nh\nu$ で表されるようなとびとびのエネルギーを持っているからであるという事だ。
　つまりレイリー・ジーンズの公式が統計力学のエネルギー等分配の法則から導かれたにも関わらず、空洞輻射の光のスペクトルをうまく説明できなかったのは、光のエネルギーが、$E = nh\nu$ であらわされるようなとびとびの値しかとらないことに原因があったのである。
　そもそもエネルギー等分配の法則は、エネルギーを受け取る側が連続にエネルギーを受け取る事ができてはじめて成り立つのである。
　光のようにとびとびの値のエネルギーを持つものでは成り立たないのだ。
　とびとびの値のエネルギーを持つものは、エネルギーを受け取る時にも、とびとびの値でしか受け取れない。
　そのために分配されたエネルギーをすべて受け取れない場合があるのだ。

　例えば、$200 \times h$ つまり $200h$ のエネルギーが、すべての振動数の光に分配されるような温度の箱で考えてみよう。
　$\nu = 1$、$\nu = 2$ といった振動数の光はそれぞれ nh、$2nh$ といったエネルギーを持つ。このような振動数の光はちょうど $200h$ を割り切れるので $200h$ のエネルギーを分配される。
　ところが $\nu = 3$ のような振動数の場合は、$3nh$ のエネルギーを持つため $200 \times h$ を割り切る事ができず、$3h$ で割り切れる $198h$ だけエネルギーを受け取り、残りの $2h$ のエネルギーはうまく分配されなくなってしまう。
　この無駄は振動数が大きくなるにつれて大きくなっていく傾向があり、振動数 ν が 200 を越えるような光は $200h$ より大きなエネルギーを持つため、全くエネルギーが分配されない事になってしまうのだ。
　実際に空洞輻射の光のスペクトルのグラフからこのことはよくわかる。

空洞輻射の光のスペクトルのグラフは、ある振動数のところから急に弱くなりはじめ、振動数が大きくなるにつれどんどん 0 に近づいていく。これは等しく分配されるはずのエネルギーを、振動数に比例したとびとびのエネルギーしかもてない光が、うまく受け取れなくなっていく様子を表しているのに他ならない。

　つまり光のエネルギーはとびとびの値をとる（$E = nh\nu$）と考えれば、空洞輻射の光のスペクトルが、統計力学のエネルギー等分配の法則にあてはまらないように見えることも、簡単に納得できるのである。

　しかし、この画期的な発見 $E = nh\nu$ は、ニュートン力学やその他のすでに完成されている物理学のどれもがこれを説明することはできない。なにしろ今までの物理学では波のエネルギーは連続に変化するもので、とびとびの値しか持たないということは考えられないのだ。

　プランクの頭を悩ませたのは、まさにこのことであった。
真面目なプランクは、

ことを信じて疑わなかった。

　ところが今、自分は絶対に正しいはずのニュートン力学を否定するような結論を導き出してしまったのである。

　プランクは何度も何度も計算しなおしてみた。しかし、$E = nh\nu$ と考えないかぎりどうしても空洞輻射のスペクトルを説明することはできなかったのである。

$$E = nh\nu$$

"光のエネルギーはとびとびの値しかとらない"

しかたなくプランクはこのことを論文にして提出したが、その最後には、「いずれニュートン力学で解決されることを希望する」と綴っている。

　この希望は何もプランクだけではない。物理学者のほとんどが同じような希望をもっていたのである。何しろ物理学はもう終わろうとしているのだ。そこへこんなやっかいなことが起こってしまっては迷惑この上ない。

　こんなこともあり、プランクの論文は発表された当時はほとんど無視されたような感じになっていた。みんな見て見ぬふりをしていたのである。

　しかし…、1905 年、事態は全く無名の若者によって新たな局面を迎えることになる。
　当時 26 歳、若きアインシュタインの登場である。彼の登場により、それまでプランクの発見を無視していた物理学者たちはもはや逃げ道を失ってしまった。もう避けて通ることはできなくなってしまったのである。

アインシュタイン Einstein, Albert [1879-1955]

1.4　小箱の中には何がある？

プランクが「$E = nh\nu$」つまり「光のエネルギーはとびとびだ！」という世にも不思議な発見をしてしまった頃のことである。スイスの片田舎で特許庁の仕事に励む傍ら、物理学の研究をしている一人の若者がいた。

アルバート・アインシュタインがその人である。

物理学を全く知らなくても、アインシュタインの名前を聞いたことのない人はいないだろう。物理学者の中でも群を抜いて有名な人である。

　なぜ羅針盤の針は、いつも同じ方向を指すのだろう？

これがアインシュタインの物理学の世界への入り口だったことは有名な話だが、彼が物理学の中でも特に興味を持って取り組んでいたのは"光"のことであったという。

学校などにもあまりなじめず、優秀な先生にも恵まれなかったアインシュタインは、ほとんど独学で物理の研究を進めていたのである。

そんな時ふと目にしたのがプランクのあの $E = nh\nu$ という不思議な発見が載っている論文であった。他の物理学者たちはこの理論を全く無視していたが、アインシュタインだけはこの論文を見た時に

ということを瞬時に読みとったのだ。

そして 1905 年、アインシュタインは誰もが「あっ!!」と声をあげるほど大胆な発想で、しかも簡単に、このプランクの発見が一体どういうことなのかをあっさり説明してしまったのである。

このことは「光量子仮説」という論文にまとめられ、後にノーベル賞を受賞することになる。

ここで驚くべきことは、アインシュタインはこの年、他にも「特殊相対性理論」、「ブラウン運動の理論」といういずれも"ノーベル賞級"の 3 本の論文を同時に発表していることである。特に「相対性理論」は彼の代名詞ともいえるもので、小学生でも名前くらいは知っているほど有名である。

この 3 本の論文で、アインシュタインの名はまたたく間に世間に知られるようになった。全く無名の若者から、一夜にして大物理学者への階段を駆け昇ってしまったのである。

それにしても世間を「あっ!!」といわせたアインシュタインの大胆な発想とは、一体どんな発想なのだろうか？

もともと私たちは「光は干渉するのだから波に違いない」と考えてきた。
ところがプランクが「空洞輻射」の実験を説明したことで、光の波は私たちの知っているような普通の波ではなかったことが発覚してしまった。

光のエネルギーはとびとびなのだ！

これは言いかえれば「波のエネルギーはとびとびだ」ということである。
ここでアインシュタインは考えた。

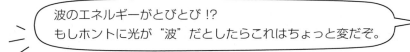

波のエネルギーがとびとび!?
もしホントに光が"波"だとしたらこれはちょっと変だぞ。

そこでアインシュタインは、もう一度初心にかえってこのことを調べはじめたのである。

波のエネルギー

アインシュタインは、「光のエネルギー」が本当に"波"の性質に合うかどうか、もう一度調べてみることにした。

プランクのところでも触れたが、"波"のエネルギーはその"振幅"によって決まるのだった。これは数式で書くと次のようになる。

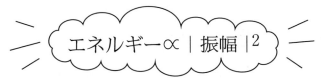

エネルギー $\propto |振幅|^2$

プランクは自分の発見した $E = nh\nu$ が、"光の波の振幅がとびとびにならなければならない"ということになってしまうので悩んだのだった。なぜなら波の振幅は、どう考えても連続でなければおかしいからである。

こうしてプランクの理論から考えられる"光の波"は、とれる振幅の値が決まっているという"変な波"になってしまったのである。

でも"変な波"とはいえ、問題がこれだけなら光は一応"波"の仲間としてみなしても問題はない。ところがアインシュタインがさらによく見直してみると、問題なのはこれだけではないことがわかったのだ。

それは「エネルギーの伝わり方」に関しての問題である。

「エネルギーの伝わり方」がどうなるかを考えると、光が"波"だとすると絶対に変なのだ。

小箱の実験

アインシュタインは「光のエネルギーの伝わり方」を調べるために、空洞輻射の実験をもとにこんな思考実験をしてみた。

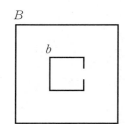

さっき空洞輻射のところで使った鉄の箱 B に、小さな窓のある小箱 b を入れてみよう。

B をどんどん熱していくと、その中は光でいっぱいになる。この時光の波はいろいろな振動数の波がめちゃくちゃに干渉しているから、箱の中の「エネルギー」はたえずゆらいでいる。そしてその波は小箱 b の窓を通って出たり入ったりすることになるだろう。

さて、この時の箱の中の光のエネルギーはどのように変化するだろうか。

普通の波なら、振幅は連続的に変化するからエネルギーの変化もだんだん増えたり、だんだん減ったりするはずである。

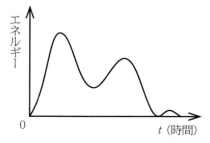

エネルギーの変化はこのような緩やかな曲線になるのである。

ところがプランクの見つけた $E = nh\nu$ では、光の波のエネルギーはとびとびの値しかとれない。しかもそのとびとび具合は、$h\nu$ の整数倍なのだ。

ということは、小箱 b の中のエネルギーは $h\nu$ ずつ変化し中間の値はとらないことになる。ある瞬間は $h\nu$、次の瞬間は $3h\nu$、そして次の瞬間は 0・・・というように、一瞬のうちに変化しなければならないのだ。

そうなると小箱 b の中のエネルギーの変化は

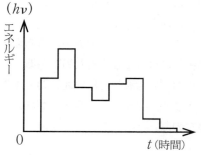

このようにガクガクしたグラフになってしまうのである。

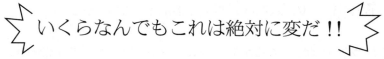

いくらなんでもこれは絶対に変だ!!

そしてこの時、アインシュタインの脳裏をある2文字のことばがよぎったのである。

もしや・・・、光は"波"ではなく・・・

光は波ではなく・・・!?

エネルギーの伝わり方があんなふうにガクガクになるためには、エネルギーの受け渡しが一瞬のうちに行われなければならない。つまり、光のエネルギーはある塊のようになっていなければならないのである。

エネルギーが塊のようになっているということは、どういうことだろうか？

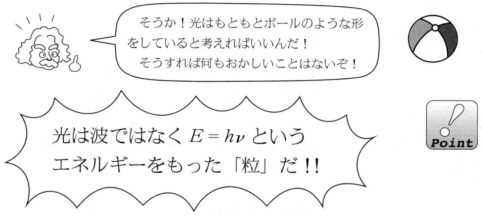

アインシュタインは今までの物理学を根底からくつがえすようなとんでもないことを考えついてしまったのである。

でもそう考えれば、プランクの発見は何の不思議もなくなる。エネルギーがとびとびなのは当たり前なのである。$E = nh\nu$ の n は、光の粒の"個数"と考えればいいのだ。

この小箱の実験だって"光の粒が出たり入ったりしている"と考えれば小箱 b の中のエネルギーがガクガクの変化になるのは当然である。光の粒は見えないくらい小さいので、半分だけ入るということはなく、出入りはいつも一瞬のうちにおこるのだ。

光の粒が1つ小箱 b の中に入ればエネルギーは $h\nu$、2つ入れば $2h\nu$、3つ入れば $3h\nu$・・・1つもなければ 0 となるのだ。別に難しく考えなくてもエネルギーの変化は自動的にとびとびになるのだ！

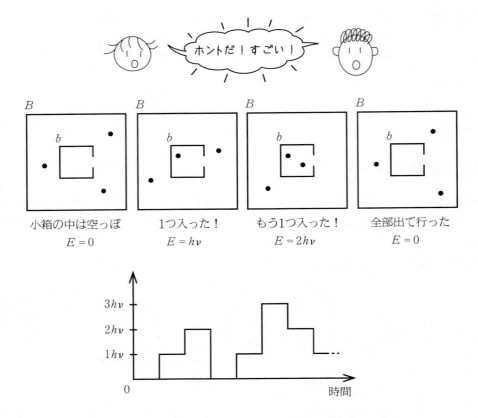

「波」として考えると $E = nh\nu$ はあまりにもヘンだったが、「粒」として考えるとこんなにうまくいくのだ！

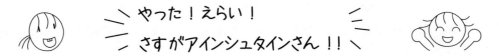

これが有名な「光量子仮説」である。

しかし、これはあくまでも「仮説」であってまだ実際に確かめられたわけではない。この実験はアインシュタインの頭の中でやった「思考実験」だったのである。

だからこのままでは、いくら「光は粒だ！」と言っても誰も信用してくれないだろう。ただ非常識よばわりされるだけで終わってしまう。

「光が粒」であることをまわりのみんなに納得させるには、粒として考えなければうまく説明できないような事実、即ち"実験"を探さなければならないのだ。

そこでアインシュタインは、「光」についてのあらゆる実験を調べてみることにした・・・。

1.5 光電効果

そしてついにアインシュタインは「光は粒」であると考えなければ説明できない実験を見つけた！！

それは「光電効果の実験」といって、

"金属に振動数の大きな光を当てると電子が飛び出す"

という現象について調べたものである。
　現象自体は以前から知られていた実験だったが、それまで誰もその実験結果をうまく説明した人はいなかったのであった。

　光電効果は、19世紀に入ってドイツの実験物理学者 P.E.A. レーナルトによって徹底的に実験され、結果がまとめられた。
　まずその実験がどういうものか見てみよう。

　　いよいよ「光は粒だ！」ってことが明らかになるのね。

レーナルトの実験

実験方法

① 2枚の金属の板を向かい合わせに置き、次のような装置を作る。この時、電池のはたらきで電子はマイナス（−）→プラス（＋）の方向に流れようとするが、行き止まりになっているので、金属板Aのところで止まってしまう。

▲ レーナルト Lenard, Philipp Eduard Anton [1862-1947]

②この状態で金属板Aに光を当てると、電子は光のエネルギーをもらって表面から飛び出す。

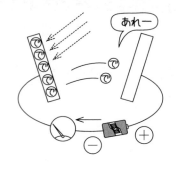

 これが光電効果！

③飛び出した電子は金属板Bに引きよせられる。そうすると・・・なんと！つながっていないのに電流が通ってしまうのだ！！

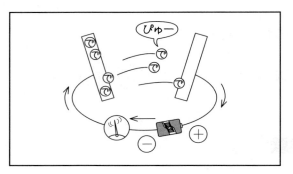

④レーナルトはこの実験で、

<u>当てる光の強さ（振幅）や色（振動数）</u>

を変えてみて、それによって

<u>飛び出す電子の数や、飛び出す勢い（電子1個のエネルギー）</u>

がどんなふうに変わるかを徹底的に調べたのである。

 電子1個の電荷がわかっているから、「電子の数」は流れた電流の値からわかるんだよ。

 「電子1個のエネルギー」は、金属板AとBの間に電気で壁（バリア）を作って、電子がどの程度の壁を通り抜けられるかということでわかるんだって！

第1話 光は何者だ!?　91

いよいよ実験結果を見てみよう！

まとめると、下の表のようになった。

	飛び出す電子の数	飛び出す電子1個のエネルギー
光を強くしていくと…	増えた！	変わらない。
光の振動数を大きくしていくと…	変わらない。	大きくなった！

 表を見ただけじゃ、この実験結果がどういうことなのかよくわからないなあ。

 アインシュタインさんが見つけるまでは、誰もうまく説明できなかったんでしょう？つまり光が「波」だとするとこの結果はどうしてもおかしいことになるってことね！

光電効果を光が「波」であるとして考えてみる

ではまず、この実験結果を見た当時の物理学者たちが困ってしまったのは何故か？ということを考えていこう。

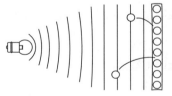

金属の表面の電子が光の波にゆすぶられて勢いあまって飛び出してしまう。

今は光を波だと考えているので、

　　光の明るさ　→　波の振幅の高さ

　　振動数の大きさ　→　波のうねる回数

光の明るさ、振動数の大きさはそれぞれこのように対応する。

このことを頭において光電効果を説明してみよう。

「光の波」だと想像しにくいが、「海の波」に置き換えて考えてみるとわかりやすい。

〈第1話〉 大波がきても大丈夫！（光を明るくする→電子の数が増える）

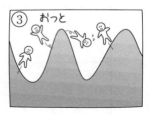

ゆったりとした波があって、大勢の人たちが浮かんでいる。

波が高くなってきた！何人か飛ばされたぞ！

さらに高い波がきて、もっとたくさんの人が飛ばされた！でも、飛ばされた人たちの勢いはさっきと同じだぞ?!

〈第2話〉 さざ波で飛ばされる人たち！（振動数を大きくする→勢いよく飛ばされる）

大勢の人たちが海に浮かんでいる。

ゆったりとした波だけど、すごい高さの波がきたぞ！でも誰も飛ばされなかった。

細かいさざ波がきた！あれっ?!何人かの人たちがすごい勢いで飛ばされたぞ！

 えーっ！光電効果の実験って波で考えるとこんな結果になっちゃうの？

 こんなこと海の波では絶対にありえないよね。

　波のエネルギーは振幅に比例するのだから、普通に考えれば、大きな波になればなるほど浮かんでる人たち＝電子も、勢いよく飛ばされるはずである。ところがこの「光電効果」では、どんなに光を明るくしても電子が飛ばされる勢いは同じなのだ。

　その上、さざ波のような細かい波の時に勢いよく飛ばされるなんて、こんなことがあるはずがない！振動数は波の種類（色）を決めるだけで、エネルギーとは無関係なはずなのだ。

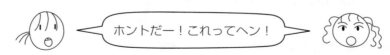

当のレーナルトをはじめ、誰もこの実験結果を説明することはできなかった。光が波であることは「あまりにも当然」だったので、そのことに関しては誰も疑う人はいなかったのである。研究が進んでいけばそのうちにうまく説明できるに違いないと思っていたのだ。

きっと光の波にはもっと複雑なからくりがあるに違いない。

ところが！アインシュタインはこの怪現象を"光は粒である"という考え方で難なく説明してしまったのだ！！

光を「粒」として考える

それでは小箱の思考実験の時と同じように、

"$E = h\nu$：光は1粒が$h\nu$というエネルギーを持った粒である"

と考えて、もう一度実験結果を見てみよう。

光を粒と考えた時の光電効果

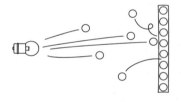
光の粒が飛んできて金属の表面の電子にぶつかる。その衝撃で電子が飛び出してしまう。

このように考えると、

光の強さ（波の場合の振幅）は光の粒の数によって決まる

ということになる。

粒1つのエネルギーは$h\nu$と決まっているから、その数が多いほど光は強くなるわけだ。それなら実験結果の"当てる光を強くすると、飛び出す電子の数は増えるが、電子1個のエネルギーは変わらない"というのも当然ではないか！

光の粒がたくさん飛んでくればたくさんの電子にぶつかり、

飛び出す電子の数は増える！

しかしこの時、光1粒のエネルギーはいつも$h\nu$で一定だから、光の粒の数には関係なく

飛び出す電子1粒のエネルギーは変わらない！

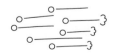

のである。

それに、この光のエネルギーは $h\nu$ なのだから、エネルギーの大小は振動数 ν によって決まるのである。（h はプランク定数で一定）

つまり ν が大きくなると光の粒１つのエネルギーも大きくなるのだ。

それならば、実験結果の"当てる光の振動数 ν を大きくすると飛び出す電子の数は変わらずに、電子１個のエネルギーが大きくなった"というのもまったく不思議ではない。
大きいエネルギーを持つ光の粒がぶつかってくれば、当然、電子も勢いよく飛び出すのである。

「粒」と考えればこんなに当たり前のことなんだね。どうして誰も思いつかなかったんだろう？

常識にとらわれずに考えることがどんなに難しいかっていうことだよ。こういうことを思いついたっていうのが、アインシュタインさんのすごい所だと思うな。

しかも、この考えは単にエネルギーが大きい、小さいということに大ざっぱに当てはまるだけでなく、実際の実験結果の数値ともピッタリ合ってしまうのだ。
ぶつかってくる光のエネルギーは $E = h\nu$（ν は光の色によって変わる）、電子はそのエネルギーを全てもらって飛び出すが、実際は物質の表面を通って飛び出すのに少しエネルギーを使う。だから電子のエネルギーは、

$$E = h\nu - \phi$$
（ϕ は外に飛び出すために使うエネルギー）

これを「アインシュタインの関係」っていうんだって。

となり、これはレーナルトの実験結果を見事に説明しているのであった！
例えば、紫の光の場合

$$紫色の振動数 \quad \nu = 0.8 \times 10^{15} \; [1/秒]$$

である。一方プランク定数は

$$h = 6.62 \times 10^{-27} \; [エルグ・秒]$$

なので、この場合の光のもつエネルギーEは

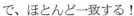

となる。実験からわかっている飛び出す電子のもつエネルギーEの数値は

$$5 \times 10^{-12} \text{［エルグ］}$$

で、ほとんど一致する！

このようにこの光電効果という現象については、どう考えてもアインシュタインさんの「$E = h\nu$」で考えた方が理屈にあっている。

光を「波」と考えていてはダメなのだ！光は「粒」なのである。

身の回りにある光電効果

　この「光電効果」は、実験や理論だけではあまり身近なものには思えないが、実は私たちは生活の中でたくさん「光電効果」を体験しているのだ。

　例えば日焼け。
　私たちの体は夏の日なたに10分でもいるとすぐに日焼けをしてしまう。ところが冬に赤々と燃えているストーブには、どんなにあたっていても絶対に日焼けすることはない。
　太陽はあんなに遠くで燃えているのに私たちの肌を日焼けさせて、ストーブはすごく近くで燃えているのに日焼けさせないのだ。なぜだろうか？

　このことを「光は $h\nu$ というエネルギーをもった粒である」として考えてみよう。太陽の光とストーブの光の違いは、ズバリ振動数である。太陽の光には紫外線という振動数の大きい光がたくさん含まれていて、ストーブの光には赤外線という振動数の小さい光がたくさん含まれているのだ。

　振動数の大きい光をたくさん含んでいる太陽は、$E = h\nu$ ということを考えると、光の粒1つ1つのエネルギーが大きいはずである。その大きなエネルギーを持った光の粒が私たちの肌の原子にあたったら、原子には大きなエネルギーが伝わって中の電子は大きなエネルギーではじき飛ばされてしまうのだ。すると肌から電子が飛び出した時に激しい化学反応が起こり、それが日焼けとなるのである。
　一方、ストーブの光は振動数の小さい赤外線をたくさんふくんでいるので、光の粒1つ1つのエネルギーは小さくなる。この小さなエネルギーを持った光の粒が、私たちの肌の原子にどんなにたくさんあたってもエネルギーが弱すぎて電子ははじき飛ばされないのだ。だからいくら熱いストーブにあたっても、日焼けを起こすことはないというわけなのである。

　このように光の粒子性を示す光電効果は、物理学者たちだけが考え実験していることなのではなく、実は私たちが日常生活で体験していることを簡単に説明できるとても身近なことなのである。

1.6 コンプトン効果

「光電効果」の実験から18年たった1923年、「光＝粒」説を決定的にする、もう1つの実験が現れた。「コンプトン効果」である。

この実験は、

> エックス線が物質に当たった時にどのように散乱するか？

というのを調べたもので、アメリカの物理学者コンプトンは「光の粒が玉突をしている」と考えることで、見事に説明したのである。

実験自体は「光電効果」と同様、やはり以前から知られていた実験であったが、「光＝波」と考えられていたために、長い間説明されないままになっていたのだ。

コンプトンはこれに目をつけ「もしや、この実験も！」と思い、光を"粒"として考え直してみたのである。

へー！光が「玉突」するのか。面白そうだね。

でもエックスセンって何だっけ？光と関係あるの？

さっきプランクさんのところにも出てきたじゃん！光にもいろんな種類があるって。エックス線も赤外線や紫外線と同じように目には見えない光で、紫外線よりさらに振動数が大きいんだよ。

あっ、そうかぁ。

それじゃあ、さっそく「コンプトン効果」の実験を見ていこうよ！

■ コンプトン Compton, Arthur Holly [1892-1962]

「エックス線」は物質に当たると四方八方に散乱するということが以前からよく知られていた。散乱すること自体は別に珍しいことではないのだが、問題となるのは

ということなのである。

単色（つまり単純な波）のエックス線を使って、散乱したあとのエックス線の振動数をいろいろな場所で調べる。そして、その結果と初めに発射した時のエックス線の振動数とを比べてみるのだ。すると、驚いたことに

当時「光」のことはマックスウェルの「電磁気学」で完璧に説明されていた。

ところが、この実験はマックスウェルの理論ではどうしても説明することができないのだ。つまり、光を"波"として考えている限りは、散乱されたあとに振動数が小さくなることは絶対にないのである。

光を「波」として考えた時のエックス線の散乱

「エックス線の散乱」を光は"波"であるとして考えてみよう！

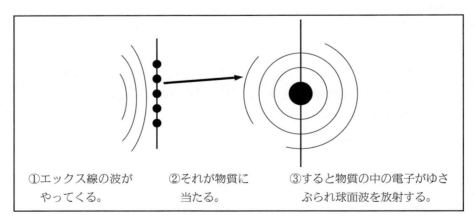

これがマックスウェルの理論で説明される「エックス線の散乱」である。

電子は加速度をもって動くと"光を出す"という性質があるので、この実験でもゆすぶられた電子からは、当然「光」が出るはずである。この時、光は球面波を描いて空間に広がっていくが、この球面波が「散乱されたエックス線」となるのである。

空間に広がる球面波は、ちょうど水に浮かべた「浮き」を上下にゆすぶった時に広がっていく、あの波の様子を思い浮かべればよい。
　エックス線の散乱をこのように考えるとすると、

> ☆ゆすぶられる電子は、初めに発射された時のエックス線の振動数と同じ振動数で振動する。
>
> ☆このエックス線が単色なら、当然この電子の振動はある一定の周期をもっていることになる。
>
> ☆すると、そこから放射される球面波は、どこをとっても「初めのエックス線の振動数と必ず同じ」ということになる。

　このように「光＝波」として考えたのでは「散乱したあと振動数が小さくなる」という実験事実は絶対に説明することができないのだ。

なるほど。確かにこれじゃあ説明できないね。

それで結局説明がつかないまま、ずっと放っておかれてたってワケだ。

ところがそこへアインシュタインさんの「光量子仮説」が登場して、コンプトンさんはさっきのエックス線の実験もこの考えを使えばうまくいくに違いないって思ったのね。

　それでは今度はコンプトンがやったように"光は $h\nu$ というエネルギーをもった粒だ"と考えてこのエックス線の散乱の実験を考えてみよう。
　光を"粒"と考えるとエックス線が散乱するというのはどのようになるだろうか。

光を「粒」として考えた時のエックス線の散乱

「エックス線の散乱」を光は"粒"であるとして考えてみよう！

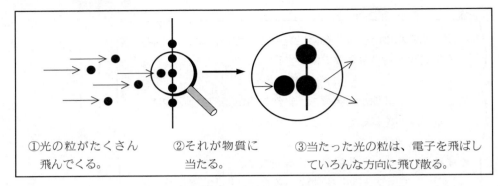

①光の粒がたくさん飛んでくる。　②それが物質に当たる。　③当たった光の粒は、電子を飛ばしていろんな方向に飛び散る。

　これが光を「粒」として考えた時のエックス線の散乱である。早い話が、ビリヤードなどでおなじみの「玉突現象」と同じなのである。「玉突現象」はもちろんニュートン力学で説明されているから、この場合もそれに習って全く同じように考えればいい。ただちょっと違うのは、光の粒のエネルギーは

$$E = h\nu$$

ということだけである。

　まずは、$h\nu$ というエネルギーをもった粒が、電子に当たるとどうなるかということを調べてみよう。

$h\nu$ というエネルギーをもった光の粒が電子に当たってはね飛ばす。

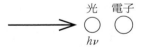

すると、光の粒は電子をはね飛ばした分だけエネルギーが減ってしまう。

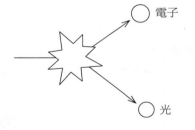

ビリヤードだ！

うん、わかるわかる。ビリヤードだって、突いた玉が他の玉に当たると勢いが弱くなるもんね。

衝突された電子が動き出すのは、光からエネルギーをもらったからである。この時、電子がもらうエネルギーは、光が使ったエネルギーと等しい。これを式にすると次のようになる。

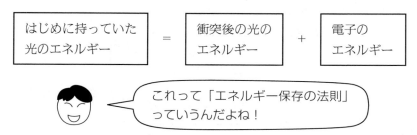

光の粒のエネルギーは $h\nu$ だったから、これをさっきの「エネルギー保存の法則」にあてはめてみよう。

h は定数だから、光のエネルギーが変わるという事は振動数 ν が変わるという事である。だから、はじめの振動数を ν_1、衝突後の振動数を ν_2 として表すことにするとエネルギー保存則は次のようになる。

$$h\nu_1 = h\nu_2 + （電子のエネルギー）$$

ということは、当然

$$\cancel{h}\nu_1 \geqq \cancel{h}\nu_2$$

となり、

$$\nu_1 \geqq \nu_2$$

これはつまり、衝突後の光のエネルギーの振動数は、衝突前の振動数より小さいということなのだ。

という関係式があっという間に導き出せてしまう。

つまり、光を「粒」と考えれば、「散乱すると振動数が小さくなる」というエックス線の実験は、"当たり前"なのである。

しかし今は、ただ光を粒と考えれば振動数が小さくなるのは当たり前であるということを証明しただけにすぎない。実際の実験では散乱されたエックス線の振動数は場所によってどのくらいかというところまでわかっているのだ。

だから、あとこれを計算してみてその答が実験結果とぴったり一致していることを示さなければならないのである。そうなった時に初めて、「光は確かに玉突をしている」ということができるのだ。

光の「運動量」

玉突現象を説明するのに最も重要なのは「運動量」である。

運動量というのは、"粒"の代表的なことばで、

$$p = m \times v$$

運動量　質量　速度

という数式で表される。

「質量」とは物が静止しているときの重さのことで、「速度」とはそれがどんな方向にどのくらいの速さで動いているかということである。

ニュートンは"運動"というものを、"物（粒）がある速度で動いていること"であると定義した。しかし、ひとくちに物といっても物には重さ、つまり質量がある。だから同じ速度で2つの物が動いていても、質量が違えば当然その運動の勢いは違ってくる。この"運動の勢い"、それが「運動量」なのである。

運動量は、動いている物の「質量と速度の関係」によって決まるのだ。

古典理論では、玉突現象ははじめに発射する玉の運動量さえわかっていれば、あとはそれがどんな角度で跳ね返るかによって衝突後の2つの玉の運動量は自動的に決まってしまう。つまり、衝突後の2つの玉が"どんな方向にどのくらいの速さをもっているか"ということが一発でわかるのである。

 なるほど！だからこの実験の場合は「光の運動量」を求めればいいってことね！

 そして計算してそれが実験結果と一致していれば、光はまぎれもない"粒"で、本当に玉突してるってことが証明できるってわけか。

 早く光の運動量を求めようよ！

 うん、"運動量 $p =$ 質量 $m \times$ 速度 v"っていうあの公式を使えばいいんでしょ？

 あれ？ちょっと待てよ・・・。光の速度はたしか30万km/secだったけど、光の質量っていくつだろう・・・？

▲ ニュートン Newton, Sir Isaac [1643-1727]

そうなのだ。光の場合にはその「質量」が問題になってくるのだ。ニュートン力学では、運動量は

$$p = mv$$

であった。ところが、この質量 m とは"静止質量"、つまり止まっている時の質量である。光は「光速度不変の原理」から、いつどこで計っても必ず秒速 30 万km で動いていなければならない。つまり、秒速 30 万km で動いているものが「光」なのであって、速度がちょっとでも減ったらそれはもう光ではなくなってしまうということなのだ。

だから「光の静止質量を計る」なんていうことは、どんなに技術が進歩してもできっこないのだ。

アインシュタインの「相対論」によると光の静止質量は 0 なんだって！

それによく考えてみると、古典理論で説明される玉突現象は、衝突後の 2 つの玉の「速度」であったが、このコンプトン効果の実験では、観測されるのは散乱後の「光の振動数」である。つまり私たちは、光の運動量を振動数との関係で表さなければならないのだ。

古典理論では $p = mv$ だから運動量は「質量」と「速度」の関係で表されているんだよね。

光の場合は、通常の古典理論を使って運動量を求めることはできない。何か他の方法を使って求めなければならないのだ。

$p = mv$ っていう表し方じゃない方法で運動量を求めるってこと？

そんなのできるのかなぁ??

実は「光の運動量」は、アインシュタインによって

$$p = \frac{E}{c}$$

という式で、エネルギーとの関係がわかっている。これをうまく使えばいいのだ。これは有名な「相対性理論」に出てくる式で、E は光のエネルギーを表している。

アインシュタインは相対論の中で、光の運動量とエネルギーはこのような関係になっていなければならないことを発見したのだ。

さて、光のエネルギーといえばもう1つ、忘れるわけにはいかない式があった。・・・そう！この式である。

$$E = h\nu$$

この2つの式の E はどちらも光のエネルギーを表したものだから、これらを組み合わせればいいのである。すると、光の運動量は次のようになる。

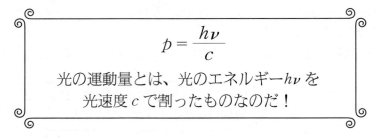

$$p = \frac{h\nu}{c}$$

光の運動量とは、光のエネルギー $h\nu$ を光速度 c で割ったものなのだ！

これで光の運動量と振動数がどういう関係になっているのかわかった。

あとはこれを使って計算すると、電子に当たってはね飛ばされたエックス線の振動数が、実験からわかっている値と同じになればバッチリである。

エックス線が90度の方向に跳ね返された時の「観測値」と「理論値」を比べてみよう。

　　　　実際に観測された振動数　・・・ 4.5×10^{11} ［1/秒］

　　　　計算して求めた振動数　　・・・ 4.2×10^{11} ［1/秒］

 わあー！ほとんど同じだ！

 これで光は本当に「玉突」したって事が証明されたワケね。

コンプトンがこの実験を説明したことで、アインシュタインの「光量子仮説」はもはや仮説ではなく現実のものとなった。それまではいくら粒だ粒だといっても、実際にわかっていたのは

　　　　　　　"エネルギーのやりとりがとびとびである"

ということだけだったから、実は、はっきりと「光は粒だ！」とは言い切れないところがあったのだ。しかしこの実験で「光の粒の運動量」さえもわかってしまったのだから、もう何も恐れるものはない。

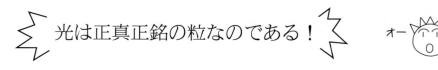

光の運動量のもうひとつの表し方

今、光の運動量 p は

$$p = \frac{h\nu}{c} \cdots ①$$

という形で表されることがわかったが、参考までにこれを違った表記で表してみよう。

この式は波長 λ（ラムダ）という記号を使って書き換えることができるのだ。

波長というのは、

"波が1うねりする間に進む距離"

のことである。

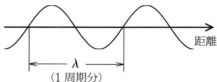
（1周期分）

光の場合、波長 λ を求めるには、「光が1秒間に進む距離 30万km」を「波のうねる回数」で割ればよい。これを数式でかくと次のようになる。

$$\lambda = \frac{光速度\ c}{振動数\ \nu}$$

振動数っていうのは "1秒間に波が何回うねっているか" っていうことだったもんね。

例えば $\nu = 5$ だったら、これは1秒間に5回うねってるってことだから、30万km／5で波ひとつの長さ、つまり波長 λ が求められるよ。

このことから、①式の中の $\frac{\nu}{c}$ は波長 λ の逆数だから、

$$\frac{\nu}{c} = \frac{1}{\lambda}$$

となる。すると①式全体では、

$$p = \frac{h}{\lambda}$$

光の運動量 p はプランク定数 h を
波長 λ で割ったものと等しい

と書き換えることができるのだ。

1.7 霧箱の実験

コンプトン効果は、私たちが知っているビー玉やビリヤードなどの玉突現象と全く同じ原理で説明できることがわかった。

ところでこの原理の大きな特徴は、衝突した2つの玉のうち、片方の玉の運動量がわかれば、もう一方の玉の運動量も自動的にわかってしまうことにある。

「コンプトン効果」の節ではエックス線の振動数の変化に注目したので、はじき飛ばされた電子については全く触れなかった。しかし跳ね返ったエックス線のことがわかるということは、同時に電子の速度や方向も求められるということなのである。

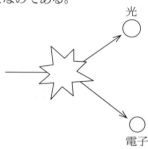

もしこの「はじき飛ばされた電子」が観測され、それがコンプトンの理論からでてくる値と一致すれば、"鬼に金棒"である。コンプトンの理論はますます完璧であることになるのだ。

言うまでもなく電子というのはとても小さく、直接目で見ることはできない。コンプトンがこの理論を発表した当時は、電子を観測することなど誰にもできなかったので、コンプトンも"はじき飛ばされた電子"については何も触れなかったのだ。

ところがその数ヵ月後、2人の物理学者ウィルソン、ボーテがそれぞれ独自に、ある方法を使ってついに電子の動きを肉眼でみるということに成功したのである！

その結果、見事！電子はコンプトンの理論通りにはじき飛ばされていることが確かめられたのだ。

 すごーい！これでコンプトン効果の玉突現象の全てが計算できて、さらに実験でも確かめられたってわけね。

 でも一体どんな方法で電子を観測したのだろう？光の方は振動数を見ればよかったけど、電子1粒の動きなんか本当に見えるの？

見えるはずのない電子を観測する方法、それは

である。

これは霧の性質をうまく利用することで実現された画期的な方法であった。

👤 ウィルソン, C.T.R. Wilson, Charles Thomson Rees [1869-1959], 👤 ボーテ Bothe, Walther Wilhelm Georg [1891-1957]

"霧の性質"ってどういうの？霧って山に行くとよく出るもゃーっとしたあれでしょ？

そうそう、霧っていうのは湿気の多い空気が急に冷えることによって、空気中の水蒸気が液体にもどったもの、つまり水の粒々のことさ。空気中の塵（ちり）やホコリを芯にしてできるんだよ。

なるほど。「霧箱」ってことは箱の中に霧がいっぱいつまってるのかしら？でもそうしたら電子どころか何も見えないって気がするけど・・・

　この方法は、霧の中に電子が見えるのではない。電子の通った跡が霧となって見えるのである。
　ふつう霧は空気中の塵などを芯にして発生するが、その他にも空気中のイオン（電子の数がたりなかったり、多すぎたりする原子）が塵の役をすることもある。
　「霧箱」とはこの性質に注目したもので、塵などがなにもない箱の中を水蒸気でいっぱいにし、急激に冷やす。するとこの箱の中は、過飽和状態といって今すぐにでも霧になりたいのだが芯になる塵が何もないのでどうしようもないという状態になる。そこへ電子を飛ばすのである。電子は空気中の原子にぶつかり、原子の中の電子をはねとばすため、イオン原子ができていく。するとそのイオンを芯にして次々と霧が発生し、電子の飛んだ道筋どうりに霧の線が見えるのである。
　ウィルソンとボーテは、この方法を使ってコンプトン効果ではじき飛ばされた電子を詳しく観測したのだ。勢いよくはじき飛ばされれば電子のもつエネルギーは大きくなるので、霧箱の中ではその飛跡が長くなるし、勢いがなければ飛跡は短いはずである。
　理論的な計算によって、飛んだ距離の長さから逆にはじめにもっていた電子のエネルギーを求めてみると、それはコンプトンの計算によって求められる値と実に良く一致していたのである。

へー、おもしろい。電子の飛んだ跡が見えるのか。見てみたいね！

トラカレでも実際に実験したんだよ。ちょっとその様子を見てみよう。

霧箱を使って実験してみよう！

○月△日、トラカレのヒッポルームで学生たちによる「霧箱の実験」が行われた。
いよいよコンプトン効果で見た電子の動きを、この目で確かめることができるのだ！

トラカレでは、「簡易霧箱」という実験教材セットを使った。両手のひらに収まるくらいの丸い箱である。

この教材セットには、電子の代わりにこんな形のα粒子を発射する放射線源が付いていた。電子もα粒子も「量子」なので、見える様子はほとんど同じなのだ。

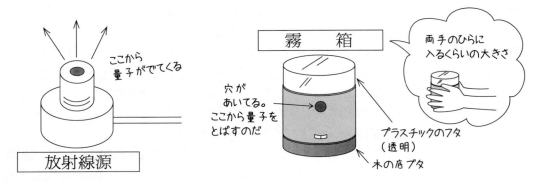

◎まず、箱の内側にあるスポンジの上部にアルコールをしみ込ませる。水よりずっと気体になりやすいから、霧もできやすいのだ。

この時、底からはドライアイスを詰めて箱を冷やしておく。

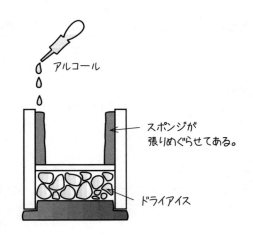

◎ふたを閉じてじっと待っていると、アルコールが蒸気となりどんどん下に降りていく。でも箱は下から冷やされているから、蒸気は再び液体に戻ろうとする。しばらくは箱の中の塵を芯にしてアルコールは霧になるが、その霧はそのうち底に落ち、箱の中は霧になれないアルコールでいっぱいになる。

◎さぁ！α粒子を箱の中に発射させてみよう！
箱に開いた穴へ放射線源の口を突っ込む。
よしっ、いくぞ！

この時部屋の明かりは消して、強い光で
霧箱だけを照らすと見えやすい。

◎アルコールの量などがポイントらしく、
トラカレでは何度も失敗・・・

あきらめかけていた時、ついに**見えた！**

まるで飛行機雲を描いて行くように、α粒子が勢いよくピュンピュンとんでいく様子がはっきり見えるのである！

何度も失敗しただけあって、見えた時の喜びは大きく部屋の中はパニックになったのであった。

 なるほど、こんなふうに電子の軌道が見えるのか。この霧の速さや方向を観測すればいいんだね。この実験を考えた人はすごいなぁ。

この霧箱の方法は、量子の動きを観測することのできる唯一の方法としてこれ以後原子物理学の研究には欠かすことのできない重要なものとなったのである。

1.8 光の正体は…？

これでどう考えても光は粒だよね。

ウン、見えないはずの電子も見えたしね。

それにしてもあの「霧箱の実験」、すごく面白いね。飛行機雲みたいなのが見えた時ホント興奮しちゃったよ。

しかもそれはコンプトンの理論でばっちり説明できちゃったんだもんね！もう誰がどう考えたって光は粒だよ。

光って見えないくらい小さいけど、その辺に転がっているボールとまったく同じ動きをしてるんだね。

じゃー、みんな"光は粒"で異存はないんだね。

うん!!

そうかなぁ。みんな、はじめの頃の事を忘れてるんじゃないの？ここでもう一度、今までの道筋を振り返ってみようよ。

今までの事をもう一度振り返ってみよう！

⇩

スリットの実験で確かめてみよう！

やっぱり光は「波」なんだ！

⇩

ところが！ プランクによって「空洞輻射の実験」では、光は今までのような"普通の波"と考えたのでは説明できないことが発覚してしまった。

 $E = nh\nu$ ($n = 0, 1, 2, 3 \cdots$)

光のエネルギーはとびとびの値しかとれない！！

⇩

アインシュタイン登場！

彼は「小箱の実験」という思考実験で"光は粒"として考えれば空洞輻射の実験もうまく説明できる事を発見！そして見事「光電効果」の実験で

$$E = h\nu$$

光は $h\nu$ というエネルギーをもった"粒"だと証明した。

⇩

さらにコンプトン効果の実験では、

$$p = \frac{h\nu}{c} = \frac{h}{\lambda}$$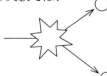

なんと！光は粒の証明である"運動量"までもわかってしまった。

ほらっ！何度見ても最後にはやっぱり"粒"じゃない。

 でもそうすると「スリットの実験」での光の立場はどうなるわけ？あの実験では「光」は間違いなく"波"だったよね。"粒"が干渉するはずないもんね。

 うーん、でも「光電効果」や「コンプトン効果」の実験では、どう考えても"粒"としか考えられないよ。

 じゃあどうすればいいわけ？!

 わかった！スリットの実験を"粒"の場合でもう一度考え直してみればいいんじゃない？それでもやっぱりあんな模様になれば光は間違いなく"粒"だって言えるよね。

なるほど！やってみよう！

粒の場合の「スリットの実験」

　一番はじめに見たように、波の場合は2つのスリットを同時に通り抜けると壁に到達する時の「波の強度」は図のようになるのであった。

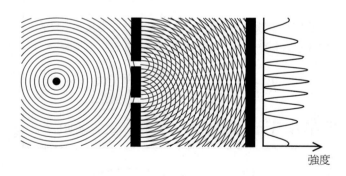

　これを粒の場合でやってみると、果たしてどうなるだろうか。
　波の場合は、壁に到達した時の「波の強度」を調べたが、粒の場合は「壁のどの位置に何発到達したか」を調べる。その個数をグラフに表すのだ。
　この場合、粒は2つに分割できないものであることが重要なので、機関銃のようなものを使うと良い。

手順は波の時と同じように、次の3パターンに分けてやってみる。

① スリット1だけを開けた場合
② スリット2だけを開けた場合
③ 両方のスリットを開けた場合

《①スリット1だけを開けた場合》

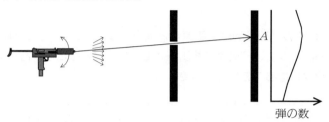

弾はスリット1のふちに当たって、時々大きく方向を変える事があるが、ほとんどの場合は弾の発射位置からまっすぐスリットを通った位置Aの付近に到達する。到達した弾の数をグラフにとると図のようになる。

《②スリット2だけを開けた場合》

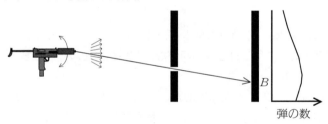

①の場合と同じで、図のようにBの付近に到達する事が一番多い。

《③両方スリットを開けた場合》

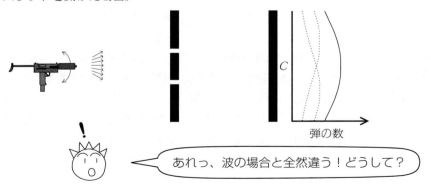

両方のスリットを開けた場合は、スリットをそれぞれ1つずつ開けた①、②の場合が同時に起こる事になるから、結果は単純に①＋②のグラフになるのだ。

 このダブっている所の数がたし合わされて点線のようになるって考えればいいのね！

この装置の場合はちょうど真ん中Cの付近に到達する事が一番多くなっているが、これはスリットの位置などによって変わってくる。しかし、結果は必ず①＋②であり、どんなことがあっても波の場合のようにあんなうねうねのグラフになることはないのである。

 ガーン！じゃあやっぱり光はこの「スリットの実験」では"波"なんだ。

新しい理論への出発

 あーあ！せっかく光は $E = h\nu$ っていうエネルギーを持った"粒"だっていうことがあんなにきれいに説明できたのに、これじゃ何がなんだかわかんなくなっちゃうよ。

 あれっ！ねえ、"$E = h\nu$"ってよく見るとおかしくない？だって「光は粒だ」って言っているのに"ν"が入っているよ。"ν"って"振動数"だったよね。一体光の粒の振動数って何？

 ほんとだ！これじゃ光が粒だとしても、どんな粒なのか全然わかんないよ!!

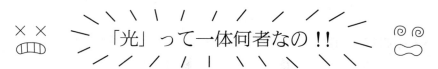

と、私たちが困ってしまったのと同様、当時の物理学者たちも実は大変困っていたのだ。

たしかに「スリットの実験」では、干渉模様をつくる光は"波"であるとしか考えられない。ところが、プランクの「光の波はとびとびのエネルギーを持つ」という発見がきっかけで、アインシュタイン、そしてコンプトンは、それが実は"粒"以外の何物でもない事を証明してしまった。しかも、コンプトン効果では光の粒の持つ「運動量」までもわかってしまったのだ。

ある実験では"波"として振る舞い、また別の実験では"粒"として振る舞う「光」。しかも、光はこの"粒"と"波"の振る舞いを同時に見せるようなことは決してしないのだ。

実は、この"粒"と"波"というのは物理学の世界では決定的な意味を持つことである。なぜなら今までの物理学は、世の中の全ての物を大きく"粒"か"波"、このどちらかに分けて記述してきたからだ。

両者は全く反対の性質を持ち、お互い相容れることは絶対にない。
これはもう「男」が「女」になれなくて、「男」と「女」の両方を併せ持つのが不可能であることと同じで、粒である物は絶対に波ではないし、波である物は絶対に粒ではないのである。
この奇妙な光の振る舞いが物理学者の頭を悩ませ、光に対する実験が連日くりかえされていた頃、有名な物理学者マックス・ボルンは、実験の種類によって、その振る舞いを変える光のことを

「月・水・金曜日は"波"になって、火・木・土曜日は"粒"になる。そして日曜日は（大学が休みなので研究対象にされずにすんで）お休みするんだ」

と冗談めかして言ったくらいだ。

この"粒"と"波"の二面性——それまでの物理学、つまり「ニュートン力学」や「電磁気学」などでは、とてもじゃないが説明しきれない。

しかも、後になると今までの理論で説明できないのは光だけではないことがわかった。「空洞輻射」と共に残されていた問題、「原子」の問題もそうだったのである。
原子はそれまで物質を構成する最小の単位と考えられてきたが、実はまだ分けられることができ、それは「電子」と「原子核」によって構成されていることが発見される。そうなると問題は電子と原子核が、原子の中にどのように入っているかということになるが、それを考えるとどうしても今までの理論では矛盾が出てきてしまうのだ。

そこに登場するのがニールス・ボーアで、彼はこの原子の問題に光を表すことば $E = h\nu$ を導入し見事に成功をおさめたのである。
ボーアの登場により、物理学は本格的に新しい時代へと突入していった。

「前期量子論」の誕生である。

そしてその主役となるのが、プランクの発見したあの定数、そう！

なのである。

▲ ボルン Born, Max [1882-1970], ▲ ボーア, N.H.D. Bohr, Niels Henrik David [1885-1962]

この「h」は、量子のことを語る上で欠かすことのできない定数となるのだ。
　今の段階では、「h」が一体どういう意味を持つのかはわからない。しかし、これから進んでいくうちにだんだんとその意味が明らかになっていく。そして最後に待っていたのは・・・
　今までの物理学では絶対に理解できないような「意外」な結末だったのである。

　「ニュートン力学」や「電磁気学」は、この頃から量子の振る舞いを説明できない古いことば、「古典力学」と呼ばれるようになる。
　そして、新しい物理学「量子力学」に多くの若く才能ある物理学者たちがその全精力を傾けることになるのだ。

　光、そして原子を説明する新しい理論「量子論」は、これから一体どのように完成されていくのだろうか？

第 2 話

Niels Bohr

前期量子論

プランクとアインシュタインによって、とうとう量子力学の扉はつくられた。いよいよここからは「電子」についての話題にうつる。原子の構成要素の一つである電子がいかに奇妙な振る舞いをするかを、一緒にみてほしい。

古典力学の常識を越えた電子の振る舞い。この理解不可能かとも思われた問題に、初めてくさびを打ち込んだ人物がいた。それが「ニールス・ボーア」だ。

さあ私たちも彼とともに大胆な発想と卓抜した手法をもって、次々と不思議な現象を突破していこう。

2.1 「量子力学の冒険」第2話のはじまり

　量子力学？何それ？
　　　　　　　　　　　　　　ゲ！　むずかしそう。

　このことばを初めて聞いた人、聞いたことがあるけど自分とは全く縁のないことだと思っている人、いろんな人がいると思います。中には勉強したことはあるけれど、チンプンカンプンでまるで何も分からなかった、という人もいるかもしれません。

　結構です。全然かまいません。
　この冒険は、あなたが「ことば」を話す人間であるなら誰でも参加できます。
　特に

　　「私たちの住んでいるこの世界って一体どうなってるのだろう？」
　　「人間がことばを話せるようになるって不思議」

と一度でも思ったことがあれば十分です。
　量子力学は、世の中、つまり「自然がどうなってるんだろう？」と思い続けて、私たちよりも一足先に冒険の旅に出ている自然科学者さんたちの作った「道案内のことば」です。彼らは冒険することにかけては大先輩なのです！

　でも、数式とかいっぱい出てくるんでしょ？
　あたしはダメよ！
　　　　　　　　　　　　　　　　ついていけないよ。

大丈夫。数式だって「自然がどうなっているか？」を表せる立派なことばなのです。

　自然を表すことば？
　　　　　　　　　　　　ふーん

　初めてこのことばを聞いたとき、私はびっくりしました。そんなこと考えたこともなかったのです。でも、言われてみると確かにそうです。しかも、どんな国の人にも通じる世界共通のことばですよね。これでちょっとは身近になったかな？

自然科学者だって、私たちだって、同じ人間。

「誰かに分かることは、誰にでも分かる」

私たちの大好きなことばです。これは本当だよ。

赤ちゃんが自然にことばを話せるようになるのはあたり前だけど、これも自然現象の一つだよね。
ヒッポでは、赤ちゃんの方法でことばを身につけようとしている。
自然はどうなってるのかな？って見つけっこしてるんだ。

量子力学をやっていくと、ことばを見つけていく時やいろんな国の人と会って気づく時のように、「同じものを見つけっこしてるんだ」ということに気づくのです。

ことばや生活が違ったりしても、同じ人間。
一見全く違うようでも、同じ振る舞いをするもの。

「同じ」ってなんだかとっても暖かいことばですね。

 同じものを見つけっこするのだったら
私たちにも出来そう。

 うん

そう！もういつでも出発できます。
一緒に冒険に出かけよう！

2.2 原子の不思議な振る舞い

　ここからは**原子**や**電子**という目に見えない小さな小さな世界の話になる。そして後に「前期量子論」といわれる量子力学の土台を作ったニールス・ボーアの活躍の舞台となるのだ。

　ある時は波、ある時は粒の振る舞いをする光。そんなものには今まで一度も出会ったことがない。光のことが今までのことば（古典論）では説明できない。多くの物理学者たちがこの事実をなかなか信じようとしなかった。そりゃあそうだろう。説明できなかったことなんて今までなかったんだから。でも、もうすでにプランク、アインシュタインたちの光の研究によって、量子力学への入り口は開かれたのだ。ここに広がるのはどんな世界なのか、まだ誰にもわからない。しかししばらく後には、これが私たちの考え方自体をも大きく変えてしまうほどの大事件だった、ということがわかることになる。一体どうなっていくのだろう。

　ボーア登場の前に、それまでに原子について調べられ、解決されないままでいた問題を振り返っていくことにしよう。

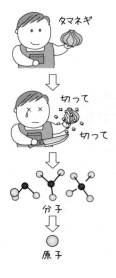

　世の中の全ての物質をどんどん細かく分けていくとそれ以上分けられなくなる。それを昔の人は物質の最小単位として**「原子」**と名付けた。そして多くの研究の結果、全ての物質はわずか数十種類の原子から構成されているらしいこともわかった。また「物を熱すると（エネルギーを与えると）光を出す」のだから**原子は光を出す**、ということも知られていた。しかし！その原子が出す光はとてもヘンなものだったのだ。

例えば太陽の光を分光器（プリズム）に通してみると虹のようにきれいな帯状のスペクトルが見える。

これを帯状スペクトルといいます。

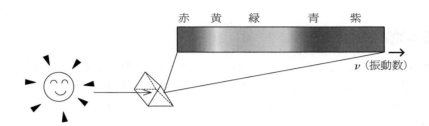

振動数の違いは色の違いなのね。

 プリズムは混ざった光を分けるとても便利なものなんだ。

ところが、何か物質（原子）を熱したときに出る光は、ある**決まった振動数の光**だけ出していることがわかったのだ。

これを線スペクトルといいます。

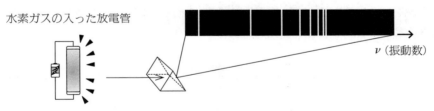

 ということは原子によって混ざっている光の色が違うということね。

そう。たとえばナトリウムはオレンジ色、とか水素はピンク色、というようにね。みんなの身近にあるものでは、高速道路のオレンジ色の照明灯はナトリウムの光なんだよ。

 へぇー

原子によって出る光のスペクトルは決まっていて、同じ原子は必ず同じ振動数の光を出す。物理学者たちはたくさんそのことを調べて、どんな原子がどんな光を出すのかだいたいわかってきていた。でも、そのスペクトルの振動数の並びぐあいはとてもヘンで、なぜ決まった振動数の光が出るのか、どんな秩序があるのかまるでわからなかったのだった。

原子の出す光

　しばらく経った 1885 年、スイスの女学校で数学の教師をしていたバルマーという人が、水素のスペクトルの可視部（見える部分）の中の 4 本の波長の関係を表す式を見つけた。
　その時のスペクトルは次のようなものだった。

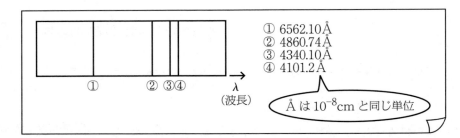

バルマーは以前から 4 つの数を出されたとき、その数を関係づける公式を考えることが趣味だったんだって。

　彼は 4 つの数をいろいろいじっているうちに "3645.6Å" という数を発見した。この数を a とおいて並べてみると次のような数列になったのだ。

$$\frac{9}{5}a, \ \frac{16}{12}a, \ \frac{25}{21}a, \ \frac{36}{32}a \qquad (a = 3645.6\text{Å})$$

これをさらによく見ると次のような規則性があることが分かる。

$$\frac{3^2}{3^2-4}a, \ \frac{4^2}{4^2-4}a, \ \frac{5^2}{5^2-4}a, \ \frac{6^2}{6^2-4}a \qquad (a = 3645.6\text{Å})$$

まとめてみると、

> **バルマーの公式**
> $$\lambda = \frac{n^2}{n^2-4}a \qquad (n = 3, 4, 5, 6) \\ (a = 3645.6\text{Å})$$

となった。初めて原子の出すスペクトルに秩序があることを発見したのだ！

👤 バルマー Balmer, Johann Jakob [1825-1898]

趣味がこうじてすごい発見しちゃったのね。

しかし、バルマーの式は水素のスペクトルしか表せなかった。
ところがその後すぐ、リュードベリという人が、バルマーの式を波長でなく振動数で表すとうまくいくということに気付き、すべての原子のスペクトルに合う公式を考えたのだ。

$$\text{リュードベリの公式}$$
$$\nu = \frac{Rc}{(m+a)^2} - \frac{Rc}{(n+b)^2}$$

 $R = 109677.691 \text{cm}^{-1}$ は、リュードベリさんが作った定数で、なぜかこうすると実験にぴったりなのだ。

この式の m と n は整数で、2つの関係は $n > m$ となっている。そして a と b の値は原子の種類によって決定される定数だ。この m、n、a、b を決めれば原子の出すスペクトルが全て分かるということだ。例えば水素のスペクトルの目に見える部分は4本だけだが、この式から考えるともっともっとたくさんあるらしいことも分かる。すごい！目に見えないことまで予想できるスーパーな式なんだ！この、a と b を両方 0 にすると水素のスペクトルを表す式になる。

$$\text{水素のスペクトルの式}$$
$$\nu = \frac{Rc}{m^2} - \frac{Rc}{n^2} \qquad (n > m)$$

 この式の m を、$m = 2$ にするとバルマーの式にぴったりと合うんだ。

 自分で計算してみたい人はやってみてね。

なんとリュードベリの公式が予言しているように、目に見えない部分も実験技術が進んでいくうちに続々と見つかっていったのだ。

 ここで水素スペクトルを例にして紹介をしよう。

リュードベリ Rydberg, Johannes Robert [1854-1919]

リュードベリの式の m の部分には整数が入る。そしてその $m = 1$ に当たる部分（紫外系列）をライマン（Lyman）が1906年に発見。そして $m = 3$ の部分（赤外系列）をパッシェン（Paschen）が1908年に、$m = 4$ の部分をブラケット（Blackett）が1922年に発見した。それぞれ発見した人にちなんで、ライマン系列、パッシェン系列、ブラケット系列などと呼ばれている。

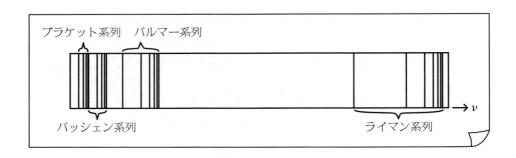

でも、でも、でも
どうして、こんなスペクトルが出るの？
これって一体どういうこと？

と聞かれても、バルマーも、リュードベリもゼンゼン説明できなかった。

物理学はどうして？どうやって？ということを説明できないと、現象を説明したことにはならないのだ。キビシイのだ。

　リュードベリの式は原子の光のスペクトルをばっちり表しているのだから、原子について知る重要な手がかりになるはず！と思うのだけれど、現実はなかなかうまくいかない。

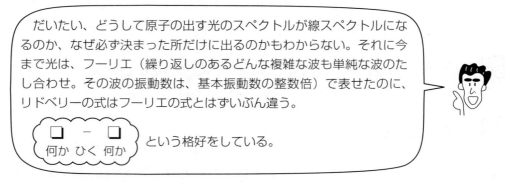

　このわけの分からない原子の出す光がいったいどこからどんなふうに出てくるのか、物理学者たちの研究が始まった。

👤 ライマン Lyman, Theodore [1874-1954]　👤 パッシェン Paschen, Louis Carl Heinrich Friedrich [1865-1947]
👤 ブラケット Blackett Patric Maynard Stuart [1897-1974]

原子の構造を探れ！　　次々と出てくる困難の数々

　原子は世の中のものすべてを作っている物のいちばん小さな単位と思われていた。ところがおよそ100年前、原子より小さな**「電子」**という粒が発見された。そして、電子は原子を構成している部品だということもわかってきた。

　私が、電子の発見者トムソンだ。電子は原子の中にもある。さらに、電子は動くと光を出す。つまり、原子のスペクトルは実は電子の出す光だったのだ。

　じゃあ、電子は原子の中にいったいどんなふうにいるんだろう。

　そこで私を初め、世界中の物理学者たちは原子の中がどうなっているのかを考え始めたのさ。

水素原子についてわかっていたこと

原子の重さ：1.66×10^{-24}〔g〕
　　電荷：中性
　　大きさ：10^{-8}〔cm〕

電子の重さ：4.8×10^{-28}〔g〕
　　電荷：$-e$（マイナスの電荷）
　　　　（$e^2 = 23.04 \times 10^{-20}$〔g・cm^3・sec^{-2}〕）

　原子の大きさも化学者たちによって調べられていたんだよ。それに電子の重さは原子の約2000分の1。原子よりはるかに軽い。

　電子がマイナスの電荷で、原子が中性ということは原子の中にプラスの何かが他にあるということ？

　そう！他の、物理学者たちも同じように考えたんだ。だから原子の中は

▲ トムソン, J. J. Thomson, Sir Joseph John [1856-1940]

となっているに違いない！と考えたわけだ。

そこで、いろんな人が原子の予想モデルを発表した。その中でも次の二人の物理学者のモデルが有名だったんだ。

トムソンモデル　スイカモデル

私はこんなモデルを考えたんだ。
　プラスの電荷を持つ物質の中に電子がちりばめられている。スイカみたいだが、こうしたのにはちゃんと理由があるんだ。電子はマイナスの電荷を持っているから、電子同士があんまりそばにいては反発してしまう。だから電気的にバランスのとれた位置に落ちついていて、それがプラスの電荷を持つ物に埋め込まれ、しっかり固定されていると考える。それにプラスの物は原子の大きさ（10^{-8}cm）のところまで広がっているんだ。

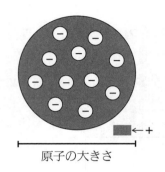

もう１つは長岡半太郎という人が考えたのだ。

長岡モデル　土星モデル

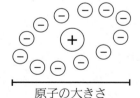

彼は、原子の中が土星のようになっていると考えたんだ。それは、プラスの電荷を持つ物質がまん中に集中して、マイナス電荷を持つ電子がまわりをとりかこんでいるモデルなんだ。

　トムソンモデルの方が大きさがはっきりしていて、マクスウェル電磁気学に合っているという理由から当時みんなに支持されていたのだ。しかし、あくまでも予想で、まだ実験で確かめられたわけではなかった。

■ 長岡 半太郎 Nagaoka, Hantaro [1865-1950]

そこに 1911 年、トムソンの弟子ラザフォードが登場する。

ラザフォードは彼の師であるトムソンのモデルを実証するために実験することにした。その実験は、金箔にラジウムから出てくる凄く強いプラスの電荷を持つα粒子をぶつけて、α粒子の反応から原子の中がどうなっているか予測する、というものだ。

予想をしてみよう。

トムソンモデルはプラスの物質が原子の大きさまで広がっていると考えたから、プラスの電荷がうっすらと広がっている。つまり電荷の密度が薄いわけだ。そこへα粒子をぶつけると、当然α粒子は簡単に通り抜けるはずだ。中に少しは、プラスの物質に影響されて曲がって行くものもあるかもしれない。α粒子の質量は電子の約 7000 倍もあるから、電子の影響は無視してよい。

まるで原子の中のプラスの物質が、砂糖で出来ていて、それが綿菓子なのか氷砂糖なのかを調べてるみたいだね。α粒子が豆鉄砲の豆だとすると、通り抜けたら綿菓子。もしも跳ね返されたら氷砂糖といったところかな。

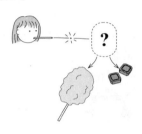

それでは実験してみよう。

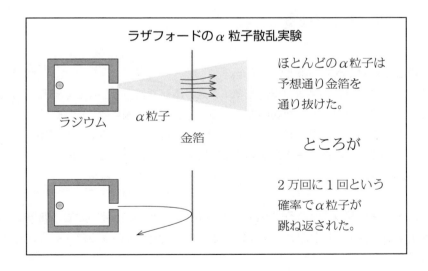

▲ ラザフォード Rutherford, Sir Ernest [1871-1937]

なんと、20000回に1回ほどの確率で、α粒子が跳ね返ってきたのだ！
トムソンのモデルを信じていたラザフォードはこの実験のことをこう語っている。

> 「これはそれまでの私の生涯で起きた事件の中で最も信じられないものでした。もしみなさんが一枚のティッシュペーパーめがけて15インチ砲弾を打ち込んだところそれが跳ね返ってきてみなさんに当たったとしたらそれを信じられるでしょうか」
>
> 『電子と原子核の発見』より

トムソンモデルを信じていた人々も本当にびっくり仰天。
トムソンモデルでα粒子がはね返ってくる確率は、今日までの宇宙の歴史ほどの長い時間でも一度も起こることのないほど低かった。

 トムソンモデルは違ってたんだ！

α粒子を跳ね返すには、原子のまん中にギュッと小さく原子のほとんどの重さと、強いプラスの電荷を持った物がなければいけない。これをラザフォードは**「原子核」**と名付けた。

 トムソンの弟子だったのに師のまちがいを発見してしまったんだね。

 まぁそういうこともあるさ。

さて、原子核と電子でできているという原子。
　放っておくとこの二つは、プラスの電荷とマイナスの電荷を持っているから磁石のように引き合う力（クーロン力）が働いてくっついてしまう。例えば、原子の大きさが東京ドームくらいだとすると原子核はマウンドの砂粒よりも小さいのだ。電子が原子核にくっつくと、東京ドームが砂粒くらいになる、ということになってしまう。（ふろく2参照）

では、原子の大きさを保つにはどうすればいいのだろう。原子核は重いので、簡単には動けないはず。だから電子が何とかするしかない。原子核に電子がくっつかないようにクーロン力に対抗する力を電子が持てばいい！

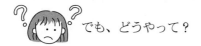 でも、どうやって？

おわんの中にパチンコ玉を入れて底に落とさないようにしようとすると、ずっとおわんを回しつづけていればいいでしょ？あんな感じだよ。
　物が回ると外側へ行こう！という力（遠心力）が働く。その遠心力とクーロン力がつり合うように電子がグルグルと原子核の周りを回っていれば、それが原子の大きさということになるんじゃないかな。

（ふろく1参照）

ラザフォードはまさにその通りに考えて原子核の周りを

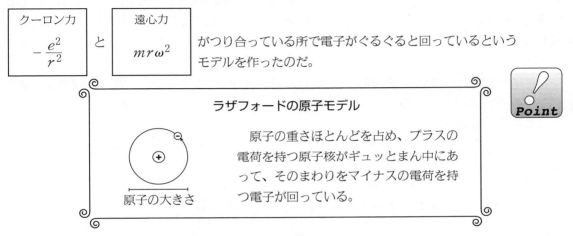

がつり合っている所で電子がぐるぐると回っているというモデルを作ったのだ。

とうとうラザフォードは原子の中がどうなっているかを探り当てたのだ！

　原子より小さい物を人間は見ることはできない。だからモデルを作って、ちゃんと現象を説明できるかどうかだけが問題となってくるのだ。

　モデルが完成！原子がどういう構造をしているのかわかったと思ったが、実はこのモデルは私たちの知っている現象を説明するにはあまりにも合わないことが多いのだ。

　えっ?!　だって今うまくいったじゃない！どうして？

　まわりを見てもわかるように、私たち人間、机、イスなど、世の中の物はすべて原子でできている。そしてちゃんといつも同じ大きさでいる。朝起きたら身長1mmになっていたなんて、SF映画など以外ではありえない。

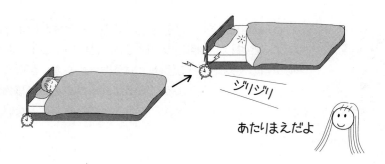

　でもラザフォードモデルだと、こんなあたりまえのことが説明できないのだ。「電子が加速度運動すると光を出す」というのはマクスウェル電磁気学で実験でも理論でも確かめられている事実だ。円運動も加速度運動なのだ。（ふろく１参照）

　ラザフォードモデルでは、電子がグルグル回りながら光を出すことになる。光はマクスウェル電磁気学だと「波」と考えられていたから、電子が原子核の周りを回ったときの軌跡が光として伝わっていくと考えられていた。

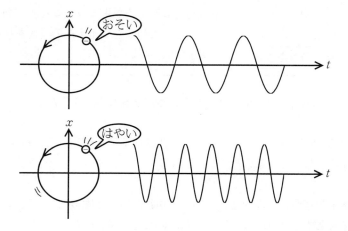

　しかし、回りながら光るとエネルギーを使うので、原子核に電子が引き寄せられて回っていられなくなってしまう。ということは、電子が回ることで保っていた原子の大きさが、一瞬のうちに小さくなってしまうことになる。
　実は長岡半太郎のモデルが支持されなかった最大の理由はここにあったのだ。

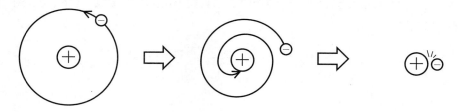

問題点1 「原子の大きさが保てない」

原子がつぶれちゃうなんて絶対ヘン!!

みんなも走り続けていたら、疲れるでしょ。スタミナ切れね。

　原子はエネルギーを与えると光る。しかも原子によって必ず決まった振動数の光が出ることはさっき言ったとおり、事実である。このスペクトルも説明できないのだ。

　マクスウェル電磁気学では、電子がグルグル回って出る光がそのままある決まった振動数の線スペクトルとして現れる。

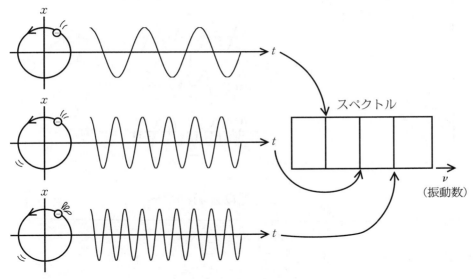

　しかし問題点1のように、電子が光を出すことで原子の大きさが小さくなっていってしまうということは、その時の光は

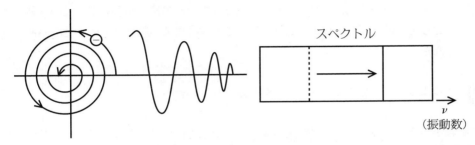

というように光の振動数がどんどん変わっていくことになる。その時のスペクトルは当然動いてしまい、線スペクトルにはならないのだ。

問題点2 「原子の出す光のスペクトルが説明できない」

じゃあ、ここでおまけをして、問題点1、2は無視して「原子は落ち込まないし、スペクトルも動かない」としよう。それでも隠しようのない問題3がでてくる。

問題点3 「原子の光の振動数はフーリエでは表せない」

振動数の並びぐあいを表したリュードベリの式を見れば、私たちの知っているフーリエの式ではない。

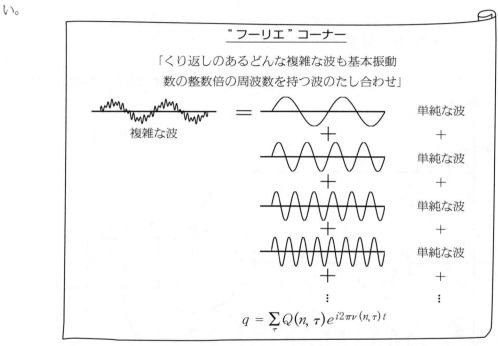

このフーリエの式とはずいぶん違って  という格好だ。

フーリエのように整数倍でもないし、たし合わせの格好の式でもない。

 今までは波のことはすべてフーリエで表せていたのに、原子の出す光の振動数はヘンなとびとびの値でフーリエで表せない。これは今までの物理学では表せないということなんだ。

 つまり、どうしてそうなるのかがわからないわけね。

さらに問題がある。原子の大きさは実験によってわかっていた。でもラザフォードモデルでは理論の中に電荷 e^2〔g・cm^3・sec^{-2}〕と重さ m〔g〕だけしか単位を持っている定数が入っていない。するとどう組み合わせても肝心の大きさを表す単位〔cm〕を理論から導いてこられないのだ。

問題点4　「大きさを表す〔cm〕を出せない」

　このように、ラザフォードモデルは問題点が多く出てきてしまい、ラザフォードや他の物理学者たちの頭を悩ませていた。原子がつぶれないことと、原子の光のスペクトルをうまく説明すること。この両方がスッパリと言えるような原子の構造を考えようと思っても、ちっともうまくいかないのだった。

　ラザフォードさんは実験からわかったことを、今までの力学に合うように考えたのにうまくいかなかったんだ。

　ちなみにその後ラザフォードさんは原子の構造のことを考えるのはやめてしまい、原子核の研究に夢中になったらしい。

　いったい原子の中はどうなっているの？？？

　ここまでが、ボーアの登場する前の物理学者たちのしてきた冒険談だ。これらの問題を解決できる日がくるのだろうか？

2.3　ボーア登場

ボーアの仮説

　ついに主人公ボーアの登場だ。

　ニールス・ボーアはデンマークの理論物理学者で、この時26才。
原子の研究で活気づいていたラザフォードの研究所で、原子のことを研究していた。
　ボーアは目に見えない世界を表すことば、量子力学が完成するのになくてはならない大事な人なのだ。この人なしに量子力学は語れない。

　ボーアはいつでも自然の側に立つことから始めた。そういうボーアだから量子力学の土台を作ることが出来たし、私たち人間が自然をことばで表そうとするときの考え方、科学自体に革命を起こすことが出来たんだ。そうやってハイゼンベルクや他の若い物理学者たちを引っ張っていった指導者として大活躍したのである。

ボーアはずっと考えていた。ラザフォードと原子モデルの問題点についてもさんざん話し合った。一番問題なのは何なのか。

 原子はつぶれない。この当たり前の事実が説明できないのは、ニュートン力学やマクスウェルの電磁気学などの、いわゆる『古典論』に問題があるのではないだろうか？

「私にとっての出発点は今日までの物理学の立場からは全く驚異としか言いようのない物質の安定性ということでした。このことは古典力学では説明できないことだったのです」

『部分と全体』より

ニュートン力学は電子を「粒」として考え、マクスウェルの電磁気学は光を「波」として考えた理論だった。それらの古典論では原子がつぶれないことを説明できないのだ。

 こんな当たり前のことが説明できなかったなんて。

そしてその頃、だんだんとその存在の奇妙さがあらわになってきていたプランクとアインシュタインの「量子論」にボーアは目を向けた。

プランクの「エネルギー量子仮説」

光のエネルギーはとびとび

$E = nh\nu$ （$n = 0, 1, 2, 3 \cdots$）

アインシュタインの「光量子仮説」

光は $h\nu$ というエネルギーを持った粒

$E = h\nu$

この「量子論」によれば、光は「波」ではなく「ある時は波であり、ある時は粒である」または「波でも粒でもない」、「量子」であると考えなければならないのだった。そしてこの量子論は、空洞輻射や光電効果、コンプトン効果などの実験事実をちゃんと説明することができる。光を「波」だと考えるマクスウェルの電磁気学は、これらの実験に関しては「間違い」だったのだ。

そこにボーアは目をつけた。

 ラザフォードの原子モデルの問題点を解決するには、光を波だと考えたままでいてはいけないのではないか？

ボーアは原子を解明するために量子論を取り入れることにした。

ボーアは光が「量子」であるとすると、原子の構造はどうなるか、考えてみることにした。

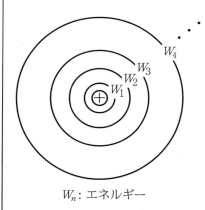

ボーアの仮説

W_n：エネルギー

プランクの $E = nh\nu$「光のエネルギーはある決まったとびとびの値しかとらない」ということを原子のモデルに取り入れると、原子のエネルギーがとびとびの値しかとらないということになる。

古典論では原子のエネルギーは電子の軌道が原子核からどれくらい離れているかによって決まるということだった。その原子のエネルギーがとびとびの値しかとらないということは、電子の**「軌道がとびとび」**だということになる。

原子のエネルギーは、電子の軌道が原子核から遠くなるほど大きくなる。

なるほど、軌道がとびとびになっていれば、エネルギーの値がとびとびになるね。

電子がどこかの「軌道」を回っているとき、ある決まったエネルギーの状態にある。それを「定常状態」と呼ぶことにしよう。古典論では電子が「動くと光を出す」のだった。しかし、「定常状態」にある時はエネルギーを使わないのでいつまでも同じ軌道を回っていられる。そうすれば落ち込んでしまうことはなく、大きさが安定する。これで原子はつぶれないということが説明できるよ。

これで問題点1「大きさが保てない」は解決ね。

でも電子が光を出すのも事実でしょ？いつどうやって出すの？

ここで、出す光が**光量子**なんだ！

アインシュタインの光量子仮説を思い出してみよう。

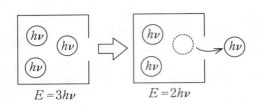

光はひとつが $h\nu$ のエネルギーを持った量子で、小箱の中のエネルギーは「とびとび」の値を持ち、光量子が小箱から出たり入ったりするとき、小箱のエネルギーはとびとびに変化する。

 この小箱を原子であると考えてみればいいのかなあ。

 そう、一緒に考えてみよう。

小箱を原子に置き換えると・・・

 原子の中の電子が、ある軌道から別の軌道へ移った（遷移する）ときに光量子が出たり入ったりする。

外側の軌道にいるときの方が電子のエネルギーが大きい。そして、内側に遷移してエネルギーの値が変わるとき、余った分のエネルギーが光量子 $h\nu$ となって出ていくというわけだ。

逆に $h\nu$ というエネルギーの光量子を原子が吸収すると、電子は外側の軌道へ遷移する。

1回1回の遷移につき、それぞれ光量子がやりとりされる。そのとき、スペクトル上では振動数 ν の光、つまり線スペクトルが現れることになる。

アインシュタインの式を、このボーアの理論に当てはめると、

$$W_n - W_m = h\nu \ (n > m)$$

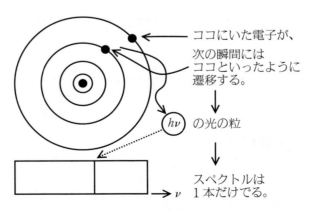

だから振動数 ν は次のようになる。

$$\nu = \frac{W_n - W_m}{h}$$

$$\nu = \frac{W_n}{h} - \frac{W_m}{h}$$

これをボーアの**振動数関係**の式という。

なるほど、マクスウェル電磁気学では

「電子が回ったときに光を出す」

という仕組みだったけれど、ボーアの理論では

「電子が遷移したときに光を出す」

というように、仕組みそのものを変えてしまったのね。

でも、遷移の仕組みはどうなっているの？

それは私にもわからないんだよ、ハッハッハ。でもラザフォードモデルで問題だった、「原子が安定している」ことと、「スペクトルが決まったところに出る」ということは、量子論を取り入れたことによって説明できたでしょ。大事なのは、わかっている事実を説明することさ。だって原子の中は見えないんだよ。この新しい原子モデルで説明できればいいじゃないか。

以上が「ボーアの仮説」だ。ちょっとまとめておこう。

仮説 1
　原子にはある**とびとびの軌道**があり、電子が軌道を回っている。その時は光を出さない。この状態をエネルギーの**「定常状態」**と呼ぶ。

仮説 2
　電子が軌道から軌道へ**遷移**（せんい）したときに光**（光量子）**を出す。（又は、吸収する）

問題の解決

ボーアは「光は量子である」と考えて2つの仮説を立てたわけだけれど、これでラザフォードモデルの問題点はすべて解決されたのかな。

まずラザフォードモデルの問題点1「原子が大きさを保てない」は、軌道を回っているときは光を出さない、としたので解決した。

そして問題点2「原子の光のスペクトルが説明できない」は、電子がある軌道からある軌道へと遷移したときに$h\nu$の光量子を放出する、ということで線スペクトルも説明できるようになり、解決した。そしてもうひとつ解決されたのが問題点4だ。

問題点4の「大きさの単位〔cm〕を出してこられない」は、ボーアがプランクの$E = nh\nu$を取り入れたことで、理論の中にh：〔プランク定数〕が入ってきた。そしてプランク定数の単位〔g・cm^2・sec^{-1}〕によって、ラザフォードの理論では出てこなかった〔cm〕が出てきたのだ。これで原子の大きさも決められる。

このように、4つの問題点のうち3つは解決された。

問題点3「原子の光の振動数がフーリエでは表せない」は、どうなるの？

量子論を導入したことで、電子が光を出す新しい仕組みを作ってしまったのだから、今までの光の表し方であるフーリエである必要はない。ボーアの振動数関係が、原子の光を表す新しいことばなのだ。

というように、ボーアは量子論で原子の光を表す式を考えて作ってしまったのだが、なんと！ボーアはこの時初めて、リュードベリの作った原子の光のスペクトルを表す式に出会ったのだった。

こ、これは！

リュードベリの公式	ボーアの振動数関係の式
$\nu = \dfrac{Rc}{m^2} - \dfrac{Rc}{n^2}$　$(n>m)$ 水素のスペクトルを表す式	$\nu = \dfrac{W_n}{h} - \dfrac{W_m}{h}$

2つの式はそっくりな格好をしている。リュードベリの式は原子のスペクトルの振動数の並びぐあいを完全に表した式である。そしてボーアの式は自分の作った理論から導きだした振動数関係の式だ。ボーアはこのとき、自分の理論が正しいと確信したらしい。

 スゴイ！ドラマみたい。

もしボーアの理論が正しいのなら、この2つの式は全く同等の物となるはずだ。ボーアはさっそくこの2つの式をイコールで結んで対応しているところを出してみた。

両方とも n、m という2つの整数によって ν が決まるという形になっている。そこで n のついた項どうしをイコールで結べば、エネルギー W_n が求まる。

これを = の形に変形すると

$$\frac{W_n}{h} = -\frac{Rc}{n^2}$$

水素原子の
エネルギー準位の式

$$W_n = -\frac{Rhc}{n^2}$$

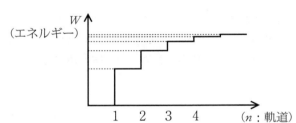

となった。これが水素原子の中の n 番目の軌道のエネルギーを表す式だ。水素のエネルギーはこんなとびとびの状態をしているらしい。

 外側の軌道ほどエネルギーは大きくなるけれど、軌道と軌道の間のエネルギーの差は、だんだん小さくなっていくんだね。

系列の意味がわかった！

スペクトルの「系列」は、リュードベリの公式の m をいくつにするのかで決まっていた。この m をボーアの理論で考えると「電子がどの軌道に遷移するのか」ということになる。図にすると次のようになる。

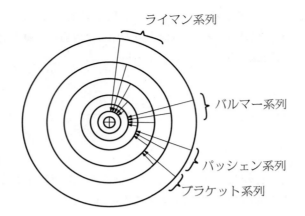

 電子の動きがとても具体的になってきて、原子の世界に一歩足を踏み入れた気になるね。

 でもちょっと待てよ？ボーアは勝手に量子論を取り入れた自分の仮説に基づいてリュードベリの式とあわせて定常状態のエネルギーを導いてきたけれど、本当にとびとびのエネルギーの定常状態があるかなんてまだわからない。

「さっそく確かめてみよう！」と思った人がいた。それがフランクとヘルツの2人だった。2人はさっそく実験し、ついに本当に電子のエネルギーがとびとびになっている事実を発見した。それは1914年、ボーアが原子模型を発表した翌年の事だった。

トラカレ実験記

　トラカレでも、この2人のした実験をやってみたのでその時の話をしていこう。
　トラカレのシニアフェローM先生はとても楽しい講義をしてくれる。（先生はしげちゃんというニックネームで呼ばれるほど人気がある）M先生は普段、オーロラやプラズマ、電磁気の研究をしている。先生がトラカレに来る時は必ずと言っていいほど実験道具を持ってきて、よく実験をしてくれる。だから、という訳でもないが、トラカレ生に人気があるんだ。
　その日も、いつもと同じように私たちトラカレ生との実験が始まった。

　それが思いがけずフランクとヘルツの実験だった。
　この実験は、水素ガスを入れたガラス管の中に電子を放射する。

♦ フランク , J. Franck, James [1882-1964]　♦ ヘルツ , G.L. Hertz, Gustav Ludwig [1887-1975]

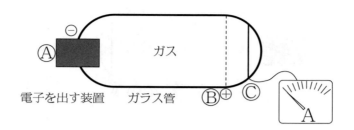

　水素の原子はいくつかのとびとびのエネルギー準位 W_1, W_2, W_3・・・を持つ。その時原子がいちばん低いエネルギー状態にあるようにしておく。

　もし、打ち込んだ電子が水素原子のエネルギー状態を1つ上のエネルギー状態にさせるだけのエネルギーを持っていれば、電子は水素原子にぶつかってエネルギーを原子に渡し、初めに持っていたエネルギーより低い値になって出てくるだろう。

　電子のエネルギーが原子のエネルギー準位をあげるのに必要な分よりも低いときは初めに持っていたエネルギーのまま出てくるはずだ。

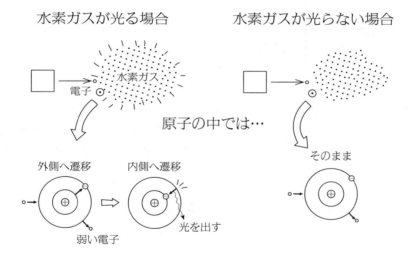

　実際の実験は、Ⓐ とⒷ の間の電圧を変えることで電子の速さを調節できるようにしてある。電子の動く速さが速ければエネルギーが大きいという事だ。

　電子がⒶから出てⒸに到着すると電流計が振れる。

　Ⓑには +0.5 ボルトの電圧がかかっているので、電子がⒷを通り抜けるだけのエネルギーを持たなければⒷに捕らえられて電流計は振れない。

 さあ！実験のはじまりだ。

　Ⓐから電子を出して電圧をゆっくり上げていく。あるところからだんだん電流計が上がり始めた。

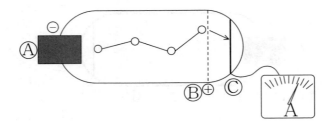

今、電子は原子のエネルギー準位をあげるだけのエネルギーを持っていないので、原子にぶつかってもエネルギーを取られずⒷを通ってⒸに到着している。

さらに電圧を上げる。ある電圧になった瞬間、急に電流が減った。

 やった！予想通りだ。

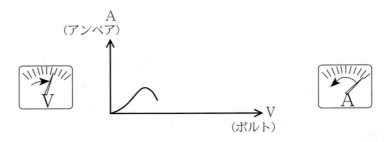

強いエネルギーを持った電子は原子にぶつかって自分の持っていたエネルギーを原子に与え、原子のエネルギー準位を W_1 から W_2 へ変えた。その電子はエネルギーを失い、Ⓑに捕らえられ電流は流れなくなる。（原子にぶつからないでⒸに到着する電子もあるので完全には0にならない）

 もっと電圧をあげよう。また電流が増え始めた。

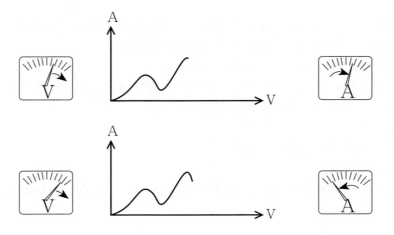

あっまただ！本当にある決まった値の電圧まであげると電流が流れなくなる。

また原子のエネルギー準位を上げたのだ。そして余ったエネルギーで⑧を突破し⑥へついた。という事になる。

さらに実験を続けると、下のグラフのようになった。

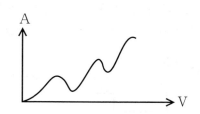

本当にボーアさんの言うとおり「原子のエネルギー準位はとびとびなんだ！」私たちでさえこんなにうれしくなるのだから、最初の実験をした人はどんなにうれしかっただろう。彼らは1925年にノーベル賞をもらっている。

フランクとヘルツは予想通りの「原子のエネルギーはとびとび」という結果で満足だった。そしてボーアの出したエネルギー準位と比べるとピッタリあっていたのだ。

「理論があって初めて何を観測できるのかということを決定するのだ」というアインシュタインのことばを思い出すね。

2.4 前期量子論

対応原理と量子条件

もうボーアにこわいものはない。量子論を取り入れるという仮説で事実をばっちり説明していることに疑いはなかった。

ボーアは自分の理論をさらに完璧にしていく作業にとりかかった。

それは、水素原子のエネルギー準位の式だ。

$$W_n = -\frac{Rhc}{n^2}$$ この R に注目しよう。

R はリュードベリが式を作るときに用いた、どんな原子の場合にも変わらない定数だ。しかしこれは実験から出てきた定数で、理論的に説明されたものではない。この R の正体をあばいてしまえばよいのだ。

さて、どうすれば R がわかるだろう。

ボーアはこの時、この後さらに量子力学を押し進めていくことになった決定打を見つけた。

n がすごく大きくなると電子は軌道のすごい外側にいることになる。エネルギー準位が $-\frac{1}{n^2}$ に比例しているので、その時の軌道と軌道の間のエネルギーの差はほとんどなくなる。

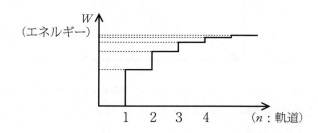

エネルギー差がほとんどなくなってしまえば、それは「連続」であるとみなしても良いということだ。すると、本当は電子が軌道から軌道へ遷移して光を出していても、古典論のように「回りながら光を出している」のと同じと考えてもよいことになる。

それならこっちのものである。古典論では光の振動数は整数倍であることはわかっている。光を出す仕組みは全然ちがうのだけれど、$n →$大の時はボーアの理論と古典論では出てくる答えが同じなのだ。これを利用して $n →$大の時に R を導きだそうというわけだ。

では、あのリュードベリの式の n がすごく大きくなったら振動数はどうなるかやってみよう！

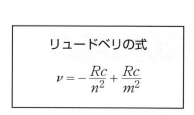
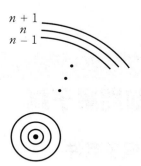

図のように電子がすごい外側の軌道を回っていて、そこの軌道からちょっと内側に遷移したときに出る光の振動数はどのように表せるだろう。

まず m は n 番目の軌道から τ (タウ) 個下の軌道へ遷移したということだから、
$m = n - \tau$ （$n = 1, 2, 3, \cdots$）
とする。

それではリュードベリの式の m の部分に $n - \tau$ を入れて変形してみよう。

$$\nu = -\frac{Rc}{n^2} + \frac{Rc}{(n-\tau)^2}$$

　　　$m = n - \tau$ を入れる

$$= \frac{-Rc(n^2 - 2n\tau + \tau^2) + Rcn^2}{n^2(n^2 - 2n\tau + \tau^2)}$$

$$= \frac{-Rcn^2 + 2n\tau Rc - Rc\tau^2 + Rcn^2}{n^4 - 2n^3\tau + n^2\tau^2}$$

$$= \frac{2Rc\tau - \frac{\tau^2}{n}Rc}{n^3 - 2n^2\tau + n\tau^2}$$

　　　これは全部を n で割ったんだ

$$= \frac{2Rc\tau\left(1 - \boxed{\frac{\tau}{2n}}\right)}{n^3\left(1 - \boxed{\frac{2\tau}{n}} + \boxed{\frac{\tau^2}{n^2}}\right)}$$

今、$n \to$ 大だから ココ の部分と ココ と ココ は、分母に比べて分子がとても小さいから、全体には影響がない。だから無視してもいい。すると、

$$\nu = \frac{2Rc}{n^3}\tau \quad (\tau = 1, 2, 3, \cdots)$$

となる。

　でたー！！

ナント！この式を見てもわかるように本当に古典論の振動数のように $\frac{2Rc}{n^3}$ を基本振動数としてその τ 倍（整数倍）になる。

　ということは n が大きいところなら古典論と本当に同じなんだ。
古典論での振動数 ν は「クーロン力＝遠心力」を使って導く。

$$\frac{e^2}{r^2} = mr\omega^2 \quad \text{（クーロン力＝遠心力）}$$

角速度 ω は $\omega = 2\pi\nu$ なので、この関係を使って振動数 ν を求めると、

$$\nu^2 = \frac{e^2}{4\pi^2 mr^3}$$

$$\nu = \sqrt{\frac{e^2}{4\pi^2 mr^3}}$$

となる。そして、古典論の場合はこれが基本振動数となるのでその τ 倍となる。

リュードベリの ν の式（$n \to$ 大）	古典論の ν の式
$\nu = \dfrac{2Rc}{n^3}\tau \quad (\tau = 1, 2, 3, \cdots)$	$\nu = \sqrt{\dfrac{e^2}{4\pi^2 mr^3}}\,\tau$

では、この性質を使って R を求めていこう。

 だけどこのままではうまくいかない。

2つを見てはっきり数がわかっているのは、R を除くと 2、c、e^2、4、π^2、m、そして τ は整数である。ということはボーアの理論では **n（軌道）** が、古典論の方では **r（半径）** が、振動数を決めているのだ。

それぞれ n と r という違うもので大きさが決められている。だから単純にイコールで結ぶことはできない。

でも、この2つには共通点がある。

それは電子の持つエネルギーの大きさで、n も r も決まってくるのだ。だからエネルギーの形に置き換えればよいのだ。

そうすれば同じものになる。安易な気がするが、これが物理学者の使う数学の技なのだろう。この n と r を同じようにエネルギーの形で表してイコールで結べばきっと R が・・・いや R が求められる!!

 じゃあ、やってみよう

この2つの n と r をエネルギーの形に書き変えると

ボーアの理論から出たエネルギー	古典論の場合のエネルギー
$W_n = -\dfrac{Rhc}{n^2}$ $\downarrow$ $n = \sqrt{\dfrac{Rhc}{\|W_n\|}} \quad (n \to 大)$	$W = -\dfrac{e^2}{2r}$ $\downarrow$ $r = \dfrac{e^2}{2\|W\|}$

これをそれぞれ $n \to$ 大の ν の式の n と r の部分に戻してイコールにする。

$$\text{ボーアの式} = \text{古典論の式}$$

$$\frac{2Rc}{\left(\sqrt{\frac{Rhc}{W_n}}\right)^3} \tau = \sqrt{\frac{e^2}{4\pi^2 m \left(\frac{e^2}{2|W|}\right)^3}} \tau$$

$$\frac{2Rc}{(\sqrt{Rhc})^3} \left(\sqrt{|W_n|}\right)^3 = \sqrt{\frac{e^2}{4\pi^2 m \frac{e^6}{8|W|^3}}} \quad \text{τを消した}$$

$(\sqrt{x})^3 = x^{\frac{3}{2}}$

$$\frac{2Rc}{Rhc\sqrt{Rhc}} |W_n|^{\frac{3}{2}} = \sqrt{\frac{e^2}{4\pi^2 m e^6} 8|W|^3}$$

$$\frac{2}{\sqrt{Rh^3 c}} |W_n|^{\frac{3}{2}} = \sqrt{\frac{2}{\pi^2 m e^4}} |W|^3$$

$$\frac{2}{\sqrt{Rh^3 c}} |W_n|^{\frac{3}{2}} = \sqrt{\frac{2}{\pi^2 m e^4}} |W|^{\frac{3}{2}} \quad |W|^{\frac{3}{2}} \text{を約分すると}$$

$$\frac{2}{\sqrt{Rh^3 c}} = \sqrt{\frac{2}{\pi^2 m e^4}} \quad \text{両辺を2乗して} \sqrt{\ } \text{をとる}$$

$$\frac{4}{Rh^3 c} = \frac{2}{\pi^2 m e^4}$$

$$R = \frac{4}{h^3 c} \frac{\pi^2 m e^4}{2}$$

$$\boxed{R = \frac{2\pi^2 m e^4}{ch^3}}$$

でた!!

これを計算するとリュードベリ定数と同じになるかやってみよう。

自分で計算してみよう!

円周率 $\pi = 3.142$
電子の質量 $m = 9.109 \times 10^{-28}$ g
電荷 $e^2 = 23.04 \times 10^{-20}$ g·cm^3·sec^{-2}
プランク定数 $h = 6.626 \times 10^{-27}$ g·cm^2·sec^{-1}
光速 $c = 2.998 \times 10^{10}$ cm·sec^{-1}

計算欄

$R = $ _____ cm^{-1}

計算できましたか？答は合っているかな？
計算した値は $R = 1.095 \times 10^5 \text{cm}^{-1}$（実際のリュードベリ定数は、$1.0973 \times 10^5 \text{cm}^{-1}$）

　実際に数を入れて計算したら、大体合っていることが分かりましたね。さあ、ボーアの理論から求めた R の式を水素原子のエネルギー準位の式に入れてみよう。

$$W_n = -\frac{Rhc}{n^2}$$

$$= -\frac{\dfrac{2\pi^2 me^4}{ch^3}hc}{n^2}$$

$$= -\frac{2\pi^2 me^4}{h^2}\frac{1}{n^2}$$

エネルギー準位の式

$$W_n = -\frac{2\pi^2 me^4}{h^2}\frac{1}{n^2}$$

　やった！とうとうボーアの理論で水素原子のエネルギー準位を完璧に表すことができた！スバラシイ！

　ここで、忘れてはいけないのは、今やった「古典論＝ボーア理論」はあくまでも光を出す仕組みも違うし、「古典論では原子のことを表すことはできない」こともわかっているにもかかわらず、たまたま「$n \to$ 大の時に答えが一致する」ことに気がついたボーアが、**古典論のことばを借りて表す**ことに成功したということだ。
　これは、無謀のように見えるが、全く新しいものを人に説明しようとするとき、私たち誰もがやっているのと同じである。

　初めて食べた食べ物の味を人に説明しようとするとき、きっと「それはチョコのようで、でも甘くなくて、バラの匂いがして・・・」などと何かにたとえて人に伝えようとするに違いない。そうでなければ他の人にわかるように伝えることはできない。たとえそのものの味がうまく伝えられなくても聞いた人は自分なりのイメージでいくらかでも本物に近いものを想像することができるだろう。

　ボーアはこのように全く未知の、新しく展開しはじめた量子論を古典論のことばを使えるだけ使ってさらに突き進んで行くのだった。

　このことは**対応原理**と呼ばれ、量子力学の建設に非常に重要な役割を担うことになっていくのである。
　そして $n \to$ 大の時という条件が付くと、ボーアの理論「量子論」は古典論と答が合う。このことは新しい理論の位置づけを明確にしたといえるだろう。ボーアの量子論は今までの古典論と全く別個の異なるものではなく、今までの古典論を含み込み、さらに説明できる範囲を広げるというものであるのだ。

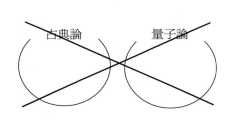

　そしてボーアの対応原理によってさらに説明を付けることのできる範囲が大いにひろがる可能性が出てきた。

　　　　　勇気100倍、元気モリモリのボーアさん、このあとも活躍を続ける。

量子条件への道

　ボーアはこれまでエネルギー準位や振動数などいろいろな事を理論から導き出し、しかも実験にもあっている事を証明してきた。そして、さらにいろんなことを自分の理論から導き出し、量子条件の発見へと進む。
　ボーアはもっともっといろいろな事を調べたかった。がしかしこれまでの考え方だけでは足りなかった。
　そこでボーアはここで第3の仮説を立てたのであった。

仮説3
電子が軌道上を回っているとき（定常状態）は古典論に従う

でもボーアさん、初めに古典論は間違いだと言ってたよね。

またまた、もういーかげんにしないと間違いが出てくるよ。今までは実験と一致してたけど、3度目の正直ということば知らないの？

いやいや2度ある事は3度あるっていうからきっとうまくいくよ。

　この仮説は今までのボーアの考えとはちょっと違った感じがする事に、皆さんは気づいたかな？
　今までは、$n \to$ 大なら量子論の振動数もエネルギーも古典論と同じだった。でもこの仮説は、電子が光らずにただグルグル回っているときなら、$n \to$ 大でも、$n \to$ 小でも、どこでも古典論と同じとしてみようというんだ。

とりあえず原子の大きさ（半径）を求めてみよう！！

半径？そんなことが今までわかんなかったんだ。

　そうだったのだ。今までボーアは n 番目の軌道といってきたが、さっき軌道と古典論での半径を対応させてしまったので、量子論での半径についてはまだ説明できなかったのだ。
　さっそくやってみよう。

　定常状態にいるときのエネルギーは「古典論＝量子論」だから、今2つの式はイコールにできる。それを変形して半径 r を求めてみよう。

量子論のエネルギーを表した式	古典論のエネルギーを表した式
$W_n = -\dfrac{2\pi^2 me^4}{h^2}\dfrac{1}{n^2}$	$W = -\dfrac{e^2}{2r}$ （ふろく４を参照）

 この２つの式をイコールにして $r=$ の形にすればいいわけだ。やってみよう！

$$-\frac{2\pi^2 me^4}{h^2}\frac{1}{n^2} = -\frac{e^2}{2r}$$

$$\frac{h^2 n^2}{2\pi^2 me^4} = \frac{2r}{e^2}$$

$$\frac{e^2}{2}\frac{h^2 n^2}{2\pi^2 me^4} = \frac{2r}{e^2}\frac{e^2}{2}$$

$$\frac{h^2}{4\pi^2 me^2} n^2 = r$$

 出た！これが原子の半径だ！

この式の、$n=1$ の時をボーア半径というんだ。

ボーア半径の式
$a = \dfrac{h^2}{4\pi^2 me^2}$

ということは、原子の軌道は図のように、n が大きくなるにつれて間隔が大きくなるものなのだ。

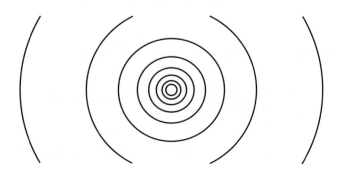

　この式の n に１を入れたとき、これがいちばん安定した状態なのでこれを原子の大きさとする。それを計算してみよう！！

実験では約 10^{-8} cm になるってことはわかってたんだ！

 本当になるかなー？なったら第3の仮説もあってたといえるね。

 まず単位だけやってみよう！

$[h] = \mathrm{g} \cdot \mathrm{cm}^2 \cdot \mathrm{sec}^{-1}$

$[m] = \mathrm{g}$

$[e^2] = \mathrm{g} \cdot \mathrm{cm}^3 \cdot \mathrm{sec}^{-2}$

これをさっきの式にいれてみよう！

$$\frac{\mathrm{g}^2 \cdot \mathrm{cm}^4 \cdot \mathrm{sec}^{-2}}{\mathrm{g} \cdot \mathrm{g} \cdot \mathrm{cm}^3 \cdot \mathrm{sec}^{-2}} = \mathrm{cm}$$

 ちゃんと単位が合っていたね。
プランク定数 h を入れたことで cm が出てきたってさっきいっていたのは本当だったんだね。

 じゃ、数の方もやってみよう！

$h = 6.626 \times 10^{-27}$ g $\cdot$ cm^2 $\cdot$ sec^{-1}
$\pi = 3.142$
$m = 9.109 \times 10^{-28}$ g
$e^2 = 23.04 \times 10^{-20}$ g $\cdot$ cm^3 $\cdot$ sec^{-2}

 いちばん安定している状態 $n = 1$ にしてやってみよう。

$$\frac{(6.626 \times 10^{-27})^2}{4 \times (3.142)^2 \times 9.109 \times 10^{-28} \times 23.04 \times 10^{-20}} = 0.5298 \times 10^{-8}$$

 求められた原子の半径は 0.53×10^{-8} cm。直径は 1.06×10^{-8} cm。

やった、10^{-8} cm になった！実験値とぴったりだ。
ということは、第 3 の仮説もあっていたということだね。

 うーん、うーん

 なにうなってんの？

 最初に「大きさが保てない」という問題があったよね。1 番安定した大きさが原子の大きさっていうのはわからないこともないけど・・・この場合だと原子はいろんな軌道を持っているのだから、何種類もの大きさを持っていることになるよね。やっぱりこれもヘンじゃない?!

 いやぁ不思議不思議。でも n が 1 なら実験とあっていたのだから、いいんじゃないか。だいじょうぶ、だいじょうぶ。

仮説 3 を使ったことで、半径も求まった。
ここでボーアは角運動量も簡単に求まることに気付いたのだ。

 じゃあ、ガシガシいくかー！

量子条件の発見

 角運動量も簡単に求められるといってたけれど・・・

 ところで角運動量ってなに？

　角運動量とは円または楕円上を回っているときの運動量で、表し方は円の場合、普通の運動量 mv に半径 r をかけたものである。

（ふろく 3 参照）

角運動量
$M = mvr$
$M = mr^2\omega$

 $v = r\omega$ だから・・・

今度も同じようにボーアの理論のエネルギー準位の式と古典のエネルギーの式をイコールにして導き出そう‼

ボーアの理論＝古典の理論

$$-\frac{2\pi^2 m e^4}{h^2}\frac{1}{n^2} = -\frac{e^2}{2r}$$

あれーこんどは M とか $mr^2\omega$ とかないよー。さっきは r があったから簡単だったけど。どうしよう！どうしよう！

ここで原子モデルを作るときに使った「遠心力＝クーロン力」をうまく使おう。そうすれば角運動量を求めるために必要な m、r、ω といった材料が揃うから、きっと M が出せるぞ。

$$mr\omega^2 = \frac{e^2}{r^2} \ (遠心力 = クーロン力)$$

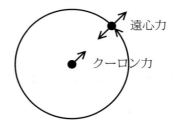

これをちょっと変形する。

$$e^2 = mr^3\omega^2$$

「ボーアの理論＝古典の理論」の式にこの式を入れてやると簡単に M が出てくるのだ。

$$-\frac{2\pi^2 me^4}{h^2}\frac{1}{n^2} = -\frac{mr^3\omega^2}{2r}$$

そう右辺の分子が $mr^2\omega$ に似ているでしょ。だからそこを M^2 に書き換えてみよう！ $M^2 = m^2r^4\omega^2$ だから

$$右辺 = -\frac{M^2}{2mr^2}$$

となるよね。

m と r が余って分母に行ったのね。

じゃあこれで $M^2 =$ の形にできるからやってみよう!!

$$-\frac{2\pi^2 me^4}{h^2}\frac{1}{n^2} = -\frac{M^2}{2mr^2}$$

$$\frac{2\pi^2 m e^4}{h^2}\frac{1}{n^2} \times 2mr^2 = \frac{M^2}{2mr^2} \times 2mr^2$$

両辺に $2mr^2$ かける。

$$\frac{2\pi^2 m e^4}{h^2}\frac{2mr^2}{n^2} = M^2$$

そしてさっき求めた

$$r = \frac{h^2}{4\pi^2 m e^2} n^2$$

を代入してみると

$$\frac{4\pi^2 m^2 e^4 \left(\dfrac{h^2}{4\pi^2 m e^2} n^2\right)^2}{h^2}\frac{1}{n^2} = M^2$$

$$M^2 = \frac{\cancel{4\pi^2 m^2 e^4} \dfrac{h^{\cancel{4}2}}{\cancel{4}\,16\,\cancel{\pi^2}\cancel{m^2}\cancel{e^4}} n^{\cancel{4}2}}{\cancel{h^2}}\frac{1}{\cancel{n^2}}$$

どんどん消せ消せ！

$$= \frac{h^2}{4\pi^2} n^2$$

$$M = \frac{h}{2\pi} n$$

でたー！計算はゴチャゴチャしてて、ちょっと大変だったけど、出てみるとこんなに簡単なものだったんだ。

そう私もこれを見たときあまりにもスッキリしていてびっくりしたんだ！今までエネルギーや振動数や半径を出してきたけど、こんなにスッキリしたものが出てきて本当にびっくり!!

この式の中には、原子の種類によって変わる m などの特別な数が入っていない。ということは、量子的な振る舞いをする全てのものが満たさなければならない法則であるに違いない。と思ったボーアは大感激し

すべての原子は

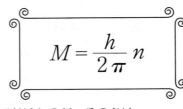

に従うと考え名前まで付けたのだ。その名は

「ボーアの量子条件」

ここまでボーアは自分で新しい理論を作ってきた。しかもその値は実験とも一致しているということも証明されてきた。

この式からはもう1つ重要なことがわかる。それは、プランク定数 h が角運動量 M に 2π をかけた簡単な形で表されて、さらに角運動量と同じ単位を持っていることなんだ。

原子のエネルギーのとびとび具合を決める h と角運動量が同じ単位を持つということから、原子のエネルギーのとびとび具合を決めるのに角運動量が決め手となることがわかるのだ。

このことがすごくすごく嬉しくてこれまでやってきたことを、ゾンマーフェルトに見せてみた。

それを見たゾンマーフェルトは一言

 ボーアもまだまだ青いな

 なにが、どうして？

ゾンマーフェルトはなぜこの $M = \dfrac{h}{2\pi} n$ ではいけないのかと気づいたかというと、この式は角運動量で表されているから、円や楕円の運動をするものにしか使えないからだ。

量子条件が物理の法則であるならば、どんな動きをしている量子にも当てはまるものでなければいけないはずだ。

 量子には円や楕円の運動の他にもいろいろな動きがあるんだよね。

▲ ゾンマーフェルト Sommerfeld, Arnold Johannes Wilhelm [1868-1951]

第2話　前期量子論　157

そこでボーアとゾンマーフェルトは、$E = nh\nu$ の式そのものからもっといろいろな動きにも使えるようにしようと考えた。でも、この式は単振動の時しか使えない。

$$E：単振動する光のエネルギー$$
$$\nu：単振動する光の振動数$$

この ν と E を違う形に書き換えたいのである。ν と E の関係は $E = nh\nu$ を変形すると

$$\frac{E}{\nu} = nh$$

となる。

そしてこの $\frac{E}{\nu}$ を違う形にして特別な数 ν や E を消してどんな動きをしていても使えるものにしていこう。

これから数式や知らないことばが多く使われるが、見てみると、結構簡単なので、みんながんばろう！

では始まり始まり

ここで、ゾンマーフェルトは知っている限りのあらゆる数式のマニュアルの中から「これならうまく行きそう」なものを見つけだした。

これってなーに？これってなーに？

なに、それ

難しいことばが出てきても大丈夫。ニュースとかでも知らない単語が出てきても全部聞いたら、何となくでも大まかにはわかるでしょ。

ガンバレ！ガンバレ！

位相平面とは簡単にいうと、運動量と位置を平面に表すもので、円でしか表せなかった単振動が、位相平面を使うと楕円で表せるのだ。

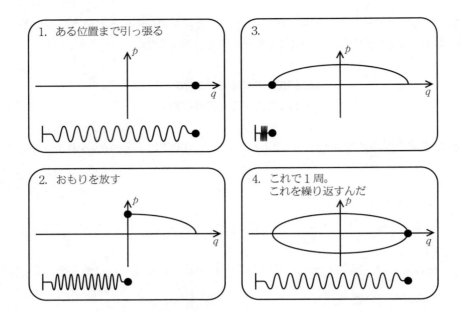

しかも、この $\frac{E}{\nu}$ というのは楕円の面積 J というものと同じになることにゾンマーフェルトは気づいた。

 本当になるの??

 じゃあ J が単振動数の場合本当に $\frac{E}{\nu}$ になるかやってみよう!!

その前にこれが楕円についての基礎知識だ。

$$\text{楕円の公式} \quad \frac{x^2}{a^2} + \frac{y^2}{b^2} = 1$$

$$\text{楕円の面積} \quad J = \pi ab$$

面積を出すには位相平面でいう ココ と ココ がわかれば良い。でも今は面積の式の a と b がわからないので、上の楕円の公式から a と b を求めてみよう。

x と y に運動量と位置を入れれば楕円の式ができる。運動量と位置を使って求めていこう。

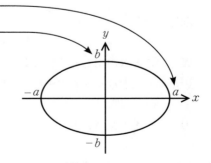

ではまず単振動のエネルギーの式はというと

$$E(p,q) = \frac{p^2}{2m} + \frac{k}{2}q^2$$

である。この式なら運動量と位置が入っている。この式を楕円の公式の形に変形して、aとbに当たる部分を求めていこう。

$$E(p,q) = \frac{p^2}{2m} + \frac{k}{2}q^2$$

$$1 = \frac{p^2}{2mE} + \frac{k}{2E}q^2$$

$$1 = \frac{p^2}{(\sqrt{2mE})^2} + \frac{q^2}{\frac{2E}{k}}$$

$$1 = \frac{p^2}{(\sqrt{2mE})^2} + \frac{q^2}{\left(\sqrt{\frac{2E}{k}}\right)^2}$$

$$\frac{k}{2E} \times q^2 = q^2 \div \frac{2E}{k} = \frac{q^2}{\frac{2E}{k}}$$

似てきた似てきた

やったー！そっくりだ!!
ということは

$$a = \sqrt{2mE}$$
$$b = \sqrt{\frac{2E}{k}}$$

となったんだ。

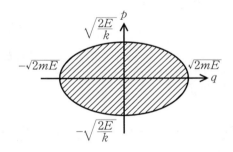

これがわかれば簡単、あとは楕円の面積の式に代入すればいいだけ！
ではやってみよう。

楕円の面積

$$J = \pi ab$$

だから

$$J = \sqrt{2mE}\sqrt{\frac{2E}{k}}\pi$$
$$= 2\pi E\sqrt{\frac{m}{k}}$$

この式の $\sqrt{\frac{m}{k}}$ は単振動の時の ω にすごく似ている。ω というのは角速度といって 回るときの速さだった。

 でも $\omega = \sqrt{\frac{k}{m}}$ じゃなかった？

 大当たり！ということは $\sqrt{\frac{m}{k}} = \frac{1}{\omega}$ になるよね。

 そっか！！じゃ $\frac{1}{\omega}$ を代入してみよう。

$\sqrt{\frac{m}{k}} = \frac{1}{\omega}$ を代入

$$J = 2\pi E\frac{1}{\omega}$$
$$J = E\frac{2\pi}{\omega}$$

となる。

あ！！これも見たことがある。$\frac{\omega}{2\pi}$ は ν だったから、さっきと同じようにひっくり返して入れればいい！

$$J = E\frac{1}{\nu}$$

でたー！本当に $J = \frac{E}{\nu}$ になった！

今、$\frac{E}{\nu} = nh$ の $\frac{E}{\nu}$ を変形して J というもので表したから、

$$J = nh$$

と書けた。

$E = nh\nu$ から E と ν を消して、もっといろいろな場合に使える量子条件を作ろうとしてきた。そして今その式ができあがったのだ！これなら円運動だけじゃなく、なんでもいい！

やった！新しい量子条件だ。

だけど J ってかっこわるくない？

じゃ、かっこよくしよう！

J というのは、ある繰り返しがある運動の1周期分を取り出して、その面積を求めたものだから

$$\oint [\ ]\, dq = nh$$

何についてやるのかというと、それは運動量だったから［　］には p が入って

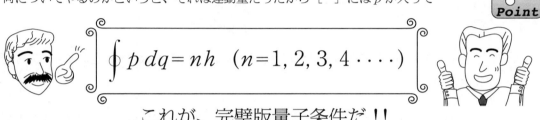

これが、完璧版量子条件だ！！

この量子条件は、量子的な振る舞いをする全てのものが満たさなければならない条件だ。ただし、繰り返しのある動きをするものに限られる。

これでボーアは今までの常識（古典論）とは外れた

　　　「光のエネルギーはとびとびだ」

という量子論をもとにたてた仮説や原子モデルによって、今までだれも説明できなかった原子の光のスペクトル、原子の安定性、さらにはエネルギーのとびとび具合までをばっちり説明することばを見つけたのだ！

　すごい！！ボーアさん！

しかもボーアの新しい理論「量子論」は、今までのことば（古典論）と量子条件で誰でも簡単に使うことができるのだ。

これでメデタシメデタシ、もう目に見えない世界まで説明できちゃった。平和が戻ってきた・・・と思ったら

　スペクトルっていうのは振動数だけじゃなく、「その振動数の光がどのくらい入ってるか」も大事でしょ。

「ある振動数の光がどのくらい入っているか」は実際のスペクトル上で見ると、線スペクトルの色の濃さで読みとることができる。線スペクトルが濃ければその振動数の光はたくさんの分量が入っている（＝光の強度が強い）し、薄ければ光の分量は少ない（＝光の強度が弱い）ということになる。

　　　　ガガーン!! そうだった・・・

材料がわかっていても分量がわからなければ意味がない。

カレーを作ろうとしたときに、肉、じゃがいも、にんじん、カレー粉という同じ材料を使っても分量が違えば

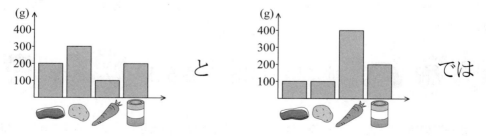

まるで違うものになってしまう!! そうだった、分量。ボーアさんの新しいことばはスペクトルの振動数のことしか説明していないんだ。

2.5 理論の矛盾と解決方法

光の強度

今までやってきていたのは種類分けだったのか・・・
そんなに気を落とすことはない。ここで考えていこう。光の強さはどうやって求めればいいだろう。

 私知ってる！光の強度＝|振幅|^2 よ　　　　　　　 すごい

 たしかに。でもよく考えてみて。振幅はなんだったっけ？波の高さのことだ。これは「光は波」と考えた古典論で使っていた式だ。今、光は・・・

 光量子の粒！

として考えてきているのに波のことばは使えない。
　古典論では、量子が動いた軌跡がそのまま光の波として出ると考えていたから、電子の動きは光の波から完璧に知ることができた。そして電子の動きから光の振幅を求めることができた。しかし、原子の中では、電子は遷移して光量子を出すのだからその光から古典論のように電子の動きを知ることはできない。だから、振幅は求めることができないのだ。

 どうする？

 えーと、光の粒（光量子）は1コ $h\nu$ のエネルギーって決まってるから、ある振動数 ν の光量子が何粒出てきたか、つまり遷移の回数を数えればいいんじゃないかな？そうだよ！単位時間に何粒出てきたかがわかれば強度が求められるよ。

光の強度＝遷移した回数

　そのとおり。しかし、私たちは遷移のしくみは何もわからない。いつ、どこに、どうやって遷移して光を出すのか全然予測がつかないのだ。

 やっぱりダメか～

　だいたい遷移というのは、原子の中の電子がまるで忍者のようにとびとびの軌道を瞬間的に飛び移る、というものだった。そんなことは有り得ない。ボーアの理論にこんな非常識なことが入っている限りうまくいくはずがない、と誰もが思った。まわりの物理学者の中には、例えば P.Ehrenfest は H.a.Lorentz にあてた手紙で「ボーアのバルマー公式の量子論にはがっかりした。あのような仕方で目的が達せられるのなら、私は物理学をやめなければならない」と書いているほどである。

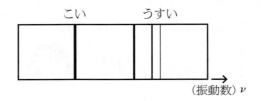

　スペクトルを見るとその線の濃い、薄いくらいはわかっていた。しかし、どうやって遷移しているのかわからない限り、光の強度を表せないことになる。
　ここでボーアは、電子がある軌道からある軌道へ遷移しやすい、というように光の強さを確率で表そうと考えたのだ。すると光の強さは遷移の確率の高さで決まることになる。

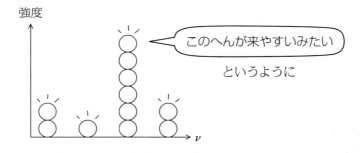

というように

 なんかたよりないなあ

　仕方がないのだ。それ以上にわかる方法はない。それでもとりあえず答えを出すことができる。ここで波の強度のように2乗して遷移の確率になるような「ある量」があるのでは、と考えた。

━━━
👤 エーレンフェスト Ehrenfest, Paul [1880-1933]　👤 ローレンツ Lorentz, Hendrik Antoon [1853-1928]

古典論	光の強度＝｜振幅｜^{2}
量子論	光の強度＝遷移の確率＝｜ある量｜^{2}

光の強さが確率でしか言えないなんて・・・

もちろん他の人々が納得するはずがない。物理学者の中には「遷移の仕組みさえわかればいいんだ」と思って一生懸命考えた人もいた。軌道と軌道の間に秘密の抜け道があるとか・・・でも、やっぱり遷移の仕組みなどわからないのだった。

 でも、今までみたいに対応原理を使えばいいんじゃないの？

そう！私たちは手ぶらではなかった。ボーアの対応原理でとにかく答えは求められる。ボーアの理論で n が大きい時、つまり軌道のすごく外側を電子が回っているときはエネルギーがすごく大きいから、遷移して光を出してエネルギーを使っても、ほとんど無視できるということだった。
　そうすれば、回りながら光を出しているかのようになり、古典論の考え方の時と同じ値になる。

古典論では光は波。ぐるぐる回っているからくり返しのある波になる。これはもちろん・・・

 フーリエで表せるってことだね！

そう！だからフーリエの式

複雑な波は単純な波 τ（整数）倍のたし合わせ

この式の単純な波と、1回の遷移で出る光とを対応させて振幅も振動数も求められる。もちろん振幅の2乗で強度も出せる。その答えは、n が大きい時のボーアの時の答とバッチリ！これで求められる。

 でもこれは n が大きい時だけなんでしょ？

まあそうだ。n が小さい時は整数倍ではないので、全然あわないのはわかっている。でも無理にやってもある程度までは n が小さい時もあっていたんだ。

 どんな時？

振幅が 0 の時、つまりある軌道からある軌道には絶対遷移しないっていうところだけはわかったらしい。つまり遷移のパターンかな。

 だいたいだなんて、歯がゆいね。全部は表せないんだね

ボーアの対応原理もこれ以上はもう無理なのだろうか。惜しいところまでいったのに。

真の理論への道　対応原理のおし進め

ボーアを中心とするコペンハーゲン学派は一生懸命考えた。この先どうやって新しい量子の世界を表すことばを探して行けばいいのだろう。

今まで私たちがたどってきた道筋を初めから思い出してみよう。

まずボーアは**「原子は安定している」**この事実を表すことばを作りたかった。古典論で考えている限り、これは説明できない。そこで古典論では表すことができなかった「光」のことを見事に説明した新しい「量子論」

プランクの「光のエネルギーはとびとび」
アインシュタインの「光は $h\nu$ というエネルギーを持った粒（光量子）」

を取り入れた。そして原子の中に**とびとびの軌道**があって電子が「とびとびのエネルギー」を取るとして、原子がつぶれないことを説明した。
そしてエネルギーの値が変わるとき、$h\nu$ という光量子をやりとりする。そのやりとりを遷移という全く新しいことばで表した。そしてとびとびの線スペクトルを説明したのだった。

さらに n が大きい時には古典論で出した答えとバッチリいっしょ！という事実が出てきて、まったく未知だった新しい仕組みを古典論のことばで書き表すことに成功した。この手順を**対応原理**と呼び、ボーアの理論で足りない部分を補い、次々と実験と合う結果を得てきたわけだ。私たちはここまで対応原理の導くままに進んで来ている。

だけど、そもそも

> どうしてとびとびのエネルギーしかとらないのか
> 遷移の仕組みはどうなっているのか

　この二つは全くわからないまま来ているわけだ。

　ボーアは、矛盾を知りながらここまで進んできた。

　自分が導入した「量子論」は実験から導かれた確かな理論である。しかし、この量子論だけではどうしても原子の振る舞いを表せない。古典論をいちいち持ち出して、ただし書きを付けながら説明しなければ何も表すことができない。もっと困ったことに、量子論で進めていく以上、私たちが思い描けるような原子の「描像」は持てないことになってしまう。

　しかし、古典論に量子条件をつけるという、とりあえずの応急処置のようにして、古典論という「ことば」を使って仕組みの違う新しい量子論を表して今のところ満足しているのだ。

$$\underset{\text{連続}}{\underset{\text{古典論}}{F=m\ddot{q}}} + \underset{\text{とびとび}}{\underset{\text{量子条件}}{\oint p\,dq = nh}} = \underset{\text{とびとび}}{\text{量子論}}$$

　ボーアは「人が〈わかる〉と思うときは自分の知っている何かと同じ！と思ったとき」ということをいつも言っていた。ボーアにとって一番大切だったこと、それは決して見ることのできない原子の中を、私たちの知っている限りのことばで説明をつけるということだった。ボーアは「軌道がある」と確信していたわけではなく、「遷移する」というのもことば通りに信じていたわけでもないのだ。「とびとびの軌道がある原子」という形で、私たちが共通して持てる「原子の描像」をボーアは私たちに示してくれたのだ。

> 「わたしはこの描像が、古典物理学の直感的なことばを使ってできる範囲内で原子の構造をうまく記述することを希望していますし、まさにただそれだけを望んでいます。ここではことばが詩の中におけると同じようにしか使えないということについて、はっきりしておかなくてはなりません。詩の中のことばは、事態を正確に表すということだけでなく、聴衆の意識の中に描像を生ぜしめ、それによって人間同士の心の結びつきを作り上げるのでなくてはなりません」
>
> 　　　　　　　　　　　　　　　　　　『部分と全体より』

ここで二つの選択がある。

> 1. 遷移の仕組みを解明し、量子条件など使わずにすっきりと表す量子論をみつける。つまり、原子の中の構造を思い描いたときに「わかった！」とする。
> 2. 今までなんとか対応原理によってうまくいっていたのだから、このまま対応原理をおし進める。つまり仕組みを追うのをやめて今わかっている原子の光のスペクトルから、フーリエで振幅と振動数を完璧に求めることで原子を「わかった！」とする。

 私は1つめがいいな。すっきりしてそう。

そう思う人もいるかも知れない。でもその時に遷移の仕組みというものが私たちに理解できるような法則になっているだろうか？

 わからない。

そう誰にもわからない。もちろん頑張って考えてみてもいい。けれどこれはもしかして私たちが理解しようとする方が無理なのかもしれない。だいたい、東京にいた太郎君が次の瞬間にはメキシコにいる、というようなことをどうやってわかろうというのか。

もちろんボーアたちコペンハーゲン学派は、遷移のしくみを考えるのをやめて対応原理をおし進める。つまり光の強度を求めるための唯一のことばであるフーリエを使って、スペクトルの振動数と振幅を完璧に求めることが真の理論への唯一の道だと考えるようになったのだった。

今までの古典論は「道筋を記述できたときに初めてそのことが分かった」としてきた。けれど今からは、道筋が分からなくても「結果の答のみが完璧に表せればそれで分かったことにしよう」というのだ。

すると「わかる」ということばはどういうことを意味しているの？と聞きたくなる。

ボーアの弟子ハイゼンベルクは、ボーアのこのような思考の歩みを聞いて、みんなが感じたと思われるような質問をしている。

> 「もしも原子の内部の構造が直観的な記述では、そんなに近づきがたく、あなたが言われるように、そもそもそれについての言葉も持ち合わせていないのならば、いったいわれわれはいつの日に原子を理解できるようになるのでしょうか？」
> ボーアは一瞬、沈黙したがやがて言った。
> 「いやいやどうして、そう悲観的でもないよ。われわれは、その時こそ"理解する"という言葉の意味もはじめて同時に学ぶでしょうよ。」
> 『部分と全体より』

今、遷移のしくみをあばくことをやめたのだから、原子の中で何が起こっているかはもう考えない。そして、このままフーリエに対応させて解いていって、フーリエでの｜振幅｜^{2} に対応する光の強度を

$$電子の出す光の遷移の確率 = |ある量|^2$$

という形で求めてやればいい！ガシガシと！

対応原理をおし進めよう！

こうして順調に進むかな、と思ったのだけれど・・・対応原理をおし進めていくにあたって、ボーアはたいへんなことに気付いたのだ。それはやっていくうちにはっきりしてくる。とにかく！今から古典論の時と量子論をガシガシと対応させて行こう。

ガシガシいくぞ！

まずは、対応させる古典論をもう一度見ていこう。

古典論で考えたときの原子が光を出すしくみ

電子は**回りながら**光を出す！でも光るとエネルギーを使ってしまうから、原子核に引き寄せられてしまって落ち込んでしまうのだった。でも、電子がすごく外側を回っているときは、エネルギーがすごく大きくなるので、光を出してエネルギーを使ってもほとんど落ち込まない。すると電子はぐるぐるまわりながら光を出しているかのように見える。

そのときに出てくる光は周期のある**波**になる。それは当然フーリエで表せる。

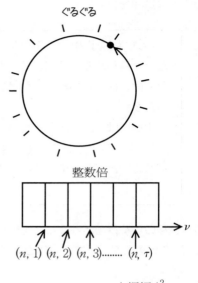

> **古典論のフーリエの式**
>
> 「くり返しのあるどんな複雑な波も基本振動数の整数倍の波の周波数を持つ波のたし合わせ」
>
> $$q = \sum_{\tau} Q(n,\tau) e^{i2\pi\nu(n,\tau)t}$$
>
> (n, τ)：n という軌道を回る時に出る複雑な波の τ 番目の単純な波
> q：電子の軌跡

これは振動数も振幅も、もちろん強度もバッチリ表せる。

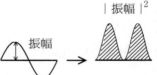

光の強度 ＝ |振幅|^2

フーリエで単純な波をたし合わせたもの q は電子の位置を表していて、電子がどういうふうに動いたかがわかるということだった。

するとニュートンの運動方程式

$$F = m\ddot{q} \quad (q：位置)$$

この式で、電子の動き全てを表すことができていた。

今まで古典、古典といって古い考え方だと軽く扱って来てしまったが、300 年もの間、物の動き全てを表せたニュートン力学は本当はとてもすごいことだったのだ。

惑星の運動や　　　投げられた石や　　　振り子の運動など

  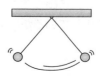

こういう一見それぞれ全く別の運動のようでも、本質的には同じことが起きている、ということを発見したのがニュートンだったのだ。それが

$$力 = 重さ \times 加速度$$
$$F = m \times \ddot{q}$$

位置 q $\xrightarrow{微分}$ 速度 $\dot{q}$ $\xrightarrow{微分}$ 加速度 $\ddot{q}$

ビブンするのね

この力というものを考えたときに、あらゆる物の動きに秩序を発見したのだった。そのときに位置や、速さがわかっていれば、物の動き全てが表せるのだ。もちろん今だってこの法則はバッチリあっている。原子の中以外ではね。宇宙に向けてロケットを飛ばしたりする時にも使われているのだ。

量子論で考えたときの原子が光を出すしくみ

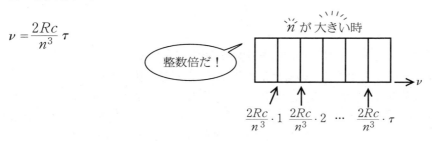

$$\nu = \frac{W_n - W_{n-\tau}}{h}$$

電子は**遷移**したとき光の**粒**を出す！n の軌道から $n-\tau$ の軌道へ遷移したときある決まった振動数の光が出る。その振動数は原子特有のとびとびのスペクトルを表していた。

振動数の並びぐあいはリュードベリの式

$$\nu = -\frac{Rc}{n^2} + \frac{Rc}{m^2} \text{（水素原子の場合）}$$

これで振動数はバッチリ。でも強度はわからない。
けれど n が大きい時

$$\nu = \frac{2Rc}{n^3}\tau$$

整数倍だ！

n が大きい時

$\frac{2Rc}{n^3}\cdot 1 \quad \frac{2Rc}{n^3}\cdot 2 \quad \cdots \quad \frac{2Rc}{n^3}\cdot \tau$

という τ（整数）倍のとびとびの振動数となる！これをフーリエに対応させてしまおう。
　古典論の仕組みのままでは n が小さい時には表せなかったから、量子論の仕組みのことになるようにフーリエを書き換えよう。

ニュートン Newton, Sir Isaac [1643-1727]

172　第2話　前期量子論

量子論のフーリエの式

$$遷移成分 = Q(n; n-\tau)e^{i2\pi\nu(n; n-\tau)t}$$

$$(n; n-\tau): n から n-\tau 番目に遷移したとき$$

　古典論の仕組みでは、τ（整数）倍の単純な波のたし合わせが電子の出す光を表していたけれど、量子論では1回の遷移に1つの振動数の光が出る。だからスペクトルのならび具合は整数倍である必要はない。

　今、フーリエに対応させるということは、

「古典論での単純な波」1本と「ある遷移で出る線スペクトル」1本

を対応させるということになる。

　これで n が大きい時も n が小さい時も表せる式になった。これなら強度も、振動数も求められる。

$$光の強度 = 遷移の回数$$
$$= 遷移の確率$$
$$= |ある量|^2$$

　量子論の仕組みでの光の強度、つまり電子の遷移の回数を、古典論のフーリエでいう単純な波1本1本の振幅を求めるやり方で求められる。

　これが、量子論で考えたときの原子のスペクトルの仕組みだ！

　量子論では、線スペクトル1本1本の振動数はそれぞれの遷移に対応しているのだから、たし合わせるということには意味がない。ところが今、対応原理をおし進めてフーリエを使って考えると、電子の位置についてはわからない式となってしまう。すると位置がわかることによってものの動きを表していた、

$$F = m\ddot{q}$$

これが使えなくなってしまう！

　ボーアは軌道の n というものを電子の位置を表すものとして考えてきた。

　それによって $F = m\ddot{q}$ から表すことのできるエネルギーと対応させて電子のエネルギーを表して来た。そして光の振動数も表せたんだ。その時は古典論が当然使えるとしてやってきたのだ。でもフーリエで求めた q が位置を表さないのだったら、エネルギーのことも振動数のことも言えなくなってしまう。それでは今までやってきたすべてのことが意味のないものになってしまう。

軌道を考えない限り、エネルギーも求められない。

ボーアは、まさにこれが理由で「軌道」を理論に持ち込んだのだ。

「原子の光のスペクトルの振動数も振幅も求められるフーリエで表せるの
だったら、頭で想像できなくなっても原子をわかったとして満足しよう」

というのがボーアの本当の気持ちだったと思うのだ。でも、それは頼みにしていた $F = m\ddot{q}$ 自体を使えなくしてしまうのだ。

でもちょっとまてよ？

そういえば、n が大きい時は古典論の仕組みで考えたときのフーリエの形のまま|振幅|^2 で強度が求められていた。

$$q = \sum_{\tau} \underbrace{Q(n, \tau)}_{\text{振幅}} e^{i2\pi \underbrace{\nu(n, \tau)}_{\text{振動数}} t}$$

この式ではバッチリ $F = m\ddot{q}$ が
合っていたんだよね。

これが量子論では

$$q = \sum_{\tau} Q(n; n-\tau) e^{i2\pi \nu(n; n-\tau) t}$$

じゃあ、$F = m\ddot{q}$ が
使えているんだ。

となった。

 え？え？どういうこと？

古典論で考えた時のフーリエだと、たし合わせたものが位置なので、$F = m\ddot{q}$ で電子の動きを表せた。
さっき量子論で考えたフーリエにしたとき、原子の出す光は遷移によって出るのだったから、フーリエの式で電子の位置を表すことにならないことはわかっている。
でも、そのわけのわからないもので n が大きい時は振動数も振幅も求められていた。
もともと n が小さいときニュートン力学では表せないのだから、ニュートン力学は間違っていたのだ。しかし、n が大きいときはニュートン力学が使えるから、フーリエを量子論の仕組みに書き換えたときのように $F = m\ddot{q}$ を量子論の仕組みに書き換えなければいけないのかも。

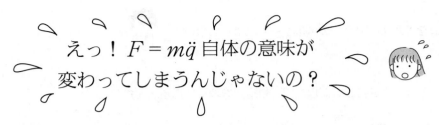

　ここまで私たちは、古典論の $F=m\ddot{q}$ を使っていくために位置に対応させた「軌道」を考えない限り $F=m\ddot{q}$ が使えないと思っていた。しかし、フーリエの式を使って表されたものが電子の位置に関係ない別の意味を持ったものなら、$F=m\ddot{q}$ の意味を変えて今のフーリエに対応させるやり方で進んでいけばいい。

　でも、本当にそうなっているか保証は全くない。

　ボーアは原子のことを説明するために問題の立て方を変えた。

　見えない世界では私たちの知らないことが起こっている。

　原子の中のことを古典論では表せないとしても、私たちは古典論のことばしか持っていなかった。だから、あえて古典論のことばを借りて私たちのできる範囲で表そうとした。

　古典論（ニュートン力学）は原子の中以外の全てのものの動きを表してきた。これからもそれは変わらないだろう。理論としては完璧だ。これにあわない現象が出てきたからといって、ちょっと修正を加えるということが出来るとは、とても信じられないのだ。

　もし、修正を必要とするのなら、ちょこちょこと付け足すというやり方ではなく、私たちの考え方自体を変える必要があるのではないか。

　　目に見えない世界のことを表す新しい量子論を表すことば（力学）は、全く新しい考え方ということなのか？

ニュートン力学自体を量子論のことばに翻訳できたとしたら？
崩れたと思った土台はより高く、より大きなものへと変わるかもしれない。

　しかし、それがうまくいくようなことなのか、全くわからない。何しろ原子の中は見えない、という状況なのだから。
　目の前に方法はある。それをやるかやらないか。問題はそれだけなのだ。

> クリストフ・コロンブスのアメリカ発見について、そもそも彼の偉大な点はどこにあるか、ということを聞く人があるならば、それは西回りのルートでインドへ旅行するのに、地球が球形であることを利用しようというアイディアではなかった、と答えねばならないであろう。このアイディアはすでに他の人々によって考えられたものであったし、彼の探検の慎重な準備、船の専門的な装備などということでもなかった。それらのことは、他の人でもやろうとすればやれたに違いない。そうではなくて、この発見的航海で最も困難であったことは、既知の陸地を完全に離れ、残余の蓄えでは引き返すこともはや不可能であった地点から、さらに西へ西へと船を走らせるという決心であったに違いない。
>
> 『部分と全体』より

そろそろこの冒険は、新たなクライマックスを迎えようとしている。

そしてこの冒険の主役はボーアから、その弟子であるW・ハイゼンベルクにバトンタッチされるのだ！そのハイゼンベルクの活躍ぶりを見て行ってほしい。

コロンブス Columbus, Christopher [1451-1506]

ふろく 「ボーアが使った力学」

ボーアは古典力学を使って原子を説明しようとしたんだ。そこで、ここでは原子モデルを作っていく時に使う道具を詳しくみてみよう。

ふろく 1．遠心力と向心力

バケツに水を入れてグルグル回す遊び（？）があるけど、あれはバケツが逆さまになっても横になっても水はこぼれない。

どうやら回すことによって水をバケツの底に引きつける力が働いているらしい。

でも、あれって手に力がいるんだよね。バケツのとってをちゃんとつかんでないとバケツが飛んでってしまうんだ。

どうやら、飛んで行こうとする力が水をバケツの底にピタッとつけているようだ。

飛んで行かないようにするには、手で引っ張って、飛んで行く力と同じ大きさの力を内側に（逆の方向に）かければいい。

つまり、この2つの力は同じ大きさで、逆向きの力だ！

ここで、
　　水をバケツの底にピタッとくっつける力を　遠心力
　　　　　手でバケツを引っ張る力を　　　　向心力
と名づけよう。

まず、この向心力をもとめていこう。

力を求めたいときはニュートン力学の基本式

$$F = ma$$
力　　質量　加速度

位置を x、速度を v、加速度を a としてやっていこう。

を使うことができる。

「加速度があれば力がある」ということだ。

でも、一定のスピードでグルグル回っている時に加速度なんかあるんだろうか？

例えば、高速道路のインターチェンジの出口にぐるっと回るところがある。そこを車で走るときのことを考えてみよう。

加速度は速度の変化のことだった。一般に、速度は「大きさと方向」で表す。今の速度は「南に時速50キロメートル」というように。

車はカーブに沿って方向を変えながら同じ速さで走っている。

速度は方向と大きさで決められるので、この場合大きさは変化していないが方向が変化しているから速度が変化している。速度の変化が加速度だから加速度があるということになる。

加速度 a は、速度 v を時間 t で微分したもので、

$$a = \frac{dv}{dt}$$

と表せる。速度 v は位置 x を時間 t で微分したものだから、

$$v = \frac{dx}{dt}$$

いつどこにいるかがわかれば、その位置での速度が求まることになり速度から加速度も求められる。さらにそのものの質量がわかっていれば、力もわかる。

$$x \rightarrow v \rightarrow a$$
位置　　速度　　加速度

高速道路の話はおしまいにして、簡単に右の図のような例で話を進めていこう。

位置 x, y を半径 r と角度 θ で表すと、

$$x = r\cos\theta$$
$$y = r\sin\theta$$

角度 θ は、

$$\theta = \omega \times t$$
角度　＝　角速度　×　時間

（角速度とは、1秒間に、角度がどれだけ進んだかを表す）
となり、

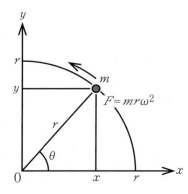

位置 x、y は、

$$x = r\cos\omega t$$
$$y = r\sin\omega t$$

となる。

　ここで、まず**速度を出そう**。

x 方向の速度 v_x は位置 x を時間 t で微分して、

$$v_x = \frac{dx}{dt} = -r\omega\sin\omega t$$

y 方向も同じく、位置 y を時間 t で微分するので、

$$v_y = \frac{dy}{dt} = r\omega\cos\omega t$$

となる。

　次に、**加速度を出そう**。

加速度 a は速度を時間 t で微分するから、

$$a_x = \frac{dv_x}{dt} = -r\omega^2\cos\omega t$$
$$a_y = \frac{dv_y}{dt} = -r\omega^2\sin\omega t$$

数式も見慣れれば平気さ。頑張れ、頑張れ。

加速度が求まれば、力 F が求められる。

x 方向の力 F_x と y 方向の力 F_y は、$F = ma$ をつかって、

$$F_x = ma_x = -mr\omega^2\cos\omega t$$
$$F_y = ma_y = -mr\omega^2\sin\omega t$$

となる。この二つの力をピタゴラスの定理を使って合成するんだ。

$$F^2 = F_x^2 + F_y^2$$
$$= m^2r^2\omega^4\cos^2\omega t + m^2r^2\omega^4\sin^2\omega t$$

$m^2r^2\omega^4$ をくくって、

$\cos^2\omega t + \sin^2\omega t = 1$

$$= m^2r^2\omega^4\left(\cos^2\omega t + \sin^2\omega t\right)$$
$$F^2 = m^2r^2\omega^4$$
$$F = mr\omega^2$$

となるのだ。これがバケツを引っ張る向心力だ。遠心力は同じ大きさで外側を向く力だ。

円軌道を回る物体には、マイナスの向心力とプラスの遠心力が働く。

「力をかけると、その方向とは逆に同じ大きさの力が働く」

これが、ニュートンの第3法則「作用、反作用」なんだ。

向心力と円心力は「作用、反作用」の関係にあるんだ。

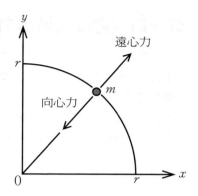

ふろく2．原子核のまわりを電子が回る

ラザフォードによって、原子の中に原子核があることが実験によって証明された。

原子核は原子の中心にあって、その大きさは原子全体の大きさよりずっと小さいから、その周りを電子がグルグル回っていないと、原子の大きさを保てないことになる。

原子核の周りを電子がグルグル回っている。これがラザフォードの原子モデルなんだ。

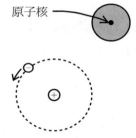

「バケツ回し」に例えると、バケツが電子でグルグル回っている場所（円）が原子の大きさになる。

グルグル回っているということは、遠心力が外側に向かって働くはずだ。

でも、原子核には手がないから内側に向かって働く力が出せなくて電子が飛んでいってしまうんじゃないだろうか。

どうやって電子を引っ張っているんだ？

実は電気の力で引っ張っているのさ。クーロン力というんだけどね。

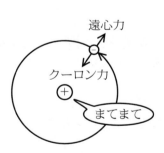

ということで、こんどはクーロン力の話だ。

クーロン力は電気の力

下敷をこすって頭の上に近づけると髪の毛がすいよせられる。でも下敷と髪の毛の間には何もない。実は、これは電気の力ですいよせているんだ。

電気にはプラスとマイナスがあって、プラスとマイナスは引き合う。プラスとプラス、マイナスとマイナス同士は反発する力が働くんだ。

だから、髪の毛と下敷は引き合っているから、プラスとマイナスの関係にあるんだね。

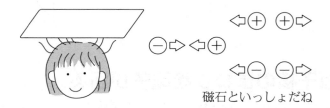

磁石といっしょだね

この電気の力を研究したのがクーロンさんだ。クーロンさんは、この電気の力がどのくらいになるかを調べた。その結果、電気の引き合う力は、

$$F = -\frac{q_1 q_2}{r^2}$$

という式で表わせることを発見したんだ。

q というのはプラス、マイナスの電気の大きさで、r はどのくらい離れているかを表している。

水素原子モデルの場合だと、原子核はプラス e の電気を持っていて、電子がマイナス e の電気を持っているから、

$$q_1 = e, \ q_2 = -e$$

としてクーロンの式に入れると、

$$F = -\frac{e \cdot -e}{r^2} = -\frac{-e^2}{r^2}$$

つまり、

$$F = \frac{e^2}{r^2}$$

の力で原子核が電子を引っ張っていることになる。

水素原子のモデル

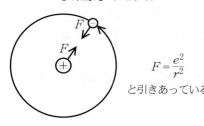

$F = \dfrac{e^2}{r^2}$

と引きあっている

原子核が電子を引っ張っている力がこれだ

電子が飛んで行こうとする力「遠心力」と引き止めようとする力「クーロン力」とがつりあったときに、原子は一定の大きさを保てるんだ。
やったー！これで原子モデルは一件落着だ！

　　　　　ところが・・・落し穴があった。

なんと、マクスウェルの電磁気学によると電子（電荷をもったもの）は回ると光を出す。光を出すと電子はエネルギーを使ってしまって元気がなくなるから、飛んで行こうとする力、遠心力がだんだん小さくなってくる。その結果、電子は原子核に引き寄せられてしまう。

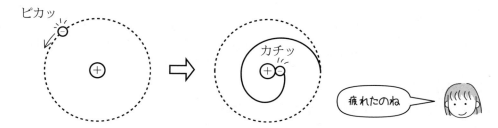

これでは原子の大きさを保つことができない。
ラザフォードの原子モデルでは「ダメ」ということになった。

ラザフォードの弟子であるボーアはこの問題を解決する方法を考えついたんだ。その考えはマクスウェルの電磁気学を無視した、「回っても光を出さない」というとんでもないものだ！でもボーアはとんでもないことを言った代わりに原子の振る舞いをいろいろ説明できた。

ふろく３．角運動量

ボーア・ゾンマーフェルトの量子条件は

$$\oint p\,dq = nh$$

という式だった。この式はボーアが発見した

$$\text{角運動量}\quad M = \frac{h}{2\pi} n$$

が拡張されたものなのだ。この式の中には、原子の構造を表す定数 e や m など一つも含んでいない。だから、全ての原子についてそのとびとび具合を決定する条件式ということができるのだ。

　ボーアが発見した式の場合、とびとび具合は角運動量 M で表していた。

　ここでは角運動量の話だ。まず、運動量の話から始めよう。

ニュートン力学の基本式
$$F = ma$$

を書き換えてみよう。

$$F = ma = m\frac{dv}{dt}$$
$$= \frac{d}{dt}(mv)$$

基本よねキホン！
さっきやったやつね！！

という式にする。

mv が運動量 p で、運動量の時間変化が力 F なのだ。

じゃあ、角運動量ってのは円運動してるときの角度の運動量ってことかな？

直線運動と円運動

　直線運動は、ある時間 t のときの位置 x が分かれば、そこでの速度 v や加速度 a、力 F が求められるのだった。

　回転運動の場合にも、直線運動の位置 x にあたるものを見つけてくればそれに対応させて角運動量がどんなものか分かるはずだ。

　位置 x に対応するものは角度 θ、同じように速度 v には角速度 ω、加速度 a には角加速度 a_θ を対応させる。まとめると次の通りだ。

	[直線運動]	[回転運動]	
位置	x	θ	角度
速度	$v = \dfrac{dx}{dt}$	$\omega = \dfrac{d\theta}{dt}$	角速度
加速度	$a = \dfrac{dv}{dt} = \dfrac{d^2x}{dt^2}$	$a_\theta = \dfrac{d\omega}{dt} = \dfrac{d^2\theta}{dt^2}$	角加速度

　というふうに対応させながら、直線運動で分かっている力 F や運動量 p にあたる回転運動におけるそのようなものを定義していこう。

トルク

x と θ を対応させて、直線運動のときの力 F にあたる円運動のときの力 F に当たるものを求めてみよう。これをトルクというんだ。

半径 r の円で、質量 m のものが Δt 時間で、点 P から点 Q まで移動したことにしよう。

点 P にいるとき、
　　時間は t
　　位置は x, y
　　角度は θ

点 P から点 Q に移動すると、時間は Δt だけ増えるから点 Q にいる時の時間は $t + \Delta t$ 位置はそれぞれ $\Delta x, \Delta y$ だけ増えるから点 Q の位置はそれぞれ
　　　　$x + \Delta x, y + \Delta y$
角度は $\theta + \Delta \theta$ となる。

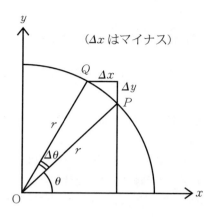
（Δx はマイナス）

そして、動いた時間 Δt を小さくすると、だんだん∠QPO は直角に近づいていく。

∠QPO が直角だとどうなるか。実は あそこ の角度が θ になるんだ。そうすると、$\Delta x, \Delta y$ は、長さ PQ と角度 θ を使って次のように書ける。

$$\Delta x = -PQ \sin \theta$$
$$\Delta y = PQ \cos \theta$$

ここで、長さ PQ は円の半径 r と角度 $\Delta \theta$ で

$$PQ = r \cdot \Delta \theta$$

と書けるから、

$$\Delta x = -r\Delta\theta \sin \theta$$
$$\Delta y = r\Delta\theta \cos \theta$$

となる。それから、

$\sin \theta = \dfrac{y}{r}$
$\cos \theta = \dfrac{x}{r}$

これを Δx と Δy の式に入れると、

$$\Delta x = -r\Delta\theta \frac{y}{r} = -\Delta\theta\, y$$
$$\Delta y = r\Delta\theta \frac{x}{r} = \Delta\theta\, x$$

それでは、これを使っていよいよ円運動の時の力を出していこう。ここで「仕事」というものを使って考えていく。

$$仕事 = 力 \times 距離$$

で表せるんだ。円運動のときの

$$仕事 = (力にあたるもの) \times 角度$$

と対応させて、この（力にあたるもの）を出してみよう。

力 F で距離 PQ を動いた仕事は、
力 F_y で距離 Δy 動いた仕事と、
力 F_x で距離 Δx を動いた仕事とをたしたものなのだ。これを式にすると、

$$F \times PQ = F_y \Delta y + F_x \Delta x$$

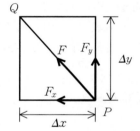

Δx と Δy を書き換えて、

$$F \times PQ = F_y \Delta \theta x + F_x (-\Delta \theta y)$$

$\Delta \theta$ でまとめて、

$$F \times PQ = \left(F_y x - F_x y \right) \times \Delta \theta$$

この式を、よく見てみよう。

$$\begin{array}{ccccc} F & \times & PQ & = & \left(F_y x - F_x y \right) \times \Delta \theta \\ 直線の力 & \times & 距離 & = & 円の力 \times 角度 \end{array}$$

円運動の仕事を求めることができた。ということは $(F_y x - F_x y)$ が円運動の場合の力になる。
　これが「トルク」と呼ばれているものなんだ。

角運動量

円運動の場合の力が求まってしまえばあとは簡単だ。
角運動量はニュートンの方程式に対応しているから

$$F = \frac{d}{dt} p$$
$$\text{トルク} = \frac{d}{dt} (\text{角運動量})$$

という式で、何を微分すればトルクになるか、その何を求めればそれがめざす角運動量だ。

$$\text{角運動量 } M = mv_y x - mv_x y$$

になるのだ。この式を時間 t で微分すると、

$$\begin{aligned}
\frac{d}{dt} M &= \frac{d}{dt} \left(mv_y x - mv_x y \right) \\
&= m\frac{dv_y}{dt} x + mv_y \frac{dx}{dt} - m\frac{dv_x}{dt} y - mv_x \frac{dy}{dt} \\
&= ma_y x + mv_y v_x - ma_x y - mv_x v_y \\
&= ma_y x - ma_x y \\
&= F_y x - F_x y
\end{aligned}$$

となり、これはトルクだから確かに

$$\text{角運動量 } M = mv_y x - mv_x y$$

これが角運動量だということが分かった。
　角運動量の時間変化がトルク（円運動の場合の力）だというのだけど、トルクが0の場合、角運動量の変化がない。ということは、「角運動量が一定」ということになる。つまり、トルクをかけない限り、その角運動量は保存されるということだ。
　これを「角運動量の保存の法則」というんだ。

円の場合の角運動量

　今も求めた角運動量は「一般的」な場合で、当然「楕円軌道」の場合にも使えるんだ。ボーアは、水素原子の電子は円軌道を回ると考えているから、円の場合の角運動量を求めてみよう。

円軌道の x と y を円の半径 r と角度 θ であらわすと、

$$x = r \cos \theta$$
$$y = r \sin \theta$$

円軌道を回っているから角度 θ は時間 t で変化する。
角速度 ω で一定に回っているとして、

$$\underset{\text{角度}}{\theta} = \underset{\text{角速度}}{\omega} \times \underset{\text{時間}}{t}$$

と書き換えると、

$$x = r \cos \omega t$$
$$y = r \sin \omega t$$

速度 v_x, v_y はそれぞれ、

$$v_x = \frac{dx}{dt} = -r\omega \sin \omega t = -v \sin \omega t$$

$$v_y = \frac{dy}{dt} = r\omega \cos \omega t = v \cos \omega t$$

これらを角運動量の式に入れると、

角運動量 $M = mv_y x - mv_x y$
$= m(v \cos \omega t)(r \cos \omega t)$
$\quad - m(-v \sin \omega t)(r \sin \omega t)$
$= mvr \cos^2 \omega t + mvr \sin^2 \omega t$
$= mvr \left(\cos^2 \omega t + \sin^2 \omega t \right)$

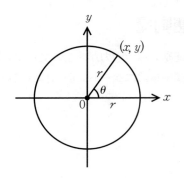

円軌道上の速度

弧の長さは $s = r\theta$ で求められる。ところで、角度 θ が時間で変化するとどうなるか？円軌道上の速度を表してみよう。

$$v = \frac{ds}{dt}$$

この式に、

$$v = \frac{d}{dt}(r\theta)$$

r は時間に関係なく一定だから、

$$v = r\frac{d\theta}{dt}$$

ところで、$\frac{d\theta}{dt}$ は角度 θ の時間変化だから、角速度 ω だった。

$$v = r\omega$$

という式になり円軌道上の速度は角速度に半径をかけたものなんだ。

つまり、角運動量 $M = mvr$ となる。
mv は運動量 p だから、円軌道の角運動量は運動量 p に半径 r をかけた形なんだね。

ふろく４．古典の場合の全エネルギーを求める。

クーロン力と遠心力はつり合っているので

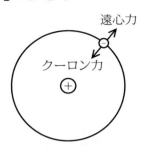

$$\frac{e^2}{r^2} = mr\omega^2$$

と、表せた。そして、$\omega = \frac{v}{r}$ なのでこれを変形して

$$\frac{e^2}{r^2} = m\frac{v^2}{r}$$

と書くこともできる。

それではこの式からエネルギーを求めていこう！！

エネルギーには運動エネルギーと位置エネルギーがあり全エネルギーはこの２つをたしたものになるのだ。

$$W（全エネルギー）= K（運動エネルギー）+ V（位置エネルギー）$$

位置エネルギーは定義により

$$V = -\int^x F\,dx \quad だ！$$

いま力 F はクーロン力だから F の部分に $-\frac{e^2}{r^2}$ を入れると、

> クーロン力と遠心力は互いに反対方向に向いている力だから、クーロン力にはマイナスをつけるんだ（詳しくは、ふろくの１を見てね）

$$V = -\int_\infty^r -\frac{e^2}{r^2}dr = -\left[e^2\frac{1}{r}\right]_\infty^r = -e^2\frac{1}{r}$$

> 積分の仕方は『フーリエの冒険』第７章積分を見てね

位置エネルギーは $V = -\frac{e^2}{r}$ になった。

一方、運動エネルギーは、$K = \frac{1}{2}mv^2$ だった。

クーロン力の式は

$$\frac{e^2}{r^2} = m\frac{v^2}{r}$$

ここが運動エネルギーの形に似ているから、変形してみよう。

$$\frac{e^2}{r^2} = \frac{1}{2}mv^2\frac{2}{r}$$

同じ形にしよう！

$$\frac{1}{2}mv^2 = \frac{e^2}{2r}$$

やったー！運動エネルギーがでた。
こうなれば簡単！この2つをたせばいいから
全エネルギーWは

$$W = -\frac{e^2}{r} + \frac{e^2}{2r} = -\frac{e^2}{2r} \quad \text{これが全エネルギーだ！}$$

そして、その大きさは絶対値をつけて

$$|W| = \frac{e^2}{2r}$$

となる。

これが古典論での全エネルギーだ。

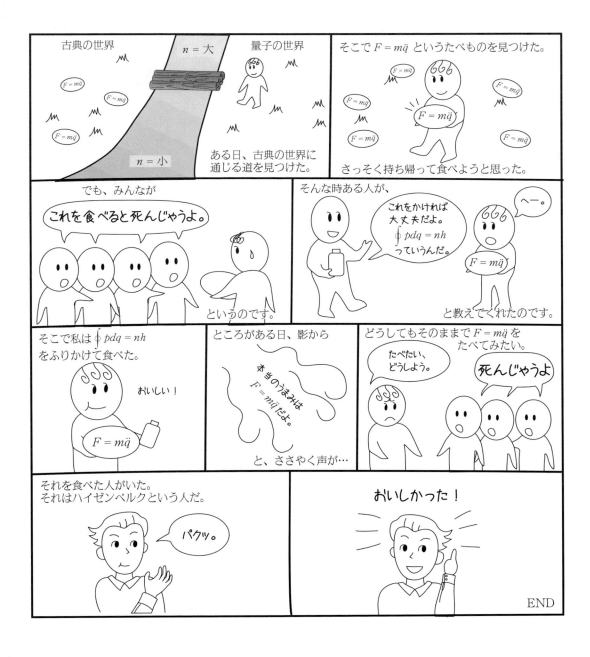

第3話

Werner Heisenberg

量子力学の誕生

　Bohr によって原子のスペクトルの「振動数」を求める方法は見つかった。しかし、スペクトルの「強度」を求める事ができない。物理学者はみんな立ち往生していた。

　そんなとき、最初の一歩を踏み出したのが、若き英雄 Heisenberg だ。Heisenberg は、今までの常識を打ち破り、Newton の運動方程式「$F = m\ddot{q}$」の新たな可能性を見い出したのだ。

　マトリックス力学完成の様子を、今から見ていこう！

3.1 量子力学スタート！その前の心構え

物理学のこと

「量子」とは、目に見えなくて、不思議な振る舞いをする光や電子のコト。
その力学？

実は、量子力学は「自然科学部物理学科」の最先端の学問である。

「自然科学」は、自然のいつも変わらない（くり返しおこる）秩序を見つけることで、トラカレでは「ことばを自然科学」している。

ことばのいつも変わらない秩序と言えば、

赤ちゃんは、誰でもことばを話せるようになる。

トラカレは、ことばができるようになるメカニズムを探ろうとしているのだ。

私、実はこのこと知ったの最近なんだ。
今まで、ことばの秩序って言ったら、日本語なら日本語の、フランス語ならフランス語の秩序のことだと思ってたの。
で「コレって、いつも同じでない」と思ったの。
だって、江戸時代の日本語と今のって違うし、この先、日本語は、ずっとこのままなんて保証は何もない。
こんなことを考えて、トラカレが何をやってるところか少しわからなくなった時期もあったけど、
「ことばができるようになる」っていうのは、いつも変わらない秩序だもんね。
こういうことに気づいた時って、なんだかとてもうれしくなる。

さて、次に「物理学」とは、「自然科学」の中でも「物の動きの秩序」を探ることだ。
例えば、

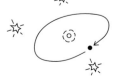

惑星の動きとか

コップの中のコーヒーの分子の動きとか、

そういう「いつも変わらない、物の動きの秩序」を探ったりする。

今まで「物の動きの秩序」は、全て古典力学（Newton力学、Maxwellの電磁気学）で記述することができた。物理学の世界は平和だった。

ところが、すごく小さい世界では、どうも古典力学は成り立たないらしい、ということがわかってきた。その原因が「光」と「原子」だ。

光について

昔から、光は不思議な存在だった。誰も光が「どういう形をしているのか」を見たことがないから、何なのかわからなかったのだ。

ある時、「スリットの実験」というものをやった人がいた。

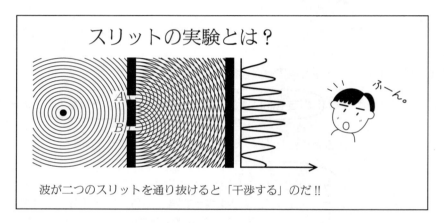

さっそく光についてやってみた。

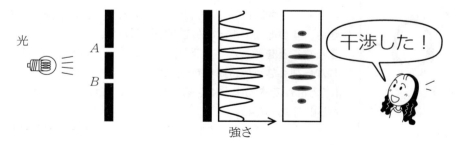

このことから「光は波のようなもの」と考えられるようになった。

ところが、ごく最近（1900年）になって、再び光は動乱期に入った。
Planck が、「光のエネルギーは $h\nu$ の整数倍の値しかとらない」ことを発見してしまったのだ。

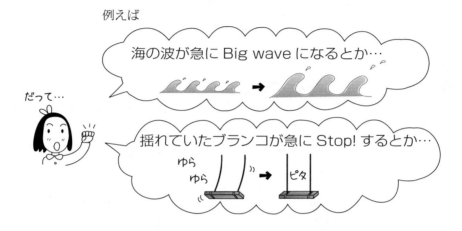

$$E = nh\nu \quad (n = 0, 1, 2, 3 \cdots)$$

このことは「光は波」と考えているかぎり、絶対に説明できないことだ。

どう考えてもおかしい！世の中の人も、Planck の発見は、

と思っていた。

次に登場した Einstein は、Planck の発見を見て「光は $h\nu$ というエネルギーを持った粒のようなもの」であると言った。

$$E = h\nu$$

そして、光電効果、コンプトン効果など「光は粒」と考えないと説明できない実験も見つかった。
ここにきてまた、光の正体がわからなくなってしまった。「光は波とも粒とも考えられる」というのだ。実験でそうなるのだから、疑う余地は何もない。

これは「正しい」はずなのだ。

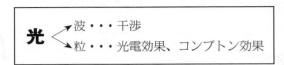

粒でもあり、波でもあるものなんて考えられるだろうか？

残念ながら、人間にはそんなこと無理だ。

光は、古典力学では「説明不可能なもの」とされてしまった。

そこで、人々はこの正体不明の光を「量子」と呼んでやるとともに、古典力学からは除外してしまった。

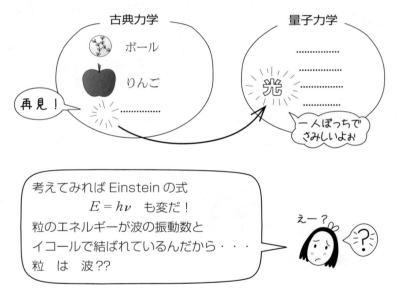

原子について

①原子の構造を考える

当時、光についての研究と平行して、「原子」についても研究されていた。原子とは、いわゆる「物の最小単位」だ。

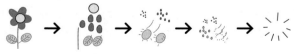

私たち人間も、犬も、猫も、りんごも、みんな、切って切って切って切って切っていって、もうこれ以上分けられなくなったところが「原子」だ。

ところが研究が進むうちに、ある実験からその原子も、さらに細かいものでできていることがわかってきた。

- ＋の電荷を帯びた重い原子核
- －の電荷を帯びた軽い電子

そして、原子全体の大きさは、これらに比べてはるかに大きい
（約1オングストローム ＝ 10^{-8} cm）

原子の種類の違いは、原子の中の電子の数の違いだったのである。

電子の数	1	2	3	4	5	6	7	8	9	10	…
化学記号	H	He	Li	Be	B	C	N	O	F	Ne	…
原子名	水素	ヘリウム	リチウム	ベリリウム	ホウ素	炭素	窒素	酸素	フッ素	ネオン	…

このことを考慮して、原子の構造を考える。（この先は、1番簡単な水素原子について見ていくことにする）

普通にしていると、⊕と⊖は、引き合って、⊕⊖となってしまって、原子の大きさよりうんと小さくなってしまう。約1オングストロームという大きさを原子が保つために、電子は原子核の周りを回っていなければならない。

ラザフォードの原子モデル

実験コーナー！

じゃ、ここで軽い実験をしよう！！
ラーメンのどんぶりみたいなのと、パチンコ玉を用意します。パチンコ玉を電子、そしてどんぶりのそこに原子核があるとする。ここで、パチンコ玉を中心にいかないようにするためにはどうしたらいい？

接着剤でパチンコ玉をどんぶりの底より離れたへりにくっつけるといいわ！

それもいいけど、接着剤とかなしにしたら？

 ハイ！わかった！！どんぶりをぐるぐる回す！
こういうことでしょ。

 スゴイ。大ピンポン。これと全く原子も同じなんだよ。回っていれば、⊕と⊖はくっつかないし、大きさも保てる！！

 なるほど・・・。

②原子を探る最大のかぎ！

原子の中身は見ることができない。その原子の構造を探る最大のかぎが見つかった。

それが**スペクトル**だ！

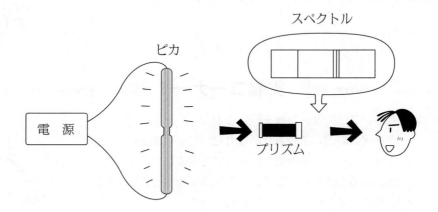

ガラスの管の中に原子を入れて、エネルギーを与える（電気を流す）と光る。その光の色（スペクトル）は、原子によって違う！

スペクトルっていうのはね！

☆フルーツジュースのスペクトル

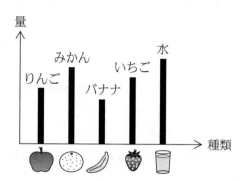

　フルーツジュースの味は、くだものの種類とその量によって決まる。それを一目でわかるように表したのがスペクトル！

☆光のスペクトル

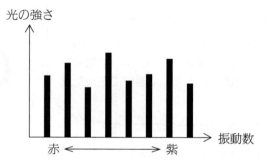

　光の種類は、色の種類（虹の七色）で、実はこれは「振動数」の違いだ。光の量は、光が強ければ明るいし、弱ければ暗い。これを「強度」と呼ぶ。光の性質は「振動数」と「強度」によって決まる。

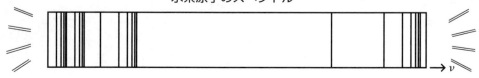

水素原子のスペクトル

さて、どうしてこのスペクトルが原子を探る最大のかぎかと言うと、理由は2つある。

1. 水素原子なら水素原子の、ヘリウムならヘリウムの、というように、原子によっていつも決まったスペクトルが出る。

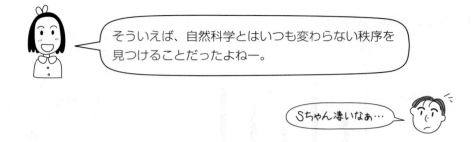

2. 原子の中には、原子核と電子しかない。原子核は電子と比べて重いから、原子の中で動いているのは電子と考えられる。
　スペクトルを作っている犯人は電子で、スペクトルを探れば電子の動きもわかる。

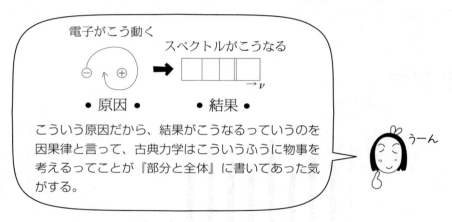

この重要なスペクトルの振動数を、数式で表すのに成功した人がいる。Rydbergだ！

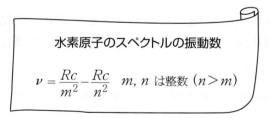

水素原子のスペクトルの振動数

$$\nu = \frac{Rc}{m^2} - \frac{Rc}{n^2} \quad m, n \text{ は整数 } (n > m)$$

　この式は、完璧にスペクトルと一致するものの、Rydberg自身も含めて当時誰にもこの式の意味はわからなかった。

③ Rutherford の原子モデルの問題点

さて、原子の構造を考えるには、スペクトルを説明することがとても重要だとわかった。さっそく Rutherford の原子モデルから、スペクトルを説明しようと試みた。

ラザフォードの原子モデル

ここで、実験も理論も正しく説明できる古典力学の常識がある。

> **Maxwell の電磁気学**
>
> 電荷を持ったものが円運動すると光の波を出す。

電子は⊖の電荷を持っていて回ると光を出す。ということは、

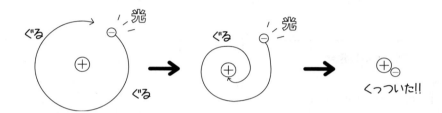

電子はエネルギーを失って、いずれ原子核にくっついてしまう。
原子が大きさを保つために電子は回っていなければならなかったのに、電子が回っていると大きさを保てなくなってしまったのだ！

そして、その時のスペクトルはと言うと、

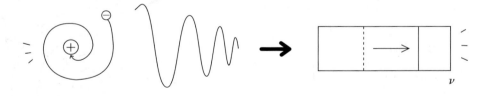

このように振動数が高い方に動いてしまって、実験から出るスペクトルと当然一致しない。

Bohr 登場

Rutherford の原子モデルでは、原子のスペクトルが説明できなくなってしまった。

「原子の中には⊕の原子核と⊖の電子があってある大きさを保つ」ということも「スペクトル」も実験事実なのに、説明できないなんておかしい！Bohr は思った。

これは、実験事実が悪いのではない。悪いのは、Maxwell の電磁気学だ。Maxwell の電磁気学は「光を波」と考えている理論だった。だから悪い！

Planck と Einstein によって、光は、ある時は粒、ある時は波、としてしか説明できないものとなった。こんなものは今までに例がなく、正体不明の「量子」とされ、古典力学から除外されてしまったのだった。

Bohr は、試しに「光が量子」だとしたら、原子の構造はどうなるだろうか？ということを考えてみることにした。

Planck の発見
$E = nh\nu \ (n=0, 1, 2, 3 \ldots)$
光のエネルギーはとびとび

Einstein の発見
$E = h\nu$
光は $h\nu$ というエネルギーを持った粒

原子の中に持ち込むと・・・

1. 光のエネルギーがとびとびだから、原子のエネルギーもとびとびでなければならないことになる。

量子条件
$$\oint p\, dq = nh$$
$(n=1, 2, 3, \cdots)$

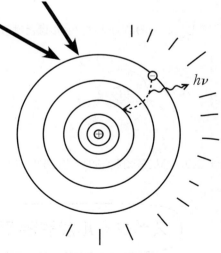

2. 電子が外側の軌道から、内側の軌道に遷移した時、余ったエネルギー $h\nu$ を光として出す。

Bohrの振動数関係
$$\nu = \frac{W_n}{h} - \frac{W_m}{h} \quad (n>m)$$

ナント、光を量子と考えたら「原子は大きさを保てる」し、「スペクトルの振動数については完璧に説明できる」ようになった。

喜ぶBohrの手元にこんな物が届いた。

Rydbergの水素原子のスペクトルの式
$$\nu = \frac{Rc}{m^2} - \frac{Rc}{n^2}$$

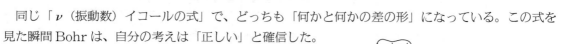

これって、Bohrの振動数関係の式とすっごい似ている！

同じ「ν（振動数）イコールの式」で、どっちも「何かと何かの差の形」になっている。この式を見た瞬間Bohrは、自分の考えは「正しい」と確信した。

完璧だ!!

そしてBohrはこのあとガシガシと理論を完成させ、大きな成功を収めたのだった。

Bohr理論の問題点

さてBohrの理論で、今までの問題点は解決されたけど、新たな問題が2つほど生まれてしまった。

> 1. 電子の遷移のしくみがわからない。
> 2. スペクトルの強度を説明することができない。

☆問題点1「遷移」について

─ 遷移っていうのはね！─

ごめんなさい。ここにきてはじめて説明するなんて！
「遷移」とは、わかりやすく言うと「瞬間移動」のこと。もっとわかりやすく言うと「ワープ」。

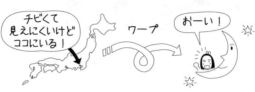

東京渋谷にいるSちゃんが、次の瞬間、月にいるってこと！どこを通ったかわからないの!!

「電子が遷移する」と言うことは、その時電子はどこを通ったかわからないということになる。
　スペクトルが説明できれば、原子の中の電子の動きがわかると言っていたのに、Bohrの理論（遷移）では、いくらスペクトルについて説明できたって、電子の動きはわからないのだ。

しかし、Bohrは強かった！

かくして、電子も正体不明の量子の仲間入りをするはめになった。

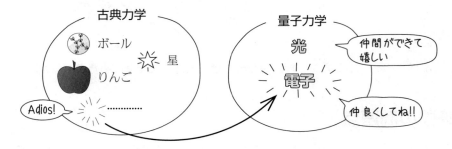

☆問題点２「スペクトルの強度」について

スペクトルの振動数については、Bohrの理論で完璧に言うことができた。
しかし、スペクトルの強度を求める方法がないのだ。
その頃のBohr周辺の合いことばはこうだった！

しかし、スペクトルの強度を求めよう！と何回も言ってみたところで、その方法が見つからなければ、どうしようもないのが現実だ。

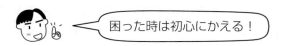

　n が小さい（軌道が内側）時に古典力学で考えると、電子は落ち込んでしまって原子のことをうまく説明することができなかった。しかし Bohr は、n が大きい（軌道が外側）ところでは、古典力学でも Bohr の理論でも、原子のことをうまく説明することができることに気づいたのだった。

対応原理

☆ n が大きい時のことを「古典力学」で考える

　Maxwell の電磁気学によって、電子は回りながら「光の波」を出している。この考え方は、n が小さい時は、

と、つぶれてしまってダメだったけど、n が大きい時は、回っていても落ち込まないと考えることができるのだ。

　n が小さい時には、電子は内側を回っていて、そのエネルギーは小さい。だから光を出して、ちょっとでもエネルギーを失うと、すぐに落ち込んでしまう。ところが n が大きい時は、電子は外側を回っていて、そのエネルギーは大きい。だから、光を出して多少エネルギーを失っても、ほとんど落ち込んでないと「みなす」ことができるんだ。

　うーん、ちょっとわからない !?

　それってこういうことじゃない？光を出す時に使うエネルギーを、10円として考えよう。そして、n が大きい時、電子のエネルギーを 100 万円、n が小さい時、電子のエネルギーを 100 円としよう。
　ある日、H 君が 100 円のコーヒーガブガブ（これはちゃんとした商品名なんです）を買いに出かけました。

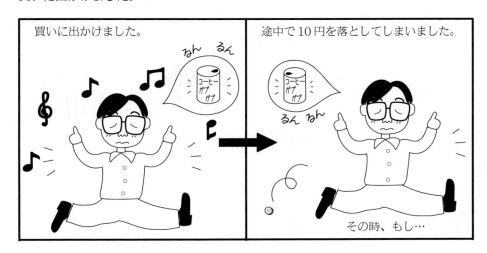

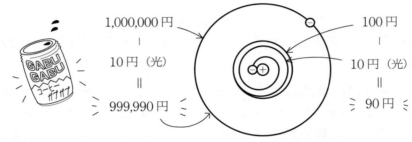

なるほどー、そういうことなのね。

ねえねえ、それっておふろのゴミに似てるよ？
お風呂の栓を抜くと渦巻ができるよねえ。そうするとお風呂に浮かんでいるゴミも一緒にぐるぐる回る。
ゴミが渦巻から離れている時は、ゆっくり回ってなかなか吸い込まれて行かない。
だけど、ゴミが渦巻きに近くなると、ぎゅるぎゅる・・・と、あっという間に吸い込まれてしまう。

なるほどね、ちょっと汚いけど。

ピン！とこない人は実験してみるといいよ！

さて、このように n が大きい時には、電子は同じところをくるくる回っていると考えるわけだから、その動きに合わせて、光の波は「くり返しのある複雑な波」になる。

その通り！これは**フーリエ**だ！
フーリエの最大の特徴は「振動数が整数倍になる」と言うことだ。

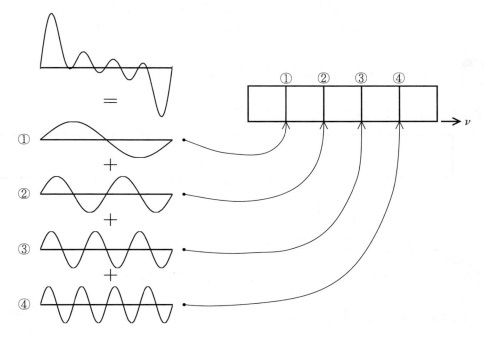

実験結果のスペクトルはどうなってるんだっけ。

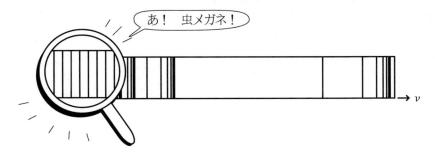

なんと！n が大きい時には、ちゃんと整数倍になっている！！

なるほど。n が大きい時には、古典力学で説明できるんだね！

このことをことばで言うとこうなる。

げっ！これじゃああんまり長すぎて言いにくい！

そこで、こんな記号で表してみることにした。

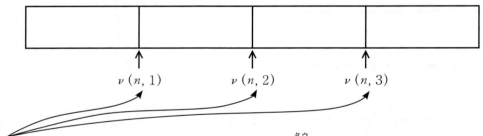

ここが、1, 2, 3・・・整数倍で変わってるから、それを$\overset{タウ}{\tau}$とおいてみる。

一般化すると $\nu(n, \tau)$ と書ける。

☆ n が大きい時のことを「Bohr の理論」で考える

電子が、軌道から軌道へ遷移する時、$h\nu$ というエネルギーを持つ「光量子」を出す。n が大きい時は、軌道と軌道のエネルギー差が等間隔になっていて、整数倍のスペクトルを説明することができる。

詳しく見るとこういうことだ。

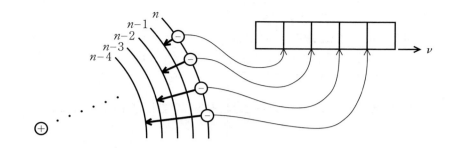

このことをことばで言うとこうなる。

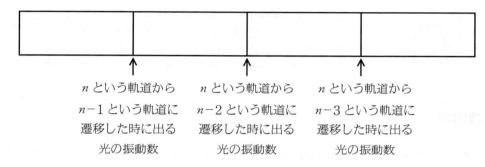

これもまたまた長い！ということで記号で表してみた。

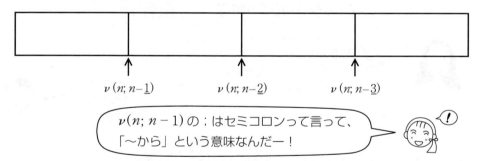

$\nu(n; n-1)$ の：はセミコロンって言って、「〜から」という意味なんだー！

これも、1, 2, 3・・・と変わるから、τ とおいてみる。

一般化すると $\nu(n;\ n-\tau)$ と書ける。

古典力学、Bohrの理論、両方とも記号で表せたからまとめて書く。

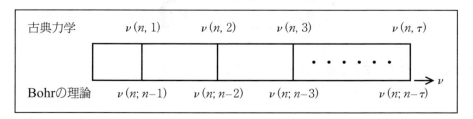

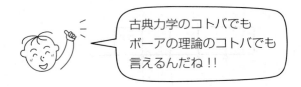

同じスペクトルの振動数が、n が大きい時には、古典力学でも Bohr の理論でも説明できるのだ。

☆スペクトルの強度を考える

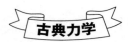

古典力学では、n が大きい時なら「単純な波ひとつひとつの振幅」を求めることができる。スペクトルの強度は、その振幅を 2 乗すれば良いだけなのだ。

$$\text{スペクトルの強度} = |\text{振幅}|^2$$

ついでだから、振幅も記号で表しておく！振幅の記号は Q(キュー) とする。

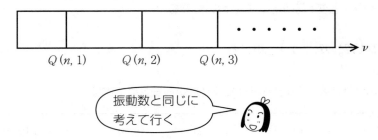

一般化すると $Q(n, \tau)$ と書ける。

 まさに、今これが求めたい！
Bohr の理論でスペクトルの強度はどういうものになるのかな？

 そう言えば「光電効果の実験」で、Einstein は、
　　『光が強いということは、光の粒がたくさんある、
　　　光が弱いということは、光の粒が少ない』
ということを発見したんだよね。

 光の粒は、1 回の遷移で 1 個出るから、光の粒の個数は「遷移の回数」に関係があることになるよね。

 じゃあ、まとめるとこういうことかなあ？

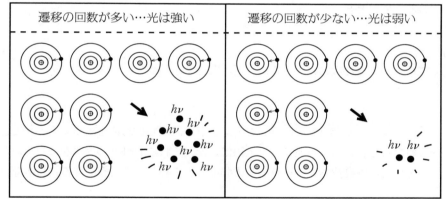

 だけど、問題は「遷移がなぜ起こるか」ということが、全くわからないということなんだ。遷移の原因がわからなければ、「遷移の回数」なんてわかるわけないよ。
ということは、スペクトルの強度も求められない！

 困った。

仕方ないから、とりあえずここで今まで見てきた古典力学と、Bohrの理論の「利点、欠点」をわかりやすく表にまとめてみよう！

	振動数 $n→小$	振動数 $n→大$	光の強さ
古典力学	×	○	○
ボーア理論	○	○	×

一長一短だね！

ねえ、この表で、n が大きい時に、スペクトルの強度は古典力学で「単純な波の振幅の2乗」で求められている。でも「光の波」じゃなかったから、実は求めていたのは「光の粒の個数」だったということになるよねー。

ってことは、n が大きい時は「遷移の原因」がわからなくても「遷移の回数」は求められるってこと？

すごーい！できないと思ってたけど、できるんじゃない！

そうだよ。一方 Bohr の理論は、n が小さい時にも振動数を求めることができるんだ。それならさぁ、この古典力学を大枠にして、それに Bohr の理論を取り入れれば、n が小さい時の振動数も、スペクトルの強度も、求められるようになるんじゃないの？

そうだ、やってみよう！

やってみよう、やってみよう！

もしそれができたら、それこそまさに量子のことを説明する力学、「量子力学」ってことになるね！

そこでBohrの研究所には、次のような貼り紙が貼り出された。

新しい量子力学を作る方法！

nが大きい時、古典力学で「遷移の回数」（スペクトルの強度）を、求めることができた。これを大枠にして、ちょっと手を加えて、nが小さい時の「遷移の回数」が求められるような方法を見つける。それが「量子力学」である。

Bohrの研究所の若い物理学者たちは、この貼り紙を見て日夜努力していた。
その中の一人がHeisenbergだ。でも彼が大活躍するのは、もう少しあとのことになる。

古典力学を大枠にするのだから、新しくできる量子力学は、「古典力学と全く別もの」でなく「古典力学をも含み込んだもの」になるはずだ。

実は、私「包含則」みたいなことは大好きで、かっこいーと思っておきながら、「古典力学を大枠に量子力学を作る」ってことにピン！とこなかったの。ところがある日、量子力学とは全く関係のない本で、こんな文に出会った。
『新しい発想は、大概一見新しく見えても、古い物がベースになっているのだ』
私は「これだ！」と思った。
考えてみれば、何だってそうだ。
車のNewモデルだって、土台は古い型だ。いきなり新しい物なんて作れるわけないんだよね。

「古典力学を大枠に量子力学を作る」ということは、まず大枠の古典力学で、nが大きい時の「遷移の回数」を求める方法を知らなければ、先へは進めなさそうだ。じゃあ、それを見ていくことにしよう！

3.2 古典力学で、単振動を解く

さっそく古典力学で、n が大きい時の水素原子のスペクトルの「遷移の回数」を求めたいところだけれど、これはかなり計算が難しい。そこで私たちは、代わりに「単振動」を解いていくことにしよう！

こんなことをしていーの？と思う人のためにひとこと。

単振動っていうのはね

バネがあって、バネにおもりが付いているものを、下の矢印の方向に引っ張って、手を離した時のビョンビョンのし具合を見るってことなんだ。

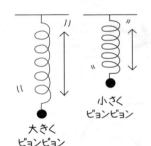

例えば、バネは、大きくビョンビョンしたり、小さくビョンビョンしたりする。

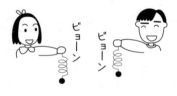

これは水素原子の場合で言えば、大きな軌道を回ったり、小さな軌道を回ったりするということと同じだよ。

水素原子の場合に、電子がエネルギーを失って落ち込んでしまうということは、バネの場合で言えばビョンビョンがだんだん小さくなってしまうということなんだ。

 バネの先に電子がついているって、どういうことなのかな？

これはね、本当はバネじゃないんだ。バネの力と同じような力が、電子に働いているということなんだ。

わかった？

なるほど。「水素原子」も「単振動」も、基本的には同じなのだ。

重要なのは「どういうやり方をするか」ということだけなので、ここでは簡単な「単振動」で十分なのだ。

さっそく、ガシガシ計算していこう！

> ここで素直に「ワーイ」と喜べる人は、ほとんどいないんじゃないかな？
> ほとんどの人は、計算と聞くとゲーと思う。私も嫌いじゃないけど好きでもない。そこで一言アドバイスをしたい！
> ここでの計算は決して難しいものではない。ただ式が長かったり、めんどくさかったりする。しかし!! 逆に、スラスラ言えたらかっこいー！頭が良くなった気分になれる。
> ここの式は長いけど、１コ覚えてしまえば、あとは似たような形だから、すぐ覚えられるという利点つきなの。
> とりあえず、計算はパスして読んでも内容だけはおさえておいてほしいな。今、何をしてるかが大切よ。

古典力学と言えば、「Newton の運動方程式」という超有名な式がある。

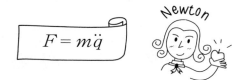

この式を使うと、物体が

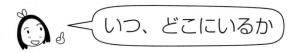

ということが、完璧に求められるのだ。そして、これを求めることこそが古典力学の真髄なのだ。

> F は、ある物体に働く「力」のこと。
> m は、物体の「質量（重さ）」のこと。
> $\ddot{q}$ は、「加速度」のこと。

大体の場合は、その物体に働く力は簡単に求められる。そうすると、上の式を使って加速度を求めることができる。

加速度というのは、物体が「速度をどのように変えるか」ということだ。これがわかれば、物体の「速度」を求めることができる。速度は、物体が「位置をどのように変えるか」ということだから、これがわかれば物体が「いつ、どこにいるか」がわかるのだ。

このことを、自転車をこぐ時のことで考えてみよう

今、ものすごく強い力でペダルをこぐとする。この時の加速度は？

 大きい！だって $F = m\ddot{q}$ で力 F が大きいんだから、加速度 $\ddot{q}$ も当然大きいはずでしょ。

その通り。加速度が大きいということは、自転車が「どんどん速くなる」ということで、これは実際に自転車をこいでみればそうなるね。Try！

じゃあ、今度はさっきと同じ強さの力でペダルをこぐとして、うしろにお相撲さんを乗せているとする。この場合加速度は？

 $F = m\ddot{q}$ で、質量 m が大きくなるから、加速度 $\ddot{q}$ は小さい！

ピンポン！あともうひとつ。力が0、ペダルから足を離しているような場合はどうなる？

 $F = m\ddot{q}$ で、力 F が0だから加速度 $\ddot{q}$ も当然0になって、自転車は動かない？

うん。それもひとつの答だけど、もうひとつある。ある速さで自転車が走っている時に、ペダルから足を離すとどうなる？

 そのままの速さで進む！

そういうこと。この様に、自転車の場合はNewtonの運動方程式でうまく表すことができる。どんな物でも、それに働く力がわかっていれば、$F = m\ddot{q}$ から、加速度を求めることができるのだ。

 なるほど。

さっそく、単振動の問題を解いて行こう！

「電子が単振動をしている」という場合、$F = m\ddot{q}$ の m は電子の質量だから、これは実験によって、もうわかっている。

それから単振動の場合、力 F はどうなるだろう？

バネを引っ張った時のことを考えてみよう！

バネを引っ張ると、引っ張ったのと反対方向に戻ろうとする力が働く。

たくさん引っ張れば引っ張るほど、力はたくさんかかる。かたいバネほど力は強い。

これを式で表すと、こうなる。

$$F = -kq$$

q は、バネのつり合ったところから測った「電子の位置」のこと。

k は、バネのかたさを表す定数で、大きいほどバネはかたい。

マイナスがついているのは、力が引っ張ったのと「反対方向」に働くことを意味しているのだ。

力がわかったところで、これを Newton の運動方程式 $F = m\ddot{q}$ に、代入してみよう！

$$-kq = m\ddot{q}$$

これから、使いやすくするために式を少し変形する。

$$\ddot{q} + \frac{k}{m} q = 0$$

この式を「単振動の運動方程式」と呼ぶ。

これからこの式を計算して、電子の位置 q を求めるのだ。そうすれば、電子が「いつ、どこにいるか」がわかる。

ねえ、今求めたいのは「電子の遷移の回数」じゃなかったっけ？

そう。でもそれは「電子の位置を求める」ということと同じなのだ。

なぜなら、Maxwell の電磁気学によると、光の波は「電子の動きに合わせて出る」のだから・・・。

電子が大きく振動すると、光の波も大きくなる。小さく振動すると、小さい。

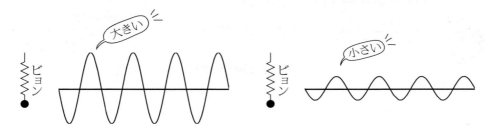

電子が細かく振動すると、光の波も細かくなる。ゆっくり振動すると、大まかになる。

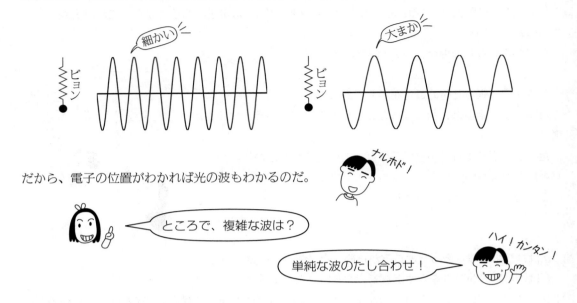

だから、電子の位置がわかれば光の波もわかるのだ。

ところで、複雑な波は？

単純な波のたし合わせ！

ピンポン！これは前にも言ったように「フーリエ」で表せる。だから、

運動方程式を解いて電子の位置を求める

という問題は、結局、

単純な光の波ひとつひとつの「振幅 $Q(n, \tau)$」と「振動数 $\nu(n, \tau)$」を求める

ということになる。

そして、n が大きい時には、この光の波の振幅の2乗 $|Q(n, \tau)|^2$ が、電子の遷移の回数になるのだった。

それではさっそく計算してみよう！
まず、単純な波を表す記号を決める。

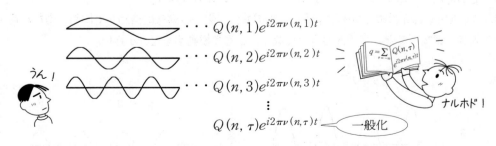

この式、一見難しく見えるけど「見なれたもの」が入っている

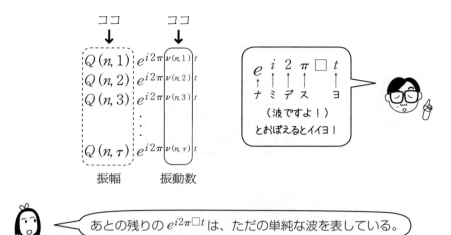

あとの残りの $e^{i2\pi \square t}$ は、ただの単純な波を表している。

複雑な波は、単純な波のたし合わせだから、

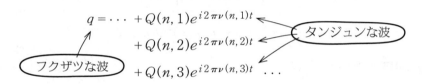

となって、めんどくさいから Σ（シグマ）を使って書くとこうなる。

$$\boxed{\begin{array}{c}\text{フクザツな光の波の式}\\ q = \sum_{\tau=-\infty}^{\infty} Q(n,\tau) e^{i2\pi\nu(n,\tau)t}\end{array}}$$

 この式は、マニュアルにして、スラスラ書けるとかっこいーよ！

いよいよ「単振動の運動方程式」

$$\ddot{q} + \frac{k}{m} q = 0$$

に「電子の位置を表す複雑な光の波の式」

$$q = \sum_{\tau} Q(n,\tau) e^{i2\pi\nu(n,\tau)t}$$

を入れて、バリバリ計算していくことにしよう！

この式の中に $\ddot{q}$ というものがある。これは、q を 2 階微分したものだ。
まずは、この $\ddot{q}$ がどうなるか見てみる。

e の微分は、e の肩がそのままおりてきて後はそのままなんだ！

e^{ABCDt} は $ABCDe^{ABCDt}$ になるってことね！

マニュアルにしよう！

$$q = \sum_\tau Q(n,\tau) e^{i2\pi\nu(n,\tau)t}$$

1 階微分 … $\dot{q} = \sum_\tau \underline{i2\pi\nu(n,\tau)} Q(n,\tau) e^{i2\pi\nu(n,\tau)t}$

2 階微分 … $\ddot{q} = \sum_\tau \underline{\{i2\pi\nu(n,\tau)\}^2} Q(n,\tau) e^{i2\pi\nu(n,\tau)t}$

$\qquad\qquad = \sum_\tau -4\pi^2 \nu(n,\tau)^2 Q(n,\tau) e^{i2\pi\nu(n,\tau)t}$

この $\ddot{q}$ と q を単振動の運動方程式

$$\underline{\ddot{q}} + \underline{\frac{k}{m}} \underline{q} = 0$$

に代入する。

それから!?

$$\sum_\tau -4\pi^2 \nu(n,\tau)^2 Q(n,\tau) e^{i2\pi\nu(n,\tau)t} + \underline{\frac{k}{m}} \sum_\tau Q(n,\tau) e^{i2\pi\nu(n,\tau)t} = 0$$

ここで $\frac{k}{m} = (2\pi\nu)^2 = 4\pi^2\nu^2$ とする

m は電子の質量、そして k はバネ定数で、どちらも実験によりあらかじめわかっている決まった数なんだ。だから、

$$4\pi^2\nu^2 = \frac{k}{m}$$

となるように、つまり ν を
$$\nu = \frac{1}{2\pi}\sqrt{\frac{k}{m}}$$
と決めてやれば、結局同じことなんだ。

$$\underline{\sum_\tau -4\pi^2} \nu(n,\tau)^2 Q(n,\tau) e^{i2\pi\nu(n,\tau)t} + \underline{4\pi^2} \nu^2 \underline{\sum_\tau Q(n,\tau) e^{i2\pi\nu(n,\tau)t}} = 0$$

同じのがたくさんあるから、数式を整理しよう！

$$\sum_\tau 4\pi^2\{\nu^2 - \nu(n,\tau)^2\}Q(n,\tau)e^{i2\pi\nu(n,\tau)t} = 0$$

この式が成り立つ（＝0になる）ことを考える。
単純な波のたし合わせの式

$$q = \sum_\tau Q(n,\tau)e^{i2\pi\nu(n,\tau)t}$$

と比べると、

$$4\pi^2\{\nu^2 - \nu(n,\tau)^2\}Q(n,\tau)$$

こういう「新しい振幅を持った単純な波」を、たし合わせた式になった。
単純な波をたし合わせた複雑な波が、0になるためには？

 わかんないよ。

 それじゃあ、例えば「りんご」「みかん」「いちご」を使って、何の味もしないジュースを作るとしたらどうする？

 何も入れない！

そういうこと。波の場合も同じで、何も入れなければいいのだ。

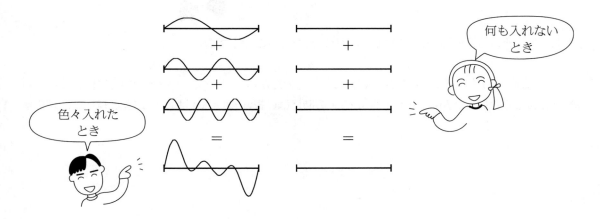

このように、それぞれの単純な波の振幅

$$4\pi^2\{\nu^2-\nu(n,\tau)^2\}Q(n,\tau)$$

が、τ が $-\infty$ から ∞ まで、どんな場合でも全部 0 になれば、この方程式

$$\sum_\tau 4\pi^2\{\nu^2-\nu(n,\tau)^2\}Q(n,\tau)e^{i2\pi\nu(n,\tau)t}=0$$

は成り立つことがわかった。

$$\underset{\underset{\neq 0}{\downarrow}}{4\pi^2}\ \underline{\{\nu^2-\nu(n,\tau)^2\}}\ \underline{Q(n,\tau)}=0$$

この式の中で、$4\pi^2$ は絶対 0 にはなれないので、$\{\nu^2-\nu(n,\tau)^2\}$ か $Q(n,\tau)$ のどちらかが 0 にならなければならない。
それでは、まず $\{\nu^2-\nu(n,\tau)^2\}$ がどんな場合に 0 になるかを考えることにしよう！

ν はもともと m と k によって決まる定数だ。それに対して、$\nu(n,\tau)$ は、

「n という軌道を回る τ 回うねりの単純な波の振動数」

だから、τ によって無数の値をとる。
そこで、今 τ が 1 の場合、つまり $\nu(n,1)^2=\nu^2$ と決めてしまう。
振動数 $\nu(n,1)$ は「整数倍」であるということ以外、まだ何も決まっていなかったから、ここで決めてしまえばいいのだ。

そうすると τ が 1 の時、振動数 $\nu(n,1)$ は

$$\nu(n,1)=\nu$$

となって、その時の振幅 $Q(n,1)$ は、0 でない値を持つことになる。

$\tau=1$ の時、$\{\nu^2-\nu(n,\tau)^2\}$ が 0 になるとしたのだから、$\tau=2,3,4\cdots$ の場合には、これは当然 0 にはならない。だから、$\tau=2,3,4\cdots$ の時には、振幅 $Q(n,\tau)$ は必ず 0 でなければならない。

さっき、$\nu(n, 1)^2 = \nu^2$ と決めた。これが、$\nu(n, 1) = \nu$ の場合に成り立つのはもちろんだけど、もうひとつ、

$$-\nu(n, 1) = -\nu$$

の場合にも成り立つ。2乗すれば $\nu(n, 1)^2 = \nu^2$ と同じになる。だから、

$$-\nu(n, 1)$$

がどんなものなのかを、考えなければならない。

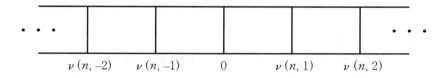

図を見てもわかるように、古典力学の場合振動数 $\nu(n, \tau)$ は、「整数倍」になっている。だから

$\nu(n, \underline{2})$ は $\nu(n, 1)$ の $\underline{2}$ 倍
$\nu(n, \underline{3})$ は $\nu(n, 1)$ の $\underline{3}$ 倍・・・となる。

τ がマイナスの場合も同じで、

$\nu(n, \underline{-1})$ は $\nu(n, 1)$ の $\underline{-1}$ 倍
$\nu(n, \underline{-2})$ は $\nu(n, 1)$ の $\underline{-2}$ 倍・・・となっている。

だから、$-\nu(n, 1)$ は $\nu(n, \underline{-1})$ と等しい

$$-\nu(n, 1) = \nu(n, -1)$$

ということになる。一般にはこうなる。

$$-\nu(n, \tau) = \nu(n, -\tau)$$

τ が 1 の場合と、もうひとつ、τ が -1 の場合に、振幅 $Q(n, \tau)$ は 0 でない値を持って、τ がそれ以外の場合には、$Q(n, \tau)$ は 0 になるということがわかった。

> **まとめ**
> $\nu(n, 1) = \nu$
> $\nu(n, -1) = -\nu$
> $Q(n, 1) \neq 0$
> $Q(n, -1) \neq 0$
> $Q(n, \tau) = 0 \ (\tau \neq \pm 1)$

ハイ！ わかんない!!

ええっ!? 何が？

さっき、τ が1の時 $\{\nu^2 - \nu(n, \tau)^2\} = 0$ が成り立つと「勝手に決めた」でしょ。それだったら τ が2でも3でも、何でもいいように思うんだけど？

それすごくいい質問！
別に τ が2でも3でも良いんだ。まだ振動数は全然決まってないんだから、どれでも好きに決めれるってわけ。ただ、1がいちばん簡単だから1にしたの。

τ が ± 1 の時 $\{\nu^2 - \nu(n, \tau)^2\} = 0$ が成り立つとする。

すると、点線で書いてある $\tau = 0, \pm 2, \pm 3 \cdots$ の時は、振幅 $Q(n, \tau)$ は全部0になってしまう。
次に、もし τ が ± 2 の時 $\{\nu^2 - \nu(n, \tau)^2\} = 0$ が成り立つとする。

そしたら、$\tau = 0, \pm 1, \pm 3 \cdots$ の振幅が全部0になってしまう。
結局2つの波だけが残って、あとは全部0になってしまうんだから、その残った2つの波が $\tau = \pm 1$ でも、$\tau = \pm 2$ でも同じことなんだ。「どれか2つ」ってことがポイントなんだ。

なるほど、わかりました。

それでは、今求まった振幅と振動数を

$$q = \sum_{\tau} Q(n, \tau) e^{i2\pi\nu(n,\tau)t}$$

に入れてみよう！

$$q = Q(n, 1)e^{i2\pi\nu t} + Q(n, -1)e^{-i2\pi\nu t}$$

これが、電子が「いつ、どこ」にいるか表した式だ！

 これで答が求まったってことになるの？

 うん、そうだよ。

 だけど、今、振幅 $Q(n, \tau)$ は値があるか、そうじゃないか、ということはわかったけど、実際に「いくつ」ということはわかってないじゃないか。

 でもこれはいいんだ。

例えば、バネをたくさん引っ張った時は大きく揺れるし、少し引っ張った時は小さく揺れる。だから、振幅はどんな値をとっても良いのだ。

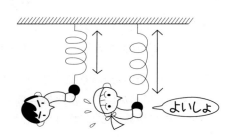

水素原子の場合で考えても、n が大きい時は光の波の振幅も大きいし、n が小さい時は光の波の振幅は小さい。

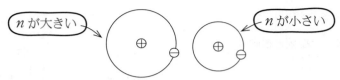

振幅は、このように実際に値が「いくつ」か求まらなくて良いけれど、「対応原理」を考えた時、古典力学は「n」を通じて Bohr の理論と対応している。

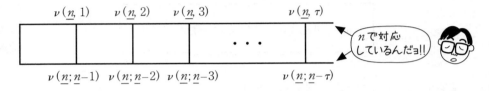

だから、古典力学で振幅が「n がいくつの時にどんな値になるか？」つまり、「振幅を n の関数で表す」ということをしておこうと思う。

振幅を n の関数で表す

そのためには、Bohr の量子条件の式を使う。

この式は「電子の軌道は h の整数倍」ということを表していた。

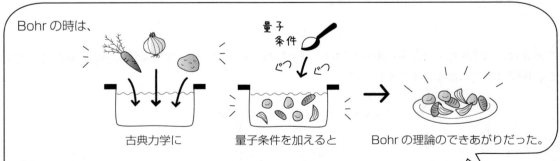

その時の量子条件は「とびとび」という大きな意味を持っていたけれど、ここでは「とびとび」なんてことは全く気にしないで、ただ振幅を n の関数で表すためだけに使う。だから今は、n は整数に限らず、2でも5／8でも0.3でも連続な値を、何だってとるんだ。

まず、Bohr の式を変形する。

$$\oint p\,dq = nh$$

- $\oint$ は1周期分積分するというマークで $\int_0^{\frac{1}{\nu}}$ となる。
- p は運動量で、$p = m\dot{q}$ と表せる。
- dq は、$dq = \dfrac{dq}{dt}dt = \dot{q}dt$ となる。

ここでは、形を計算しやすくしてるまっ最中

これらのことから、Bohr の量子条件の式はこうなる。

$$\int_0^{\frac{1}{\nu}} m \cdot \underbrace{\dot{q}\cdot\dot{q}}_{(\dot{q})^2}\,dt = nh$$

この式の中の q に、さっき Newton の運動方程式を解いて求めた

$$q = Q(n,1)e^{i2\pi\nu t} + Q(n,-1)e^{-i2\pi\nu t}$$

を代入する。

まず、q の1階微分。

$$\dot{q} = i2\pi\nu\,Q(n,1)e^{i2\pi\nu t} - i2\pi\nu\,Q(n,-1)e^{-i2\pi\nu t}$$

これを Bohr の式に代入する。

$$\int_0^{\frac{1}{\nu}} m \cdot \left\{ i2\pi\nu\,Q(n,1)e^{i2\pi\nu t} - i2\pi\nu\,Q(n,-1)e^{-i2\pi\nu t} \right\}^2 dt = nh$$

{ } の中の式が2乗の形になってるから、公式 $(A-B)^2 = A^2 + B^2 - 2AB$ を使ってバラす。

$$\int_0^{\frac{1}{\nu}} m \cdot \left[\left\{i2\pi\nu\,Q(n,1)e^{i2\pi\nu t}\right\}^2 + \left\{i2\pi\nu\,Q(n,-1)e^{-i2\pi\nu t}\right\}^2 \right.$$
$$\left. -2\left\{i2\pi\nu\,Q(n,1)\underline{e^{i2\pi\nu t}}\right\}\left\{i2\pi\nu\,Q(n,-1)\underline{e^{-i2\pi\nu t}}\right\} \right] dt = nh$$

$e^{i2\pi\nu t}$ のかけ算は、肩のたし算 $e^{i2\pi\nu t} \times e^{i2\pi\nu t} = e^{i2\pi\nu t + i2\pi\nu t}$ を使う。

$$\int_0^{\frac{1}{\nu}} m \left[\left\{ -4\pi^2\nu^2 Q(n,1)^2 e^{i4\pi\nu t} \right\} + \left\{ -4\pi^2\nu^2 Q(n,-1)^2 e^{-i4\pi\nu t} \right\} \right.$$
$$\left. -2 \left\{ (-4)\pi^2\nu^2 Q(n,1)Q(n,-1) e^0 \right\} \right] dt = nh$$

マニュアル $e^0 = 1$

$-4\pi^2\nu^2$ でくくる。

$$\int_0^{\frac{1}{\nu}} -4\pi^2\nu^2 m \left\{ Q(n,1)^2 e^{i4\pi\nu t} + Q(n,-1)^2 e^{-i4\pi\nu t} \right.$$
$$\left. -2 Q(n,1)Q(n,-1) \right\} dt = nh$$

積分に関係ない $-4\pi^2\nu^2 m$ を $\int dt$ の外に出す。

$$-4\pi^2\nu^2 m \int_0^{\frac{1}{\nu}} \left\{ Q(n,1)^2 e^{i4\pi\nu t} + Q(n,-1)^2 e^{-i4\pi\nu t} - 2 Q(n,1)Q(n,-1) \right\} dt = nh$$

積分を分ける。

$$-4\pi^2\nu^2 m \left\{ Q(n,1)^2 \int_0^{\frac{1}{\nu}} e^{i4\pi\nu t} dt + Q(n,-1)^2 \int_0^{\frac{1}{\nu}} e^{-i4\pi\nu t} dt \right.$$
$$\left. -2 Q(n,1)Q(n,-1) \int_0^{\frac{1}{\nu}} 1 \, dt \right\} = nh$$

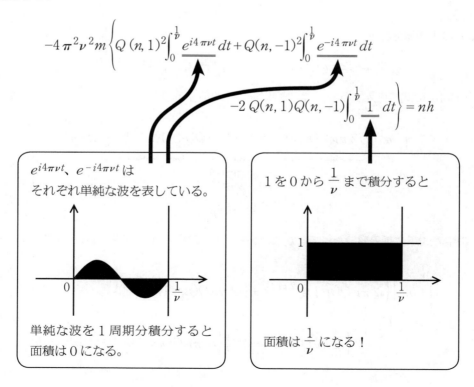

$e^{i4\pi\nu t}$、$e^{-i4\pi\nu t}$ はそれぞれ単純な波を表している。

単純な波を1周期分積分すると面積は0になる。

1を0から $\frac{1}{\nu}$ まで積分すると

面積は $\frac{1}{\nu}$ になる！

$$-4\pi^2\nu^2 m\left\{0+0-2Q(n,1)Q(n,-1)\frac{1}{\nu}\right\}=nh$$

（ ）をはずす。

$$8\pi^2\nu m Q(n,1)Q(n,-1)=nh$$

両辺を $8\pi^2\nu m$ でわる。

$$Q(n,1)Q(n,-1)=\frac{h}{8\pi^2 m\nu}n$$

あー！ここで、またまためんどうなことが起こる。

みんなもういいかげん計算にあきてきた頃だよね。
私もけっこうくじけてきちゃった。
だけど、ここで Heisenberg グループの練習の時のことを思い出した。
Heisenberg グループは、7 期生の Y 子、P ちゃん、R くん、5 期生の私、1 期生の H くん、B くん、M ちゃん。あと何人か。
それで、トラカレの方法ははじめは少しわかる人が話していくというやり方だから、7 期生の子たちよりは、去年やってる分、少しはわかるから、はじめは私が話すことが多かった。
しかし、1 回目はまだしも、2 回、3 回・・・と同じ計算をしても、なかなかわかってもらえない。
いいかげん、あきちゃって（つまんない、何とかならないの）って思ってた頃、H くんがふとこんなことをつぶやいた。
　「D さん（あるヒッポのお父さん）が言ってたけど、ヒッポの
　　CD そっくりにことばを歌うことは見せびらかすものじゃなくて、
　　自分がすることによって、みんなが歌えるようになる。
　　『私は、みんなが歌えるようになる様に何度も同じ CD の場面を
　　歌うんだ』
　　そう思える D さんってスゴイよねー」
と、本当に感心したという口調で言った。
ここで私は、また学んでしまった。ナルホド・・・。私が数式語を話すことで、いつかゆーこやペロも話せるようになったらうれしいな・・・。
そう思ったら、けっこう何回同じことを話すのも、計算も平気になった。
まあ気楽に見ていて下さい。
そのうち、少しでもわかるようになると思うよ。

話を元に戻す。

$$\underline{Q(n,1)Q(n,-1)} = \frac{nh}{8\pi^2 m\nu}$$

↑
ココのことをやっていた。

この振幅の部分を詳しく見て行こう！

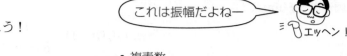

この式で、qは「位置」を表しているから、実際観測できる「実数」だけど、振幅 $Q(n,\tau)$ は観測できない「複素数」だ。「複素数」とは「実数＋虚数」のこと。

「虚数」とは、この世にはなくて数学の世界にだけあって、これを使うと計算が便利になるものだ。
今「振幅が複素数である」ということから、振幅にどのような性質があるのかを見ていくことにしよう！

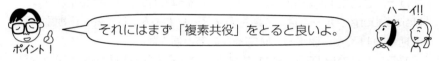

「複素共役」とは、虚数の前の符号を変えること。そのマークを ＊（スター）と書く。
実数は、虚数が入ってないから、複素共役をとっても元の数と変わらない。

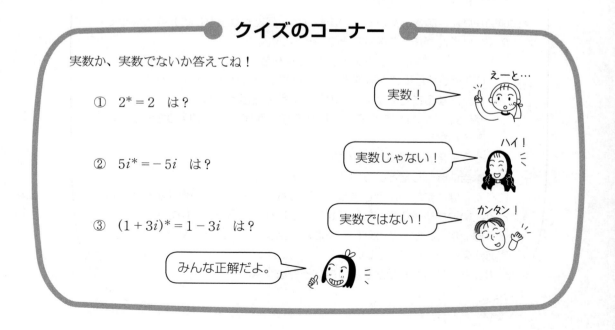

さて q は実数だから、$q^* = q$ になるはず。
こうなるために「振幅」はどんな性質を持ってるのか見ていこう！

Σ をバラして考えていくとわかりやすいよ！　ポイント！

$$q = \cdots Q(n,-1)e^{i2\pi\nu(n,-1)t} \\ + Q(n,0)e^{i2\pi\nu(n,0)t} \\ + Q(n,1)e^{i2\pi\nu(n,1)t}\cdots$$

複素共役を取る。

$$q^* = \cdots Q(n,-1)^* e^{-i2\pi\nu(n,-1)t} \\ + Q(n,0)^* e^{-i2\pi\nu(n,0)t} \\ + Q(n,1)^* e^{-i2\pi\nu(n,1)t}\cdots$$

$-\nu(n,\tau) = \nu(n,-\tau)$ だから、

$$q^* = \cdots Q(n,-1)^* e^{i2\pi\nu(n,1)t} \\ + Q(n,0)^* e^{i2\pi\nu(n,0)t} \\ + Q(n,1)^* e^{i2\pi\nu(n,-1)t}\cdots$$

順番を入れかえる。

$$q^* = \cdots Q(n,1)^* e^{i2\pi\nu(n,-1)t} \\ + Q(n,0)^* e^{i2\pi\nu(n,0)t} \\ + Q(n,-1)^* e^{i2\pi\nu(n,1)t}\cdots$$

q と q^* を見比べるためにそれぞれ単純な波の振動数をそろえると良い。

$$q^* = \cdots Q(n,1)^* e^{i2\pi\nu(n,-1)t} \\ + Q(n,0)^* e^{i2\pi\nu(n,0)t} \\ + Q(n,-1)^* e^{i2\pi\nu(n,1)t}\cdots \qquad q = \cdots Q(n,-1) e^{i2\pi\nu(n,-1)t} \\ + Q(n,0) e^{i2\pi\nu(n,0)t} \\ + Q(n,1) e^{i2\pi\nu(n,1)t}\cdots$$

このそれぞれが等しくならないといけないから、振幅の部分は、

$$Q(n,1)^* = Q(n,-1) \\ Q(n,0)^* = Q(n,0) \\ Q(n,-1)^* = Q(n,1)$$

とならなければならない。

一般化するとこうなる。

$$Q(n, \tau)^* = Q(n, -\tau)$$

話を元にもどそう！上のことより、

$$Q(n, 1)Q(n, -1) = Q(n, 1)Q(n, 1)^*$$

となることがわかったので、

$$Q(n, 1)Q(n, -1) = \frac{h}{8\pi^2 m\nu} n$$

は、

$$Q(n, 1)Q(n, 1)^* = \frac{h}{8\pi^2 m\nu} n$$

となる。

ところで実は、ある複素数とその複素共役との積は、その絶対値の2乗になる。

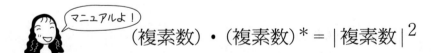

だから、

$$Q(n, 1)Q(n, 1)^* = \frac{h}{8\pi^2 m\nu} n$$

は、

$$\boxed{\left|Q(n, 1)\right|^2 = \frac{h}{8\pi^2 m\nu} n}$$

になる。

これが単振動の振幅 $Q(n, \tau)$ を n の関数で表した結果だ！

3.3 量子力学をつくる

強行突発！

みなさま。おつかれさまー！ここからが量子力学だよ！
待ちに待った、Heisenberg が、大活躍する時がやってきた。

　Heisenberg は、これまでもと Bohr と一緒に、量子力学へと進んできている若者の一人だ。スペクトルの光の強度を求めよう！と日々努力してきたけれど、ある日、枯草熱という病気にかかってしまい、Born 先生に 2 週間休暇をもらい、ヘルゴランド島に療養に出かけた。

　Heisenberg がやろうとしていたことは、n が小さくてもうまく「スペクトルの強度」つまり、

$$\text{「遷移の回数} \times \text{光の粒 1 コのエネルギー} h\nu \text{」}$$

が求められる方法を見つけることである。

☆古典力学との対応を見る

　これまで見てきたように n が大きい時には、古典力学でスペクトルの強度を求めることができた。

　古典力学は「光を波」であると考えるまちがった理論だった。なのに、n が大きい時にはスペクトルの強度が求まる。ということは、この古典力学の大枠

は正しいに違いない。

古典力学の方法

電子の位置を表す複雑な波の式

$$q = \sum_{\tau} Q(n, \tau) e^{i2\pi\nu(n,\tau)t}$$ を

単振動の運動方程式

$$\ddot{q} + \frac{k}{m} q = 0$$ に入れて解いて、

振幅を n の関数で表すために、ボーアの量子条件の式

$$\oint p\, dq = nh$$ に入れて解いたら、

「スペクトルの強度」が求まった。

そこでこれから、古典力学の中で
　　　「光は波である」
と考えている部分を、
　　　「光は、$h\nu$ というエネルギーを持った粒である」
ということに、書き改めてみることにする。

まず光の「振動数」から考えてみよう！
　光は、電子が回ることによって出るのではなく、電子がある軌道から別の軌道に「遷移」することによって出ると考えなければならなかった。
　そこで、
　　　「n という軌道を回っている時に出る光の τ 回うねりの単純な波の振動数 $\nu(n, \tau)$」
は、量子力学では、
　　　「n から $n-\tau$ へ遷移した時に出る光の振動数 $\nu(n;\, n-\tau)$」
と、書きかえなければならないことになる。

次に、光の「振幅」について考えてみよう！
　古典力学では、光の波の「振幅 $Q(n, \tau)$ の 2 乗」がスペクトルの強度だった。しかし Einstein の発見によって、スペクトルの強度は正しくは、

「遷移の回数 × 光の粒 1 コのエネルギー $h\nu$」

だと考えなければならなかった。
　そこで今、$\sqrt{遷移の回数 \times h\nu}$ を $Q(n; n-\tau)$ と書いて、古典力学の振幅 $Q(n, \tau)$ をこれに書きかえることにする。
　「遷移の回数 × $h\nu$ のルート」とは、何のことやらさっぱりわからないけれど、「スペクトルの強度のルート」である $Q(n, \tau)$ には、確かに対応していることになる。

　さあ、次に古典力学では、τ 回うねりの単純な光の波（フーリエ成分）を

$$Q(n, \tau)e^{i2\pi\nu(n,\tau)t}$$

と表した。

　　　　$Q(n, \tau)$ は、量子力学では $Q(n; n-\tau)$
　　　　$\nu(n, \tau)$ は、量子力学では $\nu(n; n-\tau)$

となったのだから、この「単純な波」は、量子力学では、

$$Q(n; n-\tau)e^{i2\pi\nu(n; n-\tau)t}$$

ということになる。これをこれから「遷移成分」と呼ぶことにする。

　うーん、よくわからないね。でも、Einstein と Bohr の理論によって、「波」を「量子」に素直に書きかえていくと、こういうことになってしまうわけだ。

さらに古典力学では、

というフーリエの理論が成り立つから、上の単純な波をたし合わせて

$$q = \sum_\tau Q(n, \tau) e^{i2\pi\nu(n, \tau)t}$$

とすることができた。
　同じようにすると、量子力学の場合には、

$$q = \sum_\tau Q(n; n-\tau) e^{i2\pi\nu(n; n-\tau)t}$$

ということになる。

むずかしいなあ。
　古典力学の場合、複雑な光の波 q は、電子の「位置」がどのように時間変化するかを表していた。それは「電子が回りながら光を出す」と考えるからだ。

でも量子は、回っている時は光を出さなくて、軌道から軌道へ「遷移」する時に光を出すんだよね。

　そう。電子が遷移する時、その電子がどのような道筋を通ったかわからない！！
ということは、遷移成分のたし合わせの量子の q は、電子の位置を「表さない」ということになる。

　古典力学の場合、ここまでくればあとは

$$q = \sum_\tau Q(n, \tau) e^{i2\pi\nu(n, \tau)t}$$

を、Newton の運動方程式 $F = m\ddot{q}$ に入れて、最後にちょっと「Bohrの量子条件の式」を使えば、単純な波（フーリエ成分）ひとつひとつの振幅 $Q(n, \tau)$ と振動数 $\nu(n, \tau)$ を求めることができた。

じゃあ、さっそく量子力学の場合にも、

$$q = \sum_{\tau} Q(n; n-\tau) e^{i2\pi\nu(n; n-\tau)t}$$

を、Newton の運動方程式 $F = m\ddot{q}$ に入れて・・・。

おい、おい、ちょっと待ってよ！！

なに？

$F = m\ddot{q}$ の q は「位置」だったよね。だから古典力学の q を入れることができた。でも、量子の場合はどうなるんだっけ？

あっ！q は「位置」じゃない！

位置 q の時間変化 $\dot{q}$（1 階微分）は速度を表して、「速度」の時間変化 $\ddot{q}$（2 階微分）は「加速度」を表す。そして加速度に質量をかけたものが「力」になる。これならよくわかるよね。
でも量子の場合、q が何だかわからないんだから、その時間変化 $\dot{q}$ も何だかわからないし、さらに $\dot{q}$ の時間変化 $\ddot{q}$ だってますます何だかわからない。そんなものに質量をかけたって、それが力 F と等しくなるはずはない。
量子力学の場合には、Newton の運動方程式 $F = m\ddot{q}$ は、使えないんじゃないかなあ。

そうだよねー、おかしいよね。

やっぱりさあ、位置でもない q を $F = m\ddot{q}$ に入れるなんていうのは、常識はずれってもんじゃないかなあ。

うーん・・・、困った。

やっぱりさあ、ダメなんだよ。量子力学なんて作れるわけないんだよ。

そうだよ。Bohr をはじめたくさんの人が今まで挑戦して、それでもダメだったんだから、そんなに簡単にできるわけないよ。

もうやめようか・・・。

しかし、Heisenbergは強かった。

そうなのだ。

$$q = \sum_\tau Q(n; n-\tau) e^{i2\pi\nu(n; n-\tau)t}$$

は、どんなにわけがわからなくても、nが大きい時には、古典力学の

$$q = \sum_\tau Q(n, \tau) e^{i2\pi\nu(n, \tau)t}$$

と同じものになるのだ。

なぜなら $Q(n; n-\tau)$ も $\nu(n; n-\tau)$ も n が大きい時には、$Q(n, \tau)$ や $\nu(n, \tau)$ と、同じ値になるからだ。

光は量子なのだから、n が大きい時だって本当は q は、ものの「位置」なんて表していないのだ。にもかかわらず、$F = m\ddot{q}$ で正しい答が得られたのだ。だったら n が小さい時だってうまくいくかもしれない。

このように Heisenberg は、大胆にも、q を $F = m\ddot{q}$ に入れて、計算を続けてしまうのだった。

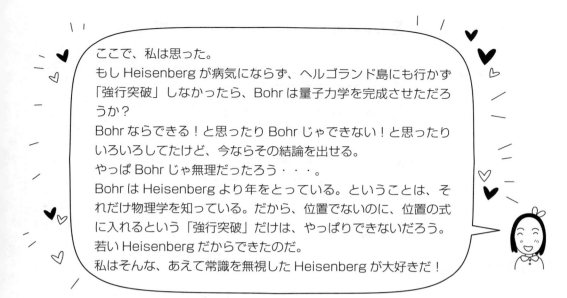

量子力学で、単振動を解く

それではさっそく、計算して行くことにしよう！
さっき古典力学でやったのと同じように、今度も「単振動の運動方程式」を解いていくことにする。

単振動の運動方程式はこうだった。

$$\ddot{q} + \frac{k}{m} q = 0$$

この式に $q = \sum_{\tau} Q(n; n-\tau) e^{i 2\pi \nu(n; n-\tau) t}$ を代入する。

まず $\ddot{q}$ を計算する。

古典力学でやったのと同じように「成分ごと」に微分してみよう！

1階微分 ・・・・ $\dot{q} = \sum_\tau i2\pi\nu(n; n-\tau) Q(n; n-\tau) e^{i2\pi\nu(n;n-\tau)t}$

2階微分 ・・・・ $\ddot{q} = \sum_\tau (i2\pi)^2 \nu(n; n-\tau)^2 Q(n; n-\tau) e^{i2\pi\nu(n;n-\tau)t}$

$$= \sum_\tau -4\pi^2 \nu(n; n-\tau)^2 Q(n; n-\tau) e^{i2\pi\nu(n;n-\tau)t}$$

この $\ddot{q}$ と q を単振動の運動方程式

$$\ddot{q} + \frac{k}{m} q = 0$$

に代入する。

$$\sum_\tau -4\pi^2 \nu(n; n-\tau)^2 Q(n; n-\tau) e^{i2\pi\nu(n;n-\tau)t}$$
$$+ \frac{k}{m} \sum_\tau Q(n; n-\tau) e^{i2\pi\nu(n;n-\tau)t} = 0$$

ここで $\frac{k}{m} = (2\pi\nu)^2 = 4\pi^2 \nu^2$ とする。

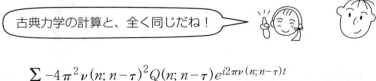

$$\sum_\tau -4\pi^2 \nu(n; n-\tau)^2 Q(n; n-\tau) e^{i2\pi\nu(n;n-\tau)t}$$
$$+ 4\pi^2 \nu^2 \sum_\tau Q(n; n-\tau) e^{i2\pi\nu(n;n-\tau)t} = 0$$

同じものがたくさんあるから、数式を整理しよう！

$$\sum_\tau 4\pi^2 \{\nu^2 - \nu(n; n-\tau)^2\} Q(n; n-\tau) e^{i2\pi\nu(n;n-\tau)t} = 0$$

スッキリした！

この式が成り立つ（＝0になる）ことを考える。

古典力学の場合「新しい振幅を持った単純な波のたし合わせ」の式で、方程式が成り立つためには、それぞれの単純な波の「新しい振幅」が、すべて0にならなければならなかった。

今、量子力学では「光は波」と考えてない。だけど「数式の上では」上の式も「単純な波のたし合わせ」の形になっている。だから、この式が成り立つためには、それぞれの波の「新しい振幅」が0にならなければならない。

$$\underbrace{4\pi^2}_{\neq 0}\underbrace{\{\nu^2-\nu(n;\,n-\tau)^2\}}\;\underbrace{Q(n;\,n-\tau)}=0$$

そして $4\pi^2$ は、絶対 0 にはならないから $\{\nu^2-\nu(n;\,n-\tau)^2\}$ か $Q(n;\,n-\tau)$ のどちらかが 0 にならなければならない。

古典力学の場合と同じように、τ が 1 の時 $\{\nu^2-\nu(n;\,n-\tau)^2\}$ が 0 になると決める。

$$\nu^2-\nu(n;\,n-1)^2=0$$

そうすると、このことから

$$\nu(n;\,n-1)=\nu$$

になることがわかって、その時の振幅 $Q(n;\,n-1)$ は 0 じゃない値を持つことになる。また、$\tau=2,\,3,\,4\cdots$ の場合 $\{\nu^2-\nu(n;\,n-\tau)^2\}$ は 0 にならないから、その時 $Q(n;\,n-\tau)$ は 0 にならなければならない。

これで答が半分求まったわけだけど、これも古典力学の場合と同じで、もうひとつ $-\nu(n;\,n-1)=-\nu$ の場合にも成り立つことになる。だからあとは、

$$-\nu(n;\,n-1)$$

が、どんなものになるのかを調べれば良い。

単純に古典力学と同じように考えると、これは $\nu(n;\,n+1)$ になる。

古典力学の振動数は「整数倍」っていう性質があったよね！

だけど量子力学の場合、スペクトルを見てもわかるように振動数は整数倍ではない。だからこれはまちがっている。

量子力学の場合、振動数にマイナスがついたものは、どうすれば良いのだろう？

量子力学の振動数を正しく表した式があった。Rydbergの式 $\nu = \dfrac{Rc}{m^2} - \dfrac{Rc}{n^2}$ だ。これから何かわかるんじゃないかなあ。

それは名案だ！さっそくやってみてよ！

Rydbergの式は、Bohrによって、
「nという軌道からmという軌道へ遷移した時の振動数」になったから、これを今使っている記号で表すと、
「nから$n-\tau$へ遷移した時の振動数 $\nu(n;\ n-\tau)$ は、

$$\nu(n;\ n-\tau) = \frac{Rc}{(n-\tau)^2} - \frac{Rc}{n^2}$$

となる。
この式で $-\nu(n;\ n-\tau)$ がどうなるかを考えてみよう！

$$-\nu(n;\ n-\tau) = -\left\{\frac{Rc}{(n-\tau)^2} - \frac{Rc}{n^2}\right\} = \frac{Rc}{n^2} - \frac{Rc}{(n-\tau)^2}$$

はじめのRydbergの式と比べると、これは、$\nu(n-\tau;\ n)$、つまり「$n-\tau$からnに遷移した時の振動数」となる。量子力学の場合、振動数にマイナスがつくと、「逆遷移」になるのだ。

$$-\nu(n;\ n-\tau) = \nu(n-\tau;\ n)$$

だから $-\nu(n;\ n-1)$ は、

$$-\nu(n;\ n-1) = \nu(n-1;\ n)$$

となるね。

なるほど。
ここで、お気づきでしょうか？私たちは、古典と対応させて、量子力学を作っているわけだけど、まったくまねっこしている訳ではない。量子力学として、抑えるところはぴしっと抑えているんだ！

結局、これで答が求まったことになる。単振動の場合、

「nから$n-1$の振幅 $Q(n;\ n-1)$」
「$n-1$からnの振幅 $Q(n-1;\ n)$」

の2つだけが値を持って、あとの振幅は全部0でなければならないことがわかった。そして、

「n から $n-1$ の振動数 $\nu(n; n-1)$ は ν」
「$n-1$ から n の振動数 $\nu(n-1; n)$ は $-\nu$」

になるのだ。

ここで、「単振動の場合だけ」の特別なことがある。
単振動の振動数 $\nu(n; n-1) = \nu$ は

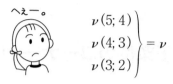

のように、1コ内側の軌道に遷移した時には、n に関係なく、全て ν なのだ。
また、$\nu(n-1; n) = -\nu$ も、

$$\left.\begin{array}{l}\nu(4;5)\\\nu(3;4)\\\nu(2;3)\end{array}\right\} = -\nu$$

のように、1コ外側の軌道に遷移した時は、n に関係なく、全て $-\nu$ になる。だから「$n-1; n$」は「$n; n+1$」と書いても同じなのだ。

まとめ
$Q(n; n-1) \neq 0$
$Q(n; n+1) \neq 0$
$Q(n; n-\tau) = 0 \quad (\tau \neq \pm 1)$
$\nu(n; n-1) = \nu$
$\nu(n; n+1) = -\nu$

量子力学の振幅 $Q(n;\ n-\tau)$ を、n の関数で表す

古典力学の場合と同じように、Newton の運動方程式を解いて、振幅 $Q(n;\ n-\tau)$ が、どんな場合に「値を持つか」がわかった。

ここでさらに、Bohr の量子条件の式 $\oint p\,dq = nh$ を使って「振幅を n の関数で表す」ことにする。

これができれば、あらゆる遷移の振幅が、具体的な値まで求まることになる。

Bohr の量子条件のコーナー!!

ねえ、どうして量子条件を使うの？

えっ！使っちゃいけないの？

だって、今「量子力学」を作ってるわけでしょ？

うん。Bohr の時は、

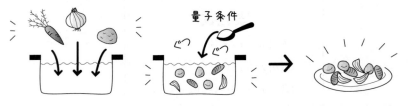

古典力学に　　量子条件を入れると　　量子論ができあがり！

のように、量子条件は「あとから付けたす」ものだった。

そして、量子条件 $\oint p\,dq = nh$ の n が整数になるというのは、もともと「そうすれば実験がうまく説明できる」というだけで、納得できる理由はなかった。

だけど、今 Heisenberg がやっていることは、あとからとびとびっていうのを付けたすんじゃなくて、「古典力学の材料を一つ一つ丁寧に吟味する」ことで、量子力学を作ろうとしているんだよね。

うん。Heisenbergは、古典力学で「光は波」と考えられているところを「光は量子」に書きかえているんだ。

だったら、あとから付けたす量子条件なんていらないはずだよね？

うーん。よくわからない？？？

じゃあ、少し詳しく説明することにしよう！まず、"τ"は古典力学では、複雑な波の1周期の中で「単純な波が何回うねっているか」ということを表していた。だからこれは「当然整数でなければならない」ことになる。
そして、量子力学のτは、この古典力学のτをそのまま使ったものだから、やっぱりこれも整数になる。
それで、量子力学の場合nは$n-\tau$という形で決められる。
今nが5だったとすると、次の軌道はτが整数だから、$5-1=4$、その次は、$5-2=3$、と必ず整数になるんだ。

わかった？

？？？

つまりね、「量子力学」では、何も特別に量子条件（$n=0, 1, 2, 3\cdots$）を使わなくても、τが整数だと言うことから自然とnも整数になってしまうってことなんだ。

それならさあ、もう量子条件なんて必要ないのに、どうしてまたここで出てきたの？

それはね、前にも言ったけど、古典力学と量子力学が、"n"が同じもの同士が対応しているからなんだ。

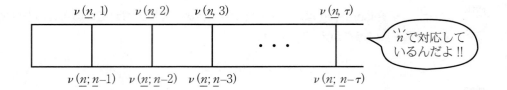

今、古典力学を書きかえて量子力学を作るのに、振動数にしても、振幅にしても、それが「n がいくつの時のことか」ということがわからないと、どうしようもない。

例えば、古典力学で n が 3 で τ が 2 の時の振幅 $Q(3, 2)$ を、量子力学では $Q(3; 3-2)$ としたんだよね。

n というのは勝手な数じゃなくて、

$$(n = 1, 2, 3 \cdots)$$

によって決められる、はっきりとした意味を持ったものなんだ。だから、この式を使わなくちゃいけないの。

なるほどね。何となくわかったような気がする。

実は、Heisenberg はこの量子条件の式を、このような新しい使い方に適したように書きかえたんだ。

$$\sum_\tau P(n; n-\tau)Q(n-\tau; n) - \sum_\tau Q(n; n+\tau)P(n+\tau; n) = \frac{h}{2\pi i}$$

えっー。いきなりで全然わからない！

いいんだ。これは、ちょっと計算が面倒くさいからここではやらない。今から、量子力学の q を Bohr の式に入れる時も、やっぱり計算が面倒くさくなるから、この式は使わない。
でも、本当はこの式を使わなくちゃいけないということくらいは、頭に入れておいてね！

うん。わかった。

じゃあさっそく計算していこう！

古典力学の時と同じように、Bohrの量子条件の式を書きかえたものを使う。

$$\int_0^{\frac{1}{\nu}} m \cdot (\dot{q})^2 dt = nh$$

量子力学の場合、q はこうだった。

$$q = \sum_\tau Q(n; n-\tau) e^{i2\pi\nu(n; n-\tau)t}$$

これにさっき求めた単振動の場合の「振幅と振動数」を入れるとこうなる。

$$q = Q(n; n-1) e^{i2\pi\nu t} + Q(n; n+1) e^{-i2\pi\nu t}$$

これが古典力学のように電子の位置を表さないことは、忘れちゃいけないよ！

この q の1階微分 $\dot{q}$ は、

$$\dot{q} = i2\pi\nu Q(n; n-1) e^{i2\pi\nu t} - i2\pi\nu Q(n; n+1) e^{-i2\pi\nu t}$$

となるから、さっきの $\int_0^{\frac{1}{\nu}} m \cdot (\dot{q})^2 dt = nh$ の式に代入する。

$$\int_0^{\frac{1}{\nu}} m \left\{ i2\pi\nu Q(n; n-1) e^{i2\pi\nu t} - i2\pi\nu Q(n; n+1) e^{-i2\pi\nu t} \right\}^2 dt = nh$$

ココだ!!

{ } の中が2乗の形になっているから、公式 $(A-B)^2 = A^2 + B^2 - 2AB$ を使ってバラす。

$$\int_0^{\frac{1}{\nu}} m \Big\{ -4\pi^2\nu^2 Q(n; n-1)^2 e^{i4\pi\nu t} + (-4\pi^2\nu^2) Q(n; n+1)^2 e^{-i4\pi\nu t}$$
$$- 2(-4\pi^2\nu^2) Q(n; n-1) Q(n; n+1) e^0 \Big\} dt = nh$$

$-4\pi^2\nu^2$ でくくる。

$$\int_0^{\frac{1}{\nu}} -4\pi^2 m\nu^2 \Big\{ Q(n;n-1)^2 e^{i4\pi\nu t} + Q(n;n+1)^2 e^{-i4\pi\nu t} - 2Q(n;n-1)Q(n;n+1) \Big\} dt = nh$$

$-4\pi^2 m\nu^2$ を積分の外に出す。

$$-4\pi^2 m\nu^2 \int_0^{\frac{1}{\nu}} \Big\{ Q(n;n-1)^2 e^{i4\pi\nu t} + Q(n;n+1)^2 e^{-i4\pi\nu t} - 2Q(n;n-1)Q(n;n+1) \Big\} dt = nh$$

積分を分ける。

$$-4\pi^2 m\nu^2 \Big\{ Q(n;n-1)^2 \int_0^{\frac{1}{\nu}} e^{i4\pi\nu t} dt + Q(n;n+1)^2 \int_0^{\frac{1}{\nu}} e^{-i4\pi\nu t} dt - 2Q(n;n-1)Q(n;n+1) \int_0^{\frac{1}{\nu}} 1\, dt \Big\} = nh$$

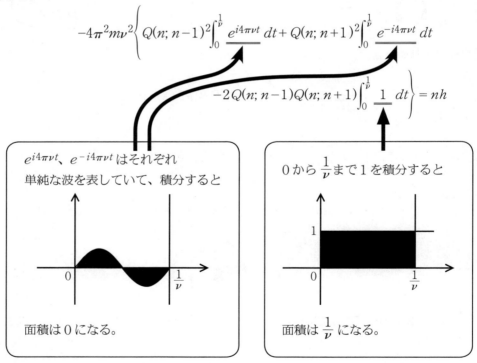

$$-4\pi^2 m\nu^2 \Big\{ 0 + 0 - 2Q(n;n-1)Q(n;n+1)\frac{1}{\nu} \Big\} = nh$$

{ } をはずす。

$$8\pi^2 m\nu\, Q(n;n-1)Q(n;n+1) = nh$$

両辺を $8\pi^2 m\nu$ で割る。

$$Q(n; n-1)Q(n; n+1) = \frac{h}{8\pi^2 m\nu} n$$

ここで、$Q(n; n-1)Q(n; n+1)$、一般の形で書けば $Q(n; n-1)Q(n-1; n)$ が、どうなるかを考えなければならない。

古典力学の場合、振幅の性質 $\{Q(n,\tau)^* = Q(n,-\tau)\}$ より、
$Q(n,\tau)^* = Q(n,-\tau)$ は $|Q(n,\tau)|^2$ になった。量子力学の場合にも単純に
$Q(n; n+\tau) = Q(n; n-\tau)$ として良いのだろうか？

振動数の場合、古典力学の $\nu(n,-\tau) = -\nu(n,\tau)$ は、量子力学では、
$\nu(n-\tau; n) = -\nu(n; n-\tau)$ と、「逆遷移」だと考えなければならなかった。そこでこれにならって、古典力学の振幅の性質 $\{Q(n,1)^* = Q(n,-1)\}$ は、量子力学では、「逆遷移」に書きかえることにする。

$$Q(n; n-\tau)^* = Q(n-\tau; n)$$

そうすると、$Q(n; n+1) = Q(n-1; n) = Q(n; n-1)^*$ となって、

$$Q(n; n-1)Q(n; n+1) = |Q(n; n-1)|^2$$

となって、結局こうなる。

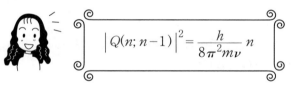
$$\left|Q(n; n-1)\right|^2 = \frac{h}{8\pi^2 m\nu} n$$

さてこれを実験値と比べると・・・ウワッ！、ぴったりだ！！

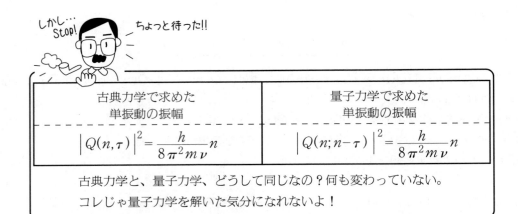

ちょっと待ってよ！という人のために。

実は「単振動」は、問題が簡単すぎてこのようなことになってしまうのだ。そこで、それでは物足りない人は、もう少し複雑な問題、例えば「非調和振動子」みたいなものを解いてみれば良い。

Heisenberg も実際にはこの「非調和振動子」を解くことで、量子力学を発見したのだ。

「非調和振動子」とは、電子に働く力が、

$$F = -kq - \lambda q^2$$

のようなもののことを言う。これを単振動の力 $F = -kq$ と比べると、$-\lambda q^2$ という余分な項がある。この項の分だけ、単振動より複雑なのだ。

この力 $F = -kq - \lambda q^2$ を Newton の運動方程式に入れると、非調和振動子の運動方程式

$$m\ddot{q} + kq + \lambda q^2 = 0$$

ができあがる。これを解けば良いわけだ。

単振動の場合と同じように、この式に

$$q = \sum_{\tau} Q(n; n-\tau) e^{i 2\pi \nu(n; n-\tau) t}$$

を入れて、ビシバシ計算していけば良いのだけれど、単振動の場合にはなかった、q^2（2乗の形）というものがある。これを量子力学でどうやって計算するかを考えなければならない。

そこでこれから、量子力学の「かけ算」のやり方を考えていくことにしよう！

量子力学のかけ算を考える

まずは、古典力学の場合にかけ算がどうなるか考えてみよう！

今、x と y が「単純な波のたし合わせ」の形で表されているとする。

$$x = \sum_\tau X(n,\tau) e^{i2\pi\nu(n,\tau)t}$$
$$y = \sum_\tau Y(n,\tau) e^{i2\pi\nu(n,\tau)t}$$

この x と y とをかけ算してみよう！

$$xy = \sum_\tau X(n,\tau) e^{i2\pi\nu(n,\tau)t} \cdot \sum_\tau Y(n,\tau) e^{i2\pi\nu(n,\tau)t}$$

Σ は「たし算」を表しているから、これは、

$$(a_1+a_2)\cdot(b_1+b_2) = a_1(b_1+b_2) + a_2(b_1+b_2)$$
$$= a_1 b_1 + a_1 b_2 + a_2 b_1 + a_2 b_2$$

（たし算のかけ算）　（かけ算のたし算）

と、同じやり方をすれば良い。

なるほど。たし算してからかけ算することは、かけ算してからたし算するのと同じことなんだ。

$$xy = \sum_\tau \sum_{\tau'} X(n,\tau) e^{i2\pi\nu(n,\tau)t} \cdot Y(n,\tau') e^{i2\pi\nu(n,\tau')t}$$

「e のかけ算は肩のたし算」だからこうなる。

マニュアルだよ！

$$xy = \sum_\tau \sum_{\tau'} X(n,\tau) Y(n,\tau') e^{i2\pi\nu(n,\tau)t + i2\pi\nu(n,\tau')t}$$
$$= \sum_\tau \sum_{\tau'} X(n,\tau) Y(n,\tau') e^{i2\pi\{\nu(n,\tau)+\nu(n,\tau')\}t}$$

ここで e の肩にある $\nu(n,\tau) + \nu(n,\tau')$ がどうなるかを考えてみよう！

古典力学では、光の振動数は「整数倍」だ。

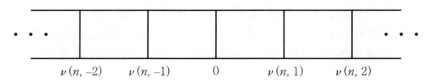

例えば、$\nu(n, 1) + \nu(n, 2)$ はどうなる？

そんなの簡単 $\nu(n, 3)$ でしょ。

そう。1 + 2 をすれば良いのだ。一般の場合は $\tau + \tau'$ をすれば良い。

$$\nu(n, \tau) + \nu(n, \tau') = \nu(n, \tau + \tau')$$

そこで xy は、

$$xy = \sum_{\tau}\sum_{\tau'} X(n, \tau) Y(n, \tau') e^{i2\pi\nu(n, \tau+\tau')t}$$

となる。
　ここで、ちょっと細工をする。
　$\nu(n, \tau+\tau')$ は τ も τ' も $-\infty$ から ∞ までの整数が全部入る。だから、当然 $\tau+\tau'$ は τ の値と同じになる時もある。

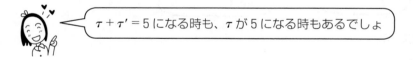

そこで、上の式で $\tau+\tau'$ を τ とする。そうすると、τ は $\tau-\tau'$ になる。

これが、古典力学のかけ算のルールだ！

$$xy = \sum_{\tau}\sum_{\tau'} X(n, \tau-\tau') Y(n, \tau') e^{i2\pi\nu(n, \tau)t}$$

実は、こんな細工をしたのには、深い訳がある。
　もとの x、y と比べてみると・・・

$$x = \sum_{\tau} X(n, \tau) e^{i2\pi\underline{\nu(n, \tau)}t}$$

$$y = \sum_{\tau} Y(n, \tau) e^{i2\pi\underline{\nu(n, \tau)}t}$$

なんと、x、y と xy とでは、振動数は同じなのだ。

> **ここがポイント！**
>
> 古典力学では、かけ算をしても違う振動数はでてこない！

このことをよくふまえて、量子力学のかけ算のルールを考えてみよう！

$$x = \sum_{\tau} X(n; n-\tau) e^{i2\pi\nu(n; n-\tau)t}$$
$$y = \sum_{\tau} Y(n; n-\tau) e^{i2\pi\nu(n; n-\tau)t}$$

これをかけ算する。

$$xy = \sum_{\tau} X(n; n-\tau) e^{i2\pi\nu(n;n-\tau)t} \cdot \sum_{\tau'} Y(n; n-\tau') e^{i2\pi\nu(n;n-\tau')t}$$
$$= \sum_{\tau}\sum_{\tau'} X(n; n-\tau) e^{i2\pi\nu(n;n-\tau)t} \cdot Y(n; n-\tau') e^{i2\pi\nu(n;n-\tau')t}$$
$$= \sum_{\tau}\sum_{\tau'} X(n; n-\tau) Y(n; n-\tau') e^{i2\pi\{\nu(n;n-\tau) + \nu(n;n-\tau')\}t}$$

さて、ここで e の肩にある $\nu(n; n-\tau) + \nu(n; n-\tau')$ がどうなるかを考えてみる。

何度も言うように、量子力学の振動数は整数倍ではない。だから、古典力学と同じように、ただ単にたし算して、

$$\nu(n; n-\tau) + \nu(n; n-\tau') = \nu(n; n-\tau-\tau')$$

とする訳にはいかない。このようにすると、かけ算したものの振動数が、かけ算の前の振動数と違ったものになってしまうからだ。

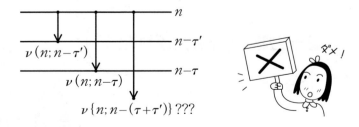

古典力学では、かけ算しても違う振動数は出てこない。実はこれは、実際に計算を続けていく上で、とても重要なことなのだ。

量子力学も、古典力学と基本的には同じような計算ができるようにしたいので、かけ算してもとのものと違う振動数が出てこないように、かけ算のルールをうまく決めてやりたい。

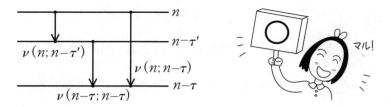

量子力学の振動数をたし算して、もとの振動数と違ったものが出てこないようなものはこうだ。

$$\nu(n; n-\tau') + \nu(n-\tau'; n-\tau) = \nu(n; n-\tau)$$

図を見ると、とても良くわかる。

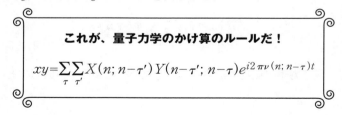

これを使って、x と y のかけ算 xy のルールを決めると、

これが、量子力学のかけ算のルールだ！

$$xy = \sum_\tau \sum_{\tau'} X(n; n-\tau') Y(n-\tau'; n-\tau) e^{i2\pi\nu(n; n-\tau)t}$$

ということになる。

これが決まれば、「非調和振動子」の運動方程式も解ける。

そしてこれも、うまくいったのだ。

そしてさらにこの方法で、Pauli が「水素原子」を解いた。それも実験にピッタリ合っていた。

👤 パウリ Pauli, Wolfgang [1900-1958]

エネルギーの保存

 しかし!! ここで喜ぶのはまだ早い!! 『部分と全体』にこうある。

> ・・・しかし、そのようにして出来上がった数学的な形式が、およそ、自己矛盾を含まないように、遂行し得るものであるということに対する保証は、少しもない事に、その時私は気が付いた。・・・

Heisenbergは、スペクトルの振幅と振動数を計算して、それが実験結果に合った時、はじめはすごく喜んだ。しかし冷静になってみると、ちょっと不安になってきた。

Heisenbergは、遷移成分のたし合わせの q が、「電子の位置」を表さなくなってしまったにもかかわらず、それを「強行突破」して $F = m\ddot{q}$ に入れてしまったのだ。

確かにそれで、実験に合う答を出してくることはできた。だけど、本当にそんなことをしても良いのだろうか？

 でもさあ、Heisenbergは、ただ無謀に「強行突破」したわけじゃなかったよね。

 うん。「古典力学との対応」を忠実に考えていったら、そういうことになってしまったんだ。

 だったら、$F = m\ddot{q}$ 以外のものについても同じように、量子力学は古典力学に対応するってことが示せたらいいんじゃないかなぁ・・・。

 そうだね。$F = m\ddot{q}$ だけじゃ、偶然合ってたのかも知れないからね。

 古典力学っていうと、$F = m\ddot{q}$ の他にどんなのがあるのかなぁ？

 やっぱり、いちばん重要なのは、「エネルギー」じゃないの。「エネルギー保存の法則」って言うのは、どんな場合でも必ず成り立ってるし・・・。

なるほど。

 それに、Planck、Einstein、Bohr も、この「エネルギー」ということから、量子の世界に入っていったよね。

$$E = nh\nu \ (n=0,1,2,3\cdots)$$
$$E = h\nu$$
$$\nu = \frac{W_n - W_m}{h}$$

 それじゃあ、この「エネルギー」が、q が「電子の位置」を表さなくなっても、古典力学とちゃんと対応していることが示せればいいってことだな。

 うん、うん。

 つまり、まずそれは「保存」して、さらに「Bohr の振動数関係」を満たすんだ。

 そうだね、それじゃあ、さっそくそれを確かめてみることにしよう!

「エネルギー保存則」とは、
"創造もされず破壊もされないという科学法則" だ!
と、ホーキングさんも言っているよ。

ここでは「力学的エネルギー」を考える。「力学的エネルギー」には「運動エネルギー」と「位置エネルギー」の2種類があって、この2つのエネルギーをたした「全エネルギー」は、一定の値をとるのだ。

$$
\begin{array}{ccccc}
\text{運動エネルギー} & + & \text{位置エネルギー} & = & \text{一定} \\
\frac{1}{2}m(\dot{q})^2 & + & V(q) & = & W
\end{array}
$$

これを「エネルギー保存則」と言う。この法則は、今だかつて破られたことがないのだ。

▲ ホーキング Hawking, Stephen William [b.1942]

例えば、ビルの上から、ボールを落とした場合

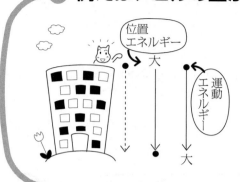

はじめは、位置エネルギーは大きくて、落ちていくほど小さくなる。反対に、運動エネルギーは、はじめは0で、落ちていくほど、大きくなる。2つの和は、常に一定なのだ。

さっそく、Heisenbergが作った量子力学が、「エネルギー保存則」を満たしているか見ていこう！

エネルギーの式はこうだ。

$$W = \frac{1}{2}m(\dot{q})^2 + V(q)$$

単振動の場合、位置エネルギー $V(q)$ は $\frac{1}{2}kq^2$ だから、単振動のエネルギーはこうなる。

$$W = \frac{1}{2}m\underline{(\dot{q})^2} + \frac{1}{2}k\underline{q^2}$$

まず q^2、$(\dot{q})^2$ がどうなるか考える。

計算していく武器をそろえておくと、とても便利!!

$$q = \sum_\tau Q(n; n-\tau)e^{i2\pi\nu(n;n-\tau)t}$$

 2乗の形のは、さっきやった「かけ算のルール」を使おう！

2乗・・・・・$q^2 = \sum_\tau \sum_{\tau'} Q(n; n-\tau')Q(n-\tau'; n-\tau)e^{i2\pi\nu(n;n-\tau)t}$

1階微分・・・$\dfrac{dq}{dt} = \dot{q} = \sum_\tau \underline{i2\pi\nu(n; n-\tau)}Q(n; n-\tau)e^{i2\pi\nu(n;n-\tau)t}$

1階微分の2乗・・・

$$\left(\frac{dq}{dt}\right)^2 = (\dot{q})^2 = \sum_{\tau}\sum_{\tau'} \frac{(i2\pi)^2 \nu(n; n-\tau')\nu(n-\tau'; n-\tau)}{Q(n; n-\tau')Q(n-\tau'; n-\tau)e^{i2\pi\nu(n; n-\tau)t}}$$

$$= \sum_{\tau}\sum_{\tau'} -4\pi^2 \nu(n; n-\tau')\nu(n-\tau'; n-\tau) Q(n; n-\tau')Q(n-\tau'; n-\tau)e^{i2\pi\nu(n; n-\tau)t}$$

次に k の形をちょっと変える。

$\frac{k}{m} = (2\pi\nu)^2 = 4\pi^2\nu^2$ から、$k = 4\pi^2 m\nu^2$ になる。

武器がそろったところで、エネルギーの式に入れて計算していこう！

$$W = \frac{1}{2}m\sum_{\tau}\sum_{\tau'} -4\pi^2 \nu(n; n-\tau')\nu(n-\tau'; n-\tau) Q(n; n-\tau')Q(n-\tau'; n-\tau)e^{i2\pi\nu(n; n-\tau)t}$$

$$+ \frac{1}{2}(4\pi^2 m\nu^2)\sum_{\tau}\sum_{\tau'} Q(n; n-\tau')Q(n-\tau'; n-\tau)e^{i2\pi\nu(n; n-\tau)t}$$

数式を整理する。

$$W = \underline{2\pi^2 m}\sum_{\tau}\sum_{\tau'} -\nu(n; n-\tau')\nu(n-\tau'; n-\tau) Q(n; n-\tau')Q(n-\tau'; n-\tau)e^{i2\pi\nu(n; n-\tau)t}$$

$$+ \underline{2\pi^2 m\nu^2}\sum_{\tau}\sum_{\tau'} Q(n; n-\tau')Q(n-\tau'; n-\tau)e^{i2\pi\nu(n; n-\tau)t}$$

同じ物がたくさんあるね。

あっ！このパターンって前もあったよ！！
Newton の運動方程式を解いた時だった気がする。

数式を整理して、気持ち良くしてやろう！

$$W = 2\pi^2 m\sum_{\tau}\sum_{\tau'} \left\{\nu^2 - \nu(n; n-\tau')\nu(n-\tau'; n-\tau)\right\} Q(n; n-\tau')Q(n-\tau'; n-\tau)e^{i2\pi\nu(n; n-\tau)t}$$

さて、単振動の振幅と振動数を求めた時、n に関係なく、

「1コ内側に遷移した時の振動数は ν」
「1コ外側に遷移した時の振動数は $-\nu$」

だった。そして振幅 $Q(n;\ n-\tau)$ は、この2つの場合だけ値を持って、あとは全部0になるということがわかった。

$$\begin{aligned}
\nu(n;n-1) &= \nu \\
\nu(n;n+1) &= -\nu \\
Q(n;n-1) &\neq 0 \\
Q(n;n+1) &\neq 0 \\
Q(n;n-\tau) &= 0 \quad (\tau \neq \pm 1)
\end{aligned}$$

このことから上の「$W=$」の式で $Q(n;\ n-\tau')$ と $Q(n-\tau';\ n-\tau)$ が、「どちらも」1コだけ遷移する場合以外の項は、全部0になってしまうことがわかる。

$\tau' = 1$ の場合

$$\begin{aligned}
Q(n;n-1)Q(n-1;n-2) &\quad (\tau=2) \\
Q(n;n-1)Q(n-1;n-0) &\quad (\tau=0)
\end{aligned}$$

$\tau' = -1$ の場合

$$\begin{aligned}
Q(n;n+1)Q(n+1;n+2) &\quad (\tau=-2) \\
Q(n;n+1)Q(n+1;n-0) &\quad (\tau=0)
\end{aligned}$$

なんと、振幅 $Q(n;\ n-\tau')Q(n-\tau';\ n-\tau)$ は、この4通りの場合しか値を持たないのだ！！
その時の振動数は、次の通りである。

$$\begin{aligned}
\nu(n;n-1)\nu(n-1;n-2) &= 内\cdot内 = \nu\cdot\nu = \nu^2 \\
\nu(n;n-1)\nu(n-1;n-0) &= 内\cdot外 = \nu\cdot(-\nu) = -\nu^2 \\
\nu(n;n+1)\nu(n+1;n+2) &= 外\cdot外 = (-\nu)\cdot(-\nu) = \nu^2 \\
\nu(n;n+1)\nu(n+1;n-0) &= 外\cdot内 = (-\nu)\cdot\nu = -\nu^2
\end{aligned}$$

これを、さっきのエネルギーの式に入れる。

$$\begin{aligned}
W = & \quad\tau'=1,\tau=2 \\
& 2\pi^2 m\left(\underbrace{\nu^2-\nu^2}_{=0}\right)Q(n;n-1)Q(n-1;n-2)e^{i2\pi\nu(n;n-2)t} \;(=0) \\
& \quad\tau'=1,\tau=0 \\
& +2\pi^2 m\left\{\underbrace{\nu^2-(-\nu^2)}_{=2\nu^2}\right\}Q(n;n-1)Q(n-1;n)e^{i2\pi\nu(n;n)t} \\
& \quad\tau'=-1,\tau=-2 \\
& +2\pi^2 m\left(\underbrace{\nu^2-\nu^2}_{=0}\right)Q(n;n+1)Q(n+1;n+2)e^{i2\pi\nu(n;n+2)t} \;(=0) \\
& \quad\tau'=-1,\tau=0 \\
& +2\pi^2 m\left\{\underbrace{\nu^2-(-\nu^2)}_{=2\nu^2}\right\}Q(n;n+1)Q(n+1;n)e^{i2\pi\nu(n;n)t}
\end{aligned}$$

第1項と、第3項が消える。

$$\begin{aligned}
W = & \; 4\pi^2 m\nu^2 Q(n;n-1)Q(n-1;n)e^{i2\pi\underline{\nu(n;n)}t} \\
& +4\pi^2 m\nu^2 Q(n;n+1)Q(n+1;n)e^{i2\pi\underline{\nu(n;n)}t}
\end{aligned}$$

$\nu(n;n)$ は「n から n へ遷移した時の振動数」ということだけど、n から n へ遷移したということは、結局遷移していないということだから、$\nu(n;n)=0$ になる。

だから、$e^{i2\pi\nu(n;n)t}=e^{i2\pi 0 t}=1$ になる。

$$W=4\pi^2 m\nu^2\left\{Q(n;n-1)\underline{Q(n-1;n)}+\underline{Q(n;n+1)}Q(n+1;n)\right\}$$

複素共役の技

$$\begin{aligned}
Q(n-1;n) &= Q^*(n;n-1) \\
Q(n;n+1) &= Q^*(n+1;n)
\end{aligned}$$

を使う。

$$W=4\pi^2 m\nu^2\left\{\underline{Q(n;n-1)Q^*(n;n-1)}+\underline{Q^*(n+1;n)Q(n+1;n)}\right\}$$

さらに

$$Q(n;n-1)Q^*(n;n-1) = \left|Q(n;n-1)\right|^2$$
$$Q^*(n+1;n)Q(n+1;n) = \left|Q(n+1;n)\right|^2$$

となる。

$$W = 4\pi^2 m\nu^2 \left\{\left|Q(n;n-1)\right|^2 + \left|Q(n+1;n)\right|^2\right\}$$

 やったー！これが、単振動のエネルギーなんだね！

 この式には t（時間）が含まれていない！ということは・・・？

 単振動のエネルギーは、時間変化しない！ってことは、「エネルギー保存則」は成り立ってるってことになるね！

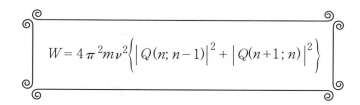

それではこの式に、さっき求めた光の強さ

$$\left|Q(n;n-1)\right|^2 = \frac{h}{8\pi^2 m\nu}n$$

を入れてみよう。

n が $n+1$ になっている

$$W = 4\pi^2 m\nu^2 \left\{\left|Q(n;n-1)\right|^2 + \left|Q(n+1;n)\right|^2\right\}$$
$$\phantom{W = 4\pi^2 m\nu^2 \{\,}\uparrow\uparrow$$
$$\phantom{W = 4\pi^2 m\nu^2 \{\,}\frac{h}{8\pi^2 m\nu}n \quad \frac{h}{8\pi^2 m\nu}(n+1)$$

$$= 4\pi^2 m\nu^2 \left\{\frac{h}{8\pi^2 m\nu}n + \frac{h}{8\pi^2 m\nu}(n+1)\right\}$$

$$= 4\pi^2 m\nu^2 \left(\frac{h}{8\pi^2 m\nu}n + \frac{h}{8\pi^2 m\nu}n + \frac{h}{8\pi^2 m\nu}\right)$$

$\dfrac{h}{8\pi^2 m\nu}$ を ( ) の外に出す。

$$= 4\pi^2 m\nu^2 \dfrac{h}{8\pi^2 m\nu}(n+n+1)$$
$$= \dfrac{1}{2}h\nu(2n+1)$$
$$= h\nu\left(n+\dfrac{1}{2}\right)$$

$$\boxed{W = \left(n+\dfrac{1}{2}\right)h\nu}$$

これは、Planck の求めたエネルギーの値 $E = nh\nu$ と、$\dfrac{1}{2}h\nu$ だけ違っている。しかし、Heisenberg の求めたエネルギーの値の方がうまく説明できるということが確かめられたのだ！

最後にこれが Bohr の振動数関係 $\nu = \dfrac{W_n - W_m}{h}$ を満たすかどうか確かめてみよう！

こまるの
Bohr の振動数関係は、実験結果とぴったり合っていた。だから、Heisenberg のも、Bohr のと矛盾していたらとても困るんだ。

今求めた、エネルギーを「Bohr の振動数関係の式」に入れてみる。

$$\nu(n;n-1) = \dfrac{W_{(n)} - W_{(n-1)}}{h}$$
$$= \dfrac{\left(n+\dfrac{1}{2}\right)h\nu - \left(n-1+\dfrac{1}{2}\right)h\nu}{h}$$
$$= \dfrac{nh\nu + \dfrac{1}{2}h\nu - nh\nu + h\nu - \dfrac{1}{2}h\nu}{h}$$
$$= \underline{\nu}$$

単振動の場合「1コ内側に遷移した時の振動数は ν」だった！

Heisenbergの方法で計算した「エネルギー」は「エネルギーが満たさなきゃいけない条件」をすべて満たしていたんだね。

でもこの「エネルギー」は、q が「電子の位置」じゃなくなったのだから、今まで通りの「エネルギー」じゃないんだよね。
q が「何やら訳のわからないものになってしまった」から、本当はこの「エネルギー」も、「訳のわからないもの」なはずだ。
それでもこれが「保存し」、さらに「Bohrの振動数関係」も満たしていた。と言うことは・・・。

はい、はい、はーい！
これを新たに「量子力学のエネルギー」と呼ぼうよ！

いいねえ！「訳がわからない」ということ以外は、今までのエネルギーの条件を全て満足していたんだから平気じゃん！

うん、うん、そうしよう！

ヘルゴランド島で、Heisenbergが、量子力学を作り上げた時のことが『部分と全体』に書いてある。

・・・最初の瞬間には私は心底から驚愕した。私は原子現象の表面を突き抜けて、その背後に深く横たわる独特の内部的な美しさをもった土台をのぞきみたような感じがした。そして自然が私の前に展開してみせたおびただしい数学的構造のこの富を、今や私は追わねばならないと考えたとき、私はほとんどめまいを感じたほどだった。ひどく興奮していた私は寝ることなど考えることもできなかった。そこで家を後にして、明るくなりだした夜明けの中を台地の南の突端へと歩いて行った。そこには、海の方へ張り出して超然とつっ立っている岩の塔があった。それは、今までいつも私に岩登りの誘惑をよびおこしていたものだった。私は大して苦労することもなくその塔によじ登ることに成功し、その突端で日の出を待ったのであった。私がヘルゴランド島の夜明けに見たものは、もちろんアーヘン湖畔の山で見た、あの陽光に照り輝いていた岩壁のすばらしさより、いくらかまさっていたであろうか。・・・

3.4 マトリックス力学になる

マトリックスってなに？

　Heisenbergは病気（枯草熱）も治り、ヘルゴランド島から戻ってきた。そして、ヘルゴランド島での大発見をレポートにして親友のPauliと教授のBornに提出して、今度は山登りに出かけてしまった。うーん、健康的！

　このレポートを読んだPauliとBornは、

と思った。

　しかし、手こずったのはHeisenbergの数式だった。あまりにごちゃごちゃして複雑だ。

　しかし何度もその数式を見ているうちに、Bornはその計算方法が、彼が20年前に大学の講義で一度だけ聞いた「あるもの」に似ていることに気がついた。

　BornはHeisenbergの計算が、マトリックスの計算であると気づいたのだ。

ねえ、マトリックスってなに？

それはね、「数の集まり」を秩序正しく並べたものなんだ。

へー、どんなふうにして？

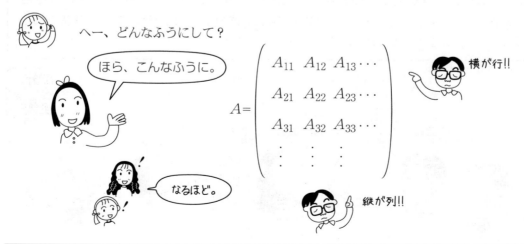

パウリ Pauli, Wolfgang [1900-1958]

マトリックスの横の並びを「行」、縦の並びを「列」と言い、一つ一つの数を「要素」と言う。マトリックスの要素は一般に、

$$A_{nn'}$$

と書くことができる。

Heisenbergは、古典力学と対応させて「遷移成分のたし合わせ」

$$q = \sum_\tau \underbrace{Q(n; n-\tau)e^{i2\pi\nu(n; n-\tau)t}}_{遷移成分}$$

を考えた。

 古典力学の場合、単純な波のたし合わせ

$$q = \sum_\tau Q(n, \tau)e^{i2\pi\nu(n,\tau)t}$$

は、何になるんだっけ？

 うーん。「位置」！

 ピンポン！それでは、遷移成分のたし合わせは？

 えー、何だっけ？わからないよ。

 何だかわからないものになってしまったよね。

遷移成分は、「たし合わす」ということに意味はない。そこでいっそ、一つ一つの遷移成分

$$Q(n; n-\tau)e^{i2\pi\nu(n; n-\tau)t}$$

を考えて、qはこの遷移成分の「集まり」と考えた方が、すっきりするではないか。それは、まさにマトリックスで表すことができる！

マトリックスで表しやすいように、記号を少し変えてみて、今まで $n-\tau$ と書いていたところを n' と書くことにしよう！そうすると遷移成分は、

$$Q_{nn'}e^{i2\pi\nu_{nn'}t}$$

と書けることになるね！

短くてらくちん！

これをマトリックス q の nn' 要素 $q_{nn'}$ とすると、マトリックス q は、

$$q = \begin{pmatrix} q_{11} & q_{12} & q_{13} & \cdots \\ q_{21} & q_{22} & q_{23} & \cdots \\ q_{31} & q_{32} & q_{33} & \cdots \\ \vdots & \vdots & \vdots & \end{pmatrix}$$

こう書けることになるんだ。

なるほど！

これからこのマトリックス q を、量子力学における「位置」と呼ぶことにしよう！

ええっ!? でも量子力学の場合 q は位置じゃなくなったんだよね。

うん。この q がいわゆる古典力学における「電子の位置」を表さないことはもちろんだけど、それに「対応するもの」という意味でこう呼ぶんだ。

ふーん。

量子力学の位置 q がマトリックスになると、

の q がマトリックスだから、F も当然マトリックスになるし、その他の全ての「物理量」は、マトリックスになる。

 そうか、みんな数の集まりになるんだね！

 物理量には全部 q が入っているからね。

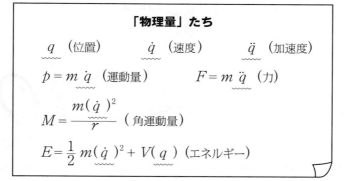

ここがポイント！

量子力学のことばは、全てマトリックスで表される。

しかし、マトリックスと言っても、どんなマトリックスでも良いって訳ではない。ちゃんと条件があるのだ。

量子力学の振幅の性質に

というのがあった。

これを、マトリックスで表すと、

$$Q(n; n-\tau)^* = Q(n-\tau; n)$$
$$\downarrow$$
$$Q_{nn'}^* = Q_{n'n}$$

となる。

このことから、マトリックス q がどんな性質を持っているか見てみよう！

マトリックス q の要素 $q_{nn'}$ は、

$$q_{nn'} = Q_{nn'} e^{i2\pi \nu_{nn'} t}$$

だった。この複素共役をとってみる（スターをつける）。

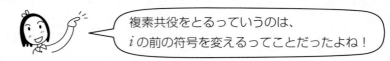

複素共役をとるっていうのは、i の前の符号を変えるってことだったよね！

$$q_{nn'}^* = Q_{nn'}^* e^{-i2\pi \nu_{nn'} t}$$

$Q_{nn'}^* = Q_{n'n}$ と $-\nu_{nn'} = \nu_{n'n}$（$-\nu(n;\ n-\tau) = \nu(n-\tau;\ n)$）を今使っている記号で表したもの）だから、

$$q_{nn'}^* = Q_{n'n} e^{i2\pi \nu_{n'n} t}$$
$$= q_{n'n}$$

つまり、

$$q_{nn'}^* = q_{n'n}$$

ということになる。

このことをマトリックスで書くとこうなる。

$$\begin{pmatrix} q_{11} & q_{12} & q_{13} \cdots \\ q_{21} & q_{22} & q_{23} \cdots \\ q_{31} & q_{32} & q_{33} \cdots \\ \vdots & \vdots & \vdots \end{pmatrix} = \begin{pmatrix} q_{11}^* & q_{21}^* & q_{31}^* \cdots \\ q_{12}^* & q_{22}^* & q_{32}^* \cdots \\ q_{13}^* & q_{23}^* & q_{33}^* \cdots \\ \vdots & \vdots & \vdots \end{pmatrix}$$

このように、対角線を中心に行と列を入れかえて、複素共役を取ったマトリックスが、元のものと等しくなるようなマトリックスを、「エルミトマトリックス」と言う。これは昔エルミトという数学者が、研究したマトリックスなのだ。このマトリックスのことばを使うと、

「物理量は全て、エルミトマトリックスで表せる」

エルミトだよ!!

ということになる。

▲ エルミート Hermite, Charles [1822-1901]

計算ルール

　量子力学では「物理量はマトリックスだ！」ということがわかった。しかし、そもそもBornがHeisenbergの計算が「マトリックスだ！」と思ったのは、Heisenbergの作った「計算ルール」とマトリックスの「計算ルール」が「似てる！」と思ったからだった。

　計算ルールってなあに？

　たし算とか、かけ算とか、そういうもののやり方のことだよ。

　それではこれから、Heisenbergの計算ルールと、マトリックスの計算ルールを比べてみることにしよう！

　それじゃあ、まず**たし算**からだ！

単振動の運動方程式

$$\ddot{q} + \frac{k}{m}q = 0$$

を解いた時、たし算の計算は「遷移成分ごと」にした。

　マトリックスのたし算は・・・

$$\begin{pmatrix} A_{11} & A_{12} & \cdots \\ A_{21} & A_{22} & \cdots \\ \vdots & \vdots & \end{pmatrix} + \begin{pmatrix} B_{11} & B_{12} & \cdots \\ B_{21} & B_{22} & \cdots \\ \vdots & \vdots & \end{pmatrix} = \begin{pmatrix} A_{11}+B_{11} & A_{12}+B_{12} & \cdots \\ A_{21}+B_{21} & A_{22}+B_{22} & \cdots \\ \vdots & \vdots & \end{pmatrix}$$

のように、「要素ごと」のたし算をすれば良い。

　Heisenbergの計算とマトリックスの計算は、全く同じだね！

次は**時間微分**だ！

Heisenbergの時、時間微分は山ほどでてきた。

ジカンビブンって、˙（ドット）とか、¨（ツードット）とかのこと？

そう。これは、次のように計算していた。

$$q = \sum_\tau Q(n; n-\tau)e^{i2\pi\nu(n; n-\tau)t}$$

1階微分・・・ $\dot{q} = \sum_\tau \underline{i2\pi\nu(n; n-\tau)} Q(n; n-\tau)e^{i2\pi\nu(n; n-\tau)t}$

古典力学と同じように「遷移成分ごとに」計算したのだ。

さて、マトリックスの微分は・・・

$$\frac{d}{dt}\begin{pmatrix} q_{11} & q_{12} & \cdots \\ q_{21} & q_{22} & \cdots \\ \vdots & \vdots & \end{pmatrix} = \begin{pmatrix} \dot{q}_{11} & \dot{q}_{12} & \cdots \\ \dot{q}_{21} & \dot{q}_{22} & \cdots \\ \vdots & \vdots & \end{pmatrix}$$

$$= \begin{pmatrix} \underline{i2\pi\nu_{11}}Q_{11}e^{i2\pi\nu_{11}t} & \underline{i2\pi\nu_{12}}Q_{12}e^{i2\pi\nu_{12}t} & \cdots \\ \underline{i2\pi\nu_{21}}Q_{21}e^{i2\pi\nu_{21}t} & \underline{i2\pi\nu_{22}}Q_{22}e^{i2\pi\nu_{22}t} & \cdots \\ \vdots & \vdots & \end{pmatrix}$$

これもまた「要素ごとに」微分をすれば良いのだ。

じゃあ次は**かけ算**をやってみよう！

これは問題だ。Heisenbergは、かけ算のルールを特別な形に決めた。

$$xy = \sum_\tau \sum_{\tau'} X(n; n-\tau')Y(n-\tau'; n-\tau)e^{i2\pi\nu(n; n-\tau)t}$$

これは一つ一つの成分を見ると、

$$\sum_{\tau'} X(n; n-\tau') Y(n-\tau'; n-\tau) e^{i2\pi\nu(n; n-\tau)t}$$

となっている。

マトリックスのかけ算は、

$$\begin{pmatrix} A & B \\ C & D \end{pmatrix} \times \begin{pmatrix} a & b \\ c & d \end{pmatrix} = \begin{pmatrix} Aa+Bc & Ab+Bd \\ Ca+Dc & Cb+Dd \end{pmatrix}$$

のようになる。

ここで、

$$x = \begin{pmatrix} x_{11} & x_{12} & \cdots \\ x_{21} & x_{22} & \cdots \\ \vdots & \vdots & \end{pmatrix} \quad y = \begin{pmatrix} y_{11} & y_{12} & \cdots \\ y_{21} & y_{22} & \cdots \\ \vdots & \vdots & \end{pmatrix}$$

を使って一般に書くと、

$$xy = \begin{pmatrix} x_{11}y_{11} + x_{12}y_{21} \cdots & x_{11}y_{12} + x_{12}y_{22} \cdots \\ x_{21}y_{11} + x_{22}y_{21} \cdots & x_{21}y_{12} + x_{22}y_{22} \cdots \\ & \vdots & \vdots \end{pmatrix}$$

$$= \begin{pmatrix} \sum_n x_{1n} y_{n1} & \sum_n x_{1n} y_{n2} \cdots \\ \sum_n x_{2n} y_{n1} & \sum_n x_{2n} y_{n2} \cdots \end{pmatrix}$$

となって、マトリックス要素 $(xy)_{nn'}$ は、

$$(xy)_{nn'} = \sum_{n''} x_{nn''} y_{n''n'}$$

となる。

マトリックス x、y が、

$$x_{nn'} = X_{nn'} e^{i2\pi\nu_{nn'}t}$$
$$y_{nn'} = Y_{nn'} e^{i2\pi\nu_{nn'}t}$$

の場合はこうなる。

$$(xy)_{nn'} = \sum_{n''} X_{nn''} e^{i2\pi\nu_{nn''}t} \cdot Y_{n''n'} e^{i2\pi\nu_{n''n'}t}$$
$$= \sum_{n''} X_{nn''} \cdot Y_{n''n'} e^{i2\pi\underline{(\nu_{nn''} + \nu_{n''n'})}t}$$

振動数の性質 $\nu_{nn''} + \nu_{n''n'} = \nu_{nn'}$ を使うと、

$$(xy)_{nn'} = \sum_{n''} X_{nn''} \cdot Y_{n''n'} e^{i2\pi\nu_{nn'}t}$$

 な、なんとこれは、Heisenberg の決めたかけ算のルールと全く同じだ！

 Heisenberg のかけ算で、$n \to n$、$n-\tau' \to n''$、$n-\tau \to n'$ とすれば全く同じだね。

たし算、微分、かけ算の全てが、Heisenberg の計算ルールと、マトリックスの計算ルールは全く同じだったのだ。

Heisenberg の計算はそのままだと複雑で、本人にはよくわかっても、他の人にはわかりにくいものだった。
しかし、マトリックスとして整理すれば、みんながわかるものになるのだ！

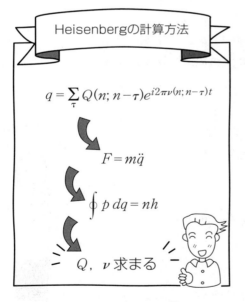

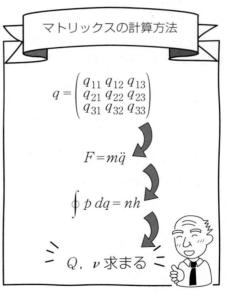

実はぼくは、ヘルゴランド島で量子力学を作り上げた時、マトリックスというものを全く知らなかったんだ。

 でも、物理の最前線を押し進めるには、数学は、必要とあらば自分で見出し、作り出して行くべきものなのだ。

 あっ、山ちゃん（Heisenberg の助手を、11 年つとめ、今はトラカレのシニアフェロウである、山崎和夫先生）だ！

 やっぱり、とりあえずやってしまうっていうのが重要なんだね！

正準な交換関係

 このように、Heisenberg の計算をマトリックスによって整理すると、Heisenberg の計算がもっと強力になることがわかったのです。

 しょうがないなあ。教えてあげましょう。マトリックスの計算を使うと、

Bohr の量子条件
$$\oint p\, dq = nh$$

と、

Newton の運動方程式
$$F = m\ddot{q}$$

を、書きかえることができます。そうすると「3 つの利点」があるのです。

えっ、なに？

それはですね。

> 1．「エネルギーの保存則」が、どんな場合でも成り立つことが証明できる。
>
> 2．「Bohrの振動数関係」がどんな場合でも成り立つことが証明できる。
>
> 3．問題が「固有値問題」になる。

ということです。

うーん、全然わからないなあ。

いいんです。そのうちわかりますから。でも今は「３つの利点がある」ということだけは押さえておいてくださいね。

ぼくが『部分と全体』に書いた通り、このことでぼくたちは、数ヵ月の間息づまるような仕事をしたんた。

がんばってこのことを、これから見ていこう！

> ここから先は『部分と全体』にも「数ヵ月間の間息づまるような仕事」と書いてあるくらい、激しく難しい計算がたくさん出てくるの。おまけに、前半のようにヘルゴランド島でのHeisenbergのようなスバラシイ発見もない。
> くらくらくると思うけど、数学のすごさは感じられると思うよ。
> ファイト！ガンバレ！

Bohrの量子条件を、量子力学の形に書きかえると、

$$\oint p\,dq = nh$$

$$\sum_{\tau} P(n; n-\tau)Q(n-\tau; n) - \sum_{\tau} Q(n; n+\tau)P(n+\tau; n) = \frac{h}{2\pi i}$$

となった。

実は、ココのところの証明は省略したところなんだ。ごめんなさい。

これをマトリックスの記号で書くとこうなる。

$$\sum_{n''} P_{nn''}Q_{n''n} - \sum_{n''} Q_{nn''}P_{n''n} = \frac{h}{2\pi i}$$

さっきやった、マトリックスのかけ算のルール

$$\boxed{(xy)_{nn'} = \sum_{n''} x_{nn''} y_{n''n'}}$$

から考えると、上の式は PQ、QP のかけ算の nn 要素（対角線要素）になっている。
このことを使って式を書きかえる。

$$(PQ)_{nn} - (QP)_{nn} = \frac{h}{2\pi i}$$

さらに、nn 要素以外の要素が全て0になるとする。

$$(PQ)_{nn'} - (QP)_{nn'} = \begin{cases} \dfrac{h}{2\pi i} & (n = n') \\ 0 & (n \neq n') \end{cases}$$

このように対角線要素だけが値を持ち、後は全部0になるようなマトリックスを「対角線マトリックス」と言う。また、これは次のようにも書ける。

$$\begin{pmatrix} \frac{h}{2\pi i} & 0 & 0 & \cdots \\ 0 & \frac{h}{2\pi i} & 0 & \cdots \\ 0 & 0 & \frac{h}{2\pi i} & \cdots \\ \vdots & \vdots & \vdots & \end{pmatrix} = \frac{h}{2\pi i} \begin{pmatrix} 1 & 0 & 0 & \cdots \\ 0 & 1 & 0 & \cdots \\ 0 & 0 & 1 & \cdots \\ \vdots & \vdots & \vdots & \end{pmatrix} = \frac{h}{2\pi i} \mathbf{1}$$

対角線だけ 1 で、後は全部 0 のマトリックスを**単位マトリックス**と言い **1** と書く。

$$\text{マトリックス}\cdots PQ-QP=\frac{h}{2\pi i}1$$

$$\text{マトリックス要素}\cdots (PQ)_{nn'}-(QP)_{nn'}=\frac{h}{2\pi i}\delta_{nn'}$$

$\delta_{nn'}$ クロネッカーデルタ！意味は $n=n'$ の時 1
$n\neq n'$ の時 0

$$q_{nn'}=Q_{nn'}e^{i2\pi\nu_{nn'}t}$$

さて、大文字の P、Q は振幅だったけど、この振幅が今見てきたような関係になっている時、小文字の p、q で表される遷移成分はどんな関係をもっているかを見てみよう！

$$(pq-qp)_{nn'}=\sum_{n''}p_{nn''}q_{n''n'}-\sum_{n''}q_{nn''}p_{n''n'}$$

遷移成分の形にする。

$$=\sum_{n''}P_{nn''}e^{i2\pi\nu_{nn''}t}Q_{n''n'}e^{i2\pi\nu_{n''n'}t}$$
$$-\sum_{n''}Q_{nn''}e^{i2\pi\nu_{nn''}t}P_{n''n'}e^{i2\pi\nu_{n''n'}t}$$

数式を整理する。

$$=\sum_{n''}P_{nn''}Q_{n''n'}e^{i2\pi\nu_{nn'}t}-\sum_{n''}Q_{nn''}P_{n''n'}e^{i2\pi\nu_{nn'}t}$$

$e^{i2\pi\nu_{nn'}t}$ でくくる。

$$=\left\{\sum_{n''}P_{nn''}Q_{n''n'}-\sum_{n''}Q_{nn''}P_{n''n'}\right\}e^{i2\pi\nu_{nn'}t}$$

マトリックス要素の形にする。

$$=(PQ-QP)_{nn'}\cdot e^{i2\pi\nu_{nn'}t}$$

結局、

$$=\frac{h}{2\pi i}\delta_{nn'}\cdot e^{i2\pi\nu_{nn'}t}$$

となる。

ここで $e^{i2\pi\nu_{nn'}t}$ は、$n=n'$ の時 $e^{i2\pi\nu_{nn}t}=e^0=1$ となって、$n\neq n'$ の時は $\delta_{nn'}$ が 0 になる。

> **まとめ**
> $$pq - qp = \frac{h}{2\pi i} 1$$
> $$(pq - qp)_{nn'} = \frac{h}{2\pi i} \delta_{nn'}$$
> $$\delta_{nn'} = \begin{cases} n = n' \cdots 1 \\ n \neq n' \cdots 0 \end{cases}$$

このように、Bohr の量子条件をマトリックスで表すと、今まで気づかなかった新しい意味が見えてくる。

どんな意味？

マトリックスのかけ算は、順番を変えると答えが違うんだ。
例えば
$$A = \begin{pmatrix} 1 & 2 \\ 3 & 4 \end{pmatrix} \quad B = \begin{pmatrix} 5 & 6 \\ 7 & 8 \end{pmatrix}$$
の場合。
$$A \times B = \begin{pmatrix} 1 & 2 \\ 3 & 4 \end{pmatrix}\begin{pmatrix} 5 & 6 \\ 7 & 8 \end{pmatrix} = \begin{pmatrix} 5+14 & 6+16 \\ 15+28 & 18+32 \end{pmatrix} = \begin{pmatrix} 19 & 22 \\ 43 & 50 \end{pmatrix}$$
$$B \times A = \begin{pmatrix} 5 & 6 \\ 7 & 8 \end{pmatrix}\begin{pmatrix} 1 & 2 \\ 3 & 4 \end{pmatrix} = \begin{pmatrix} 5+18 & 10+24 \\ 7+24 & 14+32 \end{pmatrix} = \begin{pmatrix} 23 & 34 \\ 31 & 46 \end{pmatrix}$$

こんなふうに $AB \neq BA$ になっちゃうんだ。

ふつうの数の場合は $AB = BA$ ができるよね。

$5 \times 3 = 3 \times 5$

そう。マトリックスの場合、かけ算の交換法則は成り立たないんだ！

でもそうすると、計算するのに困るよね。

マトリックスの順番をひっくり返した時、それがどのようになるか？ということがわかっていないと、いろいろな計算をすることができない。それを与えるのが今まで見てきた、

$$pq - qp = \frac{h}{2\pi i} 1$$

なんだ。

マトリックス p と q のかけ算の順番を変えた時の差が、$\frac{h}{2\pi i}$ になると決めているんだ。

これは、

と呼ばれて、マトリックス力学の大事な計算ルールとなった。

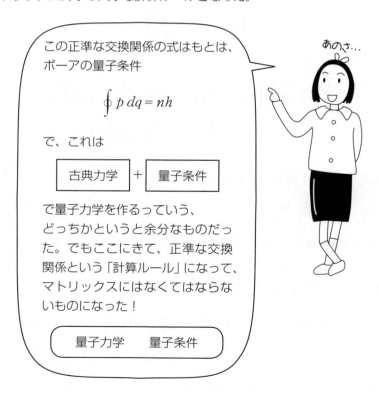

Heisenberg の運動方程式

このように、量子力学の計算規則は「かけ算の交換法則 $AB = BA$」に従わないようなものになって、かけ算の交換規則は、正準な交換関係

$$pq - qp = \frac{h}{2\pi i} 1$$

が与えることになった。

ところが、この正準な交換関係を使うと、Newton の運動方程式

$$F = m\ddot{q}$$

が、もっと強力な式に生まれ変わることがわかった。正準な交換関係は、実は「微分」の役割を果たすのだ。

正準な交換関係が、微分？

うん。具体的に計算してみよう！例えば・・・マトリックス p、q の関数

$$f(p, q) = 2p + 3q^2 + pq$$

を考えてみる。これを、マトリックス q で「偏微分」するとこうなる。

$$\boxed{\frac{\partial f(p, q)}{\partial q} = 6q + p}$$

偏微分というのは、例えば、p, q の関数を q で偏微分する場合、残りの p は、ふつうの数と同じようにみなして計算することなんだ。

なるほどね。

次は

$$pf(p, q) - f(p, q)p$$

を計算してみよう！

p, q はマトリックスだから、かけ算の順番を変えちゃいけないよ。

$$f(p, q) = 2p + 3q^2 + pq$$
$$pf(p, q) - f(p, q)p = p(2p + 3q^2 + pq) - (2p + 3q^2 + pq)p$$

( ) をはずす。

$$= 2p^2 + 3pq^2 + p^2q - 2p^2 - 3q^2p - pqp$$

3, p でくくる。

$$= 3\{pq^2 - q^2p\} + p\underline{(pq - qp)}$$

ここで正準な交換関係 $pq - qp = \dfrac{h}{2\pi i}1$ を使う。

$$= 3(pq^2 - q^2p) + \dfrac{h}{2\pi i}p$$

$pq^2 - q^2p$ で pq をくくる。

$$= 3\{\underline{(pq)}q - q^2p\} + \dfrac{h}{2\pi i}p$$

正準な交換関係 $pq - qp = \dfrac{h}{2\pi i}1$ から、$pq = qp + \dfrac{h}{2\pi i}1$ になる。

$$= 3\left\{\underline{\left(qp + \dfrac{h}{2\pi i}\right)q} - q^2p\right\} + \dfrac{h}{2\pi i}p$$

( ) をはずす。

$$= 3\left(qpq + \dfrac{h}{2\pi i}q - q^2p\right) + \dfrac{h}{2\pi i}p$$

q でくくる。

$$= 3\left\{\dfrac{h}{2\pi i}q + q\underline{(pq - qp)}\right\} + \dfrac{h}{2\pi i}p$$

また、「正準な交換関係」を使う。

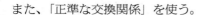

$$= 3\left(\dfrac{h}{2\pi i}q + \dfrac{h}{2\pi i}q\right) + \dfrac{h}{2\pi i}p$$

$$= 3\dfrac{h}{2\pi i}2q + \dfrac{h}{2\pi i}p$$

$\dfrac{h}{2\pi i}$ でくくる。

$$\boxed{pf - fp = \dfrac{h}{2\pi i}(6q + p)}$$

さあ、ここで同じ関数 $f(p, q)$ を「微分」したものと、「正準な交換関係」を使って計算してきたものとを比べてみよう！

微分	正準な交換関係
$\dfrac{\partial f(p, q)}{\partial q} = 6q + p$	$pf - fp = \dfrac{h}{2\pi i}(6q + p)$

スゴイ！ $\dfrac{h}{2\pi i}$ がついている以外は全く同じだ！！

そう。これをまとめるとこう書けるよね！

$$\frac{\partial f(p, q)}{\partial q} = \frac{2\pi i}{h}(pf - fp)$$

なるほどね。

同じように $f(p, q)$ を p で微分すると

$$\frac{\partial f(p, q)}{\partial p} = -\frac{2\pi i}{h}(qf - fq)$$

となる。

すごーい！ $pf - fp$、$qf - fq$ は「微分の役割」をもっていたんだね！

これを見て、Born は「あれだ！」と思った。それは、これだ。

Hamilton の正準運動方程式

$$\frac{dq}{dt} = \frac{\partial H}{\partial p}$$
$$\frac{dp}{dt} = -\frac{\partial H}{\partial q}$$

これは、Newton の運動方程式 $F = m\ddot{q}$ を、p, q の微分の形で表したものだ！H は「ハミルトニアン」と言って、エネルギーを p, q の関数の形にしたものである。

$$H(p, q) = \frac{1}{2m} p^2 + V(q)$$

単振動の場合、位置エネルギー $V(q)$ は、

$$V(q) = \frac{k}{2} q^2$$

だから、単振動のハミルトニアンは、

$$H(p, q) = \frac{1}{2m} p^2 + \frac{k}{2} q^2$$

となる。

試しにこれを「Hamilton の正準運動方程式」に入れてみよう！

$$\frac{dq}{dt} = \frac{\partial H}{\partial p} = \frac{\partial}{\partial p} \left\{ \frac{1}{2m} p^2 + \frac{k}{2} q^2 \right\} = \frac{p}{m} = \underline{v}$$

これは、$\frac{dq}{dt} = \dot{q}$ が、速度 v だという、当たり前のようなことを表している。

そしてもう一つの方は、

$$\frac{dp}{dt} = -\frac{\partial H}{\partial q} = -\frac{\partial}{\partial q} \left\{ \frac{1}{2m} p^2 + \frac{k}{2} q^2 \right\} = -kq = \underline{F}$$

となるけれど、$\frac{dp}{dt} = m\left(\frac{dv}{dt}\right) = m\ddot{q}$ だから、これは結局 $F = m\ddot{q}$ と同じことになる。

さてこのように Newton の運動方程式と、Hamilton の正準運動方程式は、実質的には全く同じことなのだ。じゃあ、なぜ Hamilton がわざわざこの正準運動方程式を作ったかというと理由は1つ。

「数学的に美しい」からだ！

うーん、私は $F = m\ddot{q}$ の方が、美しいと思うんだけど・・・。

👤 ハミルトン Hamilton, Sir William Rowan [1805-1865]

美しいというのは、ただ見た目ではなくもう少し深いわけがあるんだ。でもここではこのことには触れないようにしよう。

別に問題を解くのには、美しくても美しくなくても良いわけで、実際 Newton の方が簡単だったから、ほとんどの人々はそちらを選び、「Hamilton の正準な運動方程式」は全く日の目を見ることはなかった。

ところが！
この Hamilton の正準運動方程式

$$\boxed{\begin{aligned}\frac{dq}{dt} &= \frac{\partial H}{\partial p} \\ \frac{dp}{dt} &= -\frac{\partial H}{\partial q}\end{aligned}}$$

と、さっきの

$$\frac{\partial f(p,q)}{\partial q} = \frac{2\pi i}{h}(pf - fp)$$
$$\frac{\partial f(p,q)}{\partial p} = -\frac{2\pi i}{h}(qf - fq)$$

を良く見比べると・・・

f は p と q の関数なら何でも良かった。そして H も p と q の関数だから、上の式の f を H に書きかえることができる。

$$\frac{\partial H}{\partial q} = \frac{2\pi i}{h}(pH - Hp)$$
$$\frac{\partial H}{\partial p} = -\frac{2\pi i}{h}(qH - Hq)$$

これを、Hamilton の正準運動方程式と合体させる。

$$\frac{dp}{dt} = -\frac{2\pi i}{h}(pH - Hp)$$
$$\frac{dq}{dt} = -\frac{2\pi i}{h}(qH - Hq)$$

すごくきれいな形になった！

さらにこれを、p と q の関数の g を考えて1つにまとめると・・・

$$\frac{dg}{dt} = -\frac{2\pi i}{h}(gH - Hg)$$

これは、

「Heisenberg の運動方程式」

と呼ばれている。

正準な交換関係を使うと、Newton の運動方程式はこのように書きかえられるのだ。

 どうしてわざわざ長い間かけて、Newton の運動方程式を書きかえたんだっけ？

 それは、前にも言った通り「3つの利点」があるからなんだ。

1．「エネルギーの保存則」が、どんな場合でも成り立つことが証明できる。
2．「Bohr の振動数関係」がどんな場合でも成り立つことが証明できる。
3．問題が「固有値問題」になる。

これをこれから考えていくことにしよう！

まずは、1と2について

　Heisenberg は、電子の位置じゃないものを「強行突破」して、Newton の運動方程式に入れて問題を解いてしまった。それにもかかわらず、それはエネルギーも保存したし、Bohr の振動数関係も満足した。
　位置でもないものを入れて計算したエネルギーは、決して今までのエネルギーではないけれど、今までと同じように、保存していたし、Bohr の振動数関係とも矛盾しなかったから、それを「エネルギー」と呼ぶことができて、他の「古典力学のことば」が、そのまま量子力学でも使えるということになった。

つまり、

エネルギーが保存している！
ボーアの振動数関係と矛盾しない！

ということが「古典力学のことば」をそのまま量子力学でも使える条件なのだ。

単振動（Heisenbergは非調和振動子）についてはこれが成り立つことがわかったけれど、他のどんな場合でも成り立つかどうかはまだわからない。
Heisenbergの理論が意味のあるものであるためには、このことが絶対成り立っていなければならない。

1. エネルギー保存！

Heisenbergの運動方程式

$$\frac{dg}{dt} = -\frac{2\pi i}{h}(gH - Hg)$$

で、g は、p, q の関数なら何だってよかった。
ところでエネルギーを表すマトリックスのハミルトニアンは、

$$H(p, q) = \frac{1}{2m}p^2 + V(q)$$

で、見てわかるように、p, q の関数である。
Heisenbergの運動方程式の g を H として考えると

$$\frac{dH}{dt} = -\frac{2\pi i}{h}(\underline{HH - HH})$$

となる。
言うまでもなく、$HH - HH = 0$ だから、

$$\frac{dH}{dt} = 0$$

となる。
この式の意味は、エネルギーの時間変化 $\frac{dH}{dt}$ は、0。「エネルギーが時間変化しない」ということは、

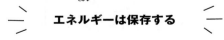
エネルギーは保存する

ということだ。
単振動だけじゃなく、どんな場合にもエネルギーが保存している（時間変化しない）ということが、こんなに簡単に証明できてしまったのだ！

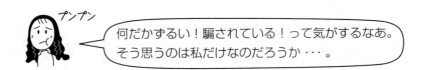

エネルギーが時間変化しないということが証明されたけど、ここからさらにわかることがある。
エネルギーHは、pやqと同じようにマトリックスだ。

Hを各要素ごとに見ると、

$$H_{nn'} = \bar{H}_{nn'} e^{i2\pi\nu_{nn'}t}$$

と書ける！（$\bar{H}_{nn'}$は振幅）
　この$H_{nn'}$は、t（時間）を含んでいるから当然時間変化する。
　しかし、唯一時間変化しない時がある。

　ピンポン！$n = n'$の時の振動数ν_{nn}は「nからnへ遷移した時の振動数」、つまり「遷移していない」ということだから0になる。
　だから、

$$H_{nn} = \bar{H}_{nn} e^{i2\pi\nu_{nn}t} = \bar{H}_{nn} e^{i2\pi 0 t} = \bar{H}_{nn} e^0 = \bar{H}_{nn}$$

となる。
　マトリックスHが時間変化しないということは、マトリックスHの要素のうち時間変化しない$n = n'$の要素H_{nn}だけ、つまり対角線要素だけが値を持って、他は全部0にならなければならない。

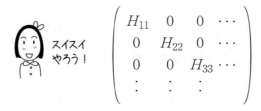

このマトリックス H の対角線要素の値を $W_1, W_2, W_3, \cdots$ とすると、マトリックス H は

$$\begin{pmatrix} W_1 & 0 & 0 & \cdots \\ 0 & W_2 & 0 & \cdots \\ 0 & 0 & W_3 & \cdots \\ \vdots & \vdots & \vdots & \end{pmatrix}$$

となる。

エネルギーのマトリックス H は対角線マトリックスになる!!

H のマトリックス要素を、クロネッカーデルタ $\delta_{nn'}$ で表すと、

$$H_{nn'} = W_n \delta_{nn'}$$

となる!

$\delta_{nn'}$ は、「$n = n'$ の時は 1 で、その他は 0 になる」ということを表しているのだ!

2. Bohr の振動数関係

さっきの Heisenberg の運動方程式を見てみよう!

$$\frac{dg}{dt} = -\frac{2\pi i}{h}(gH - Hg)$$

この式から、Bohr の振動数関係が成り立っていることを証明するわけだけど‥。

ハイ。私やる!

じゃあ、ここは P ちゃんにやってもらうね!

Heisenbergの運動方程式の中の g も、当然マトリックスで、その要素は

$$g_{nn'} = G_{nn'} e^{i2\pi\nu_{nn'}t}$$

なのね。これから、Heisenbergの運動方程式を左辺と右辺に分けて、それぞれの要素がどんなものなのかを見て行こう！

まず左辺 $\dfrac{dg}{dt}$ の要素は、

$$\left(\dfrac{dg}{dt}\right)_{nn'} = i2\pi\nu_{nn'} G_{nn'} e^{i2\pi\nu_{nn'}t}$$

だけど、$G_{nn'} e^{i2\pi\nu_{nn'}t} = g_{nn'}$ だったから、これは

$$左辺 = i2\pi\nu_{nn'} g_{nn'}$$

こうなるんだ。これで、左辺はおしまい。

今度は、右辺を考えよう！

$$\left\{-\dfrac{2\pi i}{h}(gH - Hg)\right\}_{nn'} = -\dfrac{2\pi i}{h}\left(\sum_{n''} g_{nn''} H_{n''n'} - \sum_{n''} H_{nn''} g_{n''n'}\right)$$

となるけれど、さっきエネルギー H は対角線マトリックスになる

$$H_{nn'} = W_n \delta_{nn'}$$

ことがわかったから、これを上の式に代入してみると、

$$H_{n''n'} = W_{n''} \delta_{n''n'}$$
$$H_{nn''} = W_n \delta_{nn''}.$$

となるから、

$$= -\dfrac{2\pi i}{h}\left(\sum_{n''} g_{nn''} W_{n''} \delta_{n''n'} - \sum_{n''} W_n \delta_{nn''} g_{n''n'}\right)$$

こうなるの。

クロネッカーデルタ $\delta_{n''n'}$ は、$n'' = n'$ の時だけ1になってその他は0になる。同じように $\delta_{nn''}$ も、$n = n''$ の時だけ1になってその他は0。

だから、$\sum_{n''}$ が消える。

$$= -\frac{2\pi i}{h}\left(g_{nn'}W_{n'} - W_n g_{nn'}\right)$$

$g_{nn'}$ でくくる。
$$= -\frac{2\pi i}{h}\left(W_{n'} - W_n\right)g_{nn'}$$

マイナスを（ ）の中に入れると、（ ）の中がひっくり返る。
$$= \frac{2\pi i}{h}\left(W_n - W_{n'}\right)g_{nn'}$$

それで、最後に h も（ ）の中に入れるのね。
$$\text{右辺} = 2\pi i\left(\frac{W_n - W_{n'}}{h}\right)g_{nn'}$$

これで、右辺もおしまい。

これまでやってきたのは、Heisenberg の運動方程式
$$\frac{dg}{dt} = -\frac{2\pi i}{h}(gH - Hg)$$

の左辺と右辺だったんだ。

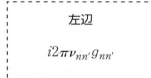
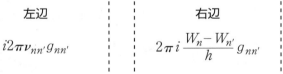

そこでこの左辺と右辺をイコールで結んでみる。すると、
$$\cancel{i2\pi}\nu_{nn'}g_{nn'} = \cancel{2\pi i}\frac{W_n - W_{n'}}{h}g_{nn'}$$

$$\boxed{\nu_{nn'} = \frac{W_n - W_{n'}}{h}}$$

となる。
　このことで Bohr の振動数関係が、いつでも成り立つことが証明されたんだ！

Ｐちゃん、スゴイ！！

> **まとめ**
>
> Heisenberg の運動方程式
> $$\frac{dg}{dt} = -\frac{2\pi i}{h}(gH - Hg)$$
> から、「エネルギーがいつでも保存すること」そして「Bohr の振動数関係がいつでも満足されること」が、いともあっさり証明できた。

固有値問題

じゃあ、Heisenberg の運動方程式の最大の利点、

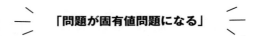

ということをこれから見て行くことにしよう！

聞き慣れないことばだけど、ちょっとマトリックスの数学に詳しい人にインタビューしてみよう！

とこのように、ツーといえばカー、山といえば川、というくらい、

マトリックスと言えば固有値問題

なのだ。

　私たちが求めたいのは、いつでもスペクトルの「振幅」と「振動数」だ。そして、それを求めるためには Heisenberg の運動方程式を解けば良い。しかし、Born は運動方程式を解かずに、直接 Q, ν が求められる方法を見つけたのだ。これが噂の「固有値問題」だ。

　固有値問題は、マトリックスという「数学の」問題の一つだ。しょっちゅういろいろなところで使われていて、その解き方も古くから研究されていて、膨大な「マニュアル」がたまっているものなのだ。

そのマニュアルを使えるとなればとっても便利だね！

これから、どのようにすればスペクトルの振幅と振動数を、固有値問題によって求めることができるか？ということを見て行くことにしよう！

第1段階　小文字の p, q と、大文字の P, Q

まず、スペクトルの振幅 $P_{nn'}, Q_{nn'}$ を集めてマトリックスを作る。

$$P = \begin{pmatrix} P_{11} & P_{12} & P_{13} & \cdots \\ P_{21} & P_{22} & P_{23} & \cdots \\ P_{31} & P_{32} & P_{33} & \cdots \\ \vdots & \vdots & \vdots & \end{pmatrix} \quad Q = \begin{pmatrix} Q_{11} & Q_{12} & Q_{13} & \cdots \\ Q_{21} & Q_{22} & Q_{23} & \cdots \\ Q_{31} & Q_{32} & Q_{33} & \cdots \\ \vdots & \vdots & \vdots & \end{pmatrix}$$

そうすると、「振幅 $P_{nn'}, Q_{nn'}$ を求める」ということは、この「マトリックス P, Q を求める」ということと同じになる。

わざわざこうやって振幅 $P_{nn'}, Q_{nn'}$ を集めてマトリックスを作ると何かいいことがあるの？

あるんだよ。

実はこのマトリックス P, Q は、次のような面白い性質がある。

$$f(p, q)_{nn'} = f(P, Q)_{nn'} e^{i 2\pi \nu_{nn'} t}$$

「小文字の関数は、大文字の関数に $e^{i 2\pi \nu_{nn'} t}$ をつければ良い」

まず、$f(p, q) = p$ や $f(p, q) = q$ の場合にこれは、

$$p_{nn'} = P_{nn'} e^{i 2\pi \nu_{nn'} t}$$
$$q_{nn'} = Q_{nn'} e^{i 2\pi \nu_{nn'} t}$$

となってこれは良い。マトリックス p, q の要素そのものになる。

ふん。
ふん。

次に、**たし算**の場合を考える。

$$(p+q)_{nn'} = P_{nn'}e^{i2\pi\nu_{nn'}t} + Q_{nn'}e^{i2\pi\nu_{nn'}t}$$
$$= (P_{nn'} + Q_{nn'})e^{i2\pi\nu_{nn'}t}$$

やっぱり「小文字の関数は、大文字の関数 × $e^{i2\pi\nu_{nn'}t}$」になる。

最後に、**かけ算**の場合を考える。

$$(pq)_{nn'} = \sum_{n''} p_{nn''} q_{n''n'}$$
$$= \sum_{n''} P_{nn''}e^{i2\pi\nu_{nn''}t} Q_{n''n'}e^{i2\pi\nu_{n''n'}t}$$
$$= \sum_{n''} P_{nn''} Q_{n''n'} e^{i2\pi(\underset{\underset{\nu_{nn'}}{\uparrow}}{\nu_{nn''} + \nu_{n''n'}})t}$$
$$= \sum_{n''} P_{nn''} Q_{n''n'} e^{i2\pi\nu_{nn'}t}$$
$$(pq)_{nn'} = (PQ)_{nn'} e^{i2\pi\nu_{nn'}t}$$

やっぱり「小文字の関数は、大文字の関数 × $e^{i2\pi\nu_{nn'}t}$」になる。

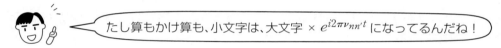

ほとんどの関数は、たし算とかけ算の組み合わせでできている。だから、p, q それ自体も、たし算もかけ算も、

「小文字の関数は、大文字の関数 × $e^{i2\pi\nu_{nn'}t}$」

になるということは、p と q のどんな関数 $f(p, q)$ でもそうなるってことなのだ。

ほんとに面白いのは次からだ。
　今、小文字の p, q の正準な交換関係

$$\boxed{(pq - qp)_{nn'} = \frac{h}{2\pi i}}$$

を考える。

左辺の $(pq-qp)_{nn'}$ は小文字の関数だから、それは「大文字の関数 $\times e^{i2\pi\nu_{nn'}t}$」になる。

$$(pq-qp)_{nn'} = (PQ-QP)_{nn'} e^{i2\pi\nu_{nn'}t}$$

ここで、正準な交換関係 $(pq-qp)_{nn'} = \dfrac{h}{2\pi i}$ を使う。

$$(PQ-QP)_{nn'} e^{i2\pi\nu_{nn'}t} = \dfrac{h}{2\pi i} \delta_{nn'} = \begin{cases} \dfrac{h}{2\pi i} & (n=n') \\ 0 & (n \neq n') \end{cases}$$

この式の意味は、

$n = n'$ の時は $e^{i2\pi\nu_{nn'}t} = 1$ だから $(PQ-QP)_{nn'} = \dfrac{h}{2\pi i}$

$n \neq n'$ の時は $e^{i2\pi\nu_{nn'}t} \neq 0$ だから $(PQ-QP)_{nn'} = 0$ となる。

> **まとめ**
> $$(PQ-QP)_{nn'} = \dfrac{h}{2\pi i} \delta_{nn'}$$
> 小文字の p, q で正準な交換関係が成り立っている時は、
> 大文字の P, Q でも同じように正準な交換関係が成り立つ。

もう一つ、ハミルトニアン $H(p, q)$ についても考えてみよう！
「小文字の関数は、大文字の関数 $\times e^{i2\pi\nu_{nn'}t}$」だから、

$$H(p, q)_{nn'} = H(P, Q)_{nn'} e^{i2\pi\nu_{nn'}t}$$

となるけれど、ここで小文字のハミルトニアン $H(p, q)$ が対角線マトリックスになっている。

$$H(p, q)_{nn'} = W_n \delta_{nn'}$$

すると、

$$H(P, Q)_{nn'} e^{i2\pi\nu_{nn'}t} = W_n \delta_{nn'}$$

となって、正準な交換関係の時と同じようになる。

> # まとめ
> $$H(P, Q)_{nn'} = W_n \delta_{nn'}$$
> 「ハミルトニアンが対角線マトリックスになる」ということも、
> 小文字の p, q で成り立っていれば、大文字の P, Q でも成り立つ。

小文字と大文字の両方で、同じことが成り立つなんて面白いね。

うん。でもそうすると何かできそうな感じがしない？今までは全部「小文字の p, q」で考えてきた。でも・・・。

大文字だけで考えてもいい！

ピンポン！大文字の P, Q は、振幅 $P_{nn'}, Q_{nn'}$ を集めたマトリックスのことだったから、はじめから大文字で考えられたらその方が楽だよね。

そんなことができるのかな。

それができるんだ！ここまでくると実は、大文字の P, Q が

> 1. 正準な交換関係を満たし、
> 2. ハミルトニアン $H(P, Q)$ が対角線マトリックスになっている
>
> この時、小文字の p, q が「正準な交換関係」と、「Heisenberg の運動方程式」を満たすことが証明できるんだ。

それってどういうことだっけ？

「正準な交換関係と、Heisenberg の運動方程式を満たすような小文字の p, q を求める」というのが、これまでは「振幅」と「振動数」を求める方法だったよね。

でもこれからはそれをしなくてもいい？

そう。これからは上の1、2の条件を満たすような大文字の P, Q を探すことで、直接に「振幅」と「振動数」とを求めることができるんだ。

 じゃあ、さっそくその証明をやってみようよ。

 うん、そうしよう！！

大文字の P, Q

$$P = \begin{pmatrix} P_{11} & P_{12} & P_{13} \cdots \\ P_{21} & P_{22} & P_{23} \cdots \\ P_{31} & P_{32} & P_{33} \cdots \\ \vdots & \vdots & \vdots \end{pmatrix} \quad Q = \begin{pmatrix} Q_{11} & Q_{12} & Q_{13} \cdots \\ Q_{21} & Q_{22} & Q_{23} \cdots \\ Q_{31} & Q_{32} & Q_{33} \cdots \\ \vdots & \vdots & \vdots \end{pmatrix}$$

を考えて、このハミルトニアン

$$H(P, Q) = \frac{1}{2m} P^2 + V(Q)$$

が、正準な交換関係

$$PQ - QP = \frac{h}{2\pi i} 1$$

を満たして、さらに対角線マトリックスになっているとする。

$$H(P, Q)_{nn'} = W_n \delta_{nn'}$$

今、この大文字の P, Q の要素を振幅として持って、ハミルトニアン $H(P, Q)$ の対角線要素 $W_1, W_2, W_3, \cdots$ から Bohr の振動数関係

$$\boxed{\nu_{nn'} = \frac{W_n - W_{n'}}{h}}$$

によって求めた $\nu_{nn'}$ を振動数として持つ遷移成分

$$p_{nn'} = P_{nn'} e^{i 2\pi \nu_{nn'} t}$$
$$q_{nn'} = Q_{nn'} e^{i 2\pi \nu_{nn'} t}$$

を考えて、さらにこの $p_{nn'}, q_{nn'}$ を要素として持つ小文字のマトリックス p, q を考える。

まず、この p, q が正準な交換関係を満たすかどうかだけど、これはさっき Bohr の量子条件から正準な交換関係を導き出した時と同じように証明できるからここでは省略する。

残るは、これが Heisenberg の運動方程式を満たすかどうかだ。

まず、運動量 p から見ていこう！

運動量についての Heisenberg の運動方程式は、
$$\frac{dp}{dt} = -\frac{2\pi i}{h}(pH - Hp)$$

だ。今から、この左辺と右辺の要素がどうなるのかを見ていこう！

小文字の p が Heisenberg の運動方程式を満たしているということは、この左辺と右辺が等しくなればいいんだね。

左辺は、
$$\left(\frac{dp}{dt}\right)_{nn'} = i2\pi\nu_{nn'}P_{nn'}e^{i2\pi\nu_{nn'}t}$$

で、$P_{nn'}e^{i2\pi\nu_{nn'}t} = p_{nn'}$ だからこれはこうなる。

$$\boxed{左辺 = i2\pi\nu_{nn'}p_{nn'}}$$

次に右辺は、
$$-\left(\frac{2\pi i}{h}\right)\{pH(p,q) - H(p,q)p\}$$

だけど、この $H(p,q)$ は小文字の関数で、右辺全体としても小文字の関数だから、さっきの技「小文字 = 大文字 × $e^{i2\pi\nu_{nn'}t}$」が使える。

$$\left[-\frac{2\pi i}{h}\{pH(p,q) - H(p,q)p\}\right]_{nn'}$$
$$= \left[-\frac{2\pi i}{h}\{PH(P,Q) - H(P,Q)P\}\right]_{nn'}e^{i2\pi\nu_{nn'}t}$$

かけ算を要素の形にする。

$$= -\frac{2\pi i}{h}\left\{\sum_{n''} P_{nn''}H(P,Q)_{n''n'} - \sum_{n''} H(P,Q)_{nn''}P_{n''n'}\right\}e^{i2\pi\nu_{nn'}t}$$

大文字のハミルトニアン $H(P, Q)$ は対角線マトリックスになるから、

$$H(P, Q)_{nn''} = W_n \delta_{nn''}$$
$$H(P, Q)_{n''n'} = W_{n''} \delta_{n''n'}$$

となって、こうなる。

ナルホド

$$= -\frac{2\pi i}{h}\left\{\sum_{n''} P_{nn''}W_{n''}\delta_{n''n'} - \sum_{n''} W_n \delta_{nn''}P_{n''n'}\right\}e^{i2\pi\nu_{nn'}t}$$

ここで、$W_{n''}\delta_{n''n'}$ は $n'' = n'$ の要素以外は 0、$W_{n''}\delta_{nn''}$ は $n'' = n$ の要素以外は 0 だから $\sum_{n''}$ が消える。

$$= -\frac{2\pi i}{h}(P_{nn'}W_{n'} - W_n P_{nn'})e^{i2\pi\nu_{nn'}t}$$

マイナスを（ ）の中に入れる。

$$= \frac{2\pi i}{h}(W_n P_{nn'} - W_{n'}P_{nn'})e^{i2\pi\nu_{nn'}t}$$

h を（ ）の中に入れて $p_{nn'}$ でくくる。

$$= 2\pi i\left(\frac{W_n - W_{n'}}{h}\right)\underline{P_{nn'}e^{i2\pi\nu_{nn'}t}}$$
$$\hookrightarrow = p_{nn'}$$

結局右辺はこうなる。

$$\boxed{右辺 = 2\pi i\nu_{nn'}p_{nn'}}$$

さあ、このHeisenbergの運動方程式の左辺と右辺を見比べると・・・。

左辺
$i2\pi\nu_{nn'}p_{nn'}$

右辺
$2\pi i\nu_{nn'}p_{nn'}$

まったく同じだ！！！！

q の場合も全く同じようにできる。

以上のことから、大文字の P, Q から作った小文字の $p_{nn'}$ は、Heisenbergの運動方程式を満たしていることが証明された！

まとめ

「正準な交換関係を満たし」「ハミルトニアンが対角線マトリックスになる」ような、大文字の P, Q が見つかれば、そこからスペクトルの「振幅」と「振動数」が求められる。

第2段階　ユニタリー変換

これで、

1．正準な交換関係を満たし、
2．さらにハミルトニアンが対角線マトリックスになるような、大文字の P, Q が見つかれば、そこからスペクトルの振幅と振動数が求められることがわかったね。

じゃあ、実際にどうやってこのような条件を満たす P, Q を求めればいいのかな？

それにはコツがあるんだ。

まず、マトリックス P°, Q° というものを考える。
この P°, Q° は、正準な交換関係

$$P^\circ Q^\circ - Q^\circ P^\circ = \frac{h}{2\pi i}1$$

を満たすものなら何でも良い。どこかから勝手に持ってくればいいんだ。

これなら簡単に求められそうだね！

 うん。条件を1つ減らしたってわけさ。ところでその勝手に持ってきた $P°, Q°$ のハミルトニアン

$$H(P°, Q°)$$

は、あくまで勝手に持ってきたものだから、普通は対角線マトリックスにならない。

 そりゃそうだよねー。で、どうするの？

 実はね、ある技を使うと、$P°, Q°$ が、対角線マトリックスになるんだ。その技が

ユニタリー変換 だ！

じゃあ、そのユニタリー変換というものがどんなものなのかを見て行くことにしよう！

ユニタリー変換とは、あるマトリックスをユニタリーマトリックス U ではさむことを言う。

$$U^\dagger A U$$

「ユニタリーマトリックス」とは、

$$U^\dagger U = U U^\dagger = 1 \quad \text{(単位マトリックス)}$$

となるようなマトリックスのことだ。

†は「ダガー」というマークで、行と列を入れかえて複素共役をとるということなんだ。
$$\begin{pmatrix} A & B \\ C & D \end{pmatrix}^\dagger = \begin{pmatrix} A^* & C^* \\ B^* & D^* \end{pmatrix}$$

$H(P°, Q°)$ は対角線マトリックスじゃない。でも、うまいことユニタリー変換すると、$U^\dagger H(P°, Q°) U$ が対角線マトリックスになるのだ。

$$U^\dagger H(P^\circ, Q^\circ)U = \begin{pmatrix} W_1 & 0 & 0 & \cdots \\ 0 & W_2 & 0 & \cdots \\ 0 & 0 & W_3 & \cdots \\ \vdots & \vdots & \vdots & \end{pmatrix}$$

でも今は、大文字の P, Q が、求めたかったんだよね。

実はそれを求める方法があるんだ。
これが、ユニタリー変換のすごいところだ！

単振動を例として考えてみよう！
単振動の場合、P°, Q° のハミルトニアン $H(P^\circ, Q^\circ)$ はこうだ。

$$H(P^\circ, Q^\circ) = \frac{1}{2m}(P^\circ)^2 + \frac{k}{2}(Q^\circ)^2$$
$$= \frac{1}{2m}P^\circ P^\circ + \frac{k}{2}Q^\circ Q^\circ$$

これを、ユニタリーマトリックス $U^\dagger, U$ ではさんで、対角線マトリックスにできたとする。

$$U^\dagger H(P^\circ, Q^\circ)U = \begin{pmatrix} W_1 & 0 & 0 & \cdots \\ 0 & W_2 & 0 & \cdots \\ 0 & 0 & W_3 & \cdots \\ \vdots & \vdots & \vdots & \end{pmatrix}$$

左辺に「単振動のハミルトニアン」を入れてちょっと計算してみよう！
まずは（ ）をはずす。

$$U^\dagger \left(\frac{1}{2m} P^\circ P^\circ + \frac{k}{2} Q^\circ Q^\circ \right) U = \frac{1}{2m} U^\dagger P^\circ P^\circ U + \frac{k}{2} U^\dagger Q^\circ Q^\circ U$$

ここで、ユニタリーマトリックスの本領発揮だ！P° と P° の間、Q° と Q° の間に $U^\dagger U$ を入れる。

$$= \frac{1}{2m} U^\dagger P^\circ U U^\dagger P^\circ U + \frac{k}{2} U^\dagger Q^\circ U U^\dagger Q^\circ U$$

$U^\dagger U$ は 1 だから、数式になんの影響もないんだ。

ここで新しく $U^{\dagger}P^{\circ}U$、$U^{\dagger}Q^{\circ}U$ を

$$P = U^{\dagger}P^{\circ}U$$
$$Q = U^{\dagger}Q^{\circ}U$$

とおく。そうするとなんと、

$$= \frac{1}{2m}P^2 + \frac{k}{2}Q^2$$

となる。これはユニタリーマトリックスではさんで、対角線マトリックスになったのだから、

$$\frac{1}{2m}P^2 + \frac{k}{2}Q^2 = \begin{pmatrix} W_1 & 0 & 0 & \cdots \\ 0 & W_2 & 0 & \cdots \\ 0 & 0 & W_3 & \cdots \\ \vdots & \vdots & \vdots & \end{pmatrix}$$

となる。つまり、勝手に選んだ P°, Q° をユニタリーマトリックス $U^{\dagger}$, U ではさんだ

$$P = U^{\dagger}P^{\circ}U$$
$$Q = U^{\dagger}Q^{\circ}U$$

が、求めたかった大文字の P, Q、つまりスペクトルの振幅なのだ。

じゃあ、あとは「ユニタリー変換」すると $H(P^{\circ}, Q^{\circ})$ が対角線マトリックスになるような、ユニタリーマトリックス U を求めればいいってこと？

そう。実は、この U を求める方法が「固有値問題」なのだ。

$U^{\dagger}H(P^{\circ}, Q^{\circ})U$ が対角線マトリックスになるのだから、

$$U^{\dagger}H(P^{\circ}, Q^{\circ})U = \begin{pmatrix} W_1 & 0 & 0 & \cdots \\ 0 & W_2 & 0 & \cdots \\ 0 & 0 & W_3 & \cdots \\ \vdots & \vdots & \vdots & \end{pmatrix}$$

となる。この両辺に左側から U をかけると、$U^{\dagger}U = 1$ だから、

$$H(P^\circ, Q^\circ)U = U \begin{pmatrix} W_1 & 0 & 0 & \cdots \\ 0 & W_2 & 0 & \cdots \\ 0 & 0 & W_3 & \cdots \\ \vdots & \vdots & \vdots & \end{pmatrix}$$

$$= \begin{pmatrix} U_{11} & U_{12} & U_{13} & \cdots \\ U_{21} & U_{22} & U_{23} & \cdots \\ U_{31} & U_{32} & U_{33} & \cdots \\ \vdots & \vdots & \vdots & \end{pmatrix} \begin{pmatrix} W_1 & 0 & 0 & \cdots \\ 0 & W_2 & 0 & \cdots \\ 0 & 0 & W_3 & \cdots \\ \vdots & \vdots & \vdots & \end{pmatrix}$$

$$= \begin{pmatrix} U_{11}W_1 & U_{12}W_2 & U_{13}W_3 & \cdots \\ U_{21}W_1 & U_{22}W_2 & U_{23}W_3 & \cdots \\ U_{31}W_1 & U_{32}W_2 & U_{33}W_3 & \cdots \\ \vdots & \vdots & \vdots & \end{pmatrix}$$

となる。

　この右辺は、1列目には全部 W_1 だけ、2列目は全部 W_2 だけ、3列目は全部 W_3 だけがかかっているから、これは列をバラバラにして考えてもいっしょだ。そこで、ユニタリーマトリックスの列をバラバラにしたものを ξ（グザイ）

$$\xi = \begin{pmatrix} \xi_1 \\ \xi_2 \\ \xi_3 \\ \vdots \end{pmatrix}$$

グザイ？

とおく。

$$H(P^\circ, Q^\circ)\xi - W\xi = 0$$

　この方程式を解くことが、「固有値問題」だ！

　この固有値問題を解けば、大文字の P、Q を求めることができて、スペクトルの「振幅」と「振動数」がわかるのだ。

3．5 Einsteinとの対話

　Heisenbergの量子力学の完成は、このように「マトリックス力学」という形式を採って、Born, Jordanとの共著で発表された。彼の論文は、発表されると世に大きな反響を巻き起こした。今までわからなかった、「スペクトルの強度」を求める方法が見つかったのである。

　まもなく、ベルリン大学の「物理学談話会」より、彼の新理論について話をしてくれないか、との招請を受けた。
　当時ベルリン大学とは、「物理学の牙城」と言われたところだ。Planck、Einsteinもそこで仕事をしていた。毎回の物理学談話会には、彼らをはじめそうそうたるメンバーが出席する。

　Heisenbergはメラメラと燃え上がり、自分の発見をきちんとわかってもらおうと、入念な準備をした。BIGな物理学者たちと仲良くなれるチャンスだ！親友のPauliを相手に、何度も練習したりもした。

　物理学談話会の当日、Heisenbergは会心の話をした。そして彼のねらい通り、Einsteinが彼の話に興味を示した。

　彼はあの有名なEinsteinだ。Heisenbergの足はふるえていた。

　Einsteinは家に着くや否や、対話を開始した。

　さすがはEinstein。鋭いところをつく。

👤 ヨルダン　Jordan, Ernst Pascual [1902-1980]

Heisenbergは古典力学との対応を考えながら、量子力学を作った。古典力学の大枠はそのまま残しながら、その中で「光は波である」という誤った箇所を、Einsteinの言うとおり、「光は量子である」ということに書きかえていったのだ。そうすることにより、原子を探る唯一の手がかりである「スペクトル」を、完全に説明することに成功した。

ところがその途中で、とんでもないことをひとつ、Heisenbergはやってしまった。「遷移成分」のたし合わせ

$$q = \sum_{\tau} Q(n; n-\tau) e^{i2\pi\nu(n; n-\tau)t}$$

が電子の位置、あるいはEinsteinのことばで言えば「電子の軌道」を表さなくなってしまったのにもかかわらず、「強行突破」してNewtonの運動方程式 $F = m\ddot{q}$ に入れてしまったことだ。この q は最終的にはマトリックスという「数の集まり」になってしまった。

この強行突破が単なる「無謀な過ち」ではなかったことは、同じように「エネルギー」が、やはり q が電子の軌道を表さず、マトリックスになってしまってもきちんと「保存し」、さらに「Bohrの振動数関係」を満足したことからもわかる。

しかしHeisenbergが「電子の軌道」でもないものを基に理論を組み立てていった、ということには変わりがない。

電子の軌道が存在する、電子がある場所から他の場所へ、ある「道筋」を描いて「動いて行く」、ということがいちばんはっきりとわかる実験は、「霧箱の実験」だ。霧箱の中では、電子が軌跡を描いて飛んで行くのを、はっきりと見ることができる。ここまではっきり見えてしまうと、それを全く説明できないHeisenbergの理論は、確かに分が悪い。

しかしHeisenbergだって、このことは十分考えてきたのだ。このような質問がでることは、彼だって予想していた。Heisenbergは用意してきた答を、Einsteinに返した。

> 原子の中の電子の軌道は観測されません。しかし電子の発する光から、振動数と振幅を求めることができます。振動数と振幅とは今までの物理学においても電子軌道の代用品のようなものです。観測され得る量だけを理論の中に取り入れることがやはり理にかなっているので、それだけを電子軌道の代表として導入することが自然であると、私には思えます。

なるほど、なかなか見事な答だ。

電子は「見えない」。霧箱の中などで「霧」として見ることはできても、原子の中の電子などは、確かに見ることができない。しかし、その電子の発する光の振動数と振幅とは、スペクトルから知ることができる。

古典力学においても、電子は当然「見えない」ものではあったけれど、光の振動数 $\nu(n, \tau)$ と、振幅 $Q(n, \tau)$ がわかれば、電子の軌道がわかるものと考えていた。

$$q = \sum_\tau Q(n, \tau) e^{i2\pi\nu(n, \tau)t}$$

ところがこの古典力学を、量子として「正しく」考え直すと、

$$q = \sum_\tau Q(n; n-\tau) e^{i2\pi\nu(n; n-\tau)t}$$

は、軌道ではなくなってしまった。ということは、「軌道」などという考え方が、もともと間違いだったのだ。

「電子は見えないけど、軌道はある」と考えるのではなく、「見えないものは、無いんだ」と考えればいいではないか！Heisenberg はそう考えたのである。

しかし Einstein は納得しなかった。

しかしあなたは、物理学の理論では観測可能な量だけしか取り上げてはいけないなどということを、本気で信じてはいけません。理論があって、はじめて何が観測できるのかが決まるのです。

「見えないから無い」では、単純すぎるのだ。

たとえば、隣の部屋で「ドシン」という物音がしたとする。そこが実は子供部屋で、普段から子供が部屋の中でボールをけって遊んでいる、ということを知っていれば、その部屋の中を見ていなくても、その音だけで、「部屋の中で子供がボールで遊んでいる」と想像することができる。

原子の中でも同じことだ。電子を見ることはできなくても、電子の発する光から、そこで「何が起こっているのか」を想像する、それが物理学、人間が物事を説明するということなのだ。

それを、Heisenberg のように「電子がどのように動いているか」を言うことなしに、出てくる光のことだけが説明できたと言って喜んでいる、そのようなことは完全に間違っている。

Einstein は、それを Heisenberg にとつとつと語るのだった。

しかし Heisenberg も負けてはいない。Einstein がどんなに、何を言おうとも、何とか反論しようとする。

しかし客観的に見れば形勢は、明らかに Heisenberg に不利だった。

「原子の中で何が起こっているのか」

Einstein のこの問いに、Heisenberg は答を持っていなかったのだから。

最後に Einstein が尋ねた。

こんなに多くの、そして重要な疑問がまだたくさん残されているのに、どうしてあなたはそれほどあなたの理論に自信を持てるのですか？

Heisenberg はすぐには答えることができなかった。しかしやがて、こう答えた。

自然法則の簡明さというものは客観的な性格を持つものだということを、私もあなたと同じように信じます。自然が、われわれをこれまで誰も考えつかなかったような非常に簡明で美しい数学的形式――ここで形式というのは、基本にしている仮定や、公理や、このようなものの首尾一貫した体系を私は意味します――に導くならば、その時こそ、それが「本物である」、つまりそれは自然の真正な性格を表しているものであることを、人は信じない訳にはいきません。
自然が、突然にある一人の人の前に繰り広げる全然予想もしなかったような現象間の関連の簡明さと、今まではバラバラだったものが一気にひとつになるときの感じに対して、人はほとんど恐怖に近い感じを味わうことを、あなたもおそらく体験したことがあるに違いありません。個人がそのような場面でおそわれた感じは、例えば一個の手工芸品を特にうまく作り上げたと信ずるときに感じる喜びとは、やはり完全に違ったものです。
ですから私は、先に述べられた困難は、まだ何とか解決がつけられるだろうと希望しているのです。

Einstein は Heisenberg の答に、納得はしなかった。納得はしなかったが、彼はこれで対話を打ち切った。

私はあなたが簡明さということを言ったことに大きな興味を持ちます。しかし自然法則の簡明さということがどういうことかを私が本当に理解したなどとは、あえて主張しないことにしましょう。

この日の Einstein との討論で、Heisenberg は量子力学が、まだ建設途中であることを悟ったのであった。

第４話

Luis Victor de Broglie
and
Erwin Schrödinger

新しい描像

　今まで物理学者は、電子を「粒」と考えその振る舞い
を完璧に説明してきた。しかし、ハイゼンベルクの「軌
道を捨てよう」の一言で、描像がなくなってしまった。
　その時、アインシュタインに憧れ物理学に目覚めた
ド・ブロイは、"電子は「波」の性質もある"という大
胆な理論を発表する。と同時に電子は波であるという事
実が発見されたのだ。
　さらに、それをひょんなことから知ったシュレディン
ガーは、電子を波として考え描像を持ったまま次々とそ
の振る舞いを説明していくのだった。

4.1 冒険の前半を振り返る

さあ冒険も後半にさしかかりました。でもその前に今までどうやって、冒険してきたのか忘れてしまった人もいるかもしれないので、前半をざっと振り返ってみましょう。

昔々、光は波だと考えられていました。なぜなら、光を波と考えるとうまく説明できる実験があったのです。

それは「干渉」と「回折」です。波のエネルギーは $|振幅|^2$ で表されます。振幅とは波の大きさのことで、波ですからどんな大きさの値でもとることができます。当然、光のエネルギーもどんな値でもとれるはずです。

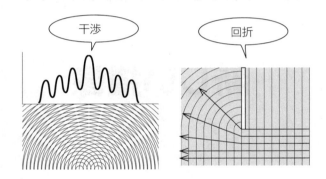

ところが！！！

プランクさんが空洞輻射の実験から、

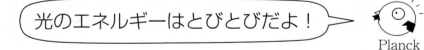

といいました。数式語では

$$E = nh\nu \quad (n = 0, 1, 2, 3, \cdots)$$

と表せます。

波のエネルギーはどんな値でもとれるはずなのに、光のエネルギーはとびとびなんて・・・。変ですね。

プランクさんは自分の発見したことがとても変だったので、あまり人に話さないようにしていました。

しかしプランクさんは自分でも知らないうちに、量子力学の冒険への扉を開いてしまっていたのです。

そこへ登場するのがアインシュタインさんです。

プランクさんの発見した「光のエネルギーはとびとび」ということは、光を「波だ」と考えるから変になってしまうけど、

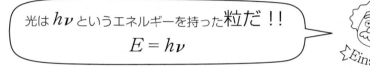

と考えれば問題ないじゃないかといったのがアインシュタインさんです。

下の絵のように大きな真空の箱の中に穴の開いた小箱があったとします。そして光が粒だったとしたら、小箱の中の光の粒は絵のように「1個ずつ」増えたり減ったりするはずです。

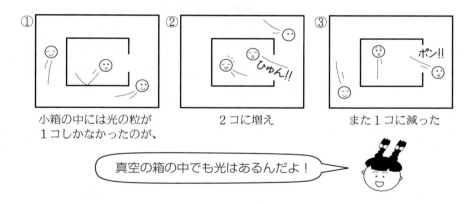

そして、1個あたりの粒のエネルギーが $h\nu$ ですから、このときの小箱の中の光のエネルギーの変化がとびとびになるのは当たり前です。

小箱の中のエネルギーは、

① ☺ × 1コ = $h\nu$ → ② ☺ × 2コ = $2h\nu$ → ③ ☺ × 1コ = $h\nu$

このように $h\nu$ ずつとびとびに変化する！

これがアインシュタインの「光量子仮説」です。

さらに、光を粒だと考えると、波だと考えたときには説明できなかった実験結果もうまく説明できてしまったのです！

それは「光電効果」と「コンプトン効果」でした。

光電効果の実験は、光の粒一個のエネルギーが $h\nu$ であると考えると、難なく説明できました。

さらに、コンプトン効果の実験から、光の粒の「運動量」は、

$$p = \frac{h}{\lambda}$$

であることもわかりました。

でも光を波だとして考えなければ説明できない、「干渉」と「回折」という2つの実験がなくなってしまったわけではありません。

あるときは粒のように、そしてあるときは波のように・・・？

この光の持つ「奇妙な二重性」は、量子力学の冒険を進んでいく上で、解決できない大きな問題でした。

ここでお話は、光から、量子力学の主人公 **"原子の中の電子"** さんに変わります。
実は、電子も今までの常識では考えられないような不思議な振る舞いをするのです。
原子の中の電子が「どのように動いているのか」が、当時の物理学者たちの大きな問題でした。
原子の中の電子は「直接目で見ることができない」ので、電子の発する光の「スペクトル」が唯一の手がかりでした。そこでスペクトルの秩序を説明する事により電子がどう動いているのかを知ろうと考えたのです。
ところが、それは今までの理論では説明することができなかったのです。物理学者さんたちは困っていました。

そこに登場したのがボーアさんです。ボーアさんはプランクさんの「光の持つエネルギーはとびとびに変わる」という考えと、アインシュタインさんの「光は $h\nu$ というエネルギーを持った粒だ」という考えを取り入れて、原子の出す光のスペクトルがうまく説明できるような仮説をたてました。

---

① 電子はとびとびの軌道の上だけを回る。そのとき光は出さない。

② 電子は軌道から軌道へ突然遷移（瞬間移動）したとき光を出す。

③ 軌道のとびとび具合は、
$$\oint p\,dq = nh \quad (n = 1, 2, 3, \cdots)$$
で決まる。

こんな今までの常識では考えられないような仮説をたてたのも、

ということを理論の出発点にしたからです。

ボーアさんはこの原子モデルを使って、光のスペクトルの振動数 ν を完璧に求めることができたのです。

しかしこれらの仮説は「どうしてそうなるの？」と聞かれても答えられません。

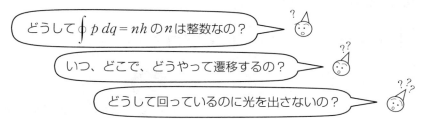

そこへさっそうと登場するのが、若い、知的、ハンサムの三拍子そろったハイゼンベルクさんです！
ハイゼンベルクさんは、「軌道があるなんて考えるからいけないんだ」と言いました。

軌道を考えなければ、「どうして軌道を回っているときに光を出さないのか」とか、「どうやって遷移するのか」などと考えなくていいのです。

そして光のスペクトルの振動数 ν と強度 $|Q|^2$ を完璧に求めることのできる "マトリックス力学" を作りました。そしてさらにハイゼンベルクさんは、

> 原子の出す光のスペクトルの振動数と強度が説明できれば、電子の軌道なんかわからなくてもいい！！

といったのです。

でも、電子の軌道を捨ててしまったということは、電子が「いつ、どこにいるのか」わからなくなってしまったということです。「原子の中の電子はどのように動いているのか？」みんなそれが知りたくて『量子力学の冒険』を読んできたのに、なんと、

「原子の中の電子の様子は思い描けない！」

ということになってしまいました。

それを聞いて怒ったのがアインシュタインさんでした。

> ものがどう動くかをみんなの頭に思い描けるように説明するのが物理学なのだ！描像が持てないなんて物理じゃない！

いったいこの冒険はどう展開していくのでしょうか？
電子の姿は思い描いてはいけないなんて。
それでは "冒険の前半を振り返る" はこのへんにして、いよいよ冒険の後半に突入です。

4.2 電子は波だ

のほほん男、ド・ブロイ登場！！

後半の最初を飾ってくれるのは、

ルイ・ヴィクトル・ド・ブロイさんです。

ド・ブロイさんはとっても"のほほーん"としたのんびり屋さんでした。
ド・ブロイさんが今まで登場した人たちと違うのは、もともと物理をやっていなかったということです。

 ド・ブロイ物語

　昔々、フランスの大きなお城に、ルイとモーリスという二人の兄弟が住んでいました。二人のお父さんとお母さんは"貴族"というとても高い身分でお金持だったので、働かなくても十分楽しく暮らしていくことができたのでした。
　のびのびと育った二人の兄弟は、それぞれ毎日好きなことをして暮らしていました。お兄さんのモーリスは、「物はどう動くんだろう？」と、物理学を研究していたし、弟のルイは、「昔の人たちはどうやって暮らしていたんだろう？」と、歴史学を研究していました。

　ある日、お兄さんのモーリスは物理学者たちが、お互いに自分の分かったことを話し合う集まり（ソルヴェー会議）に出かけました。そして帰ってきてから、その集まりにはどんな人たちがやって来て、どんな話がされたのか、弟のルイに話してくれました。

　その集まりでは、そのころ物理学者たちの間で流行っていた"光"の話題で持ちきりだったそうです。ルイはその話に大変興味をそそられ、物理学というのもおもしろそうだなぁと思いました。
　そこで毎日少しずつ本を読んだり、お兄さんに教えてもらったりして、ものの動きを説明するのに使うことば、数式語を覚えていったのです。

ド・ブロイ de Broglie, Duc Louis Victor [1892-1987]

その頃の物理学界でのスーパーヒーローは、言うまでもなく、

アインシュタイン  ジャーン！

でした。ド・ブロイも例に漏れず、アインシュタインさんのファンになり、彼の論文を熱心に読みました。

ド・ブロイが特に興味を引かれたのは、アインシュタインさんの光量子仮説

$$E = h\nu \quad と \quad p = h\frac{1}{\lambda}$$

でした。E は光の「粒」のエネルギー、ν は、光の「波」の振動数、p は光の「粒」の運動量、λ は光の「波」の波長を表しています。

「粒」と「波」というのは普通なら、絶対にイコール（＝）などでは結べないはずです。

思い浮かべよう！

まずはじめに波を頭に思い浮かべてごらん。

 ユラユラと広がっていく感じがするね

次に粒を頭に思い浮かべてごらん。

 一か所にギュッと固まっている感じかな？

今度は、粒でもあるし波でもあるものを思い浮かべてごらん。

 そんなのできないよ！

ユラユラ広がりながら一か所にギュッと固まるものなんてあるはずない。粒と波はぜんぜん違うものなのです。

このように粒と波とは全然違うにもかかわらず、波だと思っていた光は、粒でも表せるというのです。

アインシュタインは、なんて大胆なんだろう！

ド・ブロイさんは、そんなアインシュタインが、大好きでした。

ところがその頃、第1次世界大戦が勃発し、ド・ブロイさんは、戦争に行かなければなりませんでした。そして戦場から帰って来たときには、なんと、すでにアインシュタインさんの時代は終わり、ヒーローは、

ニールス・ボーア Do you know me!?

に取って代わっていたのです。

ド・ブロイはちょっとがっかりしましたが、ボーアの研究を知るうちに、それが、解決困難な問題を含んでいる事に気づいたのです。それは、

> 原子の中の電子の軌道が、どうして
> とびとびになるのかを説明できない！

という事でした。

ボーアによれば、原子の中の電子の軌道は、その角運動量が

$$M = \frac{h}{2\pi} n \quad (n = 1, 2, 3, \cdots)$$

という整数倍のものだけが許される、という事でした。それは後にゾンマーフェルトと共同で、

$$\oint p\, dq = nh \quad (n = 1, 2, 3, \cdots)$$

という形で表される事になりました。

このことにより原子の発するスペクトルの振動数は見事に表される事になりましたが、

なんで整数倍なのか

という事には、誰も答える事ができなかったのです。

ド・ブロイの直感

ところでその頃、電子は粒だと考えられていました。このことは、様々な実験から確実でした。しかしその時、ド・ブロイは直感したのです。

> 光もアインシュタイン以前には、「波」であるという事が実験で確かめられていた。しかしアインシュタインは大胆にも、それが「粒である」と言い、なんとそのこともやはり正しかったのだ。
> **それならば**、今はみんなが「粒」であると信じて疑わない**電子だって、「波」であってもいいじゃないか！**

そうだ そうだ!!

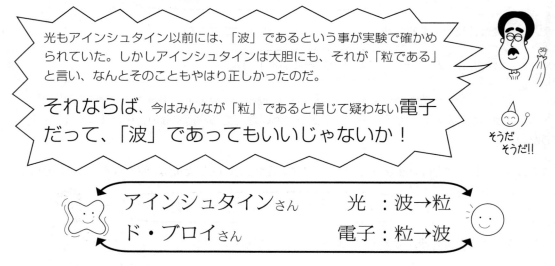

アインシュタインに負けないぐらい、大胆な発想です。

それに、今までの物理学で、「整数倍」というものがでてくるのは、「波」に関する現象だけなのです。

複雑な波は、**整数倍の振動数を持つ**単純な波のたし合わせ！！

ド・ブロイさんは、アインシュタインさんの光量子仮説

$$E = h\nu \quad \text{と} \quad p = h\frac{1}{\lambda}$$

が、電子についても成り立っている、と考えました。

電子のエネルギーが E で、運動量が p であるということは、同時に電子が、振動数が ν で、波長が λ の「波である」というのです。

これでボーアの量子条件が、説明できるかも知れない！

さっそくやってみましょう。

ド・ブロイ "ノーベル賞" への道

ボーアと同様、いちばん簡単な「水素原子」について考えてみましょう。水素原子の中の電子を波だとすると・・・、

こんな感じかな？

へぇ～

このように、波のうねる回数は、必ず

整数になっていなければならない

のです。

この図の場合は、8 うねりしてますね。

もし波のうねる数が整数になっていないと・・・、

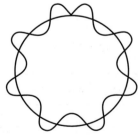

このように波が "ちょん切れて" しまい、このような場合には波はお互いに「弱め合って」、「定常的に」は存在する事ができません。

ちょん切れていたら、波とは呼べないもんね

なるほど、波の場合、整数は「必然的に」出て来るんですね

では、このことを数式語で表してみましょう。

半径を r とすると、円周の長さはどうなるか？

$2\pi r$!!

ピンポン！それでは次に、波長（波が1回うねるときの長さ）が λ の波が、n 回うねっているとき、その波全体の長さは？

えーと、一つの波が λ で、それが n 回だから、わかった！$n\lambda$ ！

ピンポン!! もう一つ、その円周の長さと、波が n 回うねりしている長さは等しいのだから・・・

$2\pi r = n\lambda$!!　はーい!

大ピンポンですね！

ところで今、電子の波の波長は、それを粒として考えたときの運動量と

$$p = \frac{h}{\lambda}$$

という関係になると考えているのだから、波長 λ は

$$\lambda = \frac{h}{p}$$

になる。そして、これを $2\pi r = n\lambda$ の λ に代入すると、

$$2\pi r = n\frac{h}{p}$$

となります。さらに、分数はいやだから p を両辺にかけると

$$2\pi r p = nh$$

$rp = M$ だから

$$2\pi M = nh$$

M は角運動量のことだよ　ボーアさんのところで出てきたね

これを 2π でわると

$$\boxed{M = \frac{h}{2\pi} n}$$

な、なんと、これは**ボーアの量子条件**だ！！！

n は、「波のうねる回数」だったから、必ず「整数」（$n = 1, 2, 3 \cdots$）になるんだね

このように、これまでは誰も説明できなかった、電子の角運動量が原子のなかでは「整数倍のとびとびになる」という事が、電子を「波だ」と考えると、

「当たり前のように」、「必然的に」

導き出されてしまうのです！

すごい！やったね、ド・ブロイさん！

ド・ブロイさんはこのことを論文に書いて発表しました。

実験もみつかる！

ねえ、ド・ブロイさん。どんなにあなたの理論が素晴らしくても、その理論を証明する実験がなければ正しいとはいえませんよね。その点は大丈夫なのですか？

実験？それが、見つかったんですよ。実は私が「電子は波だ」という論文を出してから、ダヴィソンくんとジャーマーくんが、「電子についてのある実験結果が、電子の波の振る舞いを表している」って気づいたのです。

あの、「気づいた」っていう語尾がとても気になるんですけれど・・・。それって一体どういうことなんですか？

それはですね、実はこの実験結果は、彼らが気づくまで「妙な実験結果」として扱われていたのです。

もったいぶらないで全部ぱーっと話しちゃってよ！

あのですねえ、私が「電子は波だ」って言うまで、物理学者さんたちはいろいろな理論や実験結果から「電子は粒だ」と信じていましたね。ですからそれまで見つかっていた電子の起こす現象は、すべて粒の振る舞いとして考えられるものばかりでした。ところが1つだけ、電子のことについて訳のわからない実験結果がありました。それがダヴィソンくんとジャーマーくんの実験だったのです。

▲ デビッソン Davisson, Clinton Joseph [1881-1958] ▲ ジャーマー Germer, Lester Halbert [1896-1971]

彼らは電子線を使って何か原子のことを探ろうと、日夜実験を続けていました。するとそのうちに、「何だか訳のわからない実験結果」が出てきてしまいました。

この2人、「どうもこの実験は、失敗だったらしい」と考えました。
しかし、ド・ブロイさんが「電子は波だ」という理論を発表したら、エルザッサーという人が

　「これはもしかして、電子の干渉によるものじゃないの？」

と言い出したのです。そこでダヴィソンくんとジャーマーくんが、前よりもいっそう詳しく実験をやり直したところ、何ときれいな規則性を持つ干渉模様が見つかったのです。
そしてめでたくこの実験結果は、ド・ブロイさんの理論を証明するものとなりました。

ということは、ド・ブロイさんの「電子は波だ」という理論がなければ、その実験結果はいつまでたっても「何だか訳のわからないもの」とされていたかもしれませんね。

 ドブちゃんものほほーんとしているけれど、この2人も結構のほほーんとしているね

やっぱ、正しい理論があれば、漠然としたものの中からも秩序が見えてくるんだね

ド・ブロイさんは大胆にも、**電子は波だ！** と言いました。するとボーアの量子条件が、**なんとも簡単に**導き出せ、しかも電子は**干渉する**という事が、**実験で確かめられた**のです。

この功績をたたえられ、ド・ブロイさんは、
ナ・ン・ト！ **ノーベル賞** を受賞してしまったのです！

これでド・ブロイさんのお話はおしまい。

ド・ブロイさんの電子波のお話

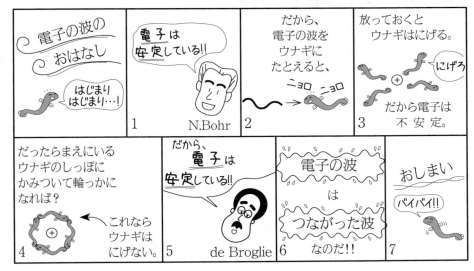

 つながったウナギは、絶対 3 匹とか 4 匹とか整数倍になるよね。3.5 匹がつながったウナギの輪なんてできっこないよ

不思議な粒の振る舞いと波の振る舞い

ヒッポでも

頭の中では CD の音が流れているのに、口に出して言えるのは少しだけってよくあるよね。あれは頭の中は波に似ていて、口から出ることばは粒って感じがするよね。

"I've got a friend named the Yellow Cat. (snap, snap) Me-ow!"♪

頭の中では歌えるのに、言えるのは "Me-ow!" だけ。どうして!?

Me-ow!

自分でもさがしてみよう!!

4.3 波動力学をつくろう

ガムシャラ男、シュレディンガー

　ド・ブロイさんは、論文を書いて、指導教授のランジュバンさんに渡しました。ところがそれを読んだランジュバンさんは、なんの事だかさっぱりわからなかったのです。

「こいつ、くるくるパーとちゃうか？」

　ランジュバンさんは常識人間だったので、ド・ブロイさんの考えが歴史的大発見である事に気づかなかったのです。

　しかし、ド・ブロイさんは、貴族でした。しかも貴族のなかでも特に位が高い公爵だったのです。ランジュバンさんも普通の場合なら、論文を机にしまい込んでしまうところですが、この時ばかりは、そうする事もできませんでした。

　ランジュバンさんは、どうしたものかと考えました。ド・ブロイさんの論文の中にアインシュタインの理論が引用されています。そこでランジュバンさんは、論文を友だちであるアインシュタインに読んでもらう事にしたのです。

「この論文がくるくるパーか、そうでないかを、判定してくれ」

　ド・ブロイさんの論文は、アインシュタインさんにも、ちゃんとはわかりませんでした。

「しかし、なんだかおもしろい！」

　そこでアインシュタインさんは、その頃知り合いになっていた

エルビン・シュレディンガー

にその論文を手渡し、それを今度のゼミナールで紹介するように命じたのです。

　シュレディンガーさんはド・ブロイさんとは全く違う性格の持ち主で、何でもガムシャラにやる、がんばり屋さんでした。

　はじめは言われていやいや読んでいましたが、そのうちに、「これは大発見かも知れないぞ」と思うようになりました。

　ド・ブロイさんは、電子が「波」であるという事を指摘しましたが、もう一つ、彼がその論文の中でいっていた事があります。それは、その「電子の波」が、「どのような法則に従うのか」という事を「明らかにできるはずだ」という事です。

　電子が粒であるという場合、その電子は「ニュートン力学」という法則により、その振る舞いが記述されます。

▲ ランジュバン Langevin, Paul [1872-1946]　▲ シュレーディンガー Schrödinger, Erwin [1887-1961]

ところが、電子は同時に波であるという事が明らかになったのですから、当然その波が従う法則が存在しなければなりません。
ド・ブロイさんはそれを、ニュートン力学に対して  と呼んだのです。

シュレディンガーさんは、この「波動力学の存在」にたいへん心を惹かれました。
実はシュレディンガーさんは、日頃から、頭にきていたのです。

ボーアさんは、原子の事を説明するのに、「電子の軌道はとびとびになる」
などという、今までの理論では考えられない事を導入しました。
さらにハイゼンベルクに至っては、原子の中の電子の振る舞いについて、

「描像を持ってはいけない」

などという、言語道断な発言をしたのです。

「描像を持ってはならんだとお!?
そんなものは、物理学ではない!!」

　ボーアさんも、ハイゼンベルクさんも、その出発は、電子を「粒だ」と考えています。ところが、ド・ブロイさんが指摘したように電子を波だと考えれば、ボーアの量子条件、「電子の角運動量は整数倍のとびとびになる」などという訳のわからないことは、「当たり前の事」として説明できるのです。
　それならば、ド・ブロイさんのいう「波動力学」が見つかれば、「描像を捨てる」などという、あの「ハイゼンベルクのいまいましいことば」も、打ち砕く事ができるかもしれません。
　シュレディンガーさんは、本腰を入れて、その事を考えてみる事にしました。

波のことばで考えよう

　ド・ブロイさんの理論によれば、
　　　　　　エネルギーが E、運動量が p
の電子は、同時に
　　　　　　振動数が ν、波長が λ
の波である、という事でした。

　ところで電子を「粒」と考えた場合、エネルギー E は保存するので、変化しないと考える事ができますが、運動量 p は、一般に時間と共に変化します。そして、その「運動量の変化の法則」を与えるのが、何を隠そう、

$$\text{ニュートン力学} \quad F = m\ddot{q}$$

Newton

なのです。この式を解く事により、

322　第4話　新しい描像

運動量 p が、どのような場合に、どんな値を取るか

を完璧に求める事ができるのです。
　一方電子を「波」だと考えた場合、振動数 ν はエネルギーに対応するので変化しませんが、波長 λ は、運動量に対応するので、当然「変化する」事になります。ところが、ド・ブロイさんの理論だけでは、

波長 λ がどのように変化するか

は、全くわかりません。しかしこの先、波の理論を展開して行くためには、それが「わからない」では困ります。

　　　　　　　　　　（どうしよう・・・）

　波長 λ の変化の法則を、どうやって見つければ良いのでしょう？

そんな時は

　例えば、ヒッポでいろんなことばが話せるようになっていく時、よくこんなことがあるのです。

　　　　私がメキシコに行ったとき・・・ホストファミリーにスケジュールの確認をしていたのね。
　　　「今日は〜へ行くのでしょう？明日は〜だよね。えーとそれから・・・」
　　　こんな感じのことをスペイン語で言ったんだけど、私は「あさって（pasado de mañana）」ということばを知らなかったの。
　　　でもその時に私は「mañana y mañana（明日の明日）」といったら、ちゃんとわかってくれたよ。

　僕もあるよ。
　夏に韓国にホームステイに行った時、暑くてね。「汗がいっぱい出てくる」っていっしょにいた韓国の友人に言いたくて、でも汗っていう韓国語を知らなかったから、涙が「눈물（目の水）」、鼻水が「코물（鼻水）」だから汗は身体水かな？ってあたりをつけて「몸물（身体水）」って言ってみたの。そしたら友人は大笑いしながら、「땀（汗）」のことね！」って・・・

　僕なんか、水も汗も海も川も、とにかく水に関係あるものは全部「물（水）」一言だけで、言ってたよ！

　　　　それって子どもと同じだよ。
　　　　うちの子もまだ少ししかことばがしゃべれない頃でも、一つのことばで全部言い表してたな。りんごも、いちごも、柿も「トマト」って言ってたんだよ。

「あっ！それってわかるね。全部赤い食べ物だもんね」

このように、「自分が今もっていることば」で何とかするということがよくあります。みなさんもそういう経験、ありませんか？

そうです！ことばに詰まったときは、

「知っていることばで何とかする」

のが一番です。ド・ブロイさんの理論の中には、波長 λ の変化の法則はありませんが、波長に対応する「運動量の変化の法則」があるではありませんか。それがニュートン力学です！

これをうまく使っちゃえ！

シュレディンガーさんはさっそく、ガシガシ考え始めました。

振動数 ν や波長 λ は、電子を「波」と考えて、それをことばで説明したものだから、

波のことば

だって言えるよね。それに対してニュートン力学では、電子を「粒」だと考えてそれを説明するのだから、

粒のことば

だって言えるね。
　波長 λ の変化の法則が「波のことば」の中には無かったから、シュレディンガーさんは「粒のことば」をうまく使っちゃおうと考えたんだ

ニュートンの運動方程式 $F = m\ddot{q}$ の両辺を積分すると、

エネルギー保存の法則
$$E = \frac{p^2}{2m} + V$$

がでてきます。E はエネルギー、p は運動量、m は粒の質量、V は「位置エネルギー」です。この式を書き換えると

$$E - V = \frac{p^2}{2m}$$

なので、

$$p^2 = 2m(E - V)$$

$$p = \sqrt{2m(E - V)}$$

となります。

ちょっとこの式の意味を考えてみましょう。

この式で位置エネルギー V を大きくすると、運動量 p はどうなるか？

質量 m と、エネルギー E は一定だよねえ。一定のものから大きいものを引くわけだから・・・運動量 p は小さくなる！！

ピンポン！それでは、位置エネルギー V が小さいときは？

運動量 p は大きくなる！

大ピンポンですね。まとめれば、こうなります。

| 位置エネルギー V | 大 | 運動量 p | 小 |
| 位置エネルギー V | 小 | 運動量 p | 大 |

実験しよう！！

ボールをビルの上から落とします。ボールが手を離れた直後は、ボールのスピードは遅いですね。ボールがどんどん下に落ちて行くに従って、ボールのスピードは、速くなります。

ボールの「位置エネルギー」 V は、ボールの位置が地面から高ければ高いほど、大きくなります。ボールの運動量 p は、

$$p = m \cdot v$$
(運動量)　(質量)　(速度)

だから、ボールのスピードが速ければ速いほど、大きくなります。

つまり、ボールの位置エネルギー V が大きいときは、ボールの運動量 p は小さく、ボールの位置エネルギー V が小さいときは、運動量 p は大きいのです。

さっきの式 $p = \sqrt{2m(E-V)}$ は、本当にちゃんと運動量の変化を表せるんだね

粒のことば「ニュートン力学」は、粒の動きに関する事なら、なんでも説明する事ができるのです。

 ねえ、ちょっとさあ、何か思い出さない？

 うん、$p = \dfrac{h}{\lambda}$ っていう式があったよねえ。

 $p = \sqrt{2m(E-V)}$ の式は、運動量の変化を完璧に表す事ができるのだから、この p を

$$p = \dfrac{h}{\lambda}$$

を使って $\lambda = \boxed{}$ の式にすれば、波長 λ がどういう風に変化するのか、わかるんじゃないかなあ。

 そうだよね。それに、エネルギー E も、$E = h\nu$ を使って書き換えればいいよ！

 すごいじゃん!! 粒のことばの「ニュートン力学」を、全部波のことばに「翻訳できる」んだね。

 という事は、アインシュタインさんの 2 つの式

$$E = h\nu \quad \text{と} \quad p = \dfrac{h}{\lambda}$$

は、「波のことばと粒のことばをつなぐ架け橋」のようなものなんだ。

 うん、プランク定数 h というのは、そのような重要な意味を持っていたんだね！

さっそく「翻訳」してみよう！
$$p = \sqrt{2m(E-V)}$$
の、p と E とを、
$$E = h\nu \quad と \quad p = \frac{h}{\lambda}$$
に置き換えます。
$$\frac{h}{\lambda} = \sqrt{2m(h\nu - V)}$$

これを $\lambda = \boxed{}$ の形に書き換えると、
$$\lambda = \frac{h}{\sqrt{2m(h\nu - V)}}$$
となります。

 できた！これで波長 λ の変化の仕方がわかるんだね！

 でも、ちょっと待って。まだ「粒の」質量 m と、「粒の」位置エネルギー V っていうのがはいってるよ。

 そうか。波のことばの中に、粒のことばがあったらまずいもんね。

 だけど、「波の質量」なんてあるの？

 うーん・・・。

 そんなものは、作っちゃえ！

 えー？

 $E = h\nu$ と $p = \frac{h}{\lambda}$ にならって、

（花文字の m だよ）　　（花文字の V だよ）

$$m = h\mathfrak{M} \qquad V = h\mathfrak{V}$$

としてしまったらいいじゃないか！

 でも、$\mathfrak{M}$ とか、$\mathfrak{V}$ とかっていうのは、なんの事ですか？

わからなくても、いいんだ。とりあえず、質量と位置エネルギーに「対応するもの」とでもしておこう。

ふーん、そんなもんか。

シュレディンガーさんの意見をいれて、$m = h\mathfrak{M}$、$V = h\mathfrak{V}$ とすると、

$$\lambda = \frac{h}{\sqrt{2h\mathfrak{M}(h\nu - h\mathfrak{V})}}$$

h をくくり出すと、

$$\lambda = \frac{h}{\sqrt{h^2 2\mathfrak{M}(\nu - \mathfrak{V})}}$$

$$\lambda = \frac{h}{h\sqrt{2\mathfrak{M}(\nu - \mathfrak{V})}}$$

分母と分子で h 約分すると、

$$\lambda = \frac{1}{\sqrt{2\mathfrak{M}(\nu - \mathfrak{V})}}$$

ジャーン！ついに波長 λ の変化の式ができました！

このように、粒のことばである「ニュートン力学」を、アインシュタインの2つの式を使って「翻訳してしまう」事により、波長 λ の変化の法則を導き出す事ができたのです。

電子の波の方程式

このようにシュレディンガーさんは、波長 λ の変化の法則を導き出す事ができましたが、

という事に気づきました。電子の波の波長 λ がどのように変化するか、というだけではなく、

という事がまだわかっていないからです。それが、「描像を描く」ということなのですから。

しかし、シュレディンガーさんは、「波の数学のプロ」でした。どんな波でも波の形そのものが求められる式を知っていたのです。その式は、

$$\boxed{\nabla^2 \Psi + \left(\frac{2\pi\nu}{u}\right)^2 \Psi = 0}$$

というものです。この式は、「波動方程式」と呼ばれます。

式の意味を考えよう！

はじめはなんとなくわかればそれで十分だよ

∇^2 ： 微分という技で2回変身させる、という意味です。

ナブラ2乗と読みます。

Ψ ： 波の形を表したものです。
ある時刻、ある場所で、「波の高さ」がどのくらいかを表します。
これが求められれば、いつどんな形をしている波かわかります。当然、電子の波だって表せます。

プサイと読みます

π ： 円周率

ν ： 振動数

この2つは知っている人も多いでしょう

u ： 波の速さ（位相速度）

　この式を解いて、波動関数 Ψ を求めれば、「波の形」がわかる事になります。でもそのためには、位相速度 u がわからなければなりません。電子の波の位相速度とは、どのようなものなのでしょうか？

位相速度って、なあに？

①波の上でプカプカ浮いているスイカが

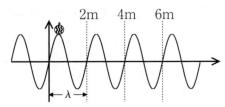

②1秒後、2うねり分進んでいました。

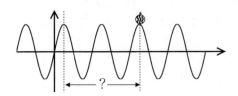

> 波1うねりの長さ「波長」は、　　　　　　　　$\lambda = 2$（m）
>
> 1秒間にうねる回数「振動数」は、　　　　　　$\nu = 2$（毎秒）
>
> だから、1秒間に波の進む距離は、　　　　　　$2 \times 2 = 4$（m）
>
> そして「1秒間に波の進む距離」は、「波の進む速さ」になりますね。だから、「位相速度」u は、「波長」λ に、「1秒間に波がうねる回数」ν をかければ良いのです。それを数式語にすると、
>
> $$u = \lambda \nu$$
>
>
> となるのです。

電子の波の場合、波長 λ がどういうものかは、わかっています。

$$\lambda = \frac{1}{\sqrt{2\mathfrak{M}(\nu - \mathfrak{V})}}$$

だから、位相速度 $u = \lambda \nu$ は、

$$u = \frac{\nu}{\sqrt{2\mathfrak{M}(\nu - \mathfrak{V})}}$$

となります。

電子の波の形を求められる式、つまり「電子の波の方程式」は、波動方程式

$$\nabla^2 \Psi + \left(\frac{2\pi\nu}{u}\right)^2 \Psi = 0$$

のなかの u に、電子の位相速度

$$u = \frac{\nu}{\sqrt{2\mathfrak{M}(\nu - \mathfrak{V})}}$$

を「ぶっこめば」いいのです。

それでは初めての皆さんも、シュレディンガーさんとご一緒に「電子の波の方程式」を作ってみましょう！

初めての電子の波の方程式作り

　材料を混ぜれば「電子の波の方程式」に早変わり。ここでは、むずかしい計算も使わず、初めての人にも簡単に数式作りの楽しさが味わえます。

　数式作りは手順が第一です。ここでは「道具と材料をそろえて、下準備をしてから作る」という基本をマスターして、数式作りの流れをしっかり覚えてください。

 わり算・かけ算・たし算・ひき算

　A　　$\nabla^2 \Psi + \left(\dfrac{2\pi\nu}{u}\right)^2 \Psi = 0$

　　　　B　　$u = \dfrac{\nu}{\sqrt{2\mathfrak{M}(\nu - \mathfrak{V})}}$

　A の方程式はいろんな波の形を求められる式です。方程式の u のところに求めたい波の速さを入れれば、その波の形がわかります。

　B の式は電子の波の進む速さ u を表す式です。ということは、A の式の u に B の式を代入すれば、電子の波の形を求める式ができあがるのですね。

さあここからは一気に作りましょう。材料は全部手元にそろっていますか？作り方を見ながら、A と B の式をミックスすればよいのです

A の u に B を入れる。

$$\nabla^2 \Psi + \left(\dfrac{2\pi\nu}{\dfrac{\nu}{\sqrt{2\mathfrak{M}(\nu - \mathfrak{V})}}}\right)^2 \Psi = 0$$

$$\nabla^2 \Psi + \left(2\pi\nu \, \dfrac{\sqrt{2\mathfrak{M}(\nu - \mathfrak{V})}}{\nu}\right)^2 \Psi = 0$$

$$\nabla^2 \Psi + 4\pi^2 \cdot 2\mathfrak{M}(\nu - \mathfrak{V}) \Psi = 0$$

$$\nabla^2 \Psi + 8\pi^2 \mathfrak{M}(\nu - \mathfrak{V}) \Psi = 0$$

「電子の波の方程式」の・で・き・あ・が・り

この方程式のことを、電子は波だと最初に言ったド・ブロイさんにちなんでド・ブロイ波の方程式ともいうよ

複雑な電子の波の方程式

さあ、シュレディンガーさんはやっと「電子の波の方程式」を作ることができました！自分の考えを数式語で表せたのです！

ところが、この方程式の中には振動数を表す ν が入っています。ν には 21 とか 100 とかのある 1 つの値しか入ることができないので、この式から導きだされる波 Ψ は、特定な振動数で振動する波、つまり「単純な波」なのです。

けれども、私たちの周りの自然を作っている波は単純ではなく、いろいろな波がたし合わさってできた「複雑な波」です。もちろん電子の波についても同じことがいえそうですね。

そこでこの、

「複雑な波 Ψ を導き出すことのできる方程式」

も必要になりました。

「複雑な波は単純な波のたし合わせ」だったから、さっき作ったばかりの「電子の波の方程式」から求まる単純な波 Ψ をたくさんたくさんたし合わせれば複雑な波 Ψ が表せるよ！

（複雑な Ψ）＝（単純な Ψ ①）＋（単純な Ψ ②）＋（単純な Ψ ③）＋・・・

それができるようにするには、方程式を解いた時、はじめから

（単純な Ψ ①）＋（単純な Ψ ②）＋（単純な Ψ ③）＋・・・

というように複雑な波が求まるような方程式を作らなくてはならないのです。

それには、方程式の中に ν が入らない形にしなくてはなりません。

ν が入っていたら、単純な波になるからね

シュレディンガーさんはマニュアルが頭にたくさん詰まっていたので、すぐにある方法を思いつきました。

$$\frac{\partial^2 \Psi}{\partial t^2} = -(2\pi\nu)^2 \Psi$$

この式も単純な波が満たしている方程式です。バネの動きなど、たいていの単振動にはこの方程式を使います。

どちらも単純な波の方程式だし、どちらにも ν が入っているので、この二つの式を組み合わせればうまく ν が消せるのではないでしょうか。やってみましょう！！

$$\nabla^2 \Psi + 8\pi^2 \mathfrak{M}(\nu - \mathfrak{V})\Psi = 0 \quad \cdots ①$$

$$\frac{\partial^2 \Psi}{\partial t^2} = -(2\pi\nu)^2 \Psi \quad \cdots ②$$

ところが、これではうまくいきませんでした。

②の式のνに注目してみてください。例えば$\nu = 5$の時

$$\frac{\partial^2 \Psi}{\partial t^2} = -(2\pi \cdot 5)^2 \Psi = -100\pi^2 \Psi$$

となります。では次に$\nu = -5$の場合はどうでしょう？

$$\frac{\partial^2 \Psi}{\partial t^2} = -(2\pi \cdot -5)^2 \Psi = -100\pi^2 \Psi$$

となって、νが5でも-5でもまったく同じ形になります。

では次に①の式のνが5と-5の場合を見てみましょう。

$\nu = 5$ のとき　　　　　$\nabla^2 \Psi + 8\pi^2 \mathfrak{M}(5-\mathfrak{V})\Psi = 0$

$$\nabla^2 \Psi + 40\pi^2 \mathfrak{M}\Psi - 8\pi^2 \mathfrak{M}\mathfrak{V}\Psi = 0$$

$\nu = -5$ のとき　　　　$\nabla^2 \Psi + 8\pi^2 \mathfrak{M}(-5-\mathfrak{V})\Psi = 0$

$$\nabla^2 \Psi - 40\pi^2 \mathfrak{M}\Psi - 8\pi^2 \mathfrak{M}\mathfrak{V}\Psi = 0$$

①の式のνが-5と5の場合は符号が変わって、別の形になってしまいました。

シュレディンガーさんは毎日、毎日、新しい方程式を作るためにいろいろな計算をしました。

②の式は、$2\pi\nu$が2乗の形になっているからνの値が5でも-5でも式の形が同じになるのです。どうしてそうなるのか、式の意味を考えてみましょう。

$$\frac{\partial^2 \Psi}{\partial t^2} = -(2\pi\nu)^2 \Psi$$

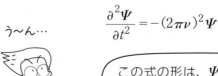

そうすると、微分してνが2乗ではなく、1乗（$\nu \times \Psi$）の形で出てくる式を探せばいいということになります。さっきの式は2階微分してνが2乗されたのだから、今度は1階微分にすれば、νは1乗になりそうですね。

　ということは、Ψは1階微分して$\nu \times \Psi$の形で出てくる単振動の式ということになります。

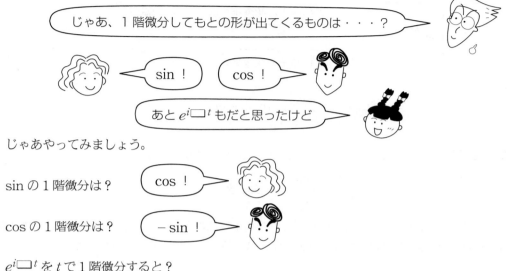

　1階微分したときにもとの形に戻るのは$e^{i\square t}$だけなのです。だから、Ψは$e^{i\square t}$の形しかなさそうですね。

　さっきの2階微分の式を見てみると、

$$\frac{\partial^2 \Psi}{\partial t^2} = -(2\pi\nu)^2 \Psi$$

そうすると、$i\square$のところには、$-2\pi\nu$が入ればうまくいきそうですね。

では$e^{-i2\pi\nu t}$をtで1階微分して確かめてみましょう。

$$\frac{\partial}{\partial t} e^{-i2\pi\nu t} = -i 2\pi\nu e^{-i2\pi\nu t}$$

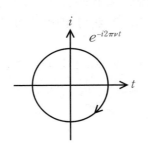

これは複素平面上（複素数 i が入ったグラフ）を $2\pi\nu$ という角速度で回転する単純な振動になるよ

となると、Ψ の時間の項は、やはり

$$e^{-i2\pi\nu t}$$

で正しそうですね。

最初、

$$\frac{\partial^2 \Psi}{\partial t^2} = -(2\pi\nu)^2 \Psi$$

を使って ν を消そうとしましたがうまくいきませんでした。そのかわりに

$$\frac{\partial \Psi}{\partial t} = -i2\pi\nu\Psi$$

を使えば、もう ν には 2 乗がついてません。これなら単純な電子の波の式と合体させて、複雑な電子の波 Ψ を一度に導き出すことのできる方程式が作れそうです。早速やってみましょう。

$$\nabla^2 \Psi + 8\pi^2 \mathfrak{M}(\nu - \mathfrak{V})\Psi = 0 \quad \cdots ①$$

$$\frac{\partial \Psi}{\partial t} = -i2\pi\nu\Psi \quad \cdots ②$$

①の式のかっこをはずしてバラバラな形にしておきます。

$$\nabla^2 \Psi + 8\pi^2 \mathfrak{M}\nu\Psi - 8\pi^2 \mathfrak{M}\mathfrak{V}\Psi = 0$$

ではさっそく①と②、2 つの式を合体させましょう。2 つの式で同じ文字を探してください。

あった！$\nu\Psi$ が式の両辺に入ってる！

ではうまく $\nu\Psi$ を操作してやりましょう。②の式を $\nu\Psi = \boxed{}$ の形に変形します。

$$\nu\Psi = \frac{-1}{2\pi i}\frac{\partial \Psi}{\partial t}$$

$$\nu\Psi = \frac{i^2}{2\pi i}\frac{\partial \Psi}{\partial t}$$

分子の -1 に $-1 = i^2$ を代入してから i を約分しよう。

$$\nu\Psi = \frac{i}{2\pi}\frac{\partial \Psi}{\partial t}$$

この式を①の式に代入しましょう。

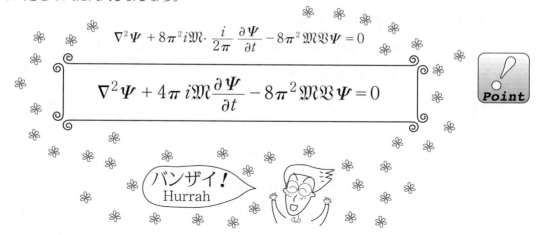

はい！これで式の中から ν をなくすことができました。複雑な電子の波の形を一度に導き出すことのできる方程式のできあがり！！

電子の波の形

ところで Ψ ってどんな形をしているのでしょう。

電子は私たちのいる3次元空間の中に存在しています。だから電子の波 Ψ は、いつ（時間：t）どこで（空間：x, y, z）どうなっているのかを表す関数になります。

そして、複雑な電子の波の方程式を求める時、

を使いました。

というのは、Ψ の時間の項は、

$$e^{-i2\pi\nu t}$$

しかありえないと考えたからでした。

すると、残りの Ψ の空間の項（x, y, z）も何か関数を作って表さないと、完全に Ψ の正体を知る事はできません。そこで、Ψ の空間の項を表す関数を $\Phi(x, y, z)$ としましょう。そうすると Ψ は、

$$\Psi(x, y, z, t) = \Phi(x, y, z) e^{-i2\pi\nu t}$$

と表すことができます。

そして、複雑な電子の波 Ψ は

（複雑な Ψ）＝（単純な Ψ ①）＋（単純な Ψ ②）＋（単純な Ψ ③）＋・・・

で表せるのだから、Ψ は

$$\begin{aligned}\Psi(x,y,z,t) &= \Psi_1(x,y,z,t) + \Psi_2(x,y,z,t) + \Psi_3(x,y,z,t) + \cdots \\ &= \Phi_1(x,y,z)e^{-i2\pi\nu_1 t} + \Phi_2(x,y,z)e^{-i2\pi\nu_2 t} + \Phi_3(x,y,z)e^{-i2\pi\nu_3 t} + \cdots \\ &= \sum_n \Phi_n(x,y,z)e^{-i2\pi\nu_n t}\end{aligned}$$

と表すことができます。

> ところで今、
> $$\Psi(x,y,z,t) = \Phi(x,y,z)e^{-i2\pi\nu t}$$
> という形になると言ってたけど・・・
> 虚数 i が入っているということは、
> もしかして・・・、これは、
> ふ、ふ、**複素数の波!?** なにそれ？

> 虚数 i というのは、$i^2 = -1$ となる数だよね。ということは、想像できないの？

> いいんです！

波の強さは、振幅の大きさの2乗で表せます。だから Ψ の大きさの2乗をとってみましょう。

$$\begin{aligned}|\Psi|^2 &= \Phi e^{-i2\pi\nu t} \times (\Phi e^{-i2\pi\nu t})^* \\ &= \Phi e^{-i2\pi\nu t} \times \Phi^* e^{-i2\pi\nu t} \\ &= \Phi\Phi^* e^{-i2\pi\nu t + i2\pi\nu t} \\ &= \Phi\Phi^* e^0 \\ &= \Phi\Phi^* \\ &= |\Phi|^2\end{aligned}$$

$e^0 = 1$

> 複素数の大きさを求める時は i の前の符号だけを変えたものをかけてあげます。これを「複素共役」をとるといいます
> *は複素共役をとる時のマークです

> うわっ、複素数が消えちゃったよ！

この $|\Psi|^2 = |\Phi|^2$ をシュレディンガーさんは「物質密度」と考えました。

物質密度？ますますわかんないよ

　原子の中では、質量のある電子の波が、あるところでは濃かったり薄かったりすると考えられます。ほら、お鍋の中にコンソメスープの素を1粒入れるとコンソメスープの味はだんだんと周りに広がっていきますね。あるところでは味が濃くって、また、あるところでは味が薄かったり・・・。原子の中の電子の波もちょうどこんな感じです。

　　　黒いところが物質密度の濃いところです。Ψ が複素数でも、$|\Psi|^2$ が「物質密度」として実数になるのだから、たいした問題はないのです。

フッフッフッ、電子は波に違いない！

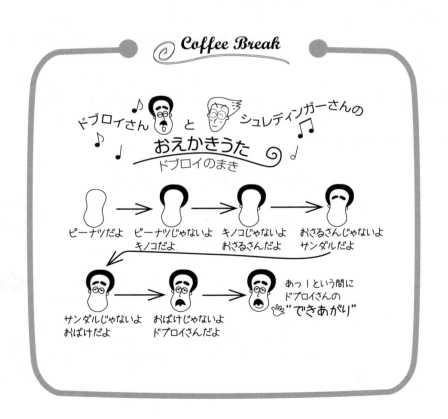

4.4 自然さんに聞きに行こう！

$$\nabla^2 \Psi + 8\pi^2 \mathfrak{M}(\nu - \mathfrak{V})\Psi = 0$$

$$\nabla^2 \Psi + 4\pi i \mathfrak{M}\frac{\partial \Psi}{\partial t} - 8\pi^2 \mathfrak{M}\mathfrak{V}\Psi = 0$$

> この式で、電子の波がどうなっているのかがわかるぞ！

シュレディンガーさんは電子を波として考えたときに、自分が作った式で電子が説明できるのか、確かめたくてしかたありません。

ハイゼンベルクの理論では、

「原子の中の電子がどうなっているのか、その姿を思い描いてはいけない」

ということになってしまいました。しかしそれではやはり納得できません。

「電子が波だ」というはっきりとした描像を持った理論から、電子の起こすさまざまな現象、例えば原子のエネルギー準位、スペクトルなどを説明することができるでしょうか？

電子は原子の中だけでなく、いろいろなところに存在します。そこでシュレディンガーさんは、いろいろな状態で電子の波がどんな形をしているのか、そして自分の作った方程式で現象を説明できるのかを確かめることにしました。

物理の世界ではいくらすごい数式を作っても、それが実際の自然の現象を表していないと何の意味もないのです。だって自然がどうなっているのかを説明するのが物理学なのですから。

それでは、気を引き締めて進みましょう。題して、

「自然さんに聞きに行こう！」

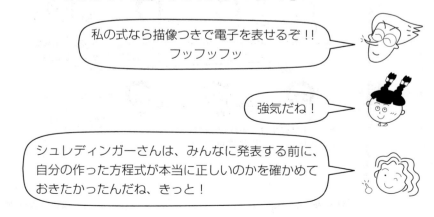

> 私の式なら描像つきで電子を表せるぞ！！
> フッフッフッ

> 強気だね！

> シュレディンガーさんは、みんなに発表する前に、自分の作った方程式が本当に正しいのかを確かめておきたかったんだね、きっと！

ここでは、

「すごく簡単な条件」・・・・・・・・・・ステップ1
「ちょっと複雑な条件」・・・・・・・・・・ステップ2
「私たちの周りの自然に近い条件」・・・ステップ3
「本物の自然の条件」・・・・・・・・・・ステップ4

この4つのステップを踏んで、

「シュレディンガーさんの式で本当に自然が表せるか」

を見ていくことにします。

どうしてそんなステップをふんでいくの？

いきなり難しいものは、できないだろ？

ところで、私は「電子」と「ヒッポに参加しているお父さんの振る舞い」がそっくりなことを発見しました！！

電子とお父さんのどこが同じなの？

というのは、これからシュレディンガーさんの作った式で本当に電子のことが表せるのか、電子の置かれている条件をいろいろ変えながら確かめていきますが、その過程での電子の振る舞いそれぞれが、ヒッポに参加してどんどん変わっていくお父さんの特徴的行動とそっくりということなんです

でもヒッポに来る人はみんな同じでしょう。どーしてお父さんじゃないといけないの？

それは「お父さん」と考えると話しやすいし、おもしろいから。ホントは誰でもいいんだけど、一般的にヒッポでのお父さんは、こういうパターンが多いからね

ふーん

大まかに書くとこんな感じです。

	Step 1	Step 2	Step 3	Step 4
お父さん	家の中	ヒッポルーム	じゅうたん部屋	中国
電子	自由空間	箱の中	フックの場	水素電子

何これ？ぜんぜんちがうよ！

そう、見た目は全くちがうけど、特徴が似ているの。詳しいことはお話のあとで説明するので安心してね

そこでまず順番としては、電子の置かれている状態をお父さんの場合で置き換えて話すことにします。

そうすると、電子がどんな状態に置かれているのかもわかりやすいよ

それから、それは電子の場合でいえば、どういうことだったのかを話します。

ではさっそく、電子とお父さんのお話のはじまりはじまり…！

4.4.1 ステップ1　自由空間

【お父さんの場合】

私の家族は、女房のカノコと娘のソノコ、息子のユータに私だ。つい最近、家族で「ヒッポ」に参加することになった。

ヒッポって知ってる？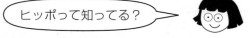

「ヒッポ」に参加してから、毎日家に帰るとなんだかわけのわからないCDがかかっている。

「ヒッポファミリークラブ」ではね、私たちみんな、英語・韓国語・スペイン語あといろんな国のことばと日本語で語られるストーリーCDを聞くの

それに、毎週金曜日の夜になると、奥さんは子どもたちを連れて、どこかに行っちゃうんだ。

> ヒッポでは、「ファミリー」って呼ばれる集まりに参加するのよ。まあ、多言語が飛び交う楽しい公園ってとこね。私たちの場合は、毎週金曜日、中城さんっていう「フェロウ」のうちで活動するの。
> フェロウ？ファミリーのお世話さんみたいなものね

　でも私は仕事があるので一度も行ったことがない。だから何をしているのかよくわからない。

> そこではね、歌って踊って、いろんなことばでヒッポのお話を演じちゃう。
> すっごく楽しいんだから！

　歌って踊る？そんなことは私にはできない！私の家系は代々教師なんだ。私が歌ったり踊ったりしているなんて生徒に知られたら・・・。
　それに仕事が忙しくて、とてもファミリーの始まる時間に帰って来れない。

　というわけで、私は毎週金曜日の夜は、ひとりぼっちで過ごすハメになってしまった。
　ある日、私はヒマだったので、ボーっとしてじゅうたんの上に寝転がっていた。そこに突然、「ラーコーシャンピャオプーシーピェン」と頭の中でヒッポのCDのことばが流れ出した。
　私はいつも奥さんや子どもが「ことばを歌おう！」と言ってCDのお話をマネしているのを思い出した。
　「ことばを歌う」というのは、お話をメロディやリズムをとって歌うように言うことをいうらしい。「自分でもやってみようかな」と思ってマネしてみた。すると！今まで一度もまじめに聞いたこともなかったのに、家でよく流れていたCDのフレーズが言えてしまったのだ！！
　でもその声は虚しくも壁に吸い込まれ、なんの反応もなく、やっぱりさびしかった。

【電子の場合】

　さてこの話のお父さんの状態は、電子の置かれている状態でいえばどんなことだったのか考えてみましょう？

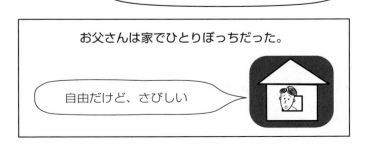

> 電子は自由空間でひとりぼっちだった。
>
> 自由だけど、さびしい

ひとりぼっちで、他から力など何の影響も受けない状態を自由空間っていうんだね。

電子の場合のひとりぼっちっていうのは、お父さんの時のように、

「電子に何の力もかかっておらず、束縛するものも何もない」

場合なんだ。

なるほど。だから「すごく簡単な条件」というわけでステップ1なんだね

それでは、電子が自由空間にある時、その電子の波はどんな形をしているのでしょうか。シュレディンガーさんの考えた式を使って求めていきましょう。

〈下ごしらえ①:電子の波の式を簡単にする〉

私は中学の頃から数学が大キライで、特に微分なんて聞くのもいやでした。そのうち「トラカレ」に入って数式作りに参加するようになりましたが、あまり器用でなかった私は失敗の連続でした。それでもみんなの力でだんだんできあがっていく数式を目にすると、うれしくて新たにやる気が出てきます。
数えきれないほどの失敗の中から、いつしか、ぶきっちょさんにはぶきっちょさんなりの数式作りがあることを学びました。細かい計算は気にせず、その分「数式が表している大まかな全体の意味」を捉えることに全力を注げばいいのです

さあ、あなたも失敗を恐れずに、数式の大好きな人になってください。

かけ算・わり算・微分

A $\nabla^2 \Psi + 8\pi^2 \mathfrak{M}(\nu - \mathfrak{V})\Psi = 0$

B $\Psi(x,y,z,t) = \Phi(x,y,z)e^{-i2\pi\nu t}$

道具と材料がそろったら「数式の意味」を考えてみましょう。

まず、数式についての知識を仕入れ、お話するような気持ちで計算すると、数式とお友だちになれますよ

$$A \quad \nabla^2 \Psi + 8\pi^2 \mathfrak{M}(\nu - \mathfrak{V}) \Psi = 0$$

これは「電子の波」を表す式でしたね。

$$B \quad \Psi(x, y, z, t) = \Phi(x, y, z) e^{-i2\pi\nu t}$$

前に「複雑な電子の波を表す式」を作ったとき、Ψ は「複素数の波」で、数式で書くとこういう形だ、ということがわかりました。

Ψ が B のような形をしていることがわかったのだから、これを A の式に当てはめてみましょう。まず、B を A の式に入れます。

$$\nabla^2 \Phi e^{-i2\pi\nu t} + 8\pi^2 \mathfrak{M}(\nu - \mathfrak{V}) \Phi e^{-i2\pi\nu t} = 0$$

$e^{-i2\pi\nu t}$ は t の関数だから、x, y, z だけの微分 ∇^2 に関係ないので、両辺を $e^{-i2\pi\nu t}$ で割っても大丈夫。

$$\nabla^2 \Phi + 8\pi^2 \mathfrak{M}(\nu - \mathfrak{V}) \Phi = 0$$

これを少し変形すると、

$$\nabla^2 \Phi = -8\pi^2 \mathfrak{M}(\nu - \mathfrak{V}) \Phi \quad (これを A' とおく)$$

となります。これで、電子の波の方程式が少し簡単になりました。これからは、この式から Φ を求めることにします。そうして求めた Φ に、あとから $e^{-i2\pi\nu t}$ をかければ、Ψ が求まりますね。

Φ は位置（x, y, z）の関数で、波が「どこでどのくらいの高さか」を表しています。

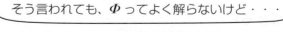

このような「下ごしらえ」は、あとのステップ2以降の場合でも同じようにします。これからは、この説明は省略します。

〈下ごしらえ②：$\mathfrak{B}$を条件に合わせる〉

さっき説明したように自由空間では電子には、他から何の力も働きません。

「力が働かない」ということは、位置エネルギーVが、0だということです。

$$V = 0$$

そして

$$V = h\mathfrak{B}$$

だったので、

$$\mathfrak{B} = \frac{V}{h}$$

$$\mathfrak{B} = \frac{0}{h}$$

$$= 0$$

すると、電子の波の式は

$$\nabla^2 \Phi = -8\pi^2 \mathfrak{M}(\nu - \mathfrak{B})\Phi$$

$$\boxed{\nabla^2 \Phi = -8\pi^2 \mathfrak{M}\nu\Phi}$$

となります。これが、「自由空間での電子の波の方程式」です。

このように、はじめはまず$\mathfrak{B}$を条件に合わせることから始めるんだよ

〈Φのあたりをつける〉

それではいよいよ、この式からΦを求めます。

 Φを求める方法が少し変わっているんだ

どういうふうに？

それはね、あたりをつけて「電子の波の方程式」に当てはまるような Φ を探してあげるんだ

ここで解いているのは「単純な波をあらわす Φ」だから、そんなに種類もないし、数式語だってすぐに覚えられるよ

そっか

　まず、$\Phi(x, y, z)$ は「x, y, z の3つの向きに広がっている波」でしたね。こういう場合は、3つの方向の波をかけ合わせればよいのです。

$$\Phi(x, y, z) = （X方向の波）\times（Y方向の波）\times（Z方向の波）$$

　空間中の波は、$e^{ik_x x}$ で表すことができます。

k_x は、「波数」といって、「1m に何 rad 進むか」を表すんだ

だから、x 方向の波は、その振幅を A_{k_x} とすれば、

$$A_{k_x} e^{ik_x x}$$

という形をしているはずです。

sin や cos でもよさそうだけどね

実は $e^{i\square}$ で sin や cos の波も表せるんだ

　y 方向、z 方向も同じように

$$A_{k_y} e^{ik_y y}, \; A_{k_z} e^{ik_z z}$$

となるはずですから、$\Phi(x, y, z)$ は、3方向の波をかけ合わせた、

$$\Phi(x, y, z) = A_{k_x} e^{ik_x x} \cdot A_{k_y} e^{ik_y y} \cdot A_{k_z} e^{ik_z z}$$

という形をしていることになります。振幅 $A_{k_x}, A_{k_y}, A_{k_z}$ をひとまとめにして $A_{k_x k_y k_z}$ とすると、Φ は、

$$\boxed{\Phi(x, y, z) = A_{k_x k_y k_z} e^{ik_x x} e^{ik_y y} e^{ik_z z}}$$

となります。これで Φ のあたりをつけられました！

〈あたりをつけた Φ を電子の波の式にいれて、確かめる〉

これまでは、「自由空間中の電子の波 Φ」を想像して、こんな感じかな、とあたりをつけたわけですが、それが確かに「電子の波の方程式」に当てはまっているかを確かめなくてはなりません。

電子の波の方程式

$$\nabla^2 \Phi = -8\pi^2 \mathfrak{M} \nu \Phi$$

Φ を「位置で 2 階微分する」と、
Φ に定数 $-8\pi^2 \mathfrak{M} \nu$ をかけたものになる

ということを意味していますから、実際にさっきあたりをつけた Φ を 2 階微分して見ることにしましょう。

次はいよいよ計算です。計算は手順がとても大切です。慣れてしまえば何でもないことですが、うっかり入れ忘れたり、タイミングを間違えたりすると、計算が面倒くさくなったり、失敗したりしてしまいます。また、ここでの手順はこの後に出てくる「箱の中の電子」、「フックの場での電子」でも使われます。ですから、ぜひここで計算の流れをしっかり頭に入れてください。そうすれば後の計算がぐっと楽になります

∇^2 のマークは

$$\nabla^2 \Phi = \frac{\partial^2 \Phi}{\partial x^2} + \frac{\partial^2 \Phi}{\partial y^2} + \frac{\partial^2 \Phi}{\partial z^2}$$

ということだから、この場合は

$$\begin{aligned}\nabla^2 \Phi &= \frac{\partial^2}{\partial x^2} A_{k_x k_y k_z} e^{ik_x x} e^{ik_y y} e^{ik_z z} \\ &+ \frac{\partial^2}{\partial y^2} A_{k_x k_y k_z} e^{ik_x x} e^{ik_y y} e^{ik_z z} \\ &+ \frac{\partial^2}{\partial z^2} A_{k_x k_y k_z} e^{ik_x x} e^{ik_y y} e^{ik_z z}\end{aligned}$$

ながい

となります。$A_{k_x k_y k_z}$ は定数なので微分に関係ありません。まず、いっぱい微分マークが出てきちゃったから、少しずつ片付けていきましょう。

$$x \text{ 方向：} \frac{\partial^2}{\partial x^2} e^{ik_x x} e^{ik_y y} e^{ik_z z}$$

$$y \text{ 方向：} \frac{\partial^2}{\partial y^2} e^{ik_x x} e^{ik_y y} e^{ik_z z}$$

$$z \text{ 方向：} \frac{\partial^2}{\partial z^2} e^{ik_x x} e^{ik_y y} e^{ik_z z}$$

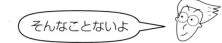

ほら、みんな形はそっくりでしょ。だからどれか1つだけ微分したら、他の2つはその式の変数（x）のところを入れ換えるだけでいいのです。

x 方向についてだけ微分しよう。

$$\frac{\partial^2 \Phi}{\partial x^2}$$

これは、「x で Φ を2階微分する」ということだよ。このときは y と z は関係ないから、ただの数と同じに考えていいのです。そうすると、

$$1\text{階：} \frac{\partial \Phi}{\partial x} \quad \begin{array}{c} A_{k_x k_y k_z} e^{ik_x x} e^{ik_y y} e^{ik_z z} \\ \downarrow \\ ik_x A_{k_x k_y k_z} e^{ik_x x} e^{ik_y y} e^{ik_z z} \end{array}$$

$$2\text{階：} \frac{\partial^2 \Phi}{\partial x^2} \quad \begin{array}{c} ik_x A_{k_x k_y k_z} e^{ik_x x} e^{ik_y y} e^{ik_z z} \\ \downarrow \\ (ik_x)^2 A_{k_x k_y k_z} e^{ik_x x} e^{ik_y y} e^{ik_z z} \\ -k_x^2 A_{k_x k_y k_z} e^{ik_x x} e^{ik_y y} e^{ik_z z} \end{array}$$

（$i \times i = -1$ だからね）

となって、肩の係数が合わせて2回降りてくる

$$\frac{\partial^2 \Phi}{\partial x^2} = -k_x^2 A_{k_x k_y k_z} e^{ik_x x} e^{ik_y y} e^{ik_z z}$$

$$= -k_x^2 \Phi$$

（$\Phi = A_{k_x k_y k_z} e^{ik_x x} e^{ik_y y} e^{ik_z z}$ だったからね）

そして、y と z も同じ形になるから、

$$\frac{\partial^2 \Phi}{\partial x^2} = -k_x^2 \Phi \ , \ \frac{\partial^2 \Phi}{\partial y^2} = -k_y^2 \Phi \ , \ \frac{\partial^2 \Phi}{\partial z^2} = -k_z^2 \Phi$$

それをさっきの式

$$\nabla^2 \Phi = \frac{\partial^2 \Phi}{\partial x^2} + \frac{\partial^2 \Phi}{\partial y^2} + \frac{\partial^2 \Phi}{\partial z^2}$$

に入れると、

$$\nabla^2 \Phi = -k_x^2 \Phi - k_y^2 \Phi - k_z^2 \Phi$$
$$\nabla^2 \Phi = -(k_x^2 + k_y^2 + k_z^2) \Phi$$

やっと Φ の2階微分が終わりました。

ここで、自由空間中の電子の方程式と見比べてみましょう。

$$\nabla^2 \Phi = -8\pi^2 \mathfrak{M} \nu \Phi$$
$$\nabla^2 \Phi = -(k_x^2 + k_y^2 + k_z^2) \Phi$$

どちらも「Φ を2階微分すると、定数 $\times \Phi$ になる」という、**全く同じ形**をしています。
左辺はどっちも $\nabla^2 \Phi$ だから、

$$k_x^2 + k_y^2 + k_z^2 = 8\pi^2 \mathfrak{M} \nu$$

となれば、さっきあたりをつけた Φ は自由空間での電子の波である、ということになります。
　上の式を書き換えると、

$$\boxed{\nu = \frac{k_x^2 + k_y^2 + k_z^2}{8\pi^2 \mathfrak{M}}}$$

となるので、逆に言えば、電子の波の振動数 ν がこれで求まったといえます。

えー！Φ を求めていたのに、ν までわかっちゃったんだね！

〈Ψ を求める〉

自由空間での Φ は、

$$\Phi(x, y, z) = A_{k_x k_y k_z} e^{ik_x x} e^{ik_y y} e^{ik_z z}$$
$$= A_{k_x k_y k_z} e^{i(k_x x + k_y y + k_z z)}$$

指数のかけ算は、肩のたし算になるよ！

ただし

$$k_x^2 + k_y^2 + k_z^2 = 8\pi^2 \mathfrak{M} \nu$$

ところで、電子の波が動いていく様子を表すのが、Ψ でした。

$$\Psi(x, y, z, t) = \Phi(x, y, z) e^{-i2\pi\nu t}$$

ですから Ψ は、Φ がわかればそれに $e^{-i2\pi\nu t}$ をかければよいのでした。

振動数 ν は、もう求まっているもんね

$$\Psi(x, y, z, t) = A_{k_x k_y k_z} e^{i(k_x x + k_y y + k_z z)} e^{-i2\pi\nu t}$$

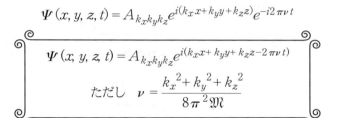

$$\Psi(x, y, z, t) = A_{k_x k_y k_z} e^{i(k_x x + k_y y + k_z z - 2\pi\nu t)}$$

ただし $\nu = \dfrac{k_x^2 + k_y^2 + k_z^2}{8\pi^2 \mathfrak{M}}$

これで自由空間で電子の波 Ψ が「いつ、どこに、どのようにあるのか」がわかったことになるのです！

描像・びょうぞう・BYOUZOU

でもシュレディンガーさん、Ψ がわかったといわれても、数式語だけだと、よくわからないよ

そうだね。それではこの数式が、どんな波を表しているのかを、見てみることにしよう。
私はもともと、原子の中の電子がどのように振る舞っているのか知りたくて方程式を作ったんだ。私の式には、

ハイゼンベルクのとは違って、

はっきりした **描像** があるんだよ

じゃあ、実際に自由空間での電子の波を見てみましょう。
まず、さっき求めた Ψ を見てみよう。

$$\Psi(x,y,z,t) = A_{k_x k_y k_z} e^{i(k_x x + k_y y + k_z z - 2\pi\nu t)}$$

Ψ は x, y, z の3方向に広がる波。今回は x 方向についてだけ見ることにしよう。

$$\Psi(x,t) = A e^{i(k_x x - 2\pi\nu t)}$$

振幅も x 方向だけ考えればいいので、A_{k_x} からただの A にしよう

複素数の波？目で見れないじゃない！

だいじょうぶ、実は $e^{i\square}$ というのは、

オイラーの公式
$$e^{i\theta} = \cos\theta + i\sin\theta$$

というように、sin と cos のたし合わせになっています。
だからここでは、sin の波だけにして、話を簡単にして考えてみましょう。

$$\Psi(x,t) = A\sin(k_x x - 2\pi\nu t)$$

単純な波だから、ν は1つの値しかとれませんね。

ν ：1秒に何回うねるか
k_x ：1m に何 rad 進むか

これを、$\nu = 1$, $k_x = 2\pi$ と決めてしまおう。するとこの式は、

$$\Psi(x,t) = A\sin(2\pi x - 2\pi t)$$

になりますね。

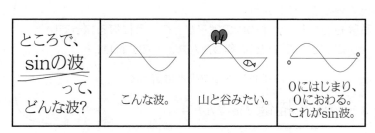

それでは、時間と共にこの

$$\Psi(x,t) = A\sin(2\pi x - 2\pi t)$$

という波がどのように変化するのか見てみよう。

うん。それを今から説明しようと思ってたんだ。

調べ方

1. 時間を決めます。最初は $t=0$ で、

$$\Psi(x,0) = A\sin(2\pi x - 2\pi \cdot 0)$$
$$= A\sin 2\pi x$$

2. 次に、$t=0$ の時の波の形を調べます。それには、

$$\Psi(x,0) = A\sin 2\pi x$$

この式の x を 0、0.25、0.5、0.75・・・のように変えていき、それぞれの位置での波の高さを調べて線でつなげばいいのです

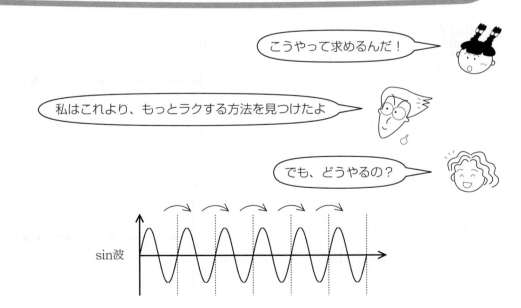

それは、波の「繰り返し」の性質を利用するんだ。sin の波はずっと同じ形が繰り返すから、ひとうねり（一周期）分調べたらあとは同じなんだ。

1. さっそく式に t = 0 を代入して、t = 0 の時の波の形から調べていこう。

$$\Psi(x, 0) = A\sin(2\pi x - 2\pi \cdot 0)$$
$$= A\sin 2\pi x$$

x に 0、0.25、0.5、0.75、1 を代入していこう。

$x = 0$ のところ

$$\Psi(0, 0) = A\sin 2\pi \cdot 0$$
$$= A\sin 0$$
$$= A \cdot 0$$
$$= 0$$

$x = 0.25 \left(x = \dfrac{1}{4}\right)$ のところ

$$\Psi(0.25, 0) = A\sin 2\pi \cdot \dfrac{1}{4}$$
$$= A\sin\left(\dfrac{1}{2}\right)\pi$$
$$= A \cdot 1$$
$$= A$$

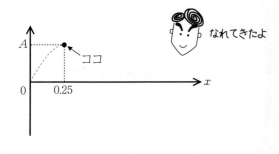

$x = 0.5 \left(x = \dfrac{1}{2}\right)$ のところ

$$\Psi(0.5, 0) = A\sin 2\pi \cdot \dfrac{1}{2}$$
$$= A\sin \pi$$
$$= A \cdot 0$$
$$= 0$$

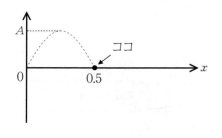

$x = 0.75 \left(x = \dfrac{3}{4}\right)$ のところ

$$\Psi(0.75, 0) = A\sin 2\pi \cdot \dfrac{3}{4}$$
$$= A\sin\left(\dfrac{3}{2}\right)\pi$$
$$= A \cdot -1$$
$$= -A$$

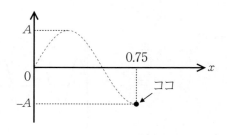

$x = 1$ のところ

$$\begin{aligned}\Psi(1, 0) &= A\sin 2\pi \cdot 1 \\ &= A\sin 2\pi \\ &= A \cdot 0 \\ &= 0\end{aligned}$$

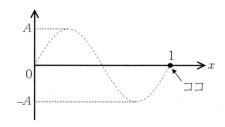

じゃあ、$t = 0$ の時の各位置での波の高さを表にまとめてみよう！

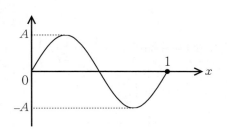

x	0	0.25	0.5	0.75	1
$\Psi(x, 0)$	0	A	0	$-A$	0

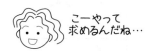

これでひとうねり分になります。あとはこの繰り返しだから、0 と 0 の間に A と $-A$ がかわりばんこに入る。これを知っているだけでもラクになるよ。

2. 次は式に $t = 0.25$ を代入して、$t = 0.25$ の時の波の形を調べよう。

$$\begin{aligned}\Psi(x, 0.25) &= A\sin\left(2\pi x - 2\pi \cdot \frac{1}{4}\right) \\ &= A\sin\left\{2\pi x - \left(\frac{1}{2}\right)\pi\right\}\end{aligned}$$

x のところに 0、0.25、0.5、0.75、1 を代入していこう。

$x = 0$ のところ

$$\begin{aligned}\Psi(0, 0.25) &= A\sin\left\{2\pi \cdot 0 - \left(\frac{1}{2}\right)\pi\right\} \\ &= A\sin\left(-\frac{1}{2}\right)\pi \\ &= A \cdot -1 \\ &= -A\end{aligned}$$

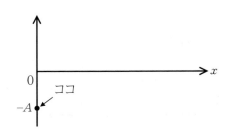

$x = 0.25 \left(x = \dfrac{1}{4}\right)$ のところ

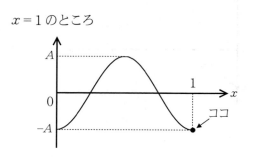

$$\begin{aligned}\Psi(0.25, 0.25) &= A\sin\left\{2\pi\cdot\dfrac{1}{4} - \left(\dfrac{1}{2}\right)\pi\right\}\\ &= A\sin\left\{\left(\dfrac{1}{2}\right)\pi - \left(\dfrac{1}{2}\right)\pi\right\}\\ &= A\sin 0\\ &= A\cdot 0\\ &= 0\end{aligned}$$

$x = 0.5 \left(x = \dfrac{1}{2}\right)$ のところ

$$\begin{aligned}\Psi(0.5, 0.25) &= A\sin\left\{2\pi\cdot\dfrac{1}{2} - \left(\dfrac{1}{2}\right)\pi\right\}\\ &= A\sin\left(\dfrac{1}{2}\right)\pi\\ &= A\cdot 1\\ &= A\end{aligned}$$

$x = 0.75 \left(x = \dfrac{3}{4}\right)$ のところ

$$\begin{aligned}\Psi(0.75, 0.25) &= A\sin\left\{2\pi\cdot\dfrac{3}{4} - \left(\dfrac{1}{2}\right)\pi\right\}\\ &= A\sin\pi\\ &= A\cdot 0\\ &= 0\end{aligned}$$

$x = 1$ のところ

$$\begin{aligned}\Psi(1, 0.25) &= A\sin\left\{2\pi\cdot 1 - \left(\dfrac{1}{2}\right)\pi\right\}\\ &= A\sin\left(\dfrac{2}{3}\right)\pi\\ &= A\cdot -1\\ &= -A\end{aligned}$$

さっきの $t=0$ の時とまとめて1つの表にしてみよう。

t \ x	0	0.25	0.5	0.75	1
0	0	A	0	$-A$	0
0.25	$-A$	0	A	0	$-A$

これってもしかして、ななめ下に1コずれていってるだけじゃないの？

最初に、sin は波の形が繰り返すっていってたよね。だからずっとこーやって数字がずれていくんだ

時間を進めると波の山や谷の位置が移動しています。じゃあ今度は、最初 $x=0.25$ m のところに浮いていたクジラさんが時間と共にどう動くかグラフで見てみよう！

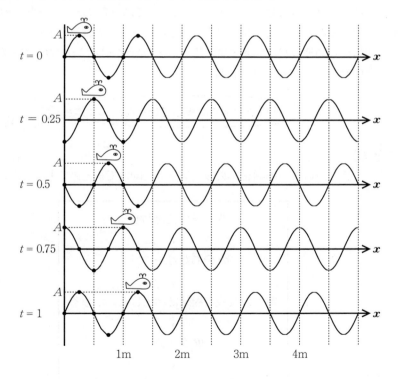

こんなふうに、自由空間での電子の波は進んで行くように見えるのです。こういう波のことを、かっこよくいうと「進行波」っていいます

これで、電子の波の方程式

$$\nabla^2 \Phi + 8\pi^2 \mathfrak{M}(\nu - \mathfrak{V})\Phi = 0$$

$$\nabla^2 \Psi + 4\pi i \mathfrak{M}\frac{\partial \Psi}{\partial t} - 8\pi \mathfrak{M}\mathfrak{V}\Phi = 0$$

で、ちゃんと電子の波の形を「思い描く」ことができたのです！

〈Eの求め方〉

エネルギーは、今求めた ν を

$$E = h\nu$$

に代入すれば簡単に求められます。

　自由空間にある電子のエネルギーを測る実験はできないので、エネルギーを求めてもそれが正しいかどうか確かめることはできませんが、ステップ2〜4ではそのエネルギーが実験でわかっています。
　シュレディンガーさんの作った式から求めたエネルギーが、実験結果と合っていれば、そこで初めて自然を説明する正しい理論だといえます。そしてその時シュレディンガーさんが考えたとおり、電子は波であるということがいえるのです！！

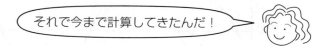

〈手順のまとめ〉

今まで計算してきた長い長い手順を、次のステップに向けてまとめておくことにしましょう。

$\mathfrak{V}$ を条件に合わせる
↓
Φ のあたりをつける
↓
電子の波の方程式に代入して確かめる
↓
Ψ を求める
↓
E を求める

それでは最後に、お父さんと電子の場合を照らし合わせて考えてみましょう。

お父さんはある日突然、CDのワンフレーズが頭の中で流れ出した。それを言ってみたら言えた。でも本当に通じるのかな？

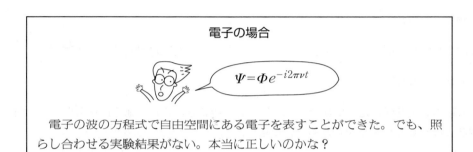

電子の波の方程式で自由空間にある電子を表すことができた。でも、照らし合わせる実験結果がない。本当に正しいのかな？

さあ、ステップ1で準備体操も終わって、次のステップ2へ。この後もお父さんと電子の波の方程式の冒険が続きます。おたのしみに・・・。

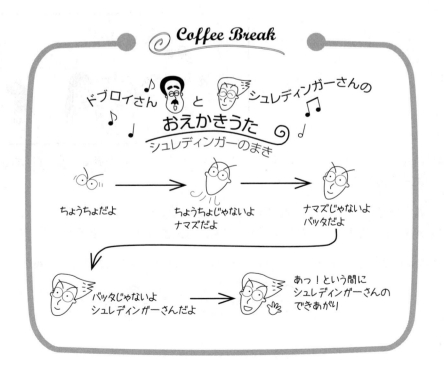

4.4.2　ステップ２　箱の中

【お父さんの場合】

　今日は金曜日。お父さんは車の中にいた。奥さんと子どもたちを待っているのだ。奥さんと子どもたちはまだヒッポをしている。

　「遅いなあ」

　ちらりと時計を見た。もう８時をとっくに過ぎている。いつもはもっと早く出てくるのに・・・。何をしているのだろう？

　「俺は運転手じゃないぞ」

お父さんは不機嫌そうに呟いた。チッ、チッ、チッ・・・。時計の音がやけに気になる。

　「仕方がない、呼びに行こう・・・」

そう言って車のドアを開けた。風が冷たい。コートの衿を立てて急ぎ足でヒッポルームに向かう。だんだん大きくなるCDの音に少しためらいを感じた。

　「今行ったら踊るはめになるんじゃないか？」

だがもう待てない。お父さんは、思い切ってヒッポルームに足を踏み入れた。ホッ・・・。そこではみんなが輪になって、何やら楽しそうに話している。その周りでふざけ合っている子どもたちの中にユータもいた。CDは流してあっただけなのだ。

　「あのー」

誰も気づかない。

　「カノコ！」

思わず大声で叫んでしまった。みんな急に黙って驚いたようにこっちを見ている。「しまった・・・」と思いながらおそるおそる尋ねる。

　「小倉カノコ、それにソノコとユータはいますか？迎えに来たんですが・・・」
　「あら、あら初めまして！ソノコちゃんとユータ君のお父さんですか！どうぞ、どうぞ」

　ひとりの中年の女性が立ち上がって近づいてきた。彼女はどうやらここのまとめ役のようだ。

　「ハア・・・」

お父さんはその中年女性に案内されて輪の中に加わった。輪の向こうでは、カノコとソノコがうれしそうにこちらを見ている。

「私、中城と申します。ここで毎週ヒッポの活動をしていますの。今日はうれしいわ」

　お父さんは周りを見回してみた。若いお母さん、赤ちゃん、小学生ぐらいの子、それに男性もポツポツと混じっている。

「それじゃあ、小倉さんのお父さん、自己紹介してください」

　みんながワーッとわいて拍手したので、お父さんは戸惑いながらも口を開かざるを得なかった。

「あ、えーと小倉です。いつも家内や子どもたちがお世話になってます。いや、迎えに来ただけなのに、参ったなあ・・・」

「歌ってくださいよ!!」

と誰かがそう叫ぶと

「ききたーい！」

みんなの期待に満ち満ちた視線が集中した。とても断れる雰囲気ではない。

「えーと、いやー、その私はまだCDとかちゃんと聞いてないもので・・・」

そう前置きしておいて、清水の舞台から飛び降りたつもりで言ってみた。

「ラーコーシャンピャオプーシーピエン。ズズーッ、シェシェタジャー！」

「すごーい！CDそっくり!!」

あんまりみんなが誉めるので、お父さんは内心うれしかった。
「うーん、そうか。CDをよく聞いている人たちが言うんだから私もまんざらでもないな。こんな調子なら、外国語をしゃべるのも夢じゃないかな？」
　お父さんは秘かに微笑んだ。

【電子の場合】

　それでは、ステップ2では電子の置かれている状態でいえばどのような場合だったか、お父さんの状態から考えてみましょう。

　この場合、重要なのは、お父さんが、中城先生の家という「他人の家」にいるということです。
　ヒッポルームの中でなら、歌ったり、踊ったり、自由にできますが、他の部屋へどんどん入って行く、という訳には行きません。つまり、お父さんは、

自由だけど、空間に限りがある

場所にいるのです。

　ではこのことは、電子の場合でいえばどういうことでしょう。電子が、「自由だけど、空間に限りがある」ような状態に置かれているということです。これは例えば、何の力も働いていなくて、電子は自由ではあるけれど、周りが仕切られた

にいる、というようなものです。

　というわけで、ステップ2では「箱の中の電子」について考えていきましょう。箱の中の電子の波はどんな形をしているのでしょうか。果たしてシュレディンガーさんの式で箱の中の電子もうまく表せるでしょうか。

　数式作りに失敗はつきもの。その時「なぜ？」と疑問を持ってください。数式作りのプロセスの1つ1つには科学的な裏付けがあり、素晴らしい数式を作るには「科学する心」が欠かせません。
　Ψ、Φ、E、微分と、それぞれの数式の性質をよく知った上で、その性質が生きるように温かい気持ちで取り組んでいくのが数式作りのコツだと思います。一度や二度失敗したからといって、あきらめずに何度でも挑戦してください。作り続けているうちに必ず上手に作れるようになります。

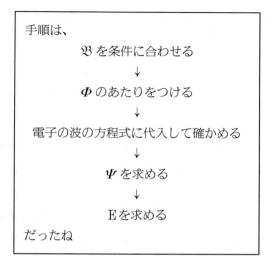

〈下ごしらえ：$\mathfrak{B}$ を条件に合わせる〉

まずはじめに、電子の波の方程式

$$\nabla^2 \Phi = -8\pi^2 \mathfrak{M}(\nu - \mathfrak{B})\Phi$$

の、$\mathfrak{B}$ がどうなるかを考えます。
　でも、この場合も自由空間の場合と同じで、「何の力も働かない」ということなので、

$$\mathfrak{B} = 0$$

となり、そうすると、「箱の中の電子の波の方程式」は、

$$\nabla^2 \Phi = -8\pi^2 \mathfrak{M}\nu\Phi$$

となります。

〈Φ のあたりをつける〉

　箱の中ではいったいどんな波が存在しているのでしょう？
　「箱の」一番の特徴と言えば・・・。そう、

ということです。

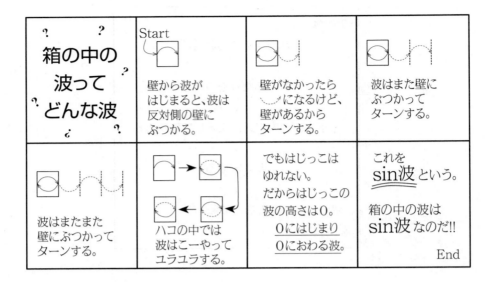

箱の中の波は、両端の壁の所では動きません。両端が 0 の波だから sin 波だね。

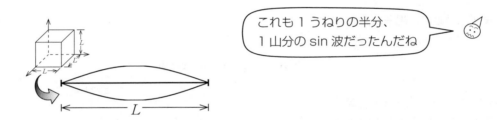

これも 1 うねりの半分、1 山分の sin 波だったんだね

とりあえず x 方向について考えると、上の図の場合、波が L [m（メートル）] の中に π ラジアン分あるから、波数 k_x（1m に何ラジアンあるか）は

$$k_x = \frac{\pi}{L} \quad \text{rad / m}$$

となりますね。

1 うねりが 2π rad だから 1 山分は π rad だね

L メートルの中に 2π ラジアンある場合も考えられます。この場合、k_x は

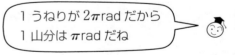 $k_x = \frac{2\pi}{L} \quad \text{rad / m}$

になるね。

L メートルの中に 3π ラジアンある場合も考えられます。この場合、k_x は

$$k_x = \frac{3\pi}{L} \quad \text{rad / m}$$

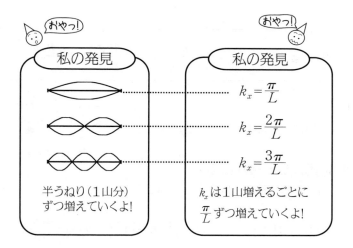

そう、箱の中の波の k_x は $\frac{\pi}{L}$ ずつに整数倍に、とびとびに増えるのです。数式語で書くと、

$$k_x = \frac{n_x \pi}{L} \qquad (n=1, 2, 3 \cdots)$$

今わかったことから、Φ のあたりをつけてみよう。

自由空間の時と同じように、Φ には x, y, z 3つの方向があって、それぞれのかけ算の形になるから

$$\Phi = (\text{x 方向の波}) \times (\text{y 方向の波}) \times (\text{z 方向の波})$$

となります。

波だからそれぞれの方向で振幅があります。そうすると Φ の形は、

$$\Phi = A_{n_x}\boxed{} \cdot A_{n_y}\boxed{} \cdot A_{n_z}\boxed{}$$

になります。

箱の中にある波は両端が 0 になる sin の波です。そしてその sin 波の波数 k_x は箱の中では整数倍の値を取るので、$k_x = \frac{n_x \pi}{L}$ でした。当然 y 方向、z 方向も同じ形になります。

$$k_y = \frac{n_y \pi}{L}, \qquad k_z = \frac{n_z \pi}{L}$$

そうすると Φ は、

$$\Phi(x, y, z) = A_{n_x n_y n_z} \sin\frac{n_x \pi}{L} x \cdot \sin\frac{n_y \pi}{L} y \cdot \sin\frac{n_z \pi}{L} z$$

という形になります。

これで、Φ のあたりがつけられた！！

〈電子の波の方程式に代入して確かめる〉

Φ のあたりがつけられたから、自由空間のときと同じように、この Φ

$$\Phi(x, y, z) = A_{n_x n_y n_z} \sin\frac{n_x \pi}{L} x \cdot \sin\frac{n_y \pi}{L} y \cdot \sin\frac{n_z \pi}{L} z$$

を「箱の中の電子の波の方程式」

$$\nabla^2 \Phi = -8\pi^2 \mathfrak{M} \nu \Phi$$

に代入してみることにしましょう。

まずは左辺の

$$\nabla^2 \Phi = \frac{\partial^2 \Phi}{\partial x^2} + \frac{\partial^2 \Phi}{\partial y^2} + \frac{\partial^2 \Phi}{\partial z^2}$$

の中の $\frac{\partial^2 \Phi}{\partial x^2}$ からやっていきましょう。

sin の 2 階微分は、

$$-\bigcirc^2 \sin \bigcirc x$$

でした。○に入るのは $\frac{n_x \pi}{L}$ だから

$$\frac{\partial^2 \Phi}{\partial x^2} = -\left(\frac{n_x \pi}{L}\right)^2 A_{n_x n_y n_z} \sin\frac{n_x \pi}{L} x \cdot \sin\frac{n_y \pi}{L} y \cdot \sin\frac{n_z \pi}{L} z$$

$$= -\left(\frac{n_x \pi}{L}\right)^2 \Phi$$

y 方向、z 方向も同じように

$$\frac{\partial^2 \Phi}{\partial y^2} = -\left(\frac{n_y \pi}{L}\right)^2 \Phi, \quad \frac{\partial^2 \Phi}{\partial z^2} = -\left(\frac{n_z \pi}{L}\right)^2 \Phi$$

だから、$\nabla^2 \Phi$ は、

$$\nabla^2 \Phi = \frac{\partial^2 \Phi}{\partial x^2} + \frac{\partial^2 \Phi}{\partial y^2} + \frac{\partial^2 \Phi}{\partial z^2}$$

$$= -\left\{\left(\frac{n_x \pi}{L}\right)^2 + \left(\frac{n_y \pi}{L}\right)^2 + \left(\frac{n_z \pi}{L}\right)^2\right\} \Phi$$

になります。これであたりをつけた Φ の 2 階微分はおしまい。

「箱の中の電子の波の方程式」とくらべてみよう。

$$\nabla^2 \Phi = -8\pi^2 \mathfrak{M} \nu \Phi$$

$$\nabla^2 \Phi = -\left\{\left(\frac{n_x \pi}{L}\right)^2 + \left(\frac{n_y \pi}{L}\right)^2 + \left(\frac{n_z \pi}{L}\right)^2\right\} \Phi$$

左辺はどっちも $\nabla^2 \Phi$ だから、

$$\left(\frac{n_x \pi}{L}\right)^2 + \left(\frac{n_y \pi}{L}\right)^2 + \left(\frac{n_z \pi}{L}\right)^2 = 8\pi^2 \mathfrak{M} \nu$$

となれば、さっきあたりをつけた Φ は、箱の中の電子の波を表していることになるぞ！

左辺を $\frac{\pi^2}{L^2}$ でくくると

$$\frac{\pi^2}{L^2}(n_x^2 + n_y^2 + n_z^2) = 8\pi^2 \mathfrak{M} \nu$$

さらに両辺を $\frac{\pi^2}{L^2}$ で割ると

$$n_x^2 + n_y^2 + n_z^2 = 8\mathfrak{M} L^2 \nu$$

となりました。

自由空間の場合と同じように、このことを逆に考えれば、これで振動数 ν が求まったことになります。

今の式を、$\nu = \boxed{}$ の形にすれば、

$$\nu = \frac{1}{8\mathfrak{M}L^2}(n_x^2 + n_y^2 + n_z^2)$$

そう、これで ν がわかったんだ。

上の式の n_x, n_y, n_z は「sin 波の山の数」を表していましたから、1, 2, 3・・・という、「整数倍の値」が入ります。だから、それに応じて、振動数 ν も、「とびとびの」値になります。このように、「箱の中」など、特定の状態の中にあるためにとびとびの値を取る振動数 ν のことを、

というんだよ

〈Ψ を求める〉

さあ、Φ と ν がわかったところで、いよいよ Ψ を表しましょう。

$$\Psi(x, y, z, t) = \Phi(x, y, z)e^{-i2\pi\nu t}$$

$$\Phi(x, y, z) = A_{n_x n_y n_z} \sin\frac{n_x \pi}{L}x \cdot \sin\frac{n_y \pi}{L}y \cdot \sin\frac{n_z \pi}{L}z$$

なので、

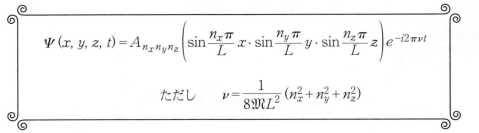

これで箱の中の電子の波 Ψ が「いつ、どこに、どのようにあるのか」がわかったのです！

〈E を求める〉

 さあ、それではいよいよ箱の中の電子のエネルギーを求めてみよう。

 「箱の中の電子のエネルギー」っていうのは、実験によって測定されているんだよね。

 そう、自由空間の時には、実験できなかったからね。

 それならば、実験によって測定されている値と、シュレディンガーさんの「電子は波だ」という理論から求められるエネルギーの値とが「同じになれば」、シュレディンガーさんの理論は、

自然を表している

ということになるんだね。

 そう、でもまだ「箱の中の電子」についてだけだけどね。

 それじゃあ、早くエネルギーを求めてみようよ！

 ドキドキするね。どうなるか楽しみだね。

エネルギーは、

$$E = h\nu$$

で求められるということでした。
この ν の所に、「箱の中の電子の振動数」を入れてみよう。

$$\begin{aligned}E &= h\nu \\ &= h \times \frac{1}{8\mathfrak{M}L^2}(n_x^2 + n_y^2 + n_z^2)\end{aligned}$$

そして

$$m = h\mathfrak{M}, \qquad \mathfrak{M} = \frac{m}{h}$$

だったから、

$$E = h \times \frac{1}{8\frac{m}{h}L^2}(n_x^2 + n_y^2 + n_z^2)$$

$$= h \times \frac{h}{8mL^2}(n_x^2 + n_y^2 + n_z^2)$$

$$\boxed{E = \frac{h^2}{8mL^2}(n_x^2 + n_y^2 + n_z^2)}$$

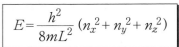
おや？どっかで見たような・・・わかった！これはボーアの求めた「箱の中の電子」のエネルギーと同じだ！ボーアの求めた答は確か実験結果にぴったり合っていたなあ・・・

箱の中の電子（粒編）

　それではさっそくボーアさんが、電子を粒として考えて計算した「箱の中の電子のエネルギー」を見てみよう！

　まず電子のエネルギー（E）は、運動エネルギー（K）と位置エネルギー（V）をたしたものなので、

$$E = K + V$$

となります。

　この箱の中では力が働きません。そうするとちょうど、何の遠慮もしない「トラ」をオリの中に閉じこめておくのに似てるかな？この時、オリの中のトラは他の誰からもじゃまされずに、好きな時間に寝たり起きたりすることができます。つまりトラは、「オリ」の中なら自由に動けるわけです。

　このトラと同じように、電子も「箱」という限りはあっても、力を受けない空間に閉じこめられていると考えるのです。

　そうすると、$V = 0$ となるので
$$E = K$$

そして $K=\frac{1}{2}mv^2$ なので

$$E=\frac{1}{2}mv^2$$

そして箱の中は、上下・左右・前後というように3次元（x, y, z）空間なので

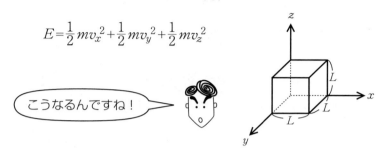

$$E=\frac{1}{2}mv_x^2+\frac{1}{2}mv_y^2+\frac{1}{2}mv_z^2$$

さて、ここで問題です！

p（運動量）を使って $E=\boxed{}$ の式を作ってほしいのです。

ヒント！　　　　　$p=mv$（運動量＝質量×速さ）

答　　$E=\dfrac{p_x^2}{2m}+\dfrac{p_y^2}{2m}+\dfrac{p_z^2}{2m}$

とりあえずこの式は置いといて、粒のことばで電子について説明する時に必要だった量子条件を、「箱の中」という条件に合わせて書き換えてやりましょう。

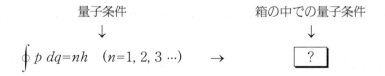

まず、この量子条件の式の $\oint \boxed{}\,dq$ は「一周期分を積分する」ということでした。箱の中での一周期分とは、箱の中で電子が左端から右端まで行って、はね返ってまた左端に戻ってくるまでの距離なので、一周期は1辺 L[m] の箱の1往復分で 0 から $2L$ となります。だから箱の中での量子条件は、

$$\int_0^{2L} p\,dq = nh \quad (n=1, 2, 3\cdots)$$

となり、これはグラフの面積、$2L \cdot p$ ですね。

$$2L \cdot p = nh$$
$$p = \frac{nh}{2L} \quad (n=1, 2, 3\cdots)$$

そして三次元（x, y, z）で考えると

$$p_x = \frac{n_x h}{2L}, \quad p_y = \frac{n_y h}{2L}, \quad p_z = \frac{n_z h}{2L}$$

これをさっきの式 $E =$ の p のところにそれぞれ入れて

$$E = \frac{\left(\frac{n_x h}{2L}\right)^2}{2m} + \frac{\left(\frac{n_y h}{2L}\right)^2}{2m} + \frac{\left(\frac{n_z h}{2L}\right)^2}{2m}$$

$$= \frac{1}{2m}\left(\frac{n_x^2 h^2}{4L^2} + \frac{n_y^2 h^2}{4L^2} + \frac{n_z^2 h^2}{4L^2}\right)$$

$$= \frac{1}{2m}\frac{h^2}{4L^2}(n_x^2 + n_y^2 + n_z^2)$$

$$\boxed{E = \frac{h^2}{8L^2 m}(n_x^2 + n_y^2 + n_z^2) \quad (n=1, 2, 3\cdots)}$$

これで、できあがり！

やったー！ボーアさんの求めた「箱の中の電子のエネルギー」と、シュレディンガーさんが「電子は波だ」という理論から求めたエネルギーの値とが、全く一緒になった！

これは実験とも、ぴったり合ってるんだよね。

そう、ということは、

っていえるんだね。

でもまだ落ちついて。もう少しいろいろな場合について見てないと、確かなことは言えないよ。

 うん、次が楽しみだね。

ではここで、ステップ1と同じようにお父さんと電子の場合を照らし合わせてみましょう。

お父さんの場合

お父さんの歌ったCDのフレーズが、はじめてファミリーの人たちに通じた。これなら本物の外国の人にも通じるかも・・・

電子の場合

シュレディンガーさんの式から求めた電子のエネルギーがはじめて実験結果に合った。これなら本当の自然の中の電子も表せるかも・・・？

ステップ2までやってきて、お父さんも電子の波の式もかなりいい線まできました。自然を表せる可能性は、ますます広がるばかりです。ステップ3でこの可能性を確かなものにしましょう！

 わかりました？私は箱の中の波が、どうしてsinの波になるのかがよくわからなかったけど、それをわかりたい！と思って考えてるうちに、マンガだって描けるようになりました。みんなも、わからないことを一生懸命考えるとトクすることがいっぱいありますよ

4.4.3 ステップ3 フックの場

【お父さんの場合】

~Sing Along Dance Along~

だんだん CD の音が大きくなる。
ここは渋谷にあるヒッポの事務所が入ったビル。
お父さんは健康のためにエレベーターは使わないことにしている。階段を登ってドアを開けた。

「こんばんは！こちらにお名前をお願いします。あと、名札シールを書いてつけてくださいね」

受付の女性がにっこり笑ってそういった。見ると、来ている人の名前がずらりと書いてある。こんなにいるのか・・・。お父さんは自分の名前を書くとペンを置いた。

「シールもつけてくださいね。じゃないとお名前がわかりませんから」

ああそうか忘れていた・・・。
お父さんは大きく黒いマジックペンで「小倉」と書いて少し照れくさくなった。何だか幼稚園の名札みたいだなあ・・・。
ジュウタンの部屋に入るとお父さんは一瞬、ギョッ！とした。

　　　　　　　　　男だらけじゃないか！

それもそのはず。今日は月に1度の「スターライトワークショップ」といって、男の人を中心にいろんなところでヒッポの活動をしている人たちが集まってきてヒッポをする日なのです。
一面見渡す限り男ばかりで、その中にばらぱらと女性や子どももいる。みんな音楽に合わせ夢中になって踊っている。自分で考えた面白い振り付けを披露している人もいた。どうしよう・・・。
お父さんはこの異様な熱気に圧倒されて部屋の壁に張りつくように立っていた。が、しばらくたってみるとだんだんぽつんと立っている自分の方が目立ってしまっていることに気づいた。周りにも、亞然としてしまっているお父さんが少しはいたが、踊っている人数の方が圧倒的に多い。お父さんは少しためらった。が、しかしここには奥さんや子どもたちもいないことだし、踊ってみるのも楽しそうだ。

　少しまん中の方へ入って周りの人の真似をしてみる。踊りはそんなに難しいものではなかった。
　なんだ私にだって踊れるぞ！
　お父さんは急に嬉しくなってもっと中へ入っていった。

　しばらくすると、マイクを持った男性が次々にCDのことばを言い始めた。
みんなビールを呑みながら、和気あいあいとしている。

　ことばを歌うことのすごさもさることながら、お父さんたちの話も面白かった。そのお父さんたちの話は、自分がどうやってヒッポを始めたのかとか、どうしてヒッポが楽しいか、などというものだった。
「みんなも初めの頃は私と同じだったんだ。私にもあんなふうにやれる日がくるのかな」
お父さんは半ば酔いながらぼんやりと考えた。
そこへまた、司会の男性の声が耳に飛び込んできた。

「えー、誰か飛び入りで歌いたい人はいませんか？この会が終わったあとに後悔しないように！今のうちですよ！」

「やっちゃおうかな・・・」
お父さんはそう思った瞬間にもう手を挙げてしまっていた。

「はい！そこのお父さん！」

みんなに注目されて、ドキッとしたがもう後へは引けない。

「はじめまして。小倉と申します。ヒッポの活動にはまだ一度しか行ったことないんです」

みんなニコニコして聞いてくれる。

「その時にちょっとCDのことばをいってみたら、みんなにほめられまして、思わずうれしくなってしまいまして・・・、調子に乗って今日はそこをやらせていただきます。じゃあ、えーっと、ラーコーシャンピャオプーシーピェン！ズズーッ！シェシェタチャー！」

「おおーっ!!」

お父さんたちは地響きのような声をあげて喜んでくれた。
すると、一番前にいた男の人が突然立ち上がって、にこにこしながら私に握手を求めてきた。

很好！很好！拉勾上吊一不許変！

そうか。この人は中国の人なんだな。ということは、どうやら私のいったことばが中国語だってわかったらしいぞ。いやあー、すごいなあー。こうやっていってみれば、本当に通じるものなんだな。
この調子なら・・・
お父さんはすっかりその気になっていた。

【電子の場合】

大変長らくお待たせいたしました。さあ、「自由空間」、「箱の中」をクリアしたあなたは、次に何をすればいいのかもうわかっていますね。そう！まず電子の状態をお父さんの状態に置きかえて考えてみましょう。忘れてしまった人は、前のページをパラパラめくって思い出してください。

お父さんはヒッポの事務所の「じゅうたんの部屋」にいた。

これも「箱の中」のときのヒッポルームと同じように、「じゅうたんの部屋」では具体的すぎるので、もっと物理っぽい例えにいいかえましょう。

それには「スターライトワークショップをやっている時のじゅうたん部屋はどういう特徴を持つ場か？」を考えるのがいちばんです。

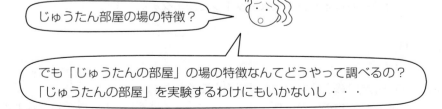

それには、お父さんがどんな行動をとったか考えてみればわかります。

お父さんのしたこと。

お父さんは「じゅうたんの部屋」に入って、
はじめは壁のそばにいた。

「おもしろそう・・・」と思って少し中の方へ入ってみた。

気がついたら真ん中の辺りで踊っていた！

そう。物理では、「フックの場」といえば、このように「中心に引っ張る力が働いている場所」をいうんだ。

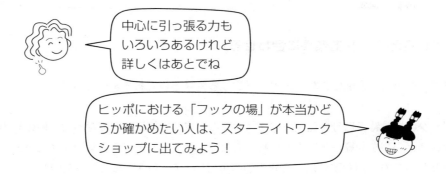

このように、

中心に向かって引っ張る力が働いている場（フックの場）

で、電子の波が、どのようになるのかを、シュレディンガーさんの「電子の波の方程式」で求めてみることにしましょう。
　ここでもシュレディンガーの考えた式が有効だとしたら、もうそれが自然を表すことができる式だといっても過言ではありません。「フックの場」における電子は限りなく現実の自然に近いのですから。

　計算機やパソコンが普及して以来、物理の世界に限らず計算を敬遠する風潮があります。こと物理の世界では計算を中途半端に減らすと、内容がしまらなくなって、数式作りの本当のすばらしさがわからなくなってしまいます。わからないと心配なさる方は、くり返し何度も読みながら、数式作りの本当のすばらしさを味わっていただきたいと思います。

　「自由空間」、「箱の中」と同じ方法で「フックの場」も計算して行きましょう。Φ のあたりをつけて、ν を出して、エネルギーを求めて・・・手間はかかりますが、出来上がったときの喜びは格別です。

　トラカレで、量子力学をやった時も、わかった人がそれぞれ自分のわかったところをわかったようにみんなに話すのですが、数式を解き始めるとホワイトボードの前にみんな集まってきて、まるでフックの場のようになることがよくありました。それほど物理の数式解きはおもしろいのです。ぜひみなさんもこの計算のおもしろさとその後の満足感を味わってください。

〈下ごしらえ①：$\mathfrak{B}$ を条件に合わせる〉

　まず、計算に入る前におなじみの「下ごしらえ」をしておきましょう。

　フックの場は特に自分を見失いがちなところです。計算に夢中になって「何のために計算していたのか、今どの辺を計算しているのかわからない」なんてことにならないように気をつけましょう。計算が終わって答が出た瞬間に「今までの苦労はいったい・・・なんだったの？」ということにならないように、なにか一つやるごとに、いつも今自分が実は大きな流れの中で何をやりたいのか、何のためにこの計算をやっているのか、ということを気に止めながら進んでいきましょう。

　これまでにやった「自由空間」、「箱の中」では、電子に働いている力は 0 であるとしてきたので、$\mathfrak{B}=0$ でした。しかし今回のフックの場ではそうではありません。
　フックの場では、「中心に向かって引っ張る力」が働いているのです。

中心に引っ張られる力ってどんな力？

身近なフックの場

　フックの場とは、例えばとても深い大きな落とし穴を思い浮かべてください。そこに 10000 人くらいの人が落ちました。もしあなたならどうしますか？

　きっと穴に落ちたほとんどの人がそうするでしょうね。けれども、この落とし穴は無限に深い穴なので、決して誰も外には出ることができません。そうすると、この穴の中でいちばん人がたくさんいる所はどこだと思いますか？

では逆に、いちばん人が少ない所はどこでしょう？

　穴からはい上がるのにいちばん大変なところといえば上の方。ここは体力のある人だけしか坂が急すぎて登れないもの

穴の中の人口密度を絵で表すとこんな感じになります。

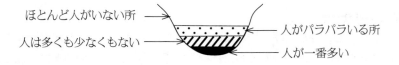

　こんどは、その人口密度を表した絵を 3 次元で考えて、真下から見たとして、その人口密度の様子をグラフで表してみました。

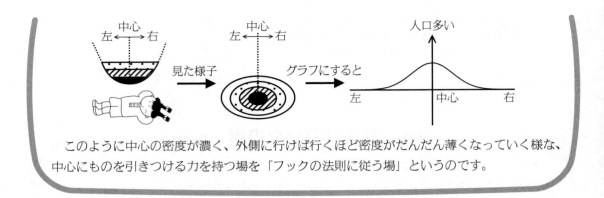

このように中心の密度が濃く、外側に行けば行くほど密度がだんだん薄くなっていく様な、中心にものを引きつける力を持つ場を「フックの法則に従う場」というのです。

電子の場合のフックの場も、電子の波が「中心に向かって引っ張られる力」が働いていますから、これはバネにつながれているのと同じように考えられます。バネにつながれた人は遠くへ行けば行くほど強い力で真ん中に引き戻されます。物理ではこのように力の働き方がバネと同じになるような場所をフックの場といいます。

この時の力は

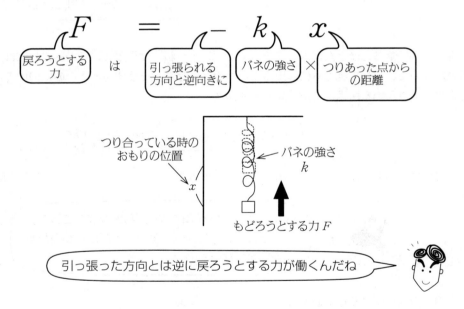

《フックの場の位置エネルギー》

ものを持ち上げて落とすと、持ち上げた高さによって落ちたときのショックが違いますね。これは、エネルギーが「位置エネルギー」という形で蓄えられていて、ものを高く持ち上げるほど、位置エネルギーは大きいのです。

位置エネルギーは、どれだけの距離、どれぐらいの力をかけて引っ張ったかで決まります。

位置エネルギー V を数式語で表すと、

$$V = -\int_0^x F\,dx$$

となります。

バネの力の場合、力 F は $F = -kx$ だったので、位置エネルギー V は、

となります。ということは、フックの場での位置エネルギー V は

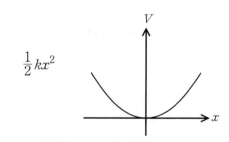

ということがわかりましたね。

そして、$\mathfrak{B}$ は

$$V = h\mathfrak{B}$$
$$\mathfrak{B} = \frac{V}{h}$$

なので、フックの場での $\mathfrak{B}$ は

$$\boxed{\mathfrak{B} = \frac{k}{2h}x^2}$$

となります。

〈下ごしらえ②：式を整理する〉

Φ は3次元（x, y, z）の空間に広がる波です。しかしフックの場は3次元のどの方向にも同じように力がかかっているから、計算を簡単にするために、1次元（x方向）だけで考えることにしましょう。

$$\nabla^2 \Phi = \frac{\partial^2 \Phi}{\partial x^2} + \frac{\partial^2 \Phi}{\partial y^2} + \frac{\partial^2 \Phi}{\partial z^2} \quad \text{3次元}$$

$$\frac{d^2 \Phi}{dx^2} \quad \text{1次元}$$

少しラクになったよ

つまり、電子の波の方程式は、

$$\nabla^2 \Phi = -8\pi^2 \mathfrak{M}(\nu - \mathfrak{V}) \Phi$$

$$\frac{d^2 \Phi(x)}{dx^2} = -8\pi^2 \mathfrak{M}(\nu - \mathfrak{V}) \Phi(x)$$

となります。
　さらに、この $\mathfrak{V}$ に、フックの場での $\mathfrak{V}$

$$\mathfrak{V} = \frac{k}{2h} x^2$$

を入れると、

$$\frac{d^2 \Phi(x)}{dx^2} = -8\pi^2 \mathfrak{M}\left(\nu - \frac{k}{2h} x^2\right) \Phi(x)$$

$$= \left(-8\pi^2 \mathfrak{M} \nu + \frac{4\pi^2 \mathfrak{M} k}{h} x^2\right) \Phi(x)$$

となります。
　ここで、ちょっと置き換えをします。

置き換え　その1

$$8\pi^2 \mathfrak{M} \nu = \lambda$$

$$\frac{4\pi^2 \mathfrak{M} k}{h} = \alpha^2$$

λ は波長のことじゃないよ

すると、

$$\frac{d^2\Phi(x)}{dx^2}=(-\lambda+\alpha^2 x^2)\Phi(x)$$

になります。

　もう少し見やすくするために、さらに置き換えをします。

置き換え　その２
$$\alpha x^2 = \xi^2$$

ワケあってこうおきます

$\alpha x^2 = \xi^2$ だから、この置き換えは、

$$x^2 = \frac{\xi^2}{\alpha}$$

$$x = \frac{\xi}{\sqrt{\alpha}}$$

ともなります。これを代入します。

$$\frac{d^2\Phi(x)}{dx^2}=(-\lambda+\alpha^2 x^2)\Phi(x)$$

$$\frac{d^2\Phi(\xi)}{d\left(\frac{\xi}{\sqrt{\alpha}}\right)^2}=(-\lambda+\alpha\xi^2)\Phi(\xi)$$

$$\alpha\frac{d^2\Phi(\xi)}{d\xi^2}=(-\lambda+\alpha\xi^2)\Phi(\xi)$$

Φ は x の関数から ξ の関数に変わりました

これを α で割ります。

$$\frac{d^2\Phi(\xi)}{d\xi^2}=\left(-\frac{\lambda}{\alpha}+\xi^2\right)\Phi(\xi)$$

　さらに、もう一度置き換えます。

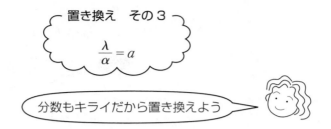

そうすると結局、最初の「フックの場での電子の波の方程式」

$$\frac{d^2\Phi(x)}{dx^2} = -8\pi^2 \mathfrak{M}\left(\nu - \frac{k}{2h}x^2\right)\Phi(x)$$

は、いろんな置き換えをして変形することにより、

$$\frac{d^2\Phi(\xi)}{d\xi^2} = (-a+\xi^2)\Phi(\xi)$$

という、とても簡単な形になりました。

〈Φのあたりをつける〉

それではいよいよ、Φのあたりをつけてみることにしましょう。
今回はこの「あたりをつける」という手順がとっても長いので、自分がやっていることを見失わないように気をつけてください。

フックの場では、電子の波は、遠くのものほど強く中心に引き寄せられて、真ん中が濃くて中心から離れたところは薄いと考えられますね。するとΦの形はきっとこんな形になるはずです。

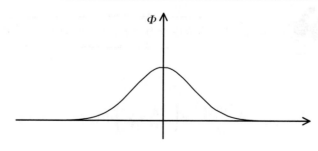

このような形になるΦとは、どんなものでしょう。

うーん、全然思いつかないけど・・・

ハハハ。しょうがないなぁ。ここはプロの物理学者の腕の見せどころだね。こういう時は頭の中にいっぱい詰まってる数式の「マニュアル」の中から「これカナ？」というものを引っ張りだしてきて、実際に計算してみるのです

あぁ、それってヒッポでもよくやっちゃうやつでしょ?!

韓国へホームステイに行った時

　ヒッポの活動は日本の中だけではなく、ホームステイのプログラムもあります。アメリカ、フランス、ドイツ、メキシコ、スペイン、お隣の韓国、中国、ロシア・・・etc。日本でたくさんヒッポのCDを聞いて、CDのことばをまねして、毎年春と夏にたくさんの人たちが海を渡ります。

　韓国にもヒッポがあり、韓国にホームステイするときはそのメンバーの家族の一員となります。彼らは私たちと同じCDを使って同じような活動をしているので、私たちには共通のことば（CDのことば）があります。

―ジロサの場合―

　韓国に行ったとき、私は簡単な挨拶と後はヒッポのCDのまねしかできませんでした。

ところがある日、夕食を食べ終わったときに、ヒッポのCDのことばが頭の中で流れました。

でも全然困らなかったよ

友だちだもんね！

　"チャーモードハンケテーブルチュゴジャ"
　これはCDの中で食事を終えた後に言っていることばです。

ん?! 今、まさにピッタリの場面だ！
ちょっと言ってみようかな・・・
CDのことばと同じだからウケルかな・・・？

자! 모두 함께 테이블을 치우자.

単語1つ1つの意味は知らないけど、このことばを使うべき状況ははっきりしているので、あたりをつけて使ってみました。すると・・・

アー ケンチャナヨー！
（だいじょうぶよ！）

ホストは「CDと同じことばだね！」と言うどころか、私に話しかけ始め、どんどんと会話が弾んでいくのです。

テキトウにアタリをつけて言ってみたら会話がはじまっちゃったってコトは、私の言ったことばは本当にその場の状況にピッタリだったんだ。ナントナク "자! 모두 함께・・・" の意味もわかったし、アタリをつけるってけっこう大胆だけど、スルドイところをつくことができるんだね

先ほどの Φ のグラフを見れば、「数式のマニュアル」のいっぱい詰まったシュレディンガーさんにはすぐにピンときました

$\Phi(\xi) = e^{-\frac{\xi^2}{2}}$ だ!!

なんと、いきなり出てきてしまいました。
確かにこの関数は、上のグラフのようになるのです。

興味のある人は、確かめてみてね

さっそく、これをシュレディンガーさんの電子の波の方程式

$$\frac{d^2 \Phi(\xi)}{d\xi^2} = (-a + \xi^2)\Phi(\xi)$$

に入れて確かめてみましょう。
Φ を ξ で2階微分したら、$(-a + \xi^2)\Phi$ という形になればいいのです。

ワクワク。やってみようよ

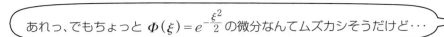

ドクトル・ブチの合成関数の微分

$\Phi(\xi) = e^{-\frac{\xi^2}{2}}$ という関数は、$-\frac{\xi^2}{2}$ を y とおくと、e^y と表せます。

このような場合、$\Phi(\xi) = e^{-\frac{\xi^2}{2}}$ を微分するには、e^y を y で微分したものに、$-\frac{\xi^2}{2}$ を ξ で微分したものをかければ良いのです。

$$\frac{d}{d\xi} e^{-\frac{\xi^2}{2}} = \frac{d}{dy}(e^y) \cdot \frac{d}{d\xi}\left(-\frac{\xi^2}{2}\right)$$

$$= e^y \times \left(-\frac{1}{2}\right) \cdot 2\xi$$

$$= -\xi e^y$$

$$= -\xi e^{-\frac{\xi^2}{2}}$$

この微分は、面白いパターンになっているからもっとラクできるよ！

e の合成関数の微分は、雪だるま方式で微分すると、

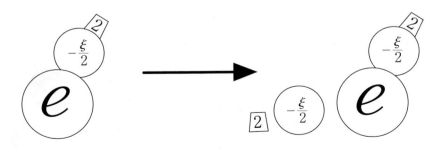

こうなります。

この要領で Φ をまずは1階微分してみよう。

$$\frac{d\Phi}{d\xi} = \frac{d}{d\xi} e^{-\frac{\xi^2}{2}} = 2\cdot\left(-\frac{\xi}{2}\right)\cdot e^{-\frac{\xi^2}{2}} = -\xi e^{-\frac{\xi^2}{2}}$$

「1階微分のできあがり！！」

続いて2階微分にも挑戦！！
1階微分をもう一回微分すれば2階微分になるけど、それにはもうひとつワザがいるのです。それは「積の微分」です。それでは再びお助けジロサに登場してもらいましょう。

ジロサの積の微分

たとえば $(f(x)\cdot g(x))$ という式を微分すると、

$$\frac{d}{dx}\{f(x)\cdot g(x)\} = \frac{d}{dx}f(x)\cdot g(x) + f(x)\cdot\frac{d}{dx}g(x)$$

という形になります。

やさしい覚え方があるよ！
左辺と右辺をよ〜く見比べてみてください。
なんと $(f(x)\cdot g(x))$ の積の微分は、

$$\underset{\text{ビブン}}{\frac{d}{dx}f(x)} \times \underset{\text{そのまま}}{g(x)} + \underset{\text{そのまま}}{f(x)} \times \underset{\text{ビブン}}{\frac{d}{dx}g(x)}$$

となります。
　これがわかったら積の微分はいつもこの順番で計算したらいいのです。

「なんだ、思ったよりカンタンだね」

「ビソソビのじゅんばんね　ムササビみたい！」

ではこのワザを使って、さっき1階微分した Φ をもう一回微分しましょう。

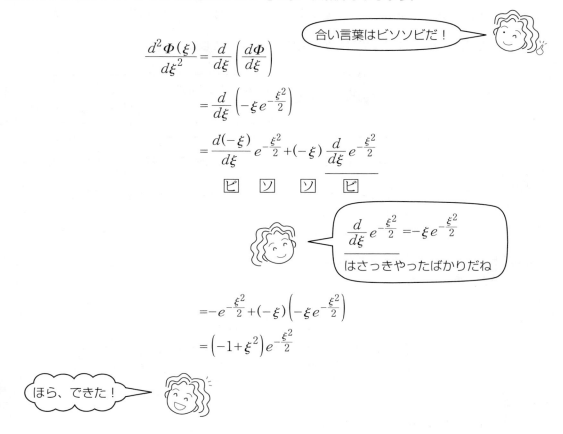

あたりをつけた Φ と、もとの電子の波の方程式の Φ の形とを比べてみましょう。

違うところは・・・そう、近いんだけど、あたりをつけた Φ は、$a=1$ のときしか電子の波の方程式の Φ と同じにならないのです。

このままでは、こんな複雑な分母と分子が1になる特別な場合しかなりたちませんね。

a が1以外にも対応できるようにしたいものです。でも a のところ以外同じ形になるのだから、最初にあたりをつけた $e^{-\frac{\xi^2}{2}}$ を使って何とか工夫できないものでしょうか。

う〜ん。思いつかない。マニュアルが少なすぎるのかなあ。シュレディンガーさん助けて!!

$e^{-\frac{\xi^2}{2}}$ にある関数をくっつけてみるんだ。その関数を仮に $f(\xi)$ としよう。$e^{-\frac{\xi^2}{2}} \cdot f(\xi)$ を2階微分したときに $(-a+\xi^2)e^{-\frac{\xi^2}{2}} \cdot f(\xi)$ となるような関数 $f(\xi)$ を探してみよう

なるほど、そういう手があるんですね。

そうすると、Φ は

$$\Phi(\xi) = e^{-\frac{\xi^2}{2}} \cdot f(\xi)$$

$f(\xi)$ がわかれば、Φ が解るということか

と表せます。

この Φ を、「フックの場の場合の電子の波の方程式」

$$\frac{d^2\Phi(\xi)}{d\xi^2} = (-a+\xi^2)\Phi(\xi)$$

に代入してみましょう。

まず、左辺の Φ の2階微分から。

あ、これは関数のかけ算になっているから積の微分だね。「ビソソビ」を使うんだ

$$\frac{d\Phi(\xi)}{d\xi} = \frac{d}{d\xi}\left\{e^{-\frac{\xi^2}{2}} \cdot f(\xi)\right\}$$

$$= \underbrace{\frac{d}{d\xi}\left(e^{-\frac{\xi^2}{2}}\right)}_{\text{ビ}} \cdot \underbrace{f(\xi)}_{\text{ソ}} + \underbrace{e^{-\frac{\xi^2}{2}}}_{\text{ソ}} \cdot \underbrace{\frac{d}{d\xi}f(\xi)}_{\text{ビ}}$$

$$= -\xi e^{-\frac{\xi^2}{2}} \cdot f(\xi) + e^{-\frac{\xi^2}{2}} \cdot \frac{d}{d\xi}f(\xi)$$

次にこれをもう一回微分しましょう。合わせて 2 階微分。

$$\frac{d^2\Phi(\xi)}{d\xi^2} = \frac{d}{d\xi}\left\{-\xi e^{-\frac{\xi^2}{2}} \cdot f(\xi) + e^{-\frac{\xi^2}{2}} \cdot \frac{d}{d\xi}f(\xi)\right\}$$

$$= \frac{d}{d\xi}\left\{-\xi e^{-\frac{\xi^2}{2}} \cdot f(\xi)\right\} + \frac{d}{d\xi}\left\{e^{-\frac{\xi^2}{2}} \cdot \frac{d}{d\xi}f(\xi)\right\}$$

これは、ビソソビ＋ビソソビだね

$$= \frac{d}{d\xi}\left(-\xi \cdot e^{-\frac{\xi^2}{2}}\right)f(\xi) + \left(-\xi e^{-\frac{\xi^2}{2}}\right) \cdot \frac{d}{d\xi}f(\xi)$$

$$+ \frac{d}{d\xi}\left(e^{-\frac{\xi^2}{2}}\right) \cdot \frac{d}{d\xi}f(\xi) + e^{-\frac{\xi^2}{2}} \cdot \frac{d^2}{d\xi^2}f(\xi)$$

$\frac{d}{d\xi}\left(-\xi \cdot e^{-\frac{\xi^2}{2}}\right) = \left(-1 + \xi^2\right)e^{-\frac{\xi^2}{2}}$ だったよね

$$\frac{d^2\Phi(\xi)}{d\xi^2} = (-1 + \xi^2)e^{-\frac{\xi^2}{2}} \cdot f(\xi) - \xi \cdot e^{-\frac{\xi^2}{2}}\frac{d}{d\xi}f(\xi)$$

$$+ \left(-\xi e^{-\frac{\xi^2}{2}}\right)\frac{d}{d\xi}f(\xi) + e^{-\frac{\xi^2}{2}} \cdot \frac{d^2}{d\xi^2}f(\xi)$$

$$= \left\{(\xi^2 - 1)f(\xi) - 2\xi \cdot \frac{d}{d\xi}f(\xi) + \frac{d^2}{d\xi^2}f(\xi)\right\}e^{-\frac{\xi^2}{2}}$$

これで、「フックの場の場合の電子の波の方程式」の左辺に、さっきあたりをつけた Φ

$$\Phi(\xi) = e^{-\frac{\xi^2}{2}} \cdot f(\xi)$$

を代入することができました。

苦労したね

それでは今度は、右辺に代入してみましょう。

$$(-a + \xi^2)\Phi = (-a + \xi^2)e^{-\frac{\xi^2}{2}} \cdot f(\xi)$$

電子の波の方程式の左辺と右辺ですから、これは当然、イコールで結べます。

$$\left\{(\xi^2-1)f(\xi)-2\xi\frac{d}{d\xi}f(\xi)+\frac{d^2}{d\xi^2}f(\xi)\right\}e^{-\frac{\xi^2}{2}}$$

$$=(-a+\xi^2)e^{-\frac{\xi^2}{2}}\cdot f(\xi)$$

$$(\xi^2-1)f(\xi)-2\xi\frac{d}{d\xi}f(\xi)+\frac{d^2}{d\xi^2}f(\xi)=(-a+\xi^2)f(\xi)$$

$$-f(\xi)-2\xi\frac{d}{d\xi}f(\xi)+\frac{d^2}{d\xi^2}f(\xi)=-af(\xi)$$

$$\boxed{\frac{d^2}{d\xi^2}f(\xi)=(1-a)f(\xi)+2\xi\frac{d}{d\xi}f(\xi)}$$

「フックの場の場合の電子の波の方程式」が、

$$\Phi(\xi)=e^{-\frac{\xi^2}{2}}\cdot f(\xi)$$

を代入することより、このように書き換えられました。

苦労して計算したけど、出てきたものにはやっぱり $f(\xi)$ や、$f(\xi)$ の微分の形が入っているよ。

うん、このままでは $f(\xi)$ を求めることができないね。

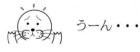
うーん・・・

シュレディンガーさん、これ以上どうしたらいいんだろう？
助けて〜

よし、それじゃあ、マニュアル中のマニュアル、

最後の手段

を出すしかない。あれだ！

テイラー展開だ！

テイラー展開とは

普通の連続な関数だったら、このテイラー展開という形で書き換えることができる、マルチなワザです。

テイラー展開は数式では、こんな形になります。

$$f(x) = C_0 + C_1 x + C_2 x^2 + C_3 x^3 + C_4 x^4 + \cdots = \sum_{n=0}^{\infty} C_n x^n$$

C_0、C_1、C_2・・・それぞれの係数がわかれば、$f(x)$ がどんな形になるのかわかるのです。

物理学者さんたちは、今の私たちみたいに、ある関数がどんな形なのかを探すときにこのテイラー展開の形に置いてみるのです。

C_n が求まれば $f(\xi)$ が解り、Φ が解るということか

でも、テイラー展開で置き換えて、何かいいことがあるんですか？

だから、最後の手段、使いすぎは禁物なんだ。
確かにテイラー展開で関数を置き換えても、これはあくまで単なる「置き換え」だから、別に何が変わるわけでもない。
今まで $f(\xi)$ を求める、という問題だったのが、ただ係数 C_n を求める、という問題にすり変わるだけだ。
でもたまに、思わぬ突破口がひらけることが、あるんだ。

ふーん、それじゃあ早速、やってみよう。

$$f(\xi) = C_0 + C_1 \xi + C_2 \xi^2 + C_3 \xi^3 + C_4 \xi^4 + \cdots = \sum_{n=0}^{\infty} C_n \xi^n$$

となる。

次に、$f(\xi)$ の 1 階微分 $\dfrac{df(\xi)}{d\xi}$ は、

$$\frac{d}{d\xi}f(\xi) = 0 + C_1 + 2C_2\xi + 3C_3\xi^2 + 4C_4\xi^3 + \cdots$$

となる。ξ をかけて $\xi f(\xi)$ にすると

$$\xi\frac{d}{d\xi}f(\xi) = 0 + C_1\xi + 2C_2\xi^2 + 3C_3\xi^3 + 4C_4\xi^4 + \cdots = \sum_{n=0}^{\infty} nC_n\xi^n$$

さらに $\dfrac{d}{d\xi}f(\xi)$ を微分して $\dfrac{d^2}{d\xi^2}f(\xi)$ を求めると、

$$\frac{d^2}{d\xi^2}f(\xi) = 0 + 0 + 2\cdot1\cdot C_2 + 3\cdot2\cdot C_3\xi + 4\cdot3\cdot C_4\xi^2 + \cdots$$

$$= 2\cdot1\cdot C_2 + 3\cdot2\cdot C_3\xi + 4\cdot3\cdot C_4\xi^2 + \cdots$$

$n=0$ 番目　$n=1$ 番目　　$n=2$ 番目　$\cdots$　と考えよう

$$= (0+2)(0+1)C_{0+2}\xi^0 + (1+2)(1+1)C_{1+2}\xi^1$$
$$+ (2+2)(2+1)C_{2+2}\xi^2 + \cdots$$

$$= \sum_{n=0}^{\infty}(n+2)(n+1)C_{n+2}\xi^n$$

今求めたものをまとめてみよう。

$$f(\xi) = \sum_{n=0}^{\infty} C_n\xi^n$$

$$\xi\frac{d}{d\xi}f(\xi) = \sum_{n=0}^{\infty} nC_n\xi^n$$

$$\frac{d^2}{d\xi^2}f(\xi) = \sum_{n=0}^{\infty}(n+2)(n+1)C_{n+2}\xi^n$$

そして、「フックの場の場合の電子の波の方程式」を書き換えたもの

$$\frac{d^2}{d\xi^2}f(\xi) = (1-a)f(\xi) + 2\xi\frac{d}{d\xi}f(\xi)$$

に今テイラー展開の形に置いて求めた $f(\xi)$、$\xi f(\xi)$、$\frac{d^2}{d\xi^2}f(\xi)$ を代入しよう。

$$\sum_{n=0}^{\infty}(n+2)(n+1)C_{n+2}\xi^n = (1-a)\sum_{n=0}^{\infty}C_n\xi^n + 2\sum_{n=0}^{\infty}nC_n\xi^n$$

Σ をまとめて、ξ^n でくくれば、

$$\sum_{n=0}^{\infty}\left\{(n+2)(n+1)C_{n+2} - (1-a+2n)C_n\right\}\xi^n = 0$$

となります。

ところでこの式は、ξ の1乗の項、ξ の2乗の項、3乗の項、4乗、5乗・・・を、全部たすと、0になるという形をしています。

このような「無限の」たし算が0になるのは、どういう場合かわかるかい？

うーん・・・。

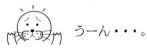
実は、ξ の1乗、ξ の2乗、・・・の、全部の項の係数が0になるときだけなんだ。

つまり、全ての n に対して、

$$(n+2)(n+1)C_{n+2} - (1-a+2n)C_n = 0$$

即ち

$$(n+2)(n+1)C_{n+2} = (1-a+2n)C_n$$

の場合にだけ、上の式は成り立つのです。

これを移項して変形すると、

$$C_{n+2} = \frac{2n+1-a}{(n+2)(n+1)} C_n \qquad (n=0,1,2,3\cdots)$$

となります。

さあ、よくこの関係式を見てごらん。この式は、C_n がわかれば C_{n+2} がわかり、C_{n+2} がわかれば、C_{n+4} がわかる、C_{n+4} がわかれば・・・という関係になっているね。

はい、確かに。

だからはじめに C_0 が決まっていれば、C_2 が、そして $C_4 C_6 C_8 \cdots$ と偶数の係数が全部わかるんだ。同じように C_1 が決まれば後は奇数の項が全部わかる、というわけなんだ。

じゃあこれで、係数 C_n が求められた、ということですね!!

n が偶数の時：$C_0 \to C_2 \to C_4 \to C_6 \to \cdots$

n が奇数の時：$C_1 \to C_3 \to C_5 \to C_7 \to \cdots$

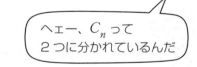
ヘェー、C_n って2つに分かれているんだ

でもシュレディンガーさん、これだけでは、C_0 と C_1 はどんな値をとるのか、わかりませんよね。

うん、そんなものは、適当に決めてしまおう。

えーっ!!

微分方程式の解というのは、そういうものなんだ。気にしなくていいよ。

そこでシュレディンガーさんのいうとおり、とりあえず、

$$C_0 = 1, \qquad C_1 = 1$$

と決めてしまいます。そうすると偶数と奇数のそれぞれの場合での C_n がわかります。

$C_0 = 1$、$C_1 = 1$ とした場合それぞれの系列で、係数がどんな値をとるのか具体的に見てみよう。

「n が偶数のとき」　　　　　　　　　　　　　　　　　　　　　　偶数

$n = 0$ の時　　$C_2 = \dfrac{1-a}{2 \cdot 1} \cdot C_0 = \dfrac{1-a}{2!}$

$n = 2$ の時　　$C_4 = \dfrac{5-a}{4 \cdot 3} \cdot C_2 = \dfrac{(5-a)(1-a)}{4!}$

$n = 4$ の時　　$C_6 = \dfrac{9-a}{6 \cdot 5} \cdot C_4 = \dfrac{(9-a)(5-a)(1-a)}{6!}$

「n が奇数のとき」　　　　　　　　　　　　　　　　　　　　　　奇数

$n = 1$ の時　　$C_3 = \dfrac{3-a}{3 \cdot 2} \cdot C_1 = \dfrac{3-a}{3!}$

$n = 3$ の時　　$C_5 = \dfrac{7-a}{5 \cdot 4} \cdot C_3 = \dfrac{(7-a)(3-a)}{5!}$

$n = 5$ の時　　$C_7 = \dfrac{11-a}{7 \cdot 6} \cdot C_5 = \dfrac{(11-a)(7-a)(3-a)}{7!}$

係数 C_n がわかったということは、$f(\xi)$ がわかったということですね

$f(\xi)$ の係数 C_n が偶数項と奇数項に分かれているのだから、$f(\xi)$ も偶数項と奇数項に分けて書いてみよう。

$$f偶(\xi) = C_0 + C_2 \xi^2 + C_4 \xi^4 + C_6 \xi^6 + \cdots$$
$$= 1 + \dfrac{1-a}{2!}\xi^2 + \dfrac{(5-a)(1-a)}{4!}\xi^4 + \dfrac{(9-a)(5-a)(1-a)}{6!}\xi^6 + \cdots$$

$$f奇(\xi) = C_1 \xi + C_3 \xi^3 + C_5 \xi^5 + C_7 \xi^7 + \cdots$$
$$= \xi + \dfrac{3-a}{3!}\xi^3 + \dfrac{(7-a)(3-a)}{5!}\xi^5 + \dfrac{(11-a)(7-a)(3-a)}{7!}\xi^7 + \cdots$$

$f(\xi)$ は、2つの答があったんだね

さらに、$f(\xi)$ がわかったのだから、

$$\Phi(\xi) = e^{-\frac{\xi^2}{2}} \cdot f(\xi)$$

もわかったことになる。これも奇数項と偶数項の二つに分けよう。

$$\Phi_偶(\xi) = e^{-\frac{\xi^2}{2}} \cdot f_偶(\xi)$$
$$= \left\{ 1 + \frac{1-a}{2!}\xi^2 + \frac{(5-a)(1-a)}{4!}\xi^4 \right.$$
$$\left. + \frac{(9-a)(5-a)(1-a)}{6!}\xi^6 + \cdots \right\} e^{-\frac{\xi^2}{2}}$$

$$\Phi_奇(\xi) = e^{-\frac{\xi^2}{2}} \cdot f_奇(\xi)$$
$$= \left\{ \xi + \frac{3-a}{3!}\xi^3 + \frac{(7-a)(3-a)}{5!}\xi^5 \right.$$
$$\left. + \frac{(11-a)(7-a)(3-a)}{7!}\xi^7 + \cdots \right\} e^{-\frac{\xi^2}{2}}$$

さあ、これで、求めたかった電子の波 Φ がわかったことになります。Φ は

$$\Phi(\xi) = \Phi_偶(\xi) + \Phi_奇(\xi)$$

というように偶数項と奇数項からできていました。そしてその $\Phi_偶(\xi)$、$\Phi_奇(\xi)$ の形も解りました!!!

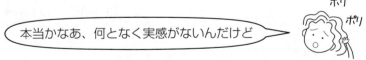

本当かなあ、何となく実感がないんだけど

それではこれで本当に求めたかった電子の波 $\Phi(\xi)$ がわかったのかを、確かめてみることにしましょう。

フックの場というのは、中心に引っ張る力が働いている空間のことだったので、中心から遠く離れたところで Φ は 0 にならなければいけませんでした。

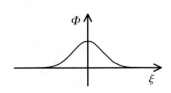

これを数式語でいうと、$\xi \to \pm\infty$ の時 $\Phi(\xi) = 0$ ということになります。さあどうなるか見てみましょう。

まず $\xi \to \infty$ の時、$\Phi_{偶}(\xi)$ はどうなるかを見てみよう。

$$\Phi_{偶}(\xi) = e^{-\frac{\xi^2}{2}} \cdot f_{偶}(\xi) = \frac{f_{偶}(\xi)}{e^{\frac{\xi^2}{2}}}$$

$\xi \to \infty$ の時は、$\Phi_{偶}(\xi)$ の

$$\text{分母の } e^{\frac{\xi^2}{2}} \text{ も、分子の } f(\xi) \text{ も}$$

無限大になります。

しかし、同じ無限大でも

$\left\| f_{偶}(\xi) \right\| > e^{\frac{\xi^2}{2}}$	だったら	$\left\| \Phi_{偶}(\xi) \right\|$	は無限大になり、
$\left\| f_{偶}(\xi) \right\| < e^{\frac{\xi^2}{2}}$	だったら	$\left\| \Phi_{偶}(\xi) \right\|$	は0になります

分子の $f_{偶}(\xi)$ の $\xi \to \infty$ の場合の最後の項は、

$$f_{偶}(\xi \to \infty) = 1 + \frac{1-a}{2!}\infty^2 + \cdots + \frac{(\ )(\ )\cdots(\ )}{\Box!}\infty^\infty$$

ですから、∞^∞ となり、分母を $\xi \to \infty$ にした時、

$$e^{\frac{\xi^2}{2}} \quad \to \quad e^{\frac{\infty^2}{2}}$$

なので、$\infty^\infty > e^{\frac{\infty^2}{2}}$ となりますね。

ということは、このままだと $\xi \to \pm\infty$ の時 $|\Phi(\xi)| = \infty$ となってしまう。

どうにかしなければ・・・

シュレディンガーさんは、考えました。

〈自然に合う条件を探そう！〉

もう一度、係数の関係式を思い出そう。

$$C_{n+2} = \frac{2n+1-a}{(n+2)(n+1)} C_n$$

自然に合うように置いた条件をカッコイイことばで、境界条件といいます

この式では係数 C_{n+2} は、前の係数 C_n によって決まります。ということは、どこかで係数が 0 になれば次からの項の係数は、全て 0 となります。

ほら、そうすれば $f(\xi)$ は「無限に続く級数」だったけど、あるところからの係数が 0 になれば、「有限の級数」となる。すると $\xi \to \infty$ の場合でも、$\Phi \to \infty$ になることはないじゃないか！

$$\Phi_{奇}(\xi) = C_1 \xi + C_3 \xi^3 + C_5 \xi^5 \quad + 0 + 0 + 0 \cdots$$

なるほど、強制終了させるんですね

ということは、無限級数をどこかで終わらせるための条件は

$$\frac{(2n+1-a)}{(n+1)(n+2)} = 0$$

になればいいですね。

上の式の中身を見てみよう。$n = 0, 1, 2, 3, \cdots$ と変わっていくものだから、勝手に決められるのは a だけということになります。だから a が

$$2n+1-a = 0$$

つまり、

$$a = 2n+1 \quad (n = 0, 1, 2, 3 \cdots)$$

となるようなものであれば C_n は 0 となります。

なるほど、そうするとn=1で上の式が0になれば、第3項からあとは全部0になるし、n=6で上の式が0になれば、第8項からあとは全部0になるというわけだね。

だけどさあ、係数はC_nが決まればC_{n+2}が決まるというように、「1個とび」に決まるのだったから、nが偶数だったらそのあとの「偶数の項しか」0にならないし、奇数なら「奇数の項しか」0にならないことになるよね。

$$\Phi(\xi) = C_1\xi + C_3\xi^3 + C_5\xi^5 \overset{\text{ちょきん!!}}{} + 0 + 0 + 0 + \cdots$$
$$+ C_0\xi^0 + C_2\xi^2 + C_4\xi^4 + C_6\xi^6 + C_8\xi^8 + \cdots$$

うん、そうすると結局、nが偶数だったら奇数項は無限大になってしまうし、nが奇数なら偶数項は無限大になってしまう。

そんなの簡単だよ。nが偶数だったら、$C_1 = 0$として、奇数項が0になるようにして、逆にnが奇数だったら、$C_0 = 0$として、偶数項が0になるようにすればいいよ。

ここまでくればいよいよ$\Phi(\xi)$の形がわかります。いま、自然に合うように条件を付けると、aは

$$a = 2n+1 \quad (n=0,1,2,3\cdots)$$

というものでなければいけないことがわかりました。

そこでaが何だったか思い出してみると、aはνを含む定数でした。ということは、固有値νがわかるということです。やっぱりΦがわかれば、νも同時にわかるということですね。

さっそくΦの式を完成させよう

$n =$ 偶数の時

$$\Phi_{\text{偶}}(\xi) = \left\{ 1 + \frac{1-a}{2!}\xi^2 + \frac{(5-a)(1-a)}{4!}\xi^4 \right.$$
$$\left. + \frac{(9-a)(5-a)(1-a)}{6!}\xi^6 + \cdots \right\} e^{-\frac{\xi^2}{2}}$$

　例えば $n=4$ のとき $a=9$ となれば、C_6 から後の係数は全て 0 になります。だからその時の $\Phi(\xi)$ は

$$\Phi_4(\xi) = \left(1 + \frac{-8}{2!}\xi^2 + \frac{-4\cdot -8}{4!}\xi^4 \right) e^{-\frac{\xi^2}{2}}$$

$$= \left(1 - 4\xi^2 + \frac{4}{3}\xi^4 \right) e^{-\frac{\xi^2}{2}}$$

となります。

$n =$ 奇数の時

$$\Phi_{\text{奇}}(\xi) = \left\{ \xi + \frac{3-a}{3!}\xi^3 + \frac{(7-a)(3-a)}{5!}\xi^5 \right.$$
$$\left. + \frac{(11-a)(7-a)(3-a)}{7!}\xi^7 + \cdots \right\} e^{-\frac{\xi^2}{2}}$$

　例えば $n=5$ のとき $a=11$ となれば、C_7 から後の係数は全て 0 になります。だからその時の $\Phi(\xi)$ は

$$\Phi_5(\xi) = \left(\xi + \frac{8}{3!}\xi^3 + \frac{-4\cdot -8}{5!}\xi^5 \right) e^{-\frac{\xi^2}{2}}$$

$$= \left(\xi - \frac{4}{3}\xi^3 + \frac{4}{15}\xi^5 \right) e^{-\frac{\xi^2}{2}}$$

となります。

〈固有値 ν を求めよう！〉

境界条件によって決まった

$$a = 2n+1 \qquad (n=0, 1, 2, 3 \cdots)$$

の a は、たくさんの置き換えをしたものでした。それをもとに戻して固有値 ν を求めよう。

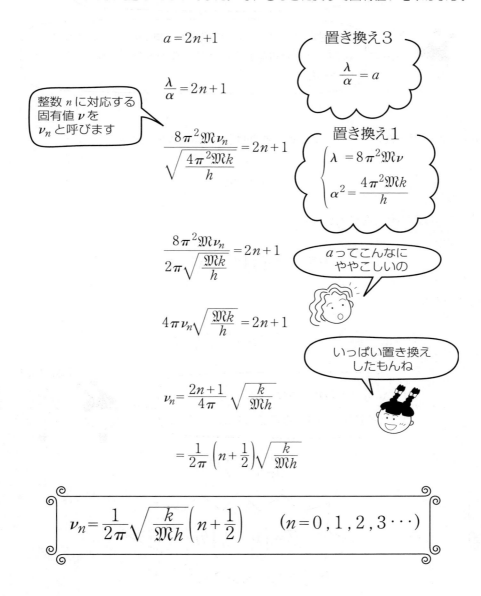

〈エネルギーを求めよう!!〉

> そういえば、ハイゼンベルクも単振動の場合のエネルギーを求めていたな・・・。
> それでは私の「電子は波だ」だという理論からも、ちょっとエネルギーを求めてみよう。

> 単振動といえば、「フックの場」と同じことなんだよね。粒の場合「単振動」といって、波の場合「フックの場」というんだよ

エネルギーは、固有値 ν にプランク定数 h をかければ求められました。

$$E = h\nu_n$$

これにフックの場の固有値を代入します。

$$E = h\nu_n = \frac{h}{2\pi}\left(n+\frac{1}{2}\right)\sqrt{\frac{k}{h\mathfrak{M}}}$$

$m = h\mathfrak{M}$ だったから、

$$= \frac{h}{2\pi}\left(n+\frac{1}{2}\right)\sqrt{\frac{k}{m}}$$

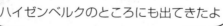

> $\sqrt{\frac{k}{m}} = 2\pi\nu$ だったよね。
> ハイゼンベルクのところにも出てきたよ

$$= \frac{h}{2\pi}\left(n+\frac{1}{2}\right)2\pi\nu$$

$$E = \left(n+\frac{1}{2}\right)h\nu$$

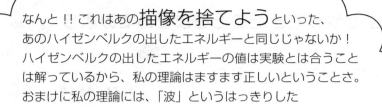

なんと！！これはあの**描像を捨てよう**といった、あのハイゼンベルクの出したエネルギーと同じじゃないか！ハイゼンベルクの出したエネルギーの値は実験とは合うことは解っているから、私の理論はますます正しいということさ。おまけに私の理論には、「波」というはっきりした

描像

があるんだ。
ハッハッハッ！！！

エネルギーも
　ばっちりだ。
やっぱり電子は波だ！

今までやってきたことをまとめてみよう

Φ_n は n が偶数の場合と奇数の場合にわけて、

① $n =$ 偶数の時

$$\Phi_n(\xi) = \left\{ 1 + \frac{1-a}{2!}\xi^2 + \frac{(5-a)(1-a)}{4!}\xi^4 + \frac{(9-a)(5-a)(1-a)}{6!}\xi^6 \cdots \right\} e^{-\frac{\xi^2}{2}}$$

② $n =$ 奇数の時

$$\Phi_n(\xi) = \left\{ \xi + \frac{3-a}{3!}\xi^3 + \frac{(7-a)(3-a)}{5!}\xi^5 + \frac{(11-a)(7-a)(3-a)}{7!}\xi^7 \cdots \right\} e^{-\frac{\xi^2}{2}}$$

$a = 2n + 1$ だったね。

ν_n は

$$\nu_n = \frac{1}{2\pi}\sqrt{\frac{k}{\mathfrak{M}h}}\left(n + \frac{1}{2}\right) \qquad (n = 0, 1, 2, 3 \cdots)$$

電子の波の動き Ψ は

$$\Psi_n = \Phi_n e^{-i2\pi\nu_n t}$$

電子のエネルギーは、

$$E = \left(n + \frac{1}{2}\right)h\nu \qquad (n = 0, 1, 2, 3 \cdots)$$

それでは最後にここで実際に求まった $\Phi(\xi)$ から電子の波の形も見てみよう！

$n=0$ の時　　$\Phi_0(\xi) = e^{-\frac{\xi^2}{2}}$

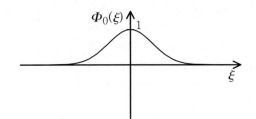
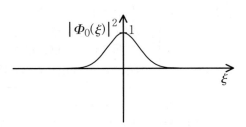

$n=1$ の時　　$\Phi_1(\xi) = \xi e^{-\frac{\xi^2}{2}}$

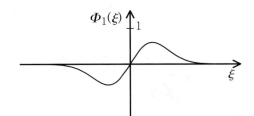
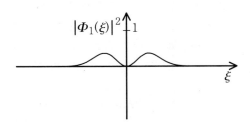

$n=2$ の時　　$\Phi_2(\xi) = (1 - 2\xi^2) e^{-\frac{\xi^2}{2}}$

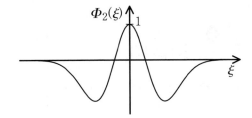
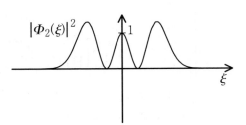

$n=3$ の時　　$\Phi_3(\xi) = \left(\xi - \frac{2}{3}\xi^3\right) e^{-\frac{\xi^2}{2}}$

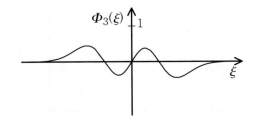
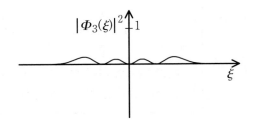

> グラフを見てもわかるように、最初の予想と一致したのは $n=0$ の時だけになりました。$n=0$ 以外の時も、確かに $\xi \to \pm\infty$ の時は予想通り $|\Phi_n(\xi)|^2$ は 0 になっています。
> 最初予想したときは中心に引っ張られる力のはたらく場での電子の波ということで、おそらく中心が Φ はいちばん大きくて外側に行くほど小さくなると思っていたのに、実際には中心でも Φ が小さくなる場合もあることがわかりました

> やった！電子の波の形がわかった

> 計算はおもしろかったですか？私は結構「びそ＋そび」とか「テイラー展開」とか C_n が奇数と偶数に分かれちゃうとことか好きなんだけど・・・
> 合成関数の微分も雪だるまみたいで面白かったな

> みんなはどこがおもしろかった？

それでは、また、お父さんの行動と電子のどこがそっくりなのかまとめてみましょう！

お父さんの場合

お父さんは外国の人にいつもやっているように CD を歌ってみた。そしたら通じてしまった

電子の場合

波の方程式から自然に近い条件の場所で電子のエネルギーを求めた。そうしたら描像も持て、実験とも合うことがわかりました

> 次はいよいよ自信満々で、ステップ4に進もう！

4.4.4 ステップ4　水素原子

【お父さんの場合】

　お父さんは書斎にいた。朝日がさんさんと差し込むその部屋には、黒い大きなスーツケースが広げられていた。

　103・・・103・・・103・・・

　頭の中で繰り返す。「103」というのはスーツケースの鍵のナンバーだ。お父さんがスーツケースを買ってきた日、鍵のナンバーを何番にしようか悩んでいるとソノコが、

「お父さんだから、103にしちゃえば？」

といったのだ。お父さんは覚えやすくていいと、すぐに103に決めた。
　ガチャ。そこへカノコが入ってきた。

「あなた、パスポートは待った？」

「ああ」

「あれがなくちゃ中国に行けないわよ」

「わかってるよ」

　お父さんは今日、中国の青海へ旅立つ。ヒッポのホームステイプログラムに参加するのだ。行くことに決めてから、カノコはやたら、あれを持っていけだの、これを忘れるなだのと私を子ども扱いする。
　私はあの「お父さん会」の夜から「CDを歌うこと」がとても好きになってしまい、毎週のファミリーにも出て「CDを歌うこと」を楽しんでいた。もう、歌うことも踊ることも苦にならなかった。

　そこへ、一つの噂が流れてきたのだ。

「CDを歌って外国に行くと、みんなペラペラになって帰ってくる」

　もちろん外国へ行かなくても、話せるようになるが、「外国に行って、ことばを歌う」という響きが、なんともいえず面白そうだった。それにペラペラになれるとは・・・

　そして今日を迎えたのだった。

　青海に到着すると、私と同世代の男性がすごい速さで話しかけてきた。ど、どうしよう・・・そう思った次の瞬間、お父さんの口から

「トエプチー、チンニーシュオマンイーディアー！」

ということばが出てきた。するとその男性は今度は少しゆっくりこういった。
「啊、对不起。你就是　小倉先生。欢迎你　累了吧？」
　あっ、CDと同じだ。そうか、今私の口から出たことばは、ヒッポで歌っていたCDの「空港」の場面のワンフレーズだぞ。なるほど、このことばはこういうときにいえばいいのか。
　お父さんは、「音が働いた瞬間意味になっている！」と思った。

「我們回来了！」
　日本のわが家の門をくぐった。それから、楽しかったホームステイの話を夜中まで夢中になってしゃべっていた。それも中国語を交えてだ。
「中国人みたいになったわね」
とカノコがからかった。
　今度はどこへ行こうかな。

　さて、お父さんの話はこれでおしまい。きっとこれを読んでくれている人の中にも、お父さんと共鳴できる人がたくさんいるでしょう。
　お父さんは、ステップ4でとうとう国内では飽きたらずに、海を渡ってしまいました。そして楽しいおみやげ話を持って、ペラペラになって帰ってきたのです。

私も今年の春メキシコに行って、お父さんのようになって帰ってきました。
みんなも、¡ 渡　los　海 !
　　　　　Cruza　　mares

【電子の場合】

　ではここでいつものように、お父さんの置かれている状態というのは、電子の場合でいえば、どういうことだったのか当てはめてみましょう。

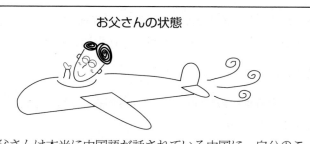

第4話　新しい描像　409

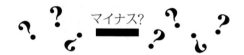

電子の状態

シュレディンガーさんが作った電子の波の方程式で、本当に水素原子が説明できるのか確かめてみよう

　シュレディンガーさんの作った式で、ステップ1、2、3と、いろいろな条件の下で電子がどうなっているか見てきました。その結果、描像も持て、実験結果もうまく説明できる理論であることが確かめられました。ということは、ほとんど正しい理論であるに違いありません。

　そして、このステップ4では、念願の「原子の中の電子はどうなっているか」を知ることができるのです！！！

これであのハイゼンベルクの「描像を捨てよう」といういまいましいことばを取り消すことができるぞ！！

でもまだ式を解いてみないとわからないよ

ここまできたら解けたも同然！あとはひたすらガシガシ計算するだけだ！！

ガシガシガシ・・・

　あらら、もうシュレディンガーさんは計算を始めてしまいました。私たちも急いでついていかなきゃ・・・
　でも、水素原子はフックの場よりムズカシイんだ。だから初めての人に、シュレディンガーさんと出会ってからまだ半年しかたってない私が、わかりやすくお話しするのはすごくたいへん。
　だからここでは、計算をとばさせてください。
　どうしても解いてみたい！！というファイトのある人は・・・
　自分でがんばってみてね・・・

ちなみに水素原子の場合は、$\mathfrak{B}$ が

$$\mathfrak{B} = -\frac{e^2}{h}\frac{1}{r}$$

となります。

e は電気素量といってある決まった値を持つ定数で、今までよく出てきた自然対数の e とは違うよ

この水素原子の中での $\mathfrak{B}$ をグラフにしよう。

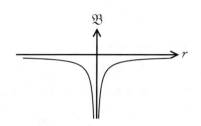

h も e も定数なので、$\mathfrak{B}$ はこんなかんじになります。
フックの場と同じように中心向きの力が働いているので、中心から離れるほど $\mathfrak{B}$ が大きくなっているね

だから、水素原子の中での電子の波の方程式は、

$$\nabla^2 \Phi + 8\pi^2 \mathfrak{M}\left(\nu + \frac{e^2}{h}\frac{1}{r}\right)\Psi = 0$$

となります。

これを解けば、水素原子の中の電子の波の形がわかるぞ！
ガシガシガシ・・・

解けた!!

シュレディンガーさんは、とうとう水素原子を解いてしまったのです。

$$\Phi(r, \theta, \phi) = A P_l^m(\cos\theta) e^{im\phi} F_n^l(r)$$

そしてこれから求めたエネルギーも実験と合っていることが確かめられました。するとなんと、ボーアの求めたエネルギーの値が、ちょっと違っていたこともわかったのです。
それも描像つきで、しかもカンタンな方法で・・・。

これにはボーアさんもハイゼンベルクさんもびっくりしてしまいました。なぜって、ハイゼンベルクさんのマトリックス力学で水素原子を解くのは、とってもとってもむずかしくって、パウリさんっていう数学の大天才にしか解けなかったのだから。

ナント、作った本人のハイゼンベルクさんも解けなかったんだって!!

それに比べて、シュレディンガーさんの波の方程式で水素原子を解くのはカンタンで、私たちだってちょっとガンバレば解けちゃうんだよ

ちょっと振り返ってみよう

　これまで、ステップ1〜4で見てきたように、シュレディンガーさんの式から導かれるエネルギーの値は、実験結果と一致することが確かめられました。
　ということで、シュレディンガーさんの理論というのは、電子がどんな波としてどう存在しているかという描像も描け、実験結果も正しく説明できる完璧な理論だということがわかりました。

　そして、このシュレディンガーさんの式というのは、「電子がどんな状態のところに置かれているのかがわかれば、その下で電子がどう波として振る舞っているかわかりますよ」という式でした。そこで、電子の置かれている状態というのを、ヒッポのお父さんに置きかえていっしょに考えてみるのも面白そうだと思ってやってみることにしました。

　すると、ステップ1〜4へと電子が置かれている条件をだんだん複雑にさせながら、シュレディンガーさんの式で本当に電子のことが表せるのか確かめていくその過程が、ヒッポに入ったばかりのお父さんがまるで赤ちゃんのようにどんどんことばが話せるようになる過程とそっくりなことを発見しました。
　電子がどういう状態にあるかで、電子の振る舞いがそれぞれ違ってきます。それをシュレディンガーさんの式を実際に解きながら見ていると、人間のことばが育つ環境というのは、人と人との関係性がどんな状態にある時なのかも解ってきたような気がします。

　　　　　やっぱりことばというのは、人と人との関係性の中で育つんだ

　ヒッポにお父さんが一人入ってくるだけで、ヒッポのファミリーの中の全体としての関係性もが変わってきます。そうするとその環境の中にいる人たちみんながものすごい勢いでことばを話せるようになります。そういうことを私たちは実際に何度も経験しています。
　やはり、誰か一人新しい人が入ってくるということは、単にそれまでのところに一人だけ増えるわけではないのです。

　新しい人が入ってくることによって、「ことばを話せるようになる」という具体的現象として外に現れてくる形が全く違ってくるということは、そのファミリーの場としての関係性全体が変わったからだという気がするでしょう。シュレディンガーさんの式でも電子がどういう場にあるかで、その中での電子の振る舞いが解ってくるようにね。

　今までトラカレというのは「ことばを自然科学する」ところだと言ってきたけど、このように量子力学をやりながら、お父さんがヒッポに入ってくることによって、人と人との間の関係性全体が変わってくる。そうするとことばのでき方がどう変わっていくのかを考えていると、「ことばを自然科学する」ということがどういうことなのか解ってきたような気もするなあー。まー、今のところ単なる例えかもしれないけどね・・・

あながちそうじゃないかもしれませんよ。
　自然科学というのは、往々にしてそういう身近であっても注意の払われていない一見漠然とした全体の中の何に注目するかで、そしてそれをどうより広い領域の中で一般化していこうとするかによって、首尾一貫した理論を創り上げていくものなのだよ

それでは、ここまでいっしょにやってきたあなたへ、

　電子を粒として考えて、むずかしいマトリックス力学で解いて描像を無くしてしまうのと、電子を波として考えて、簡単なシュレディンガーさんの波の方程式を解いて描像が持てるのと、どっちを選びますか？

私ならもちろん電子を波として考えます！！
シュレディンガーさんもそうだよね？

もちろん！！

じゃあ、みんなでいっしょに叫びましょう。

電子は波だ！！

ところがシュレディンガーさんは、これではまだまだ満足しなかったのです。

4.5　複雑な電子の波

　このようにして私たちは、「自由空間」、「箱の中」、「フックの場」、「水素原子」といろいろな場合について「電子の波」を求めてきました。

その時、固有値 ν から電子のエネルギーを計算することができて、それは実験と、ぴったり合ったんだよね

　ここまでやってくればもう「完璧だ」といえるところですが、シュレディンガーさんはまだまだ満足できません。

今まで求めた Ψ は、皆、「単純な波」なんだ

　なるほど、確かにそうなのです。「単純な波」とは、

　　　　　　　ある特定の振動数で振動する波

のことです。
　これまで求めてきた Ψ は、どれも

$$\Psi = \Phi \, e^{-i 2\pi \underline{\nu} t}$$

と、振動数 ν が一つの値に決まっていましたから、「単純な波」なのです。

フーリエさんのいったことを思い出してごらん

複雑な波は、単純な波のたし合わせ！

そう。だから電子の波の場合も、単純な波をたし合わせて、
　　　　　　　「複雑な電子の波」
というものを考えることができるはずなんだ

　なるほど。それでは早速たし合わせてみることにしましょう。

👤 フーリエ　Fourier, Jean Baptiste Joseph, Baron de [1768-1830]

これまで求めてきた Ψ は、どの場合でも、固有値 ν はたくさんのとびとびの値を取りました。

あるひとつの固有値を ν_n とすると、その ν_n に対して、電子の波 Φ が決まります。この時の Φ を、固有値 ν_n に対する Φ ということで、Φ_n と呼ぶことにします。

固有値		電子の波
ν_1	......	Φ_1
ν_2	......	Φ_2
ν_3	......	Φ_3
ν_4	......	Φ_4
.		.
.	......	.
.		.
ν_n	......	Φ_n

振動数 ν_n の時の Ψ を Ψ_n、その振幅を A_n とすると、Ψ_n は

$$\Psi_n = A_n \Phi_n e^{-i2\pi\nu_n t}$$

と表せます。

「それならこの Ψ_n をたし合わせればいいんだね！」

複雑な電子の波を Ψ とすると、

$$\Psi = \Psi_1 + \Psi_2 + \Psi_3 + \cdots$$
$$= A_1 \Phi_1 e^{-i2\pi\nu_1 t} + A_2 \Phi_2 e^{-i2\pi\nu_2 t} + A_3 \Phi_3 e^{-i2\pi\nu_3 t} + \cdots$$

これを、たし合わせの記号 Σ で表すと、

$$\Psi = \sum_n A_n \Phi_n e^{-i2\pi\nu_n t}$$

「これでいいんだ！」

「ちょっと待て！そんなに甘いもんじゃいけないよ。
ただたし合わせるといっても、たし合わせて、本当にどんな複雑な波でも表せるのかということを確かめなければならない。そうでなければ、

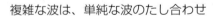
複雑な波は、単純な波のたし合わせ

とは言えないんだ」

「それを確かめるには、どうすればいいんですか？」

「それはだね、複雑な波 Ψ が　展開できる　ということが証明できればいいんだ」

「展開」といえば、フーリエ展開を思い出しますね

フーリエ展開

フーリエ級数

$$f(t) = a_0 + a_1\cos\omega t + b_1\sin\omega t + a_2\cos 2\omega t + b_2\sin 2\omega t + \cdots$$

$$= a_0 + \sum_{n=1}^{\infty}(a_n\cos n\omega t + b_n\sin n\omega t)$$

は、sin 波と cos 波をたし合わすことにより、どんな複雑な波でも表すことができます。

sin と cos をたし合わすことによって「どんなに複雑な波」でも表せるのならば、逆に「どんなに複雑な波」でも、それを sin 波と cos 波に

分解できる

それがフーリエ展開です。

フーリエ級数の場合、振動数は「整数倍」ですから、もう決まっています。だから、あとは sin 波と cos 波の「振幅」がわかれば、分解できることになります。

フーリエ展開では、複雑な波 $f(t)$ に含まれる単純な波、$\sin 1\omega t$ の振幅が知りたい時、複雑な波 $f(t)$ に取り出したい波（この場合は $\sin 1\omega t$）をかけて一周期分の面積を調べれば分かります。結局それは $f(t)$ を構成している単純な波 1 本 1 本に $\sin 1\omega t$ をかけて面積を求めるのと同じなのです。わかりやすく図で説明すると、下のようになっています。

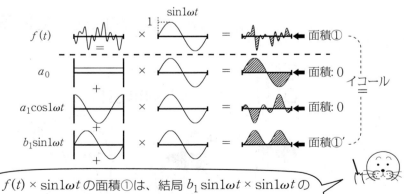

$f(t) \times \sin 1\omega t$ の面積①は、結局 $b_1\sin 1\omega t \times \sin 1\omega t$ の面積①′と同じになるということなんだね

フーリエ展開すると、同じ形の波同士をかけた時にだけ、面積は 0 になりません。違う形の波にかけた時には面積が 0 になります。

　このように自分以外のものとかけ算してその面積を求めると 0 になるような場合、それらの波は

お互いに直交している

というのです。

　つまり

> ① $f(t)$ に、振幅が 1 の単純な波をかけて面積を求める。
> ② それぞれの波が直交しているために、かけたのと同じ振動数の波以外の場合は面積は全部 0 になってしまう。
> ③ だから、かけたのと同じ振動数の波だけが取り出せる。

というわけです。

　このように次々に、$f(t)$ にいろいろな振動数の単純な波をかけていけば、$f(t)$ は分解できるのです。

なるほど、それでは単純な電子の波 Ψ_n をたし合わせた Ψ

$$\Psi = \sum_n A_n \Phi_n e^{-i2\pi\nu_n t}$$

が「本当にどんなに複雑な波でも表せるか」ということを確かめるためには、単純な電子の波のそれぞれが「直交している」ということを証明すればいいということになるんだね

　だけどいきなり空間と時間の両方の関数

$$\Phi_n e^{-i2\pi\nu_n t}$$

のことを考えるのは難しいから、まずは、空間だけの関数 Φ_n が直交しているか、ということを確かめてみましょう。

Φ_n が直交しているかどうかを確かめる

異なる単純な波 Φ_n と $\Phi_{n'}$ ($n \neq n'$) が直交しているということがいえるためには、Φ_n と $\Phi_{n'}$ をかけ合わせた時はその面積が 0 になるということがいえればいいのです。

では、これを数式語にしてみましょう。

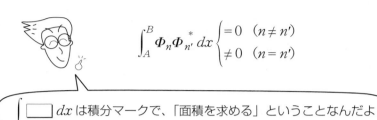

$$\int_A^B \Phi_n \Phi_{n'}^* \, dx \begin{cases} = 0 & (n \neq n') \\ \neq 0 & (n = n') \end{cases}$$

$\int \square \, dx$ は積分マークで、「面積を求める」ということなんだよ

ちょっと待って！どうして Φ_n には "$*$" というヘンなマークがつくの？ゴミみたい

Φ_n は複素数の波（i がはいった波）の場合もあります。i を含んでいる時は複素共役という技を使わなくては面積を求められません。"$*$" この変なマークは「複素共役をとった」という印なのです。

「複素共役をとる」というのは、i の前の符号を変えることなんだ。
例えば $2 + 3i$ これの複素共役は $2 + (-3i) = 2 - 3i$ みたいになっているし、$e^{-i2\pi\nu t}$ の複素共役は $e^{-(-i2\pi\nu t)} = e^{i2\pi\nu t}$
じゃあ 1 の複素共役はなーんだ？
答は 1 です。だって 1 にはどこにも i が入っていないもの！！

"$*$" は「スター」ってよんでね。ゴミじゃないよ

でもあんまり気にせずに、おまじないのようなものだと思っておけばいいよ

いよいよ証明開始だ！

異なる単純な波 Φ_n と $\Phi_{n'}$ が直交しているかを証明しましょう。

目標の形は、これだ！

$$\int_A^B \Phi_n \Phi_{n'}^* \, dx \begin{cases} = 0 & (n \neq n') \\ \neq 0 & (n = n') \end{cases}$$

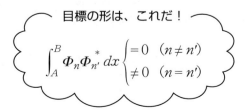

これからは、全部1次元で考えます。
まず Φ_n は電子の波の方程式

$$\frac{d^2\Phi_n}{dx^2}+8\pi^2\mathfrak{M}(\nu_n-\mathfrak{V})\Phi_n=0 \quad\cdots\cdots ①$$

を満たしていなければいけません。

∇^2 も x 方向だけ考えてあげればいいからね

次に $\Phi_{n'}$ についても同じことがいえますね。

$$\frac{d^2\Phi_{n'}}{dx^2}+8\pi^2\mathfrak{M}(\nu_{n'}-\mathfrak{V})\Phi_{n'}=0$$

ここで、目標の形に近づけるためにこの式の $\Phi_{n'}$ の複素共役をとります。

$$\frac{d^2\Phi_{n'}^*}{dx^2}+8\pi^2\mathfrak{M}(\nu_{n'}-\mathfrak{V})\Phi_{n'}^*=0 \quad\cdots\cdots ②$$

さて、①と②をうまく操作して目標の形にできるかな？
①、②をそれぞれ移項します。

$$①: \quad \frac{d^2\Phi_n}{dx^2}=-8\pi^2\mathfrak{M}(\nu_n-\mathfrak{V})\Phi_n$$

$$②: \quad \frac{d^2\Phi_{n'}^*}{dx^2}=-8\pi^2\mathfrak{M}(\nu_{n'}-\mathfrak{V})\Phi_{n'}^*$$

できるかな…？

次に①には $\Phi_{n'}^*$ を②には Φ_n を式の両辺にかけます。

$$\frac{d^2\Phi_n}{dx^2}\Phi_{n'}^*=-8\pi^2\mathfrak{M}(\nu_n-\mathfrak{V})\Phi_n\Phi_{n'}^* \quad\cdots\cdots ①'$$

$$\frac{d^2\Phi_{n'}^*}{dx^2}\Phi_n=-8\pi^2\mathfrak{M}(\nu_{n'}-\mathfrak{V})\Phi_{n'}^*\Phi_n \quad\cdots\cdots ②'$$

それではちょっと大変だけど、目標の式の形に近づける為に①−②という計算をします。

数式を歌う！

ヒッポファミリークラブでは、CD を BGM の様に流していつでもどこでも外国語が聞こえる多言語の環境を作り、いろんな家族が集まる"ファミリー"と呼ばれる多言語の公園で、ことばのキャッチボールをします。
数ヵ月そんな環境にいるうちに、自然に今何語が流れているのかがわかり、何度も CD のことばを口ずさんでいるうちに CD そっくりにモノマネができるようになるのです。

私たちは、意味を追わずに CD のことばのモノマネをする事を"ことばを歌う"と呼んでいます。
　　　ことばが話せるようになるには、この"ことばを歌う"が大切なポイントになるのです。

　例えば国際交流でメキシコに行ったとき、たくさんのスペイン語をシャワーのように浴びます。たくさんの人と、いろんなことを話しているうちにときどきどこかで聞いたことばが使われていることに気づきます。

　それは、ことばを歌っていた時に自然に、自分の口から出てきていたことばだったのです。

　今、話されているその場の状況と、そのことばが出てくる CD の場面が一瞬のうちに結びついて、「こういう時に言えばいいことばなんだというふうに」何となくそのことばの意味がわかっちゃうんです！つまり自分が音をいっぱい持っていさえすれば、必ず「知っている音」に出会い、その音が働いたときに意味がついて自分のことばになるのです。

　私も数式語を、今はよく意味がわからないまま歌っています。けれどもやっぱりこれも、何度も何度も歌っているうちにいつか意味がわかる日がくるのです。ですから今はそんなに細かいことは考えないで、どんどん数式語を歌いましょう！

では、①′−②′の計算をしよう。

$$\frac{d^2\Phi_n}{dx^2}\Phi_{n'}^* = -8\pi^2\mathfrak{M}(\nu_n-\mathfrak{V})\Phi_n\Phi_{n'}^* \quad \cdots\cdots ①'$$

$$-\Big) \quad \frac{d^2\Phi_{n'}^*}{dx^2}\Phi_n = -8\pi^2\mathfrak{M}(\nu_{n'}-\mathfrak{V})\Phi_{n'}^*\Phi_n \quad \cdots\cdots ②'$$

ムズカシクないよ！
カンタン．カンタン．

$$\frac{d^2\Phi_n}{dx^2}\Phi_{n'}^* - \frac{d^2\Phi_{n'}^*}{dx^2}\Phi_n = -8\pi^2\mathfrak{M}\nu_n\Phi_n\Phi_{n'}^* + 8\pi^2\mathfrak{M}\mathfrak{V}\Phi_n\Phi_{n'}^*$$

$$+ 8\pi^2\mathfrak{M}\nu_{n'}\Phi_{n'}^*\Phi_n - 8\pi^2\mathfrak{M}\mathfrak{V}\Phi_{n'}^*\Phi_n$$

$$= -8\pi^2\mathfrak{M}\nu_n\Phi_n\Phi_{n'}^* + 8\pi^2\mathfrak{M}\nu_{n'}\Phi_n\Phi_{n'}^*$$

$$= -8\pi^2\mathfrak{M}(\nu_n-\nu_{n'})\Phi_n\Phi_{n'}^*$$

ここ、目標の形にちょっとだけ似てるよ

では、もっと似るように Φ_n、$\Phi_{n'}$ の前に $\int_A^B$ マークをつけよう！　そのために両辺にマークをつけて計算してみましょう！

$$\int_A^B \left(\frac{d^2 \Phi_n}{dx^2} \Phi_{n'}^* - \frac{d^2 \Phi_{n'}^*}{dx^2} \Phi_n \right) dx = -8\pi^2 \mathfrak{M} (\nu_n - \nu_{n'}) \int_A^B \Phi_n \Phi_{n'}^* dx$$

ここは定数で積分に関係ないので前に出せます

$\int_A^B$ マークをつけて計算するとは「$A \sim B$ の範囲で積分して面積を求める」ということです

$$\underbrace{\int_A^B \frac{d^2 \Phi_n}{dx^2} \Phi_{n'}^* dx}_{\boxed{\alpha}} - \underbrace{\int_A^B \frac{d^2 \Phi_{n'}^*}{dx^2} \Phi_n dx}_{\boxed{\beta}} = -8\pi^2 \mathfrak{M} (\nu_n - \nu_{n'}) \int_A^B \Phi_n \Phi_{n'}^* dx \quad \cdots \blacktriangle$$

うひゃひゃひゃ、本当に右辺が目標の式に似てきたよ。うれしいなあー。それにしても左辺はなんだかよくわからない形になってるけど大丈夫なの、シュレディンガーさん？

安心してください、ちゃんと計算することができますよ。「部分積分」という技さえ使えばね

部分積分の公式

$$\int_A^B f(x) \frac{d}{dx} g(x) dx = \left[f(x) \cdot g(x) \right]_A^B - \int_A^B \frac{d}{dx} f(x) \cdot g(x) dx$$

この公式をうまく利用して証明再開だ！
まずは左辺の $\boxed{\alpha}$

$$\boxed{\alpha} : \int_A^B \frac{d^2 \Phi_n}{dx^2} \Phi_{n'}^* dx$$

から計算しましょう

式の中を少しだけ場所移動させます。すると

$$\int_A^B \Phi_{n'}^* \frac{d^2 \Phi_n}{dx^2} dx$$

場所移動しても式の意味は同じだよ

部分積分の公式と見比べると、

$$f(x) = \Phi_{n'}^*, \quad g(x) = \frac{d \Phi_n}{dx}$$

とおくことができますね。ではそれを公式にあてはめてみましょう。

$$\boxed{\alpha}:\int_A^B \Phi_{n'}^* \frac{d\Phi_n}{dx}dx = \left[\Phi_{n'}^* \frac{d\Phi_n}{dx}\right]_A^B - \int_A^B \frac{d\Phi_{n'}^*}{dx}\cdot\frac{d\Phi_n}{dx}dx$$

左辺のもう一つの式 $\boxed{\beta}$

$$\boxed{\beta}:\int_A^B \frac{d^2\Phi_{n'}^*}{dx^2}\Phi_n dx$$

はどうなるでしょう？これも初めに式の中を場所移動させます。

$$\int_A^B \Phi_n \frac{d^2\Phi_{n'}^*}{dx^2}dx$$

部分積分の公式と比べると、

$$f(x)=\Phi_n, \quad g(x)=\frac{d\Phi_{n'}^*}{dx}$$

部分積分の公式にいれられるね

とおくことができますね。ではこれらを公式にあてはめて計算しましょう。

$$\boxed{\beta}:\int_A^B \Phi_n \frac{d\Phi_{n'}^*}{dx}dx = \left[\Phi_n \frac{d\Phi_{n'}^*}{dx}\right]_A^B - \int_A^B \frac{d\Phi_n}{dx}\cdot\frac{d\Phi_{n'}^*}{dx}dx$$

となりますね。では左辺全体を計算しましょう。

$$\begin{aligned}\blacktriangle 式の左辺 &= \left[\Phi_{n'}^*\cdot\frac{d\Phi_n}{dx}\right]_A^B - \int_A^B \frac{d\Phi_{n'}^*}{dx}\cdot\frac{d\Phi_n}{dx}dx \\ &\quad - \left[\Phi_n\cdot\frac{d\Phi_{n'}^*}{dx}\right]_A^B + \int_A^B \frac{d\Phi_n}{dx}\cdot\frac{d\Phi_{n'}^*}{dx}dx \\ &= \left[\Phi_{n'}^*\cdot\frac{d\Phi_n}{dx}\right]_A^B - \left[\Phi_n\cdot\frac{d\Phi_{n'}^*}{dx}\right]_A^B \\ &\quad \underbrace{-\int_A^B \frac{d\Phi_{n'}^*}{dx}\cdot\frac{d\Phi_n}{dx}dx}_{\boxed{A}} + \underbrace{\int_A^B \frac{d\Phi_n}{dx}\cdot\frac{d\Phi_{n'}^*}{dx}dx}_{\boxed{B}}\end{aligned}$$

∫マークの中はかける順番を変えても同じなので、Ⓐ＝Ⓑということになります。従って左辺は

$$左辺 ▲ = \left[\Phi_{n'}^* \cdot \frac{d\Phi_n}{dx} \right]_A^B - \left[\Phi_n \cdot \frac{d\Phi_{n'}^*}{dx} \right]_A^B$$

となります。そして、この式の Φ_n は境界条件により $\Phi_n(A) = 0$、$\Phi_n(B) = 0$ となるところをさします。だから、

$$\left[\Phi_{n'}^* \cdot \frac{d\Phi_n}{dx} \right]_A^B = 0, \quad \left[\Phi_n \cdot \frac{d\Phi_{n'}^*}{dx} \right]_A^B = 0$$

境界条件？

フックの場でも出てきたけど、自然に合うように条件を置くことです。
　箱の中の電子でいえば、箱の外では電子の波 Φ は 0 でなくちゃいけないし、フックの場では、中心から遠くに離れるほど電子の波は小さくなり、無限に遠いところでは 0 にならなければいけなかったね。このように、境界条件を置けば必ず Φ が 0 になるところがあるんだよ

となります。ということは▲式の左辺＝0 で

$$0 = -8\pi^2 \mathfrak{M} (\nu_n - \nu_{n'}) \int_A^B \Phi_n \Phi_{n'}^* dx$$

ということになりますね。

$-8\pi^2 \mathfrak{M}$ は定数なので、両辺に $-\dfrac{1}{8\pi^2 \mathfrak{M}}$ をかけると、

$$(\nu_n - \nu_{n'}) \int_A^B \Phi_n \Phi_{n'}^* dx = 0$$

あー疲れた、まだ証明終わらないの？

もう少しですよ！がんばって！！

この式を 2 つに分けて考えてみよう。

$$\underbrace{(\nu_n - \nu_{n'})}_{\spadesuit} \underbrace{\int_A^B \Phi_n \Phi_{n'}^* dx}_{\heartsuit} = 0$$

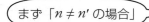

$n \neq n'$ の場合♠マークのところは、

$$\nu_n \neq \nu_{n'} \quad \text{なので} \quad \nu_n - \nu_{n'} \neq 0 \quad \text{となります。}$$

すると左辺全体が0になる為には♥マークの式の部分が0にならなくてはなりません。

ということは $n \neq n'$ の時、

$$\int_A^B \Phi_n \Phi_{n'}^* \, dx = 0$$

にならなくてはいけません。

キャー!!いつの間にか $n \neq n'$ の時のことが証明できた

次は「$n = n'$ の場合」

♠マークの式のところは

$$\nu_n = \nu_{n'} \quad \text{なので} \quad \nu_n - \nu_{n'} = 0 \quad \text{となります。}$$

だから $(\nu_n - \nu_{n'}) = 0$ となるので♥マークのところ

$$\int_A^B \Phi_n \Phi_{n'}^* \, dx$$

は、0にはなりません。

でも、♥マークのところが0でもいいんじゃない？
$0 \times 0 = 0$ だから

そうだけど、それじゃあ、Φ は「どこでも0」ということになってしまう。今は、値を持つ Φ について考えているから、この場合には Φ は0にはならないんだ

つまり、$n = n'$ の時、

$$\int_A^B \Phi_n \Phi_{n'}^* \, dx \neq 0$$

となります。

これでめでたく

$$\int_A^B \Phi_n \Phi_{n'}^* \, dx \begin{cases} = 0 & (n \neq n') \\ \neq 0 & (n = n') \end{cases}$$

が証明できました。

今までは1次元で考えてきましたが、3次元の場合でも同じことが証明できます。

> このようにシュレディンガーさんの「電子の波の方程式」
> $$\nabla^2 \Phi + 8\pi^2 \mathfrak{M}(\nu - \mathfrak{V})\Phi = 0$$
> を解いて求められる単純な波 Φ は、
>
> ## どんな場合でも互いに直交しているといえるのです

   すごーい！まさに完璧だね!!

規格化しよう

実はこの式は、「規格化」という技を使えば、もっとカッコイイ数式になるんだよ

「規格化」なんていきなり難しいことばがでてきたけれども、それは大丈夫。全然難しくありません。
　フーリエで複雑な波 $f(t)$ に単純な波 $\sin 1\omega t$ がどれだけ含まれているか知りたい時はどうしたでしょう？

$\sin 1\omega t$ が複雑な波にどれだけ含まれているか知りたい時

1. 複雑な波 $f(t)$ に取り出したい単純な波 $\sin 1\omega t$ をかけて、

$$f(t) \cdot \sin 1\omega t$$

2. 0 から T までの面積を出して、

$$\int_0^T f(t) \cdot \sin 1\omega t \, dt =$$

3. $\dfrac{T}{2}$ で割る（$\dfrac{2}{T}$ をかける）と $\sin 1\omega t$ の振幅 b_1（単純な波の分量）がわかる。

$$b_1 = \frac{2}{T} \int_0^T f(t) \cdot \sin 1\omega t \, dt$$

このようにして、複雑な波の中から1つだけ単純な波を取り出し、その単純な波がどのくらいの分量（振幅）なのかも知ることができます。

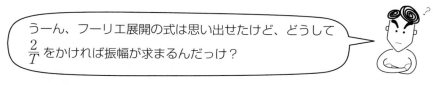

それは、

$$\int_0^T \sin 1\omega t \cdot \sin \omega t \, dt$$

の答がいくつになるのか、考えてみれば解りやすいよ。

自分で計算してみよう！

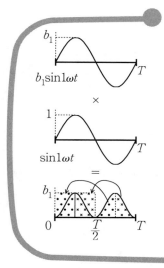

$\sin 1\omega t$ に $\sin 1\omega t$ をかけて 0 から T までの面積を出すと

$$\int_0^T \sin 1\omega t \cdot \sin 1\omega t \, dt = \frac{T}{2}$$

になります。

だから、フーリエで単純な波の振幅を知るには、求めた面積に $\frac{2}{T}$ をかけないといけないのです。

$$\frac{2}{T} \int_0^T b_1 \sin 1\omega t \cdot \sin 1\omega t \, dt = b_1$$

そこで、いちいち面積を求めてから $\frac{2}{T}$ をかけるのではなく、かけ算をする2つの波に、あらかじめ $\sqrt{\frac{2}{T}}$ をかけておくのです。そうすると、

$$\int_0^T \sqrt{\frac{2}{T}} b_1 \sin 1\omega t \cdot \sqrt{\frac{2}{T}} \sin 1\omega t \, dt = b_1$$

この様に、わざわざ最後に $\frac{2}{T}$ をかけなくても一発で振幅が求まるのです。
そこで

$$\int_A^B \Phi_n \Phi_n^* dx$$

の Φ_n についても同じような操作をしてやると答が1となってカッコよくなります。

ただしこの場合、いろんな条件によって前もってかけるものが変わるので、ここでは何をあらかじめ Φ_n にかけるかはいえません。そこで規格化したものとして Φ の代わりに ϕ（Φ の小文字）をこれからは使うことにしましょう。

すると直交の式は規格化すると、

$$\int \phi_n \phi_{n'}^* dx \begin{cases} = 0 \ (n \neq n') \\ = 1 \ (n = n') \end{cases}$$

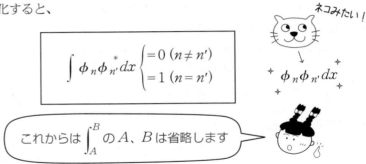

これからは $\int_A^B$ の A、B は省略します

となります。

規格化した ϕ を使えば、複雑な形の波 $f(x)$ からでも ϕ_n の振幅 A_n も、

$$A_n = \int f(x) \phi_n^* dx$$

というようにして、一発で求められるようになりました。

わーい、これですっきりカッコイイ式になった！！バンザーイ！

展開定理

いままでやってきたのは、「本当にどんな複雑な波 Ψ_n でも、単純な波 Ψ をたし合わすことによって表すことができるのか？」ということだったよね。

そのためには勝手に持ってきた Ψ が、必ず Ψ_n に「分解できる」ということが言えればいいのだった。

「分解できる」ためには、Ψ_n が「直交」していればいいんだ。

それで、いきなり空間と時間の関数 Ψ_n のことを調べるのは難しいから、とりあえず空間だけの関数「ϕ_n が直交しているかどうか」、調べたんだ。

そうしたら、確かに直交しているということが証明できたんだよね。

うん、ということは、「空間だけ」に関しては、どんなに複雑な波でも規格化された単純な波 ϕ_n をたし合わすことによって表せるんだ。

$$f(x) = \sum_n A_n \phi_n(x)$$

だからこの振幅 A_n は、フーリエ展開と同じ様に

$$A_n = \int f(x) \phi_n^*(x) dx$$

で求められるね。

ところでただ1つだけこのことについてみんなに知っておいてもらいたいことがあるんだ。それは「複雑な Ψ を展開するのに必要な ϕ の種類は1つも抜けているものがない」ということです。

これを"展開定理"というのだ!!

ねえ・・・お願いだから私たちもわかるように話してください

では、またフーリエ展開のことを思い出してください。
複雑な波は次のような式で表すことができましたね。

$$f(t) = a_0 + \sum_{n=1}^{\infty}(a_n \cos n\omega t + b_n \sin n\omega t)$$

では下の図のような場合を考えてみましょう！このように複雑な波の形が、どこをとっても0より下の部分がない波の時は、a_0 という単純な波がとても重要になるのです。

　この複雑な波を作るには a_0 がなければどんなに他の単純な波の振幅を調節してたし合わせても無理なのです。
　私たちのまわりの自然には、ものすごくたくさんの形の複雑な波があります。そして、フーリエではいろいろな単純な波をたし合わせて、複雑な波を表してきましたが、それは単純な波をすべてとりそろえていたからできたんです。

わかった！そのことが Ψ と ϕ にもいえるのね！

大ピンポンですね！
その通り、すべての複雑な波 Ψ をあらわすには、私たちはすべての単純な ϕ をとりそろえていなければいけないのです

たった1つでも ϕ が抜けていてもダメなのですか？

もしそうならば、絶対にすべての複雑な波をあらわすことはできませんよ

ここまで来れば、あとは時間と空間の関数 Ψ が単純な波のたし合わせ

$$\Psi(x,y,z,t) = \sum_n A_n \phi_n(x,y,z) e^{-i2\pi\nu_n t}$$

で表せることを確かめればいいんだね。

それじゃあそのことを、次にみていくことにしよう。

複雑な電子の波は本当に単純な ϕ のたし合わせから作れるか

はたして本当に空間と時間の関数 Ψ は

$$\Psi(x,y,z,t) = \sum_n A_n \phi_n(x,y,z) e^{-i2\pi\nu_n t}$$

で表すことができるのでしょうか。そのことを「ϕ はお互いに直交している」ということから証明してみましょう！

その前に1つ断わっておきたいことがあります。これからは規格化した ϕ を使うため、複雑な電子の波の式 Ψ も規格化した ϕ のたし合わせになります。そこで、Ψ は

$$\psi(x,y,z,t) = \sum_n A_n \phi_n(x,y,z) e^{-i2\pi\nu_n t}$$

の様に、小文字の ψ を使うことにします。

ではいよいよ証明に移ろう！

まず、ψ の時間項は本当に $e^{-i2\pi\nu t}$ で正しいかどうか分からないので、とりあえず空間の項以外の時間を含む項をまとめて

$$C_n(t)$$

としよう。

そうすると ψ は、次のようになります。

$$\psi(x,y,z,t) = \sum_n \phi_n(x,y,z) C_n(t)$$

それじゃあ結局、
$$C_n(t) = A_n e^{-i2\pi\nu_n t}$$
だということが証明できればいいんだね

この ψ は「複雑な電子の波」のことだから、「複雑な電子の式」

$$\nabla^2 \psi + 4\pi i \mathfrak{M} \frac{\partial \psi}{\partial t} - 8\pi^2 \mathfrak{M}\mathfrak{V} \psi = 0$$

を満たしていなければいけません。

忘れた人は、Ⅳ－291ページを見てね

それでその ψ を上の式に代入すると、

$$\nabla^2 \sum_n \phi_n C_n(t) + 4\pi i \mathfrak{M} \frac{\partial}{\partial t}\left\{\sum_n \phi_n C_n(t)\right\} - 8\pi^2 \mathfrak{M}\mathfrak{V} \sum_n \phi_n C_n(t) = 0$$

となります。

さあ、これを計算していこう!!
まず全部の項から Σ をくくりだそう

$$\sum_n \left[\underbrace{\nabla^2 \phi_n C_n(t)}_{\text{1 項目}} + \underbrace{4\pi i \mathfrak{M} \frac{\partial}{\partial t}\{\phi_n C_n(t)\}}_{\text{2 項目}} - \underbrace{8\pi^2 \mathfrak{M}\mathfrak{V} \phi_n C_n(t)}_{\text{3 項目}} \right] = 0$$

次に 1 項目の ∇^2 は x, y, z についての微分だから x, y, z に関係ない t の関数 $C_n(t)$ は外に出して 3 項目とまとめてくくろう。そして 2 項目の $\frac{\partial}{\partial t}$ は t についての微分なので、t に関係ない ϕ_n も微分から外そう。

$$\sum_n \left\{ C_n(t) \underbrace{(\nabla^2 \phi_n - 8\pi^2 \mathfrak{M}\mathfrak{V} \phi_n)}_{①} + 4\pi i \mathfrak{M} \frac{\partial C_n(t)}{\partial t} \phi_n \right\} = 0$$

突然ですが、ここでクイズ！
問題　①の中は、ある形に書き換えられます。それは次のうちのどれでしょう？

1. $4\pi i \mathfrak{M} \frac{\partial A_n(t)}{\partial t} \phi_n$
2. $-8\pi^2 \mathfrak{M} \nu_n \phi_n$
3. $(\nabla^2 - 8\pi^2 \mathfrak{M}) \phi_n$

正解は 2 番なのです

なぜかというと、それは次の式を考えれば分かるのです。電子の波の式

$$\nabla^2 \phi_n + 8\pi^2 \mathfrak{M}(\nu_n - \mathfrak{V}) \phi_n = 0$$

この式のカッコをばらして計算していくと、

$$\nabla^2 \phi_n + 8\pi^2 \mathfrak{M} \nu_n \phi_n - 8\pi^2 \mathfrak{M}\mathfrak{V} \phi_n = 0$$

$$\underline{\nabla^2 \phi_n - 8\pi^2 \mathfrak{M}\mathfrak{V} \phi_n = -8\pi^2 \mathfrak{M} \nu_n \phi_n}_{①}$$

左辺は①の中と同じ形になります。①は

$$-8\pi^2 \mathfrak{M} \nu_n \phi_n$$

ということになり、さっきの式は次のようになります。

$$\sum_n \left\{ -8\pi^2 \mathfrak{M} \nu_n \phi_n C_n(t) + 4\pi i \mathfrak{M} \frac{\partial C_n(t)}{\partial t} \phi_n \right\} = 0$$

両辺に $\dfrac{i}{4\pi \mathfrak{M}}$ をかけて、ϕ_n でくくりましょう。

$$\sum_n \left\{ -8\pi^2 \mathfrak{M} \nu_n \frac{i}{4\pi \mathfrak{M}} \phi_n C_n(t) + \frac{i}{4\pi \mathfrak{M}} \cdot 4\pi i \mathfrak{M} \frac{\partial C_n(t)}{\partial t} \phi_n \right\} = 0$$

$$\sum_n \underline{\left(-i 2\pi \nu_n C_n(t) - \frac{\partial C_n(t)}{\partial t} \right) \phi_n = 0}_{②}$$

　さて、この式についてちょっと考えてみましょう。右辺が 0 になっていますが左辺は一体どんな時に 0 になるのでしょうか？
　ϕ_n はフーリエでいえば単純な波。すると、上の式の②の部分は ϕ_n の振幅と考えることができます。つまり、これはフーリエ級数の式と全く同じように考えることができるのです。さて、単純な波をどんどんたしていくと・・・そう、複雑な波になります。でもこの式は、単純な波をいくらたしても 0 になるという式です。

　0 の波っていうのは、

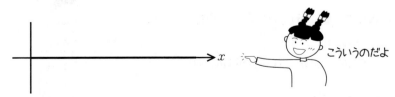

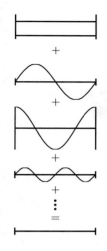
果して、単純な波をたし合わせて 0 の波を作ることなんてできるのでしょうか？　そう、ある特別な場合を除いて、こんなことはできません！

その特別な場合とは、それぞれの単純な波が全て 0 になる時だけです。ということは、振幅が 0 ・・・。

そうすると、

$$\sum_n \left(-i2\pi \nu_n C_n(t) - \frac{\partial C_n(t)}{\partial t}\right)\phi_n = 0$$

という式が成り立つには、ϕ_n の振幅が 0 にならなければいけません。だから、

$$-i2\pi \nu_n C_n(t) - \frac{\partial C_n(t)}{\partial t} = 0$$

となります。

今まで何をやっていたか忘れてしまった人もいると思うので、ここで一度振り返りましょう。ψ の時間項が本当に $e^{-i2\pi\nu_n t}$ という形になっているのかを、時間項をとりあえず $C_n(t)$ とおいて確かめてきている過程ですが、実は、もう上の式から $C_n(t)$ の形が分かっているのです！

$-i2\pi\nu_n C_n(t)$ を移項して両辺に -1 をかけると、

$$\frac{\partial C_n(t)}{\partial t} = -i2\pi \nu_n C_n(t)$$

となります。この式は「$C_n(t)$ は一階微分すると、前に $-i2\pi\nu_n$ が出てきて、また自分自身になるような形のものですよ」といっているのです。

そうすると、この式を満たす $C_n(t)$ とは、な、な、なんと！！

$$\boxed{C_n(t) = A_n e^{-i2\pi\nu_n t}}$$

となるのです！

A_n は適当な実数で、規格化してある時の振幅になります

$\dfrac{\partial e^{\square t}}{\partial t} = \square\, e^{\square t}$ だもんね

これで証明は終わりです。ψ の時間項は、本当に

$$e^{-i2\pi \nu_n t}$$

で正しいことが分かりました。つまりどんな複雑な電子の波 ψ でも、

$$\psi(x, y, z, t) = \sum_n A_n \phi_n(x, y, z, t) \cdot e^{-i2\pi\nu_n t}$$

というようにして表すことができるのです！

> でもこの式の中の A_n はどうやって求めるの？

振幅 A_n を求めよう

ψ の時間項がわかったところで、最後に、複雑な電子の波 ψ から振幅 A_n を求めることを考えよう。

前に展開定理のところで見てきたように、$f(x)$ がどんな形であれ、それから $\phi_n(x)$ の振幅 A_n は、

$$A_n = \int f(x) \phi_n^* dx$$

というようにして取り出せました。それはこの $f(x)$ と言うのは、単純な波 ϕ_n のたし合わせで、

$$f(x) = \sum_n A_n \phi_n$$

というように表せたからでした。そこでちょっと、いきなりですが $t=0$ のときの $\psi(x, 0)$ はどう表せるか見てみましょう。

$$\psi(x, 0) = \sum_n A_n \phi_n \cdot e^{-i2\pi\nu_n \cdot 0} = \sum_n A_n \phi_n$$

コレだよ．

ということは、$\psi(x, 0)$ は、

$$\psi(x, 0) = \sum_n A_n \phi_n = f(x)$$

一般に ψ は時間と空間の関数になりますが、$\psi(x, 0)$ は、空間のみの関数であり、これは先ほどの $f(x)$ と同じように考えることができるのです。

すると A_n は、

$$A_n = \int f(x) \phi_n^* dx$$

だったので、

$$A_n = \int f(x) \phi_n^* dx$$
$$= \int \psi(x, 0) \phi_n^* dx$$

ということで固有関数 ϕ_n の振幅 A_n は $t=0$ のときの複雑な電子の波 $\psi(x, 0)$ から展開できることがわかりました。

振り返ろう

今までどのようにして問題を解いてきたかをちょっと思いだしましょう。するとまず、

$$\nabla^2 \phi + 8\pi^2 \mathfrak{M}(\nu - \mathfrak{V})\phi = 0$$

から ν と ϕ を求めました。そして、それから複雑な電子の波 ψ を

$$\psi = \sum_n A_n \phi_n e^{-i2\pi\nu_n t}$$

というようにしてたし合わせて求めました。

でもそういえば、初めての電子の波の方程式作りでわざわざ苦労して「複雑な電子の波の式」

$$\nabla^2 \psi + 4\pi i \mathfrak{M}\frac{\partial \psi}{\partial t} - 8\pi^2 \mathfrak{M}\mathfrak{V}\psi = 0$$

を作ったのに、全然使いませんでした。

「ステップ1～4で使ったのは、複雑な電子の波の方程式ではなくて、単純な電子の波の方程式だけなのはどうして？」

と思った人も多いと思います。実はそれは、

だからなのです！！

ド・ブロイ&シュレディンガーの最後に

最後に、ド・ブロイさんとシュレディンガーさんのやったことを振り返ってみましょう。

「今まで粒として考えられていたものも波のことばで表されるのではないか」というひらめきから、ド・ブロイさんは、「電子は波である」という画期的な理論を打ち立てました。

その理論を基に、シュレディンガーさんはすべてのもの、ひいては電子の波の方程式を作り上げました。そして自分の作ったその式が自然にあっていることを確かめるために、数々のステップを踏んで、とうとう水素原子を解くことに成功しました。しかも、その数学はたいへん美しく簡明でした。

しかし、それだけではありません。重要な点は、原子の中の電子の振る舞いを頭に思い描けるかどうかということです。今までの理論では、原子の中の電子の振る舞いは思い描けませんでした。しかし、シュレディンガーさんの理論では、しっかりとその**描像を持つことができる**のです！！

これがシュレデインガーさんの作りあげた、

完璧な「電子の波の式」

だったのです！

シュレディンガーさんは、「描像」という土台の上に理論を作り上げてきました。後はこの土台の上に自分の理論をさらにガムシャラに築き上げていくだけです。

電子が波であることはもはや疑いようがありません。やっぱり

なのです。

ド・ブロイくんのおまけコーナー

君も「門前小僧」効果であのノーベル賞をもらっちゃおう!!

「門前小僧」効果の基本義・・・

【お寺の門の近くに住んでいる子どもたちは、毎日、お寺の坊さんたちが読むお経を聞いているので、習ってもいないお経を自然に覚えてしまうということから生まれたことわざ。
このように、長い間、過ごしている環境は、その人自身に強い環境を与えてしまい、いつのまにか身についてしまうというたとえ】

ヒッポの多言語活動における門前小僧効果・・・

【普段から家の中で多言語のCDをかけていると、そこでのほほ～んと遊んでいる子どもたちがいつのまにかCDのことばが言えてしまうようになる。逆に死に物狂いになってことばをおぼえようとCDを聞いて頑張っている人の方がなかなかいえない場合もある。】

ノーベル賞における門前小僧効果・・・

【私、ルイ・ヴィクトル・ド・ブロイは、物理学者だった兄のモーリスから物理の門前小僧効果の影響を受け、のほほ～んとノーベル賞をもらってしまった。ちなみに兄は共同研究もしたのにもらえなかった】

さらに兄の死後、公爵の座も自動的に転がり込んだ！
オイシスギル…

さてこの私のように門前小僧効果でノーベル賞をもらうには・・・

 その1． まずは門前小僧のようにお経が聞こえてくるような環境がなければ始まらない。そのような影響を受けられそうな所、例えば、トラカレのような所にに足しげく通ってのほほ～んとその場に存在すること！

 その2． 門前小僧の場合、失うものは何もないので、とにかく言ってみることが大切である。それが「おまえはアホ？」と思われるような大胆な発想でも！である。

電子は波だ！とかね

 はじめから"門前小僧効果でノーベル賞をとる！"などという変な欲をだすと痛い目にあう。あくまで、のほほ～んという貴族的精神が大事！

－P．S．－ それでもノーベル賞がほしい人は、シュレくんのようにガムシャラにやるのも悪くはない！！

第5話

Erwin Schrödinger

さらば、マトリックス

　いよいよシュレディンガーは"電子は波である"という考えをもとに"電子の振る舞いを説明することば"つくりに着手することになる。それもこれも、あのハイゼンベルクの"電子の描像を持つことが出来ない"という許し難い結論をくつがえすためである。それはすなわち、新しいことば作りへのチャレンジということだ。そして、シュレディンガーの努力と意地は実り、見事に新しいことばを完成させる。もはやハイゼンベルクのマトリックス力学は不要のものとなってしまったのだ。

5.1 描像を求めて

はじめに

私もトラカレ生。もちろんヒッポ大好き！
すごく嬉しいことに、私もいろんなことばに加えて「数式語」も結構歌えるようになってきてるのだ。もちろん初めっからそうだったわけじゃない。もともとトラカレに入るまでは物理も数学も鳥肌がたつくらい大嫌いだった、いわゆるよくいる普通の女の子（？）だったんだよ。
「じゃあどうして好きになったの？」だって!?それはこの冒険を通して、みんなが私と同じ気持ちをどこかで感じてもらえた時にわかってもらえると思うんだ。

それではさっそく出発しよう。

まずこれを見て。今までの地図だよ。ずいぶんいろんな人にあったんだねー。

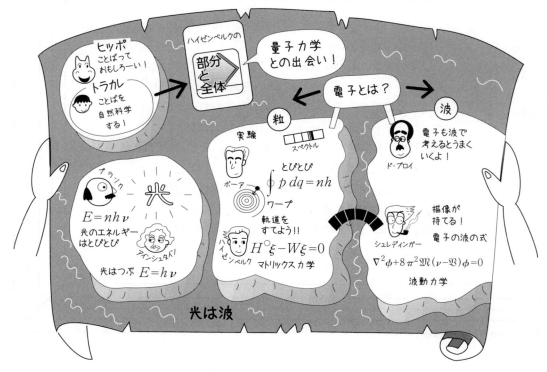

そもそもどうしてトラカレが量子力学をやることになったのか。それは、ハイゼンベルクの『部分と全体』という本がきっかけだったんだよね。

うん。トラカレに入るには試験も何もないんだけど、ひとつだけ「読みなさい」と言われる本がある。それがこの『部分と全体』。

この本はマトリックス力学を生みだしたハイゼンベルクが、量子力学を作りあげる上で出会った様々な物理学者、ボーアやアインシュタインなどとの対話が書かれているのよね。でも初めは量子力学も知らないし、何の事やらって感じだった。でもだんだん何度も読んでるうちにハイゼンベルクのした事、物理学者のした事はいったい何だろう、量子力学って何だろう・・・って思えてきた。それが始まり。

でもどうして量子力学の事が書いてある本をトラカレで読むの？

そう、そこだよね。私も最近やっとわかってきた気がするんだ。トラカレもヒッポも**「ことばを自然科学する」**って事らしいんだけど、これだって何の事やら 뭐가 뭔지 모르겠다!!（さっぱりわからない）。自然科学っていうのが「自然を表すことば探し」っていうことだと知ったのもトラカレに入ってからなんだ。物理学も自然科学のうちのひとつなんだ。
　ニュートンさんもガリレオさんもみんな自然の中で起きる事を一言で説明できることばを探した。

「どうしてリンゴは落ちるのだろう？」

「どうして地球は太陽の周りを回ってるんだろう？」

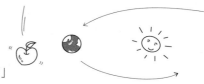

何度も実験したり観測したりして、ある一つの秩序を見つけて、それを一言で世界の誰もが納得できることばにするんだ。
物が落ちるのは、地球が引っ張る力を持ってるからだ！この世の中全ての物に力がかかっていると考えると、全ての物の運動がこの一言で言えるんだ。

▲ ニュートン Newton, Sir Isaac [1643-1727]

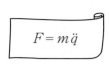

$\ddot{q}$は加速度のことだよ。
つまり
力＝質量×加速度ってことだ…

こんな風に、物理で使われることばは万国共通語の**「数式語」**だったんだ。数式が自然を表すことばだったなんてオドロキ！だって数式って意味のない公式ずらずら〜っていうイメージだったんだもの。それを暗記しても何も面白くないって思っていた。でも数式が人間が作り出した自然を表す万国共通のことばなんだって気づいたら、すごくすごく身近な感じがするよね。それも、いろんな人たちが一生懸命作りだしたことばなんだよ！ドラマだな〜！

量子力学も同じ事。今まで   をやってきてわかったのは、『量子力学の冒険』って光や電子という目に見えない自然の世界の事を表すことば探しだった ── ということ。今まさにその真っ最中を冒険しているんだよね、私たちは。

 そーか。どうしてトラカレで量子力学をやってるのかちょっとわかってきた気がするぞ。量子力学は電子を説明することば探し。トラカレではことばそのものがどんな風になっているのか、その秩序を見つけて、一言で表すことばを探しているんだ。

「どうしてどんな赤ちゃんでも話せるようになるのだろう。
その自然な道筋は、どうなってるのだろう」

「どうして日本語の母音は5つなのかな」

それが一言で表されたらスゴイ！人間も自然が生みだしたものでそのことばももちろん自然の現象だよね。ということは、どっちも同じ

「自然を記述することば探し」

なんだね。

 すごい。ともかく、物理学者さんがどんな風に自然を表すことばを見つけたのか、その道筋を体験できたらこの先トラカレやヒッポで**「ことば」**を考えていく上で、きっと大きな力になると思う。それに何よりも、物理学者さんと一緒にことば探しをするって、すごくワクワクドキドキしちゃうし、ものすごく興味あるよね。

ここで私たちが一緒にことば探しに行こうと思っているのは、あのシュレディンガーさん。彼と一緒に、原子の振る舞いについてのことば探しをしていこうと思う。

うん！僕も一緒に行くよ！・・・でもその前に、今までどんな道筋を通ってきたかふり返るために、あの冒険の地図をもう一度振り返っておきたいね。

これまでのみちすじ

　量子力学の扉が開かれる前、物理学者さんたちは、私たちの身の回りにあるいろんなこと —— 例えばボールを投げる、リンゴが落ちる、音が伝わる、磁石に鉄がくっつくなど —— を説明するには、ニュートンさんやマクスウェルさんが見つけたことばで全てを説明できると確信していた。まだうまく説明できていない事があっても、いつかうまくいくと信じていたのだ。

　しかし、どうしても今までのことばではうまく説明できないことがふたつある事に気付いたんだ。

　そのひとつが**光**の事、そしてもうひとつが**原子**の事だった。

　光についてはプランクやアインシュタインさんがいろいろ考えた。このことは、ここでは詳しく言わないね。そのかわり、今私たちが一緒にことば探しをしようと思っているシュレディンガーさんが取り組んだのは原子の事。その原子について今までどんな風に考えられてきたのかをおさえておこう。

　その頃、物理学者さんの誰もが「原子の中の電子の振る舞い」を説明することばを見つけたいと思っていたんだ。ところが残念な事に電子は目に見えないんだよね。見えない物を知ろうとするなんてすごい。でもどうやって？と思うよね。実は、原子を知るための手がかりがあったんだ。それが

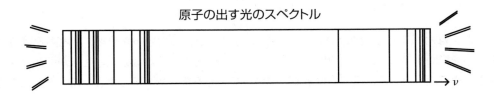

つまり原子にエネルギーを与えると光るんだ。

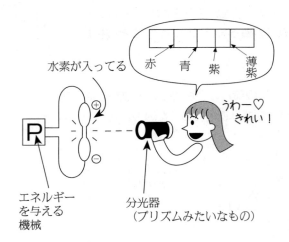

私も実際に実験を見たんだけど、水素や酸素の入っているガラスの管みたいなものにエネルギーを加えると、水素はピンク、酸素はうす紫、ヘリウムは何ていうか白っぽいというか黄色っぽく光るんだ。

それを分光器（プリズム）で見ると、一色の光と思っていたものが何色かにわかれて見える。これが原子の出す光のスペクトルというわけ。

「電子は粒」であるという考えを出発点にしたボーア、そしてハイゼンベルクが、とうとうそのスペクトルを説明する「ことば」を見つけたのだ。それがあの有名な、**ハイゼンベルクのマトリックス力学**だ。

$$H(P^\circ, Q^\circ)\xi - W\xi = 0$$

この式を使えば原子の出す光のスペクトルの振動数と強度を完璧に計算によって出せてしまうのだ。なかなかすごい！！

だけど、ハイゼンベルクはこう言ったんだ。

「軌道を捨てよう」

つまり、

　　　「電子がどんな形をして、どんな風に動いているか
　　　　思い描いてはいけない！」

と言うのだ。なんてことだ！！私たちがスペクトルを説明しようと思ったのは、もともとは「電子の振る舞い」を説明することばを見つけようと思ったからなんだ。それなのに、せっかくスペクトルが説明できる様になったのに、電子の振る舞いについて考える事を捨ててしまうなんてそんなことってある？！

しかし、ハイゼンベルクは、こう言った。

原子の中の電子の軌道は観測されないが、スペクトルの振動数と強度がわかれば、それで軌道がわかったのと同じ事だ。

しかし、このことは全く腑に落ちない！

なぜなら初めに言ったように物理学というのは、物があるときそれがどんな振る舞いをするのかそれを説明する「ことば」を見つける事なんだよ。

ところがハイゼンベルクのことばをうのみにしたら、

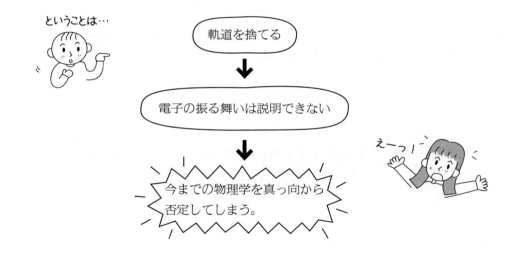

こんな事あっていいはずがない！！物理学の常識はずれもいいところだよね。

5.2 WとEの謎を探れ！
―シュレディンガー方程式を作ろう―

打倒ハイゼンベルク

このことを絶対に許せなかったのが、我らが「エルビン・シュレディンガー」さんなのだ。

原子のスペクトルに対するボーアの考えすらわからん！
電子がジャンプする？
私には全く理解できん！ハイゼンベルクに至っては描像が持てないだと!?ばかばかしい！この常識はずれめ!!
それでもおまえは物理学者なのか！

こうしてシュレディンガーさんは、ハイゼンベルクのこの物理に対してのとんでもない常識はずれを打倒すべく立ち上がったのだ。私も同じ気持ち。

シュレディンガーさんが望んだのはもちろん

電子の振る舞いを表せる（描像が持てる）量子のことばをつくること！

だったんだ。当然それは同時に実験も説明できるものでなくてはならないよね。だって、そのことばが正しいかどうか確かめる唯一の方法が実験なんだからね。でもたとえ、どんなに実験がバッチリ説明できても、描像の持てない物理のことばが正しいわけがないんだから・・・。

でも、なんでシュレディンガーさんはそんなに描像にこだわったんだろう？

人は、頭の中に物がどのように振る舞っているのかを思い描いて初めて理解した、わかったといえるのだ。

とシュレディンガーさんは言っている。つまり、

「描像がある（思い描ける）」＝「理解する」

ということなんだ。

さて、シュレディンガーさんのもくろみ「電子の様子を表せる式をつくること」は全て前章でみた通りド・ブロイさんの

と言う斬新な考えを持ってすれば、見事にうまくいったのだ！シュレディンガーさんが電子を波と考え作り上げたあの素晴らしい式をここにもう一度書いておこう。

$$\nabla^2 \phi + 8\pi^2 \mathfrak{M} (\nu - \mathfrak{V}) \phi = 0$$

この式はこの世の全ての物を波として、その全ての波が当てはまるべき式なんだ。この式を解けば、

どんな電子の波でもどのような形をして、どのように
動くのか、その振る舞いを完璧に求める事ができる

という、スーパースペシャルな式だ！実際にこの式を使って、自由空間や箱の中、またフックの場にいる電子が、どんな ϕ（形）をしているか、どんな ν（振動数）を持っているかを導く事に成功した。つまり、ハイゼンベルクのできなかった電子の振る舞いについて説明する事に成功したんだ!!

そしてさらには求められたνを$E = h\nu$の式に入れるだけで電子の持つエネルギーが出る。すると、なんとそれはことごとく全て、ボーアやハイゼンベルクの求めた値と一致したのだった。

ハイゼンベルクやボーアの式から求められるエネルギーの値が、確かに正しいことは誰もが認めていたんだ。それなら、その答えと同じになるのだから、もちろんシュレディンガーの見つけたことば —— 数式 —— も正しいんだ！ということになる。

これが今までの道のりだった・・・。

ふーん。ということは、シュレディンガーさんの式でも、ハイゼンベルクの式でも「同じエネルギーの値」が求められるんだね。
・・・ってことはシュレディンガーさんの式も、ハイゼンベルクの式も正しい！っていうことになるね！

えーっ！ちょっと待って。それはちょっとおかしいよ。だいたい、この二人の式をよく思い返してみると、ハイゼンベルクの式は今となっては描像を持てなくなってしまったから粒とは言えないものの、もとをたどれば、「電子は粒」の考えから出発した式だった。それに対してシュレディンガーさんの式はいうまでもなく「電子は波」という考えから出発した式。
「粒」と「波」。全く相容れない二つの考え。この考えから求められたエネルギーが同じになるっていう事自体、考えてみればおかしな事だよ。

うーん。本当だね。「粒のことば」を使ったハイゼンベルクの式か「波のことば」を使ったシュレディンガーさんの式のどちらか一方が、真の電子を表すことばと言えるはずなんだね。

いい事に気がついたね。私も同じように考えたんだ。いったい私とハイゼンベルクのどちらが正しい、「電子を表すことば」なのかってね。答は簡単さ。私の波のことばの数式が正しい原子を表すことばに決まってる。

うわー。どーしてそんなこと、思いっきり言えるの？

それは、「描像が持てる」からだよ。電子の振る舞いを表せるってこと。

なるほど、そうだよね。電子がどうなっているか知りたいのに、ハイゼンベルクの式では電子の振る舞いは思い描けないんだもの。どんなに実験にあってたって、電子自体について何も説明できないんだったら、そんな意味のないことばなんて間違ってるに決まってる。少なくともハイゼンベルクの式はおかしい。

うん。それに対してシュレディンガーさんの方は、まさに原子の中の電子の様子を表してる。ということは波のことばを使ったシュレディンガーさんの式が正しい！

君たちなかなかえらい。では、次に私たちがしなければならないことは何か、君ら自身で考えてごらん。私はちょっと失礼するよ。

あ、待って!!・・・行っちゃった。私たちがシュレディンガーさんになったつもりで次にどうするか考えなくちゃ。

ちょっと話を整理してみよう。

今同じ電子について表せる式が二つある。一つは波のことばを使ったシュレディンガーさんの式、もう一つは粒のことばを使ったハイゼンベルクの式。そのどちらも、エネルギーの値が同じになる。

これをちょっと表にしてみると・・・

		描像	エネルギー
粒	ハイゼンベルク	×	○ W
波	シュレディンガー	○	○ E

同じ値

ふむふむ

正しいことばは、描像が持てるシュレディンガーさんの方に決まってる。

・・・なんだかハイゼンベルクの式が邪魔な感じがしてくるね。どうにかしてハイゼンベルクの方をなくす事はできないかな。

そんな事いったって・・・少なくともハイゼンベルクの式は実験をばっちり表してるんだぜ。

うーん。難しいね・・・。私の頭じゃ思いつきもしない。やっぱり原子についてのことば探しは物理学者さんに任せとこうよ・・・。

何言ってるんだい。そんなことじゃトラカレで「ことば」について説明することばを見つけることもできなくなっちゃうよ。僕らだって、ことばについて考えてるんだから自然科学者のはしくれだ。

うん。そうね。もう一度さっきの表をじっと見てみよう。
・・・あれ！ねえねえもしかして！

ん・・・？

この表を見ると、ハイゼンベルクの式はなんだかシュレディンガーさんの式の中のエネルギーの部分だけをうまくいっている式みたい。

うーん。なるほど。
粒のことばは波のことばに含まれて、
全てが波のことばとして表せるっていうことだね。

もし、こうだといえると、

ハイゼンベルクの式なんていらない

って言えるじゃない。電子を表すことばはシュレディンガーさんのだけで充分だって胸を張っていえる。

つまり、ハイゼンベルクの式から導いたエネルギーWとシュレディンガーさんのエネルギーEが同じになるのは、シュレディンガーさんの式の中にハイゼンベルクの式を入れちゃえるからだっていえないかな。

なかなか名案だけど、うまくいくかな。

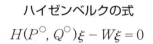

少なくともこの二つの式の関係をあばけないかなぁ。

こんな似ても似つかない式、いったいどうやって、シュレディンガーさんの式の中にハイゼンベルクの式を入れるっていうの？

誰か頭のいい人に相談したいなー。

やるじゃないか。

あ、シュレディンガーさん

私も同じように考えたんだ。私の親友に数学の天才ワイルっていうのがいる。微分方程式に出会うたびに、力をかしてくれてるんだ。彼に相談してみよう。

シュレディンガーは、はじめこの二つの式の関係をあばくことをワイルに頼んだという。

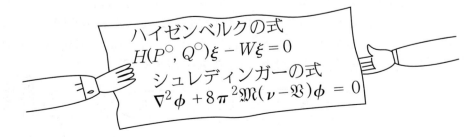

▮ ワイル Weyl, Hermann [1885-1955]

ところが天才ワイルからの返事は・・・
「悪いが私にもできなかった。力になれなくてすまない・・・」
と言ったかどうかはわからないが、ともかく、シュレディンガーを喜ばすことはできなかった。

天才ワイルもできないんだ・・・。sniff.

やっぱり僕たちには無理なんだよ。しゅん

君たちそんな事でひるむのかね!?自然科学者たるもの、そんな事であきらめていたら真の理論など見つけることはできんよ!!

「問題の立て方が正しければ、その問題は半分は解けたのと同じ事なのだ」

これは自然科学の鉄則だ！君たちがことばについて考えていくうえでも大変重要な事だよ。問題のたて方が正しくない時はどんなにしたって正しい事は求められない・・・。

確かに、全てにそれは言えるよね。例えばことばで考えると、学校で習う、文法からの英語の授業だけでしゃべれるようになった人はごくわずか。ほとんどの人は落ちこぼれて英語が嫌いになっちゃう。これって問題の立て方がおかしいんだっていえるわ。本当に自然の中で赤ちゃんがことばを見つけていく道筋を見落としてる。もし、自然の道筋をたどれば誰もができるようになるはずだもの。

そうだね。ヒッポ、ファミリー、トラカレ全てで、問題の立て方は大切になるね。

そうだ。そう思って私たちの問題の立て方を思い出してみると、

「電子の振る舞いを表せる」

これが私たちの立てた問題だよ。これが間違っているわけがない。どう考えてもハイゼンベルクの式と私の式の関係はあばかれるに違いないし、そのあかつきにはきっとハイゼンベルクの式は私の式の中に含まれる。そしてハイゼンベルクの式はいらないと言えるはずだ。絶対にうまくいく！そう信じて突き進むだけだ。

わかりました。シュレディンガーさん。

よし、わかってると思うが、言ってごらん、僕らの目標を。

そうだ、そうだ。よし、どんどんとガムシャラにつきすすもう！

式の形が同じになる

・・・と言っても、第一のステップとして、どうやってこの似ても似つかない二つの式

$$H(P^\circ, Q^\circ)\xi - W\xi = 0 \qquad \nabla^2\phi + 8\pi^2\mathfrak{M}(\nu-\mathfrak{V})\phi = 0$$

の関係があばけるんだろう。数式をみているとクラクラきちゃう。

くりかえすけど今、二つのことばがある。わかっているのはハイゼンベルクの式では不十分だって事。でも「二つの式から求める E と W が同じ」になる。

どーにもこのままじゃ二つの関係をあばくのはダメっぽいわ。ますますクラクラしてきた。

そうだ。このままじゃあまりに漠然としているから、具体的にある一つの場合について考えてみるのはどうだろう。

?!ん？

ほら、箱の中とか自由空間とかいろんな場合を考えただろ。

そのうちで、「フックの場に従う場合」（つまり、中心に引っ張る力がかかる場合）── 粒のことばで言うと「単振動」── の時の事で考えてみよう。

なにせ、シュレディンガーさんの式から求めた E は、今では正しくないと言われているボーアの式から求めた W ではなく、ハイゼンベルクの式から求めた正しい W と一致していたんだから。

ふーん。よくわかんないけど、とにかくシュレディンガーさんとハイゼンベルクのエネルギーが同じになるっていうのを具体的な場合で考えるのっていいような気がする。

・・・そういえば前から気になってるんだけど、この W と E、同じエネルギーという意味なのにどうして記号が違うの？

気にしない、気にしない。たぶん、シュレディンガーさんの式から求めたエネルギーは E、ハイゼンベルクのエネルギーは W って区別してるんじゃないかと思うよ。でもこういうささいな事がひっかかっちゃうんだよなー。

よーし、それぞれの式をフックの場、単振動の形にしてやるぞー！

数式を見るとクラーってしちゃう人、気にしないでね。これもことばなんだと思って繰り返してみてるうちに、ヒッポのCDと同じく歌えるようになるよ。歌えるようになるとすごく嬉しい。私もそうだったから大丈夫。一緒に数式語を歌ってね。きっと意味もあるときにストンと落ちるから。まあ、大まかにフンフンと見ていこう。

気にしない気にしない！

ハイゼンベルクの式を単振動の場合の形にする

ハイゼンベルクの式

$$H(P^\circ, Q^\circ)\xi - W\xi = 0$$

H（ハミルトニアン）はもともとエネルギーを P（運動量）と Q（位置）を使って表すやり方。ここをもっと詳しく書くと

$$H(P^\circ, Q^\circ) = \frac{1}{2m}P^{\circ 2} + V(Q^\circ)$$

V は位置エネルギー。位置エネルギーは名前の通り、位置によって変わるエネルギー。つまり位置 Q° の関数になっている。

だから、詳しく書くと一番上のハイゼンベルクの式は、

$$\left\{\frac{1}{2m}P^{\circ 2} + V(Q^\circ)\right\}\xi - W\xi = 0$$

となる。

単振動の場合の位置エネルギー $V(Q^\circ)$ は $\frac{1}{2}kQ^{\circ 2}$。だからハイゼンベルクの式は次のように書きかえられる。

$$\left(\frac{1}{2m}P^{\circ 2} + \frac{k}{2}Q^{\circ 2}\right)\xi - W\xi = 0$$

シュレディンガーの式もフックの場の形にする

--- シュレディンガーの式 ---
$$\nabla^2 \phi + 8\pi^2 \mathfrak{M}(\nu - \mathfrak{V})\phi = 0$$

まず、$\mathfrak{V} = \dfrac{V}{h}$、$\mathfrak{M} = \dfrac{m}{h}$、$\nu = \dfrac{E}{h}$ を使って上の単振動のポテンシャル V と同じものを入れてあげられるようにする。すると、

$$\nabla^2 \phi + 8\pi^2 \dfrac{m}{h}\left(\dfrac{E}{h} - \dfrac{V}{h}\right)\phi = 0$$

$\dfrac{1}{h}$ でくくると

$$\nabla^2 \phi + 8\pi^2 \dfrac{m}{h^2}(E - V)\phi = 0$$

フックの場と単振動は V が同じ。つまり、電子が粒であっても波であってもかかる力は同じなので、さっきと同じように V に $\dfrac{1}{2}kx^2$ を入れてやると、

$$\nabla^2 \phi + 8\pi^2 \dfrac{m}{h^2}\left(E - \dfrac{1}{2}kx^2\right)\phi = 0$$

こうして書き変えたシュレディンガーの式とさっきのハイゼンベルクの式を書き直したものを比べてみよう。

$$\left(\dfrac{1}{2m}P^{\circ 2} + \dfrac{k}{2}Q^{\circ 2}\right)\xi - W\xi = 0$$

こうしてみても、まだこの二つの関係をあばけた気は全然しない・・・。
やっぱり、ムズカシイなー。

オレ思うんだけど、二つの関係をくらべるにはもっとどうにかして似た形にしてやらないとだめなんじゃない。そこでだ、できるかどうかはわかんないけど、今書き直したシュレディンガーさんの式をいじくり回して、比べられる形にできないだろうか・・・。

 そうね。できるかどうかやってみましょうね。シュレディンガーさんの方をハイゼンベルクのような同じ形にもってくようにするんでしょ？まるでパズルかクイズを解くみたいでおもしろそう・・・。

シュレディンガーのフックの場の式をハイゼンベルクの式の形に似させる

シュレディンガーのフックの場の式

$$\nabla^2 \phi + 8\pi^2 \frac{m}{h^2}\left(E - \frac{1}{2}kx^2\right)\phi = 0$$

話を簡単にするために $\nabla^2 \left(= \frac{\partial^2}{\partial x^2} + \frac{\partial^2}{\partial y^2} + \frac{\partial^2}{\partial z^2}\right.$ ：それぞれの方向の二階偏微分$\left.\right)$ を x の方向だけについて考える。

$$\frac{d^2}{dx^2}\phi + 8\pi^2 \frac{m}{h^2}\left(E - \frac{1}{2}kx^2\right)\phi = 0$$

この式と次のハイゼンベルクの方の式をじーっと見比べて気付くことは、E と W が同じであること、$-\frac{k}{2}$ という同じ数があること。これを利用して、同じ形になっていけそうな感じ。

ハイゼンベルクの単振動の式

$$\left(\frac{1}{2m}P^{\circ 2} + \frac{k}{2}Q^{\circ 2}\right)\xi - W\xi = 0$$

をみると W の前は －（マイナス）で係数がない。
シュレディンガーの式では E の前は ＋（プラス）で $8\pi^2 \frac{m}{h^2}$ なんてややっこしい係数がついている。

・・・ということは E の前にかかってるこの係数を消して符号を－にするために、$-\dfrac{h^2}{8\pi^2 m}$ をかけると

$$-\frac{h^2}{8\pi^2 m}\frac{d^2}{dx^2}\phi - \left(E - \frac{k}{2}x^2\right)\phi = 0$$

カッコをばらしてちょっと順番をかえると

$$-\frac{h^2}{8\pi^2 m}\frac{d^2}{dx^2}\phi + \frac{k}{2}x^2\phi - E\phi = 0$$

前の二つを ϕ でくくってみるとムム・・・。
ずいぶんハイゼンベルクの式と形が似てくる！

$$\left(-\frac{h^2}{8\pi^2 m}\frac{d^2}{dx^2} + \frac{k}{2}x^2\right)\phi - E\phi = 0$$

よーく見ると使ってる記号がちょっと違うだけで、あと一項目を $\dfrac{1}{2m}$ でくくったらもっともっと形が似る。

よし、$\dfrac{1}{2m}$ でくくろう。すると

$$\left\{\frac{1}{2m}\left(-\frac{h^2}{4\pi^2}\frac{d^2}{dx^2}\right) + \frac{k}{2}x^2\right\}\phi - E\phi = 0$$

↑
(なんとか)^2 にすればますます似てくる

$-1 = i^2$、また、$\dfrac{d^2}{dx^2}$ は $\dfrac{d}{dx}\cdot\dfrac{d}{dx}$ なので上の式は

$$\boxed{\left\{\frac{1}{2m}\left(\frac{h}{2\pi i}\frac{d}{dx}\right)^2 + \frac{k}{2}x^2\right\}\phi - E\phi = 0}$$

ジャーン！シュレディンガーさんの式はこういう形になった！

そして、ハイゼンベルクの式をふと見ると、

$$\left(\frac{1}{2m}P^{○2} + \frac{k}{2}Q^{○2}\right)\xi - W\xi = 0$$

本当に同じ形になったよ！

計算はゆっくりやれば簡単だね。
要するにここですごいのは、がんばってみても同じ形になれない場合もあるはずなのに、二つの式が同じ形になれるってことだよね。なんだか謎解きしてるみたいでオモシロイ！

シュレディンガーの式とハイゼンベルクの式を見比べよう

 もっと詳しく中身をみてみよう。 うん。

シュレディンガー
$$\left\{\frac{1}{2m}\left(\frac{h}{2\pi i}\frac{d}{dx}\right)^2 + \frac{k}{2}x^2\right\}\phi - E\phi = 0$$

ハイゼンベルク
$$\left(\frac{1}{2m}\boxed{P^○}^2 + \frac{k}{2}\boxed{Q^○}^2\right)\boxed{\xi} - \boxed{W}\xi = 0$$

こうしてみると記号は全然ちがう。
でも同じ場所にあって違う形のものはというと、上の〜〜〜と □ でつないだもの同士だ。EとWは同じことはわかってる。

 ねえねえ、もし、もしもだよ。

ハイゼンベルクの P°, Q°, ξ がすべてもとはシュレディンガーさんの $\frac{h}{2\pi i}\frac{d}{dx}$, x, ϕ だったといえたらハイゼンベルクの式はいらない！シュレディンガーさんの式だけで充分って言えるんじゃない？

 でも、そんなにかんたんにいくかなー？

 大丈夫！きっとうまくいくにきまってる。

 そうだね。じゃあまずは、それぞれの記号がいったい何だったかを思いだそうか。何かわからなければ手出しもできないものね。

記号思い出しクイズ

☐ の所に分かることばを書き入れてみよう！

	何？	どんなもの？
P°, Q° は？		
ξ は？		
W と E は？		
ϕ は？		
$\frac{h}{2\pi i}\frac{d}{dx}$, x は？		

わかる…？

えっと…

第5話　さらば、マトリックス　459

 えーっと・・・。ハイゼンベルクの式にある P°, Q° っていうのは一体なんだっけ。

 オイオイ。もう忘れちゃったの？マトリックスだろ。

 あ、そうそう。 こういう数の行と列の集まり。

私がきらいな計算がめんどくさいやつ。

 ξ はベクトル。

ベクトルって大きさと方向をもった矢印だよね。

 W と E はエネルギーで問題ないよね．じゃぁ ϕ は？

 えっと・・・位置 (x, y, z) の関数だったわ・・・今は x だけにしてるけど。とにかく関数よね。x がかわると ϕ もかわるっていうやつだね。

 じゃあ、マトリックス P°, Q° にあたる、$\dfrac{h}{2\pi i}\dfrac{d}{dx}, x$ というのは何だろう。
きっと一言でいえる名前があるはずだけど。

 $\dfrac{d}{dx}$ はビブンの記号と $\dfrac{h}{2\pi i}$ は数といえば数。x は位置・・・。全部まとめてひとつの名前で呼ぶの？？
あー何が何だかわかんなくなっちゃう！
みなさんはどうです？この名前いったい何だろう。
誰か知っている人がいたら、教えて POR　FAVOR！

ハハハ!! ずいぶんいいせんにきたじゃないかね。

あっ…シュレディンガーさん！

私もここでずいぶん頭をめぐらせたよ。そうしたら前にどこかで聞いたことのある、あるひとつの数学のことばがフッと頭の中に浮かんだんだよ。

ってね。

演算子・・・？はじめて聞くことばだね。シュレディンガーさんのいう演算子とは一体何のことなのだろう・・・。

> ### 演算子とは？
> $\frac{d}{dx}$ とか、 $\int dx$ とか、 $A \times$ のように
> ～を微分する　～を積分する　～に（Aという）数をかける
>
> 働きだけを持っているもの。
> （それひとつでは意味はないが関数に働いてはじめて意味を持つもの）

なるほど、どうやら演算子っていうのは関数に働くものなんだ。

ここでちゃんとぬきだしてわかりやすい表にまとめとこう！

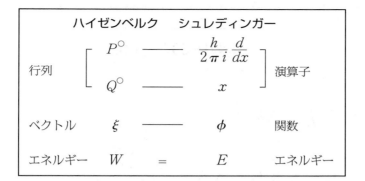

さっきも言ったけど、このそれぞれが同じもので、さらにシュレディンガーさんの方からハイゼンベルクのものが作れたらハイゼンベルクの式よさようならっていうことになるよね。しかしだよ、どうみても片やマトリックス、片や演算子。片やベクトルで、片や関数。まるで違うものだ。これじゃあどうにもならないなー。

ねえ、でももうちょっと広い目で見てみない？意外と部分にこだわってると、全体がみえなくなっちゃう。きれいなお花畑もひとつの花のめしべだけみてるときは何も感じられないけど、少しはなれてみることで、その花のきれいさをしみじみと感じられて心がホワーッてするじゃない。

演算子とマトリックスの共通点を探れ！

演算子はさっき巻物  に書いてあった通り、

関数に働いてはじめて意味を持つもの

もう少し具体的にどんなものか知りたいな。

OK！

演算子のひろば

登場人物　　演算子 $\dfrac{d}{dx}$　　関数 x^2

演算子 $\dfrac{d}{dx}$ はひとりぼっちでは何もできない。

ところが、関数 x^2 に働かせてみると

$$\dfrac{d}{dx}x^2 = 2x$$

新しい $2x$ という関数ができた

ということは、$\dfrac{d}{dx}$ は x^2 を $2x$ というものにする働きを持つものだといえる。

グラフにかいてみると、

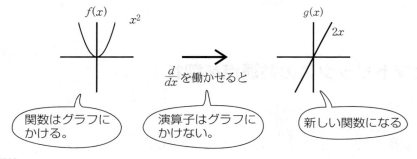

関数はグラフにかける。

演算子はグラフにかけない。

新しい関数になる

見ての通り、

| 演算子は関数に働かせると新しい関数をつくるもの |

かっこよく、演算子を A、もとの関数を $f(x)$、新しい関数を $g(x)$ とすると、上の長い長いことばが

$$Af(x) = g(x)$$

というサッパリとした数式語で表せるんだ。

ふーん。なんだか演算子って「ことば」に似てるね。だってことばも、ただことばしかなかったら何もならない。でもそれを誰かにぶつけると、その働きがわかるじゃない？

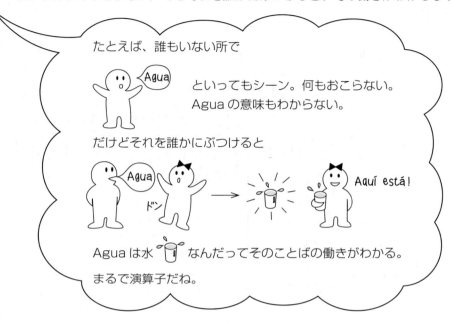

たとえば、誰もいない所で

Agua

といってもシーン。何もおこらない。Agua の意味もわからない。

だけどそれを誰かにぶつけると

Agua は水 なんだってそのことばの働きがわかる。まるで演算子だね。

 ともかく演算子っていうのは新しい関数をつくりだす、そんなパワーを持ってるんだ。

 ハイゼンベルクの方では、マトリックスがベクトルにかかっていたね。マトリックスの方も見てみたらどうかな。

マトリックスの広場

豆知識　マトリックスは $\begin{pmatrix} 1 & 5 & 10 & -6 \\ 3 & 2 & -4 & 9 \\ 6 & 4 & 8 & 5 \\ 7 & 14 & 6 & -8 \end{pmatrix}$ のような数の集まり。

ベクトルは大きさと方向をもった矢印で大きさをたてに並べて（ ）でくくった形で表せる。

登場人物　マトリックス $\begin{pmatrix} 1 & 2 \\ 3 & 4 \end{pmatrix}$　ベクトル $\begin{pmatrix} 1 \\ 2 \end{pmatrix}$

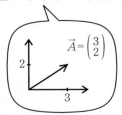

464　第5話　さらば、マトリックス

マトリックスもひとりぼっちだとただの数の集まりで何のことやらさっぱりわからない。

演算子が関数に働いてはじめてその役割がわかった。

このマトリックスもベクトル $\begin{pmatrix} 1 \\ 2 \end{pmatrix}$ に働かせてみよう。

$$\begin{pmatrix} 1 & 2 \\ 3 & 4 \end{pmatrix} \begin{pmatrix} 1 \\ 2 \end{pmatrix} = \begin{pmatrix} 1+4 \\ 3+8 \end{pmatrix}$$
$$= \begin{pmatrix} 5 \\ 11 \end{pmatrix}$$

なんと $\begin{pmatrix} 5 \\ 11 \end{pmatrix}$ という新しいベクトルができた

行列の掛け算のやり方。

$$\begin{pmatrix} A_{11} & A_{12} \\ A_{21} & A_{22} \end{pmatrix} \begin{pmatrix} \eta_1 \\ \eta_2 \end{pmatrix} = \begin{pmatrix} A_{11}\eta_1 + A_{12}\eta_2 \\ A_{21}\eta_1 + A_{22}\eta_2 \end{pmatrix}$$

ちなみにこれは、

$$\zeta_n = \sum_{n'} A_{nn'} \eta_{n'}$$

とかける。
これはぜひ覚えておこう!

演算子のときのようにグラフにしてみよう。

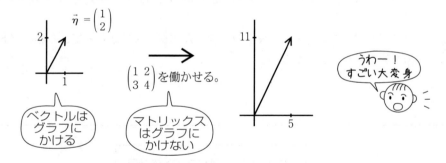

こうしてみるとマトリックスというのは、

> マトリックスはベクトルに働かせると
> 新しいベクトルをつくる

といえる。かっこよくマトリックスを A、ベクトルを η（イーター）、新しいベクトルを ζ（ツェーター）とすると、上の長いことばは次のようになる。

$$A\eta = \zeta$$

そうか、マトリックスは新しいベクトルをつくるパワーを持ってるんだ。

 演算子とマトリックスは一見全然ちがうものみたいだけど

"新しいものをつくる"

という点では実は同じって言えるんだね!!

ということは、

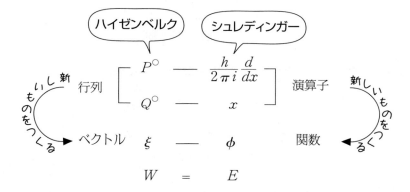

 はじめに思いついたとおり今まで、ハイゼンベルクとシュレディンガーさんのことばは全くちがうと思っていたけれど、実は同じだったと言える糸口がどうやらつかめた感じがする。この糸をたぐりよせていけばうまくいきそうな予感がするよね。

 でもさ、ちょっと待った。
そんなに簡単に言っちゃっていいの？ 二つの式を見比べてみると、

$$\text{シュレディンガー} \quad \left\{\frac{1}{2m}\left(\frac{h}{2\pi i}\frac{d}{dx}\right)^2 + \frac{k}{2}x^2\right\}\phi - E\phi = 0$$

$$\text{ハイゼンベルク} \quad \left(\frac{1}{2m}P^{\circ 2} + \frac{k}{2}Q^{\circ 2}\right)\xi - W\xi = 0$$

どっちも〜〜〜の所全体が ϕ と ξ にかかっている。

それぞれを見てみると、まずシュレディンガーさんの〰〰の部分は、演算子のかけ算になっている。つまり、

$$\left(\frac{h}{2\pi i}\frac{d}{dx}\right)^2 = \frac{h}{2\pi i}\frac{d}{dx} \times \frac{h}{2\pi i}\frac{d}{dx}$$
$$x^2 = x \times x$$
$$演^2 = 演 \times 演$$

それに演算子のたし算になっている。

$$\frac{1}{2m}\underbrace{\left(\frac{h}{2\pi i}\frac{d}{dx}\right)^2 + \frac{k}{2}x^2}_{演 \; + \; 演}$$

ハイゼンベルクの方だってマトリックスのかけ算になっているし、

$$P^{\circ 2} = P^\circ \times P^\circ$$
$$Q^{\circ 2} = Q^\circ \times Q^\circ$$
$$マ^2 = マ \times マ$$

マトリックスのたし算にもなっている。

$$\underbrace{\frac{1}{2m}P^\circ + \frac{k}{2}Q^\circ}_{マ \; + \; マ}$$

もしシュレディンガーさんの式の中にハイゼンベルクの式が含まれるなら、この演算子のかけ算やたし算が関数にする働きと、マトリックスのたし算やかけ算がベクトルにする

だってことが言えないとまずいんじゃない？

ふーん、そんなもんかなぁ。よくわかんないけど、とにかく見てみようよ。
まずは演算子のたし算から。
あれ、演算子のたし算って一体どうやるんだろう？

演算子のたし算とマトリックスのたし算

演算子のたし算か。演算子は働きしか持っていない $\frac{d}{dx}$ とか $\int dx$ だったよね。
そのたし算ということは、

$$\frac{d}{dx} + \frac{d}{dx} \text{ とか } \int dx + \frac{d}{dx} \text{ っていうこと？}$$

えーっ！そんな普通の数みたいにたし算する事なんてできないよ。どうしよう・・・。

ほら、余計な事言わなければこんな事にならなかったのに。どーするの？

ハッハッハ、困っているようだね。実は私もここで困ってしまったんだよ。

えーっ、シュレディンガーさんも！

大丈夫。演算子のたし算といっても、
実際に微分と微分をたしたり、積分と微分を
たしたりすることではないんだ。

じゃあ、計算できないのに、何で演算子のたし算なんかあるの？

演算子のたし算とはある定義なんだ。

定義？

定義とは、「○○○は、□□□である」のように、ことばの意味を決めてあげることだよ。

ふーん。じゃあ、演算子のたし算ってどんな意味なの？

ある演算子 A と B のたし算

$(A + B)$ とは、
それがある関数 $f(x)$ に働いたときに、
$(A + B)f(x)$
A と B がそれぞれ別々に関数 $f(x)$ に働いたもののたし算
$Af(x) + Bf(x)$
になるようなものの働き部分だけをまとめたものである。

ふーん。ちょっとややこしいけれど、要するに $(A + B)$ っていう演算子を見たら、実際には計算できないけれど、それが関数に働いたとき、

$$(A+B)f(x) = Af(x) + Bf(x)$$

となるんだって思えばいいんだね。

今ここでやりたいのは、演算子のたし算が関数にする働きと、マトリックスのたし算がベクトルにする働きが同じであるかを確かめることだよね。

うん、その通り。早速、同じようにマトリックスのたし算も見てみよう。

ねえねえ。マトリックスのたし算って

$$\begin{pmatrix} A_{11} & A_{12} & \cdot\cdot \\ A_{21} & A_{22} & \cdot\cdot \\ \vdots & \vdots & \end{pmatrix} + \begin{pmatrix} B_{11} & B_{12} & \cdot\cdot \\ B_{21} & B_{22} & \cdot\cdot \\ \vdots & \vdots & \end{pmatrix} = \begin{pmatrix} A_{11}+B_{11} & A_{12}+B_{12} & \cdot\cdot \\ A_{21}+B_{21} & A_{22}+B_{22} & \cdot\cdot \\ \vdots & \vdots & \end{pmatrix}$$

のように、（ ）の中身、つまり要素ごとをたし算するんだったよね。

うん、確かにその通りだ。でも今は演算子との共通点が知りたいんだから、演算子のたし算の定義と同じように新しく定義をしなおしてやるんだよ。

私、やってみる。えーっと、

> あるマトリックス A と B のたし算
>
> $(A + B)$ とは
> それがあるベクトル η に働いたときに
> $(A + B)\eta$
> A と B がそれぞれ別々にベクトル η に働いたもののたし算
> $A\eta + B\eta$
> になるようなものの働き部分だけをまとめたものである。

こんな感じでどう？

お見事！ 演算子と同じように定義できたじゃないか。ということは、

> 演算子のたし算が関数にする働きとマトリックスのたし算がベクトルにする働きは等しい！

そうだ。この調子でかけ算もやってしまおう！

演算子とマトリックスのかけ算

演算子のかけ算も、たし算の時みたいに定義してあげよう。

OK！

> **ある演算子 A と B のかけ算**
>
> (AB) とは
> それがある関数 $f(x)$ に働いたとき
> $(AB)f(x)$
> まず B を $f(x)$ に働かせ、その結果できた新しい関数に A を働かせる
> $A(Bf(x))$
> という 2 度の働きを $f(x)$ への 1 度の働きにまとめたものである。

 こんなもんでどうかな。

 上出来、上出来。まさにその通りだよ。

 あとは、マトリックスのかけ算も同じように定義してあげる事ができればいいのよね。

 そうだね。もしできれば、演算子のかけ算が関数にする働きとマトリックスのかけ算がベクトルにする働きは等しいって言えるんだよね。今度は僕がやってみる。

> **あるマトリックス A と B のかけ算**
>
> (AB) とは
> それがあるベクトル η に働いたとき
> $(AB)\eta$
> まず B を η に働かせ、その結果できた新しいベクトルに A を働かせる
> $A(B\eta)$
> という 2 度の働きを η への 1 度の働きにまとめたものである。

ねえ質問！

$$(AB)\eta = A(B\eta)$$

と定義されたわけだけど

$$(AB)\eta = B(A\eta)$$

ではダメなの？

いいことに気がついたね。演算子もマトリックスも働く順番がとても重要なんだ。実際にやってみてごらん。

うん。まず演算子からやってみよう。

演算子 $\dfrac{d}{dx}$ と x が関数 x^2 に働くとき

$$\frac{d}{dx}(xx^2) = \frac{d}{dx} \times x^3 = \underline{\underline{3x^2}}$$

順番をかえると、

$$x\left(\frac{d}{dx}x^2\right) = x \times 2x = \underline{\underline{2x^2}}$$

うん。マトリックスも見てみよう。

マトリックス $\begin{pmatrix}1 & 2\\3 & 4\end{pmatrix}$ と $\begin{pmatrix}2 & 1\\4 & 3\end{pmatrix}$ がベクトル $\begin{pmatrix}2\\3\end{pmatrix}$ に働くとき、

$$\begin{pmatrix}1 & 2\\3 & 4\end{pmatrix}\left\{\begin{pmatrix}2 & 1\\4 & 3\end{pmatrix}\begin{pmatrix}2\\3\end{pmatrix}\right\} = \begin{pmatrix}1 & 2\\3 & 4\end{pmatrix}\begin{pmatrix}4+3\\8+9\end{pmatrix} = \begin{pmatrix}1 & 2\\3 & 4\end{pmatrix}\begin{pmatrix}7\\17\end{pmatrix} = \begin{pmatrix}7+34\\21+68\end{pmatrix} = \underline{\underline{\begin{pmatrix}41\\89\end{pmatrix}}}$$

順番をかえると

$$\begin{pmatrix}2 & 1\\4 & 3\end{pmatrix}\left\{\begin{pmatrix}1 & 2\\3 & 4\end{pmatrix}\begin{pmatrix}2\\3\end{pmatrix}\right\} = \begin{pmatrix}2 & 1\\4 & 3\end{pmatrix}\begin{pmatrix}2+6\\6+12\end{pmatrix} = \begin{pmatrix}2 & 1\\4 & 3\end{pmatrix}\begin{pmatrix}8\\18\end{pmatrix} = \begin{pmatrix}16+18\\32+54\end{pmatrix} = \underline{\underline{\begin{pmatrix}34\\86\end{pmatrix}}}$$

マトリックスも順番をかえると答がかわっちゃうんだ。

なるほど。これで、

$$(AB)f(x) = A\{Bf(x)\}$$
$$(AB)\eta = A\{B\eta\}$$

にした訳がわかったね。どっちも順番を変えちゃいけないんだ。
ということは、

演算子のかけ算が関数にする働きとマトリックスのかけ算がベクトルにする働きは等しい！

これで、シュレディンガーさんの式の
$$\frac{1}{2m}\left(\frac{h}{2\pi i}\frac{d}{dx}\right)^2 + \frac{k}{2}x^2$$
が関数にする働きと、ハイゼンベルクの式の
$$\frac{1}{2m}P^{\circ 2} + \frac{k}{2}Q^{\circ 2}$$
がベクトルにする働きが同じだって胸を張って言えるのね！

今わかったのは、マトリックスと演算子が同じ働きを持ってるってことだけど、実際今ぼくらがここでしたいのは、具体的にマトリックスの中でもハイゼンベルクの P° と Q° と、シュレディンガーさんの演算子 $\frac{h}{2\pi i}\frac{d}{dx}$ と x が同じになるかどうかっていうことだよね。つまり今、大まかなところが同じとわかったとこ。次にはもう少しきれこんでいかなくちゃ。

大まかから細かい所へ・・・どっかで聞いたことのあるようなことばだね。

うん。とにかく次は具体的に

$$P^{\circ} \text{ と } \frac{h}{2\pi i}\frac{d}{dx} \text{ が、} Q^{\circ} \text{ と } x \text{ が同じ}$$

と本当にいえるかどうか調べていこう！

P°、Q° と $\dfrac{h}{2\pi i}\dfrac{d}{dx}$、$x$ の関係を探る

さて、ハイゼンベルクにおける P° と Q° というのは、どんなマトリックスでもいいわけではなかった。ある決まり（条件）つきだったんだよね。

> **ハイゼンベルクの $P^\circ Q^\circ$ の条件**
> 1. **正準な交換関係**をみたす。
> $$P^\circ Q^\circ - Q^\circ P^\circ = \dfrac{h}{2\pi i}1$$
> 2. **エルミト的**である。

このふたつの条件を満たすものがハイゼンベルクのマトリックス $P^\circ Q^\circ$ ということは、もしこのそれぞれがもとは演算子 $\dfrac{h}{2\pi i}\dfrac{d}{dx}$、$x$ と同じだったんだ・・・と言うためには、当然この二つの演算子も同じ条件をクリアしないとだめだよね。でも、エルミト的な演算子ってよくわからないから、とりあえず正準な交換関係についてだけ見ていこうよ。

演算子は正準な交換関係を満たしているか？

正準な交換関係といわれても、ことばの意味がよくわからないなあ・・・。だけど、とにかく

$$P^\circ Q^\circ - Q^\circ P^\circ = \dfrac{h}{2\pi i}1$$

（ハイゼンベルクの正準な交換関係は、マトリックスだから $\dfrac{h}{2\pi i}$ に単位マトリックスの 1 をつけなきゃいけないんだったね。）

（詳しいことはハイゼンベルクのところをみてね。）

になるっていうことらしい。

$P°$ に $\frac{h}{2\pi i}\frac{d}{dx}$、$Q°$ に x があたるんだから、

演算子の場合の正準な交換関係の式は

$$\frac{h}{2\pi i}\frac{d}{dx}\cdot x - x\cdot\frac{h}{2\pi i}\frac{d}{dx} = \frac{h}{2\pi i}$$

 あれ？ $\frac{h}{2\pi i}1$ じゃないの？どうして 1 が消えちゃうの？

演算子の場合は、ただの数「1 をかける」という意味になるので省略してもいいんだよ。

っていうことが成り立てばいいってことだよね。本当にそうなるかなー。

でもこれって、演算子だけの式になっているから、このままではどうやって計算していいのか分からない。

演算子の広場で見た通り、演算子は関数に働いてはじめて意味を持つんだったよね。

そうか。じゃあ $\frac{h}{2\pi i}\frac{d}{dx}\cdot x - x\cdot\frac{h}{2\pi i}\frac{d}{dx} = \frac{h}{2\pi i}$ を何かの関数に働かせてやれば計算できるってわけね。

うん。ここではまず左辺の $\frac{h}{2\pi i}\frac{d}{dx}\cdot x - x\cdot\frac{h}{2\pi i}\frac{d}{dx}$ にどんな関数でもいいように $f(x)$ を働かせて計算しよう。

その結果がうまく $\frac{h}{2\pi i}f(x)$ になったらいいんだけれど・・・。

 $\frac{h}{2\pi i}\frac{d}{dx}\cdot x - x\cdot\frac{h}{2\pi i}\frac{d}{dx}$ はどうなる!?

まず関数 $f(x)$ をそれぞれの項に働かせて計算できるようにする。

$$\left(\frac{h}{2\pi i}\frac{d}{dx}\cdot x\right)f(x) - \left(x\cdot\frac{h}{2\pi i}\frac{d}{dx}\right)f(x)$$

演算子のかけ算の定義 $A\{Bf(x)\} = (AB)f(x)$ を使うと、

$$= \frac{h}{2\pi i} \frac{d}{dx}\{xf(x)\} - x\left\{\frac{h}{2\pi i}\frac{d}{dx}f(x)\right\}$$

となる。$\dfrac{h}{2\pi i}$ はただの決まった数だから、くくってしまうと、

$$= \frac{h}{2\pi i}\left|\underline{\frac{d}{dx}\{xf(x)\} - x\left\{\frac{d}{dx}f(x)\right\}}\right|$$

この ——— の部分は「積の微分」っていうやつだ！

$\downarrow$

積の微分の公式

$$\frac{d}{dx}\{f(x)\cdot g(x)\} = \frac{d}{dx}f(x)\cdot g(x) + f(x)\frac{d}{dx}g(x)$$

これを使うと、

$$= \frac{h}{2\pi i}\left|\left(\frac{d}{dx}x\right)f(x) + x\left\{\frac{d}{dx}f(x)\right\} - x\left\{\frac{d}{dx}f(x)\right\}\right|$$

ここはさしひいて
きえちゃう！

$\dfrac{d}{dx}x$（x の微分）は 1 だから、

$$= \frac{h}{2\pi i}f(x)$$

ということは、

$$\left(\frac{h}{2\pi i}\frac{d}{dx}\cdot x\right)f(x) - \left(x\cdot\frac{h}{2\pi i}\frac{d}{dx}\right)f(x) = \frac{h}{2\pi i}f(x)$$

となるっていうこと。関数にかけて働きをしらべて結果がでたから、ここから働きだけをとりだしてあげると・・・

$$\frac{h}{2\pi i}\frac{d}{dx}\cdot x - x\cdot\frac{h}{2\pi i}\frac{d}{dx} = \frac{h}{2\pi i}$$

つまり、

> 演算子 $\dfrac{h}{2\pi i}\dfrac{d}{dx}$ と x も正準な交換関係を満たしているってことがわかった！！

 ヤッター！ということは、具体的に P° と $\dfrac{h}{2\pi i}\dfrac{d}{dx}$、$Q^\circ$ と x がバッチリ性質が同じものだって言えるんだね！！

 やったー、やったー！

なんだ！

 君たち、そんなことで喜んでいる場合ではないぞ。
今の私たちの目標は

> **ハイゼンベルクの式なんていらない！**

ということだ。
そのためには、ただ働きが同じというだけでなく

> $\dfrac{h}{2\pi i}\dfrac{d}{dx}$ から P° を
> x から Q° をつくりだす

ということができなければならない。
そうすれば、P° も Q° も必要なくなる。
次に君たちがしなくちゃいけないことは、どうやったらそれができるかっていうことだよ。そして最後には、この私、

> **シュレディンガーの式から
> ハイゼンベルクの式を作るんだ！**

 そんなこと言われてもねー。そんなことできるのかなー？

関数からベクトルを作る

 あれ、どうしてこんなところにフーリエの冒険が・・・。何かのヒントがあるっていうのかな。

 演算子からマトリックスをつくる方法を君たちはまだ知らない。しかし君たちは以前この量力の冒険に来る前にフーリエの冒険を体験済みなんだってね。

 はい。

 その中の「射影と直交」という章で、実は関数からベクトルをつくることは経験済みだろう。

 そうだっけ・・・忘れてしまいました。

 ではまずフーリエを使って「関数からベクトルを作る方法」を思い出してごらん。

 フーリエといえば「複雑な波は単純な波のたし合わせ。」

これを数式語で書くと

$$f(x) = a_0 + a_1 \cos 1\omega t + b_1 \sin 1\omega t \\ + a_2 \cos 2\omega t + b_2 \sin 2\omega t \\ + \cdots\cdots$$

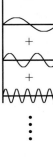

 ちなみに、
複雑な波＝複雑な関数、
単純な波＝単純な関数と同じ意味なんだよ！

 さて、このそれぞれの単純な波は cos、sin すべてある関係にあるのだが、それは一体なんだったか・・・。

えっと・・・えっと・・・それは、なんだっけ・・・

それは、

っていうことだ。

直交といわれてもピンとこない。字をみての通り直交というのは90度に交わることだね。

それにしても関数（波）が直交してるというのは一体どういうことなんだろう？

いやいや。それはちょっと違うんだ。
関数が直交しているということは、
「ある関数と他のある関数をかけあわせてできた関数の面積が0になる」

ということなんだ。ちょっとみてみよう。

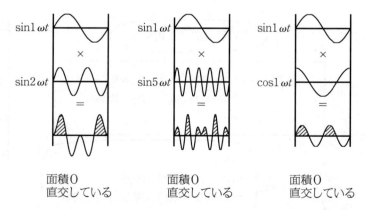

なるほど、単純な波はどれもそれぞれ直交しているんだね。

ところがひとつ、この中で直交していないものがある。それは一体どれかわかるかね？

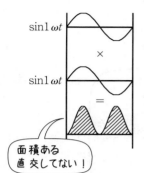

左の図のように、それは自分自身なのだ。自分自身をかけ合わすと面積がでてしまう。

だから自分自身とは直交していないということがわかるんだ。

こんな風に sin、cos は自分以外はすべて直交した関係にある関数であり、これをかっこいいことばでいうと、

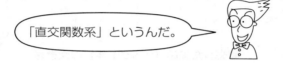

だけど、こうした直交した関数も、ただ見てるだけだと直交してるかどうかなんてわからないなあ。ひと目で直交してるってわかるように書けないかな。

それは簡単にできるんだ。この直交した関数がひと目でわかるグラフにしてやろう。それぞれの波を軸としてとる。お互い直交してるので、

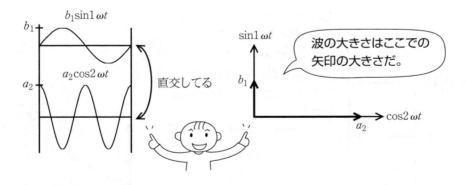

なんだあんまりにも簡単。でも、これって矢印・・・。
ということは、ベクトルじゃないの！！
しかも、波の振幅が直交したベクトルのそれぞれの大きさになってる！

波の振幅の求め方だって知ってる。フーリエ展開ですね。

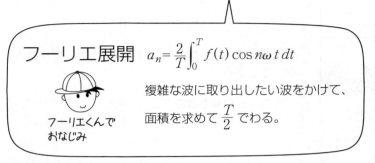

フーリエ展開　$a_n = \dfrac{2}{T}\displaystyle\int_0^T f(t)\cos n\omega t\, dt$

フーリエくんでおなじみ

複雑な波に取り出したい波をかけて、面積を求めて $\dfrac{T}{2}$ でわる。

このやり方をすればどんな単純な波の大きさもわかるんだったわ。そうか。
これを使えば

直交した矢印（＝ベクトル）の大きさ

を求めてることになるんだ。

さっきの二つの波をたし合わすと、複雑な波 $f(t)$ ができるが、この直交のグラフの上で書いてみよう。
うまくできるかな。

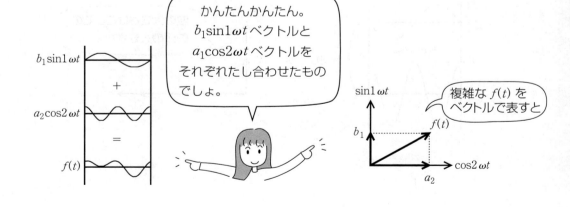

かんたんかんたん。
$b_1 \sin 1\omega t$ ベクトルと
$a_1 \cos 2\omega t$ ベクトルを
それぞれたし合わせたもの
でしょ。

複雑な $f(t)$ を
ベクトルで表すと

そのベクトルの表し方は、大きさをたてに並べて（ ）をつけるのだから

$$\vec{f(t)} = \begin{pmatrix} a_2 \\ b_1 \end{pmatrix}$$

5だったら5
3だったら3と
入れるんだ。

こんな風にかけるね。つまり、単純な波の大きさをたてに並べて（ ）でくくると複雑な波をベクトルで表したことになるんだ。

今はフーリエを使ってやったので直交関数系は sin と cos だったけど、直交関数系は他にもあるんだ。直交関数系であれば実はなんでもいいからもっと一般的な形にしてやろう。

普通の展開の式からどんな直交関数系にも使えるようにするには・・・。

$$a_n = \frac{2}{T} \int_0^T f(t) \cos n\omega t \, dt$$

cosの振幅だから a_n。

↓

直交関数の場合の振幅は η にする。

ここでは $-\infty \sim \infty$ になるので書かなくてもよい

今は $f(x)$

直交関数系の一般的な形を $\chi_n(x)$ とする。
この $\chi_n(x)$ は規格化されているので $\frac{2}{T}$ も含まれる。

η はイータと読むよ

χ はカイと読みます

すると…

↓

ちょっと順番をかえると・・・

$f(x)$ からつくられるベクトルのひとつの要素 η_n の求め方

$$\eta_n = \int \chi_n^*(x) f(x) \, dx$$

直交関数にベクトルにしたい複雑な関数をかけて面積を求める

ここについている*は、$f(x)$が複素数の時にでも使えるようにしてるマークだから気にしない、気にしない。

このnに1,2,3$\cdots$と入れると、それぞれ直交したベクトルの大きさがでるんだ。そしてそれをかっこでくくると

$$\begin{matrix}\int \chi_1^*(x)f(x)\,dx = \eta_1 \\ \int \chi_2^*(x)f(x)\,dx = \eta_2 \\ \int \chi_3^*(x)f(x)\,dx = \eta_3\end{matrix} \rightarrow \begin{pmatrix}\eta_1 \\ \eta_2 \\ \eta_3\end{pmatrix} = \vec{\eta}$$

ヤッタ！！$f(x)$というある関数からベクトル$\vec{\eta}$をつくることができた！

ある関数$f(x)$からはベクトルη （イータ）
別の関数$g(x)$からは別のベクトルζ （ツェーター）

といったように、ひとつの関数からはあるひとつのベクトルができるんだ。
ちなみに逆にこれを使うと

複雑な関数$f(x)$は単純な関数のたし合わせ、
$$f(x) = \sum_n \eta_n \chi_n(x)$$

後で使うよ！

関数からベクトルをつくることができたけど私たちが本当に作りたいのは、ハイゼンベルクを打倒するために

$$\frac{h}{2\pi i}\frac{d}{dx} \rightarrow P^\circ \qquad x \rightarrow Q^\circ$$

だったことを忘れてはいけない、いけない。つまり、

演算子からマトリックスを作り出したいのだ！

そのとおりだよ。今やった関数からベクトルを作る方法をうまく使って演算子からマトリックスを作ることに挑戦しよう。

演算子からマトリックスを作る

関数からベクトルがつくれる。この方法を利用するっていったって・・・。
そうだ！例えば、

$$Af(x) = g(x)$$

みたいに、前にみたように $f(x)$ からできるベクトルが η だとすると、$g(x)$ からは、η と違う別のベクトルができるんだよね。これを ζ（ツェータ）としよう。

$$\zeta_n = \int \chi_n^*(x) g(x) dx$$

この $g(x)$ は $Af(x)$ だから、

$$\zeta_n = \int \chi_n^*(x) A f(x) dx$$

とするね。この式を変形していけば、演算子とマトリックスの関係が何かわかるかも知れない！やってみよう。この ζ_n は前にみた式

$$f(x) = \sum_n \eta_n \chi_n(x)$$

複雑な関数は単純な直交関数のたし合わせを使うと

（前の n と区別するために、ダッシュをつける）

今、ここでの演算子は全てをたしてから働かせても、ひとつひとつに A を働かせてたしても同じなので、A を Σ の中にいれてあげることができる。

$$\zeta_n = \int \chi_n^*(x) \sum_{n'} A \eta_{n'} \chi_{n'}(x) dx$$

たしてから積分しても、積分してからたしても同じなので Σ が前にでる。

$$= \sum_{n'} \int \chi_n^*(x) A \eta_{n'} \chi_{n'}(x) dx$$

ここでの積分は x についての積分なので $\eta_{n'}$ は x に関係していない

$\eta_{n'}$ を $\int dx$ の外にだす。すると・・・

$$= \sum_{n'} \int \chi_n^*(x) A \chi_{n'}(x) dx \, \eta_{n'}$$

何をしていたかというと、ベクトルのひとつの大きさ ζ_n を計算してきたんだった。だからつまり、ベクトルのひとつの大きさ ζ_n は、

$$\zeta_n = \sum_{n'} \int \chi_n^*(x) A \chi_{n'}(x) dx \, \eta_{n'}$$

ということ。

あれ？これはどこかでみた記憶がある。

 私全然覚えてない。

 ホラ・・・マトリックスの広場でマトリックスとベクトルのかけ算をしたときに、これは覚えとくといいよっていってたやつに似てないか？

 覚えといた方がいいっていうのを今見たけれど、（P. 464）

$$\zeta_n = \sum_{n'} A_{nn'} \eta_{n'}$$

だったよね。だけどこれは、

$$\zeta_n = \sum_{n'} \int \chi_n^*(x) A \chi_{n'}(x) dx \, \eta_{n'}$$

じゃない。全然違うわ。

 この ——— 線をちょっと目をつむって

$$\zeta_n = \sum_{n'} \underline{} \eta_{n'}$$

としたら・・・

 まあね・・・。似てるといえば似てるかな。

 もしかすると ——— というのは $A_{nn'}$ というマトリックスの要素の中のひとつかもしれないって思えない？？つまり、あるひとつの数ってこと。

 うーん。

 じゃあね、——— の部分は積分だから、面積の値ってことだよね。それが何によって決まるか考えてみようよ。

 面積っていったって、何の面積？

―――の部分を見てみると、$A\chi_{n'}(x)$ は演算子 A が $\chi_{n'}(x)$ という関数に働いていて新しい関数になってるよね。

$$\underline{\int \chi_n^*(x) A\chi_{n'}(x) dx}$$

つまり、複雑な関数と単純な関数をかけ合わせてできた新しい関数のことだね。さてこの時、最後にできる関数の形を決めるのはなんだろう。まずひとつめに演算子 A で値が決まるのは言うまでもないよね。

　だって、A が $\dfrac{d}{dx}$（ビブン）の時と $\int dx$（セキブン）の時では変わってくるもんね。

　なるほど。

　さらに直交関数系 $\chi_{n'}(x)$ の n' によっても変わっちゃう。
例えば、今この直交関数を $\sin n'x$ とすると、$\sin 15x$ と $\sin 3x$ じゃ形が全然ちがう。同じように $\chi_n^*(x)$ の n でも同じこと。つまり、n と n' の組合せがひとつでも違うとそこから作られる関数の形が全然変わってきてしまって面積も全然かわっちゃう。

　うん。そうね。

　ということは、この―――の積分の値っていうのは、A と n と n' の組み合わせによって一つ決まるんだ。つまり、ひとつの数になる。そこでだ、その数を A と n と n' で決まる数という事で、

$$\boxed{A_{nn'}}$$

と書くことにしよう。この形は、

　あ！マトリックス！
この答えが n と n' の組合わせによって決まるってことは、

$$\begin{pmatrix} A_{11} & A_{12} & A_{13} & \cdots \\ A_{21} & A_{22} & A_{23} & \cdots \\ A_{31} & A_{32} & A_{33} & \cdots \\ \vdots & \vdots & \vdots & \end{pmatrix}$$

ということになるっていうこと⁉ なんかだまされてるみたいだけど確かにそうだね。

という事は今の ─── の部分が演算子からマトリックスを作る方法ってことなのね。スゴイ！！

えっへん。じゃあここで、演算子からマトリックスを作る方法をまとめとこう。

演算子からマトリックスを作るには、

$$\int \chi_n^*(x) A \chi_{n'}(x) dx$$

マトリックスにしたい演算子 A を直交関数でサンドイッチして面積を求めると A からマトリックスができる

このやり方を使えば演算子からマトリックスが作れるんだね。

いやいや、まだまだ！本当に喜ぶのは演算子の中でもシュレディンガーさんの

$$\frac{h}{2\pi i}\frac{d}{dx} \text{から } P^\circ \text{ というマトリックス}$$

$$x \text{ から } Q^\circ \text{ というマトリックス}$$

がつくれてからだ！！

ドキドキ！とうとうくるときがきたって感じね。本当にできたらスゴイ！！

ワクワクするなー！！よし、早速やってみよう。

いよいよ P° と Q° を作る

まずは $\dfrac{h}{2\pi i}\dfrac{d}{dx}$ と x からマトリックスを作るのは簡単。やり方は先ほどのサンドイッチ攻撃だ。

$$\int \chi_n^*(x)\,\frac{h}{2\pi i}\frac{d}{dx}\,\chi_{n'}(x)\,dx \;=\; \boxed{\text{あるマトリックス}}$$

$$\int \chi_n^*(x)\,x\,\chi_{n'}(x)\,dx \;=\; \boxed{\text{あるマトリックス}}$$

すると、$\dfrac{h}{2\pi i}\dfrac{d}{dx}$ からあるマトリックスが、x からまた別のマトリックスができる。もし、その新しくできたふたつのマトリックスがあのハイゼンベルクの特別な条件

> 1. 正準な交換関係
> $$P^\circ Q^\circ - Q^\circ P^\circ = \frac{h}{2\pi i}\mathbf{1}$$
> 2. エルミート的

を満たしていれば、その二つのマトリックスは、まぎれもない P°、Q° だといえるんだ。

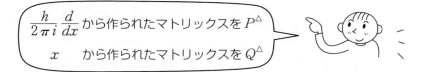

としようか。

この $P^\triangle$ と $Q^\triangle$ が本当に $P^\circ Q^\circ$ になるだろうか！
まずはこの $P^\triangle$ と $Q^\triangle$ が条件 1 の正準な交換関係を満たしているかどうかを調べてみよう。

条件1 演算子 $\frac{h}{2\pi i}\frac{d}{dx}$、$x$ から作ったマトリックス $P^\triangle$、$Q^\triangle$ は正準な交換関係を満たしているか

前に $\frac{h}{2\pi i}\frac{d}{dx}$ と x は正準な交換関係

$$\frac{h}{2\pi i}\frac{d}{dx}\cdot x - x\cdot \frac{h}{2\pi i}\frac{d}{dx} = \frac{h}{2\pi i}$$

が成り立ってるってことはちゃんと確かめたよね。

うん。でも、ここでは $\frac{h}{2\pi i}\frac{d}{dx}$ からつくったマトリックスと x からつくったマトリックスがちゃんと正準な交換関係を満たしているかどうかを確かめるんだよね。

そのとおり。

どうやってたしかめる？

演算子の正準な交換関係の式

$$\frac{h}{2\pi i}\frac{d}{dx}\cdot x - x\cdot \frac{h}{2\pi i}\frac{d}{dx} = \frac{h}{2\pi i}$$

の右辺、左辺をどーんとマトリックスにしちゃおうぜ。

そんなことできるの？

だって考えてみろよ。左辺も $\left(\frac{h}{2\pi i}\frac{d}{dx}x - x\frac{h}{2\pi i}\frac{d}{dx}\right)$ を関数にかければ、まるごと演算子っていえるし、当然 $\frac{h}{2\pi i}$ も数。関数にかければれっきとした演算子。演算子からはあのサンドイッチ攻撃をすればマトリックスが必ず作られるんだよ。とにかくやろうぜ。

うーん、そんなことしていいの？まあいっか、やっちゃえ、やっちゃえ！まずは右辺の方が簡単だから、

第5話　さらば、マトリックス　489

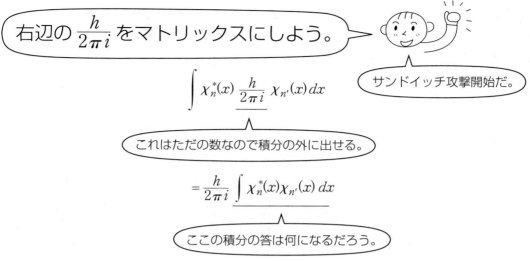

右辺の $\frac{h}{2\pi i}$ をマトリックスにしよう。

サンドイッチ攻撃開始だ。

$$\int \chi_n^*(x) \frac{h}{2\pi i} \chi_{n'}(x)\, dx$$

これはただの数なので積分の外に出せる。

$$= \frac{h}{2\pi i} \int \chi_n^*(x)\chi_{n'}(x)\, dx$$

ここの積分の答は何になるだろう。

$\chi_n(x)$ は直交関数なんだよね・・・。

えーっと・・・関数と関数をかけて積分してるってことは・・・
あっ！前にやった直交かどうかを確かめる方法だね！

という事は、この積分、つまり面積は、

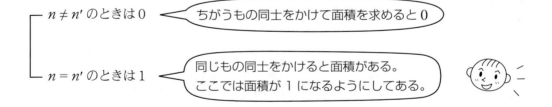

- $n \neq n'$ のときは 0 ← ちがうもの同士をかけて面積を求めると 0
- $n = n'$ のときは 1 ← 同じもの同士をかけると面積がある。ここでは面積が 1 になるようにしてある。

こういうのをすごくかっこよくマトリックスでかくやり方があるんだよ。それが

$$\delta_{nn'}$$

クロネッカーデルタと読むんだよ。

上のダラダラ長い二つの文章がたったこれだけで言えるんだ。

へえ。なんてコンパクト！

これがどんなマトリックスかというと、

$$\begin{array}{c} & n'=1\ 2\ 3\ 4\cdots \\ \begin{array}{r} n=1 \\ =2 \\ =3 \\ =4 \\ \vdots \end{array} & \begin{pmatrix} 1 & 0 & 0 & 0 & \cdots \\ 0 & 1 & 0 & 0 & \cdots \\ 0 & 0 & 1 & 0 & \cdots \\ 0 & 0 & 0 & 1 & \cdots \\ \vdots & \vdots & \vdots & \vdots \end{pmatrix} \end{array}$$

こういうマトリックスになるんだ

対角線の所だけが1になるのね。あらこれってたしか**単位マトリックス**とか言うのじゃない？

スゴイじゃん。だんだん数式語をためてきたね。その通り単位マトリックスだよ。数字の1で表すんだ。

$$1 = \begin{pmatrix} 1 & 0 & 0 \\ 0 & 1 & 0 \\ 0 & 0 & 1 \end{pmatrix}$$

ということはさっきの計算の続きは

$$\frac{h}{2\pi i}\delta_{nn'} \rightarrow \frac{h}{2\pi i}\begin{pmatrix} 1 & 0 & 0 \\ 0 & 1 & 0 \\ 0 & 0 & 1 \end{pmatrix} = \underline{\frac{h}{2\pi i}1}$$

これが右辺をマトリックスにした形なんだね！

その通り！

左辺の演算子のかたまりもマトリックスにしよう！！

えっと左辺は、

$$\frac{h}{2\pi i}\frac{d}{dx}\cdot x - x\cdot \frac{h}{2\pi i}\frac{d}{dx}$$

これをまとめてマトリックスにするの?? 難しそう。

大丈夫。きっとできるよ。演算子をマトリックスにする方法は・・・

サンドイッチ攻撃！まかせて！
演算子を直交関数 $\chi_n(x)$ で、はさめばいいんだから、

$$\int \chi_n^*(x)\left(\frac{h}{2\pi i}\frac{d}{dx}x - x\frac{h}{2\pi i}\frac{d}{dx}\right)\chi_{n'}(x)\,dx$$

ってやればいいんだ。

うん。演算子のたし算の定義を使ってカッコをばらすよ、いいね。

$$=\int \chi_n^*(x)\left\{\left(\frac{h}{2\pi i}\frac{d}{dx}\cdot x\right)\chi_{n'}(x) - \left(x\cdot \frac{h}{2\pi i}\frac{d}{dx}\right)\chi_{n'}(x)\right\}dx$$

さらに積分は全部の面積をいっぺんに出すのも、部分部分の面積を出してあとからたしても同じなので、バラせる。

$$=\int \chi_n^*(x)\left(\frac{h}{2\pi i}\frac{d}{dx}\cdot x\right)\chi_{n'}(x)\,dx - \int \chi_n^*(x)\left(x\cdot \frac{h}{2\pi i}\frac{d}{dx}\right)\chi_{n'}(x)\,dx$$

さらにカッコをばらして、演算子のかけ算より

$$=\int \chi_n^*(x)\frac{h}{2\pi i}\frac{d}{dx}\{x\cdot \chi_{n'}(x)\}\,dx - \int \chi_n^*(x)x\left\{\frac{h}{2\pi i}\frac{d}{dx}\cdot \chi_{n'}(x)\right\}dx$$

次は？次はどうなるの？

次はなんとワザを使うんだ。

きゃー、どんなワザ？

かんたん、かんたん。

$$x\chi_{n'}(x) \ \text{と} \ \frac{h}{2\pi i}\frac{d}{dx}\chi_{n'}(x) \ \text{を書きかえるんだ。}$$

そのためには初めの $\frac{h}{2\pi i}\frac{d}{dx}$ と x のひとつひとつの演算子からマトリックスをつくるやり方を使うんだ。

つまり、

$$P^{\triangle}_{nn'} = \int \chi_n^*(x) \frac{h}{2\pi i}\frac{d}{dx}\chi_{n'}(x)\,dx$$

$$Q^{\triangle}_{nn'} = \int \chi_n^*(x) x \chi_{n'}(x)\,dx$$

のこと。

それからもうひとつ、関数からベクトルを作るやり方と、ベクトルから関数、つまり、たし合わせの式も使うんだ。

関数からベクトルを作るには
$$f(x) = \sum_n \chi_n(x)\eta_n$$

いわゆるフーリエ級数に対応しているヤツ

ベクトルから関数を作るには
$$\eta_n = \int \chi_n^*(x) f(x)\,dx$$

いわゆるフーリエ展開に対応しているヤツ

よくみると演算子からマトリックスを作るやり方と、関数からベクトルを作るやり方ってよく似てる。見くらべてみようよ。

$$\begin{bmatrix} P^{\triangle}_{nn'} = \int \chi_n^*(x) \ \underline{\frac{h}{2\pi i}\frac{d}{dx}\chi_{n'}(x)}\,dx \\ \eta_n = \int \chi_n^*(x) \underline{f(x)}\,dx \end{bmatrix}$$

$$\begin{bmatrix} Q^{\triangle}_{nn'} = \int \chi_n^*(x) \underline{x\chi_{n'}(x)}\,dx \\ \eta_n = \int \chi_n^*(x) \underline{f(x)}\,dx \end{bmatrix}$$

——線のところが違うだけ。$f(x)$ は複雑な関数。演算子を関数に働かせているんだから、なるほど上の新しくできる関数は複雑な関数になるはず。

フムフム。

この $x\chi_{n'}(x)$、$\dfrac{h}{2\pi i}\dfrac{d}{dx}\chi_{n'}(x)$ を $f(x)$ と考えてベクトルから関数を作るやり方に当てはめてやろう。

ということは、

$$f(x) = \sum_n \chi_n(x)\eta_n$$
$$\frac{h}{2\pi i}\frac{d}{dx}\chi_{n'}(x) = \sum_n \chi_n(x) P^{\triangle}_{nn'}$$
$$x\chi_{n'}(x) = \sum_n \chi_n(x) Q^{\triangle}_{nn'}$$

ってことね。

うん。それで、これをさっきの

$$\int \chi_n^*(x)\,\frac{h}{2\pi i}\frac{d}{dx}\bigl\{x\cdot\chi_{n'}(x)\bigr\}\,dx - \int \chi_n^*(x)\,x\left\{\frac{h}{2\pi i}\frac{d}{dx}\cdot\chi_{n'}(x)\right\}dx$$

の ―― のところに代入するんだ。

OK！という事は、n が二つあるから注意して（ ）の中の n を n'' にして代入するね。すると、

$$= \int \chi_n^*(x)\,\frac{h}{2\pi i}\frac{d}{dx}\sum_{n''}\chi_{n''}(x)Q^{\triangle}_{n''n'}dx - \int \chi_n^*(x)\,x\sum_{n''}\chi_{n''}(x)P^{\triangle}_{n''n'}dx$$

うん。Σ は積分の外に出せるよね。だって積分してからたしても、たしてから積分しても同じだから。それから、$P^{\triangle}_{n''n'}$ も $Q^{\triangle}_{n''n'}$ も x に関係してないから積分には関係ない。だからこれも積分の外に出せる。すると、

$$= \sum_{n''}\int \chi_n^*(x)\,\frac{h}{2\pi i}\frac{d}{dx}\chi_{n''}(x)\,dx\cdot Q^{\triangle}_{n''n'} - \sum_{n''}\int \chi_n^*(x)\,x\,\chi_{n''}(x)\,dx\cdot P^{\triangle}_{n''n'}$$

あれ！あれれれれ！——のところってはじめのは $\frac{h}{2\pi i}\frac{d}{dx}$ が直交関数にサンドイッチされて積分してるってことはマトリックス $P^{\triangle}_{nn''}$ じゃない？
それに、次の——もは $Q^{\triangle}_{nn''}$ だわ。ということは上の式は

$$= \sum_{n''} P^{\triangle}_{nn''} Q^{\triangle}_{n''n'} - \sum_{n''} Q^{\triangle}_{nn''} P^{\triangle}_{n''n'}$$

って書けるよね。こ・・・これはまさか！

そのまさかだよ！これはマトリックスの広場でみた、あのマトリックスの積だ。つまり、

$$\sum P^{\triangle}_{nn''} Q^{\triangle}_{n''n'} = \left(P^{\triangle} Q^{\triangle}\right)_{nn'}$$
$$\sum Q^{\triangle}_{nn''} P^{\triangle}_{n''n'} = \left(Q^{\triangle} P^{\triangle}\right)_{nn'}$$

という事は、さっきの右辺との結果を合わせると、

$$\left(P^{\triangle} Q^{\triangle}\right)_{nn'} - \left(Q^{\triangle} P^{\triangle}\right)_{nn'} = \frac{h}{2\pi i} \delta_{nn'}$$

なので

$$\boxed{P^{\triangle} Q^{\triangle} - Q^{\triangle} P^{\triangle} = \frac{h}{2\pi i} 1}$$

あーっ！これってあのハイゼンベルクの正準な交換関係の式

$$\boxed{P^{\circ} Q^{\circ} - Q^{\circ} P^{\circ} = \frac{h}{2\pi i} 1}$$

そのものじゃない!?

その通り。つまり、

> シュレディンガーさんの演算子から作った
> マトリックスも、ちゃんと正準な交換関係
> を満たしてるんだ！

 じゃあ、条件2のエルミト的を満足すれば、もう本当に正真正銘の $P^\circ Q^\circ$ になる。・・・そしたら、シュレディンガーさんの演算子から作ったマトリックスは $P^\circ Q^\circ$ だってことになるんだよね。

 うん。

 そしたらハイゼンベルクの式はいらなくなる！早く早く、エルミト的とやらをこの $P^\triangle$、$Q^\triangle$ が満たしているか調べよう！

条件2　演算子 $\dfrac{h}{2\pi i}\dfrac{d}{dx}$、$x$ から作ったマトリックス $P^\triangle$、$Q^\triangle$ がエルミト的かどうか確かめる

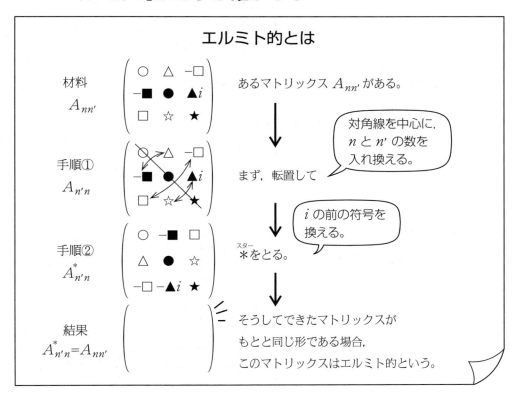

これを見てわかるとおり、あるマトリックスがあったとき、とにかく手順①、②をして結果がもとと同じ形になればそのマトリックスは「エルミート的なマトリックス」と言えるんだよ。

なるほど。ハイゼンベルクの P° と Q° というマトリックスはどれもこうやったらもとと同じ形になってるんだね。
じゃあシュレディンガーさんの $P^\triangle$、$Q^\triangle$ も同じようにやってもとに戻るか確かめればいいんだ。

うん。よし、早速やろう。

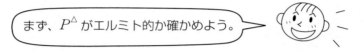

もともとの形は

$$P^\triangle_{nn'} = \int \chi_n^*(x) \frac{h}{2\pi i} \frac{d}{dx} \chi_{n'}(x)\, dx$$

だ。まず、手順①をやる。つまり、n と n' を入れかえる。だから、

$$P^\triangle_{n'n} = \int \chi_{n'}^*(x) \frac{h}{2\pi i} \frac{d}{dx} \chi_n(x)\, dx$$

次に、手順②＊（スター）（i の前の符号をかえる）をつける。

$$P^{\triangle *}_{n'n} = \int \chi_{n'}(x) \left(-\frac{h}{2\pi i} \frac{d}{dx}\right) \chi_n^*(x)\, dx$$

スターがきえる　　i があるので ⊖ にする　　スターをつける

これを計算していこう。
$-\dfrac{h}{2\pi i}$ は数なので積分の外にでるね。

$$= -\frac{h}{2\pi i} \int \chi_{n'}(x) \frac{d}{dx} \chi_n^*(x)\, dx$$

この部分は、知る人ぞ知る部分積分の形。

> **部分積分の公式**
> $$\int f(x) \frac{d}{dx} g(x)\, dx = \bigl[f(x) \cdot g(x) \bigr]_{-\infty}^{\infty} - \int \frac{d}{dx} f(x) g(x)\, dx$$

$$= -\frac{h}{2\pi i}\left\{ \bigl[\chi_{n'}(x)\chi_n^*(x) \bigr]_{-\infty}^{\infty} - \int \frac{d}{dx}\chi_{n'}(x)\chi_n^*(x)\, dx \right\}$$

$\chi_{n'}(x)$ は $\chi_n(\infty)$、$\chi_n(-\infty)$ の時 0 になるように選んだもの。

$$= -\frac{h}{2\pi i}\left\{ 0 - \int \frac{d}{dx}\chi_{n'}(x) \cdot \chi_n^*(x)\, dx \right\}$$

$$= \frac{h}{2\pi i}\int \frac{d}{dx}\chi_{n'}(x) \cdot \chi_n^*(x)\, dx$$

中に入れる

$$= \int \chi_n^*(x) \frac{h}{2\pi i} \frac{d}{dx}\chi_{n'}(x)\, dx$$

入れ換える

あ！これはもとの $P^{\triangle}_{nn'}$ の形だ！！

ということは、$P^{\triangle}$ はエルミート的なんだ。

じゃあ、$P^{\triangle}$ は P° になれる。

ヤッター♥

次は、演算子 x からつくった $Q^{\triangle}$ が
エルミート的がどうか調べよう。

$$\text{もと} \qquad Q^{\triangle}_{nn'} = \int \chi_n^*(x) x \chi_{n'}(x) \, dx$$

手順①
n と n' を入れ換える
$$Q^{\triangle}_{n'n} = \int \chi_{n'}^*(x) x \chi_n(x) \, dx$$

手順②
*をつける
$$Q^{\triangle *}_{n'n} = \int \chi_{n'}(x) x \chi_n^*(x) \, dx$$

それでこれがもとと同じかどうかを見ればいいんだから・・・順番を変えてやると

$$= \int \chi_n^*(x) x \chi_{n'}(x) \, dx$$

わーい！ $Q^{\triangle}_{nn'} = Q^{\triangle *}_{n'n}$ は同じだ。

やっぱり、$Q^{\triangle}_{nn'}$ もエルミート的なマトリックスなんだ！！

ということは晴れてこの x から作ったマトリックスも
$Q^{\triangle}_{nn'} = Q^{\circ *}_{n'n}$ になれるんだ！

そのとおり。ハイゼンベルクの P°, Q° の二つの条件にシュレディンガーさんの演算子 $\dfrac{h}{2\pi i}\dfrac{d}{dx}$、$x$ から作ったマトリックスが、バッチリ合っているってことは、とうとう本当に

シュレディンガーの演算子からハイゼンベルクの
マトリックスを作ることができるってことを証明
しちゃったのだ。

スゴーイ！シュレディンガーさんの演算子があれば、あの

ハイゼンベルクの P° も Q° も、もういらないんだよ。

あとは、ϕ から ξ が作れることがわかれば、ハイゼンベルクの式がいらなくなるってことだね！

シュレディンガー方程式完成！！

ここでもう一度、シュレディンガーさんとハイゼンベルクの式を振り返ってみようよ。

$$\text{シュレディンガー} \quad \left\{\frac{1}{2m}\left(\frac{h}{2\pi i}\frac{d}{dx}\right)^2 + \frac{k}{2}x^2\right\}\phi(x) - E\phi(x) = 0$$

$$\text{ハイゼンベルク} \quad \left(\frac{1}{2m}P^{\circ 2} + \frac{k}{2}Q^{\circ 2}\right)\xi - W\xi = 0$$

今、$\frac{h}{2\pi i}\frac{d}{dx}$ から P° が、x から Q° が作れる事がわかったんだよね。

という事は、

シュレディンガーさんの　　ハイゼンベルクの

$\left\{\dfrac{1}{2m}\left(\dfrac{h}{2\pi i}\dfrac{d}{dx}\right)^2 + \dfrac{k}{2}x^2\right\}$ と $\left(\dfrac{1}{2m}P^{\circ 2} + \dfrac{k}{2}Q^{\circ 2}\right)$ は

姿は違うけど同じものだといえるよね！

うん。シュレディンガーさんの式の

$$\left\{\frac{1}{2m}\left(\frac{h}{2\pi i}\frac{d}{dx}\right)^2+\frac{k}{2}x^2\right\}$$

は、直交関数系を使えばいつでも

$$\left(\frac{1}{2m}P^{\circ 2}+\frac{k}{2}Q^{\circ 2}\right)$$

が作れる。

あとは、関数の $\phi(x)$ からベクトル ξ ができれば完璧だね。

関数からベクトルを作るには直交関数系を使えばよかったんだよね。

まだ、ξ ができるか解らないから、とりあえず $\phi(x)$ からできるベクトルを η とかにしておこうよ。それでシュレディンガーさんの式を書きかえると、

$$\left\{\frac{1}{2m}\left(\frac{h}{2\pi i}\frac{d}{dx}\right)^2+\frac{k}{2}x^2\right\}\phi(x)-E\phi(x)=0$$

↓ 直交関数系を使う

$$\left(\frac{1}{2m}P^{\circ 2}+\frac{k}{2}Q^{\circ 2}\right)\eta-E\eta=0$$

このようになるよね。

あっ！もしかしたら・・・。確かハイゼンベルクの式

$$\left(\frac{1}{2m}P^{\circ 2}+\frac{k}{2}Q^{\circ 2}\right)\xi-W\xi=0$$

は、「$\left(\frac{1}{2m}P^{\circ 2}+\frac{k}{2}Q^{\circ 2}\right)$ というマトリックスからある特定のベクトルを求めなさい」っていう意味じゃなかったっけ?!

そうだ、その通り。ハイゼンベルクの式も、直交関数系を使って変身させた私の式も、どちらも同じマトリックスからそのベクトルを求めることになる。すると当然、ξ も η も同じになるに決まっている。

という事は、ϕ から作ったベクトルは、ξ そのものという事ですか？

その通り！
私の式を直交関数系を使って書き換えれば、
そのままそれがハイゼンベルクの式になるのだよ！

それに考えてみれば、今まではフックの場を例にとってみてきたけれど、別にフックの場に限る事はないんだ。

$\left(\dfrac{1}{2m}P^{\circ 2} + \dfrac{k}{2}Q^{\circ 2}\right)$ は、もともとは $H(P^\circ, Q^\circ)$ にフックの場の条件を当てはめただけで、一般的には

$$H(P^\circ, Q^\circ) = \dfrac{1}{2m}P^{\circ 2} + V(Q^\circ)$$

だった。この式の P° と Q° に、$\dfrac{h}{2\pi i}\dfrac{d}{dx}$ と x が対応しているわけだ。

ということは、この P° と Q° に、私の式の中に出てくる演算子 $\dfrac{h}{2\pi i}\dfrac{d}{dx}$ と x を当てはめてもいいという事になる。

ということは、シュレディンガーさんの式はこう書き直せる！

$$H\left(\dfrac{h}{2\pi i}\dfrac{d}{dx},\, x\right)\phi(x) - E\phi(x) = 0$$

新しい電子を表す式の誕生だ！

長い長い道のりだったけど、とうとう完成したんだわ。

 やったね!!シュレディンガーさんすごいよ!!

 いやはや、よくぞここまでやってきた！
まさしくこれが電子を表すことばだ。本当に素晴らしい！

> 描像が持て、電子の現象も完璧に説明できる式

なんだ！私もこの式が完成したとき、今の君たちと同じ気持ちだったよ。
これで描像が持てないなどという、

 > あの訳のわからないハイゼンベルクの式はもはや必要がない！

どうやらハイゼンベルクの奴は自分の式の元が私の式であったことに気がつかなかったらしいな。アッハッハッハ！

> ハイゼンベルクの電子を表すことばは不完全だったんだ。電子は波のことばだけで全てが説明つくんだ。全ては私の式で補うことができるんだよ。アッハッハッ！

 スゴーイ！私たちも今、そのことばをこうして作ったのよね。

 うん、これで僕らも自然科学者の一員だな。

 なんだかノーベル賞がもらえる気がしてきた。

この素晴らしい式は、1926年にシュレディンガーさんの手によって完成された。そしてこの式は、彼の功績をたたえて

『シュレディンガー方程式』

と名付けられたのだった。

5.3 完璧を求めて〜さらばマトリックス〜

スペクトルを求めよう

$$H\left(\frac{h}{2\pi i}\frac{d}{dx}, x\right)\phi(x) - E\phi(x) = 0$$

とうとうできたこの式が、描像も持てて、実験も完璧に説明できる式というわけね。

うん、もうハイゼンベルクの式なんか必要ないんだ。やったね、シュレディンガーさん！

いや〜・・・。

じゃあ、実際に原子のスペクトルを求めてみようよ！

スペクトルを求めるっていうことは、その**振動数**と**強度**を求めるっていうことだったよね。よし、やってみよう！

・・・。

どうしたの、シュレディンガーさん？

大変な事に気がついたよ。シュレディンガー方程式から原子の出す光のスペクトルを求めるとき、振動数 ν は

$$\nu = \frac{W_n - W_{n'}}{h}$$ ←ボーアさんの振動数関係の式

を使えば求められる。なぜなら、$W = E$ だから、

$$\nu = \frac{E_n - E_{n'}}{h}$$

としても同じことだからね。
しかし、強度 $|Q|^2$ を求めるときには、実はまだマトリックスの計算をしなければならないんだ。

　え、どういう事？よくわかんないよ、教えてよ。

今までやってきた事で、私の式からハイゼンベルクの式

$$H(P^\circ, Q^\circ)\xi - W\xi = 0$$

が作れるという事はわかったね。だが、言い方を変えれば、これだけしかわかっていないとも言える。つまり、原子の出す光のスペクトルの振動数と強度を求めるときには、基本的にハイゼンベルクのやり方と同じ方法を使わなければならないんだ。

ハイゼンベルクの式からスペクトルの振動数 ν を求めるには、やはり

$$\nu = \frac{W_n - W_{n'}}{h}$$

を使うのだが、強度を求めるにはちょっとテクニックが必要だった。

まずは、ハイゼンベルクの式から ξ を求めるんだ。この時、ξ はひとつじゃなくてたくさん求まるんだ。例えば、$H(P^\circ, Q^\circ)$ が3行3列のマトリックスなら ξ は3個、10行10列ならば10個という具合にね。
この、たくさんの ξ を集めてひとつのマトリックスを作る。次の図のようにね。

―― ハイゼンベルクの強度の求め方 ――

$$\xi = \begin{pmatrix} \bigcirc \\ \bigcirc \\ \bigcirc \\ \vdots \end{pmatrix}, \xi = \begin{pmatrix} \triangle \\ \triangle \\ \triangle \\ \vdots \end{pmatrix}, \xi = \begin{pmatrix} \square \\ \square \\ \square \\ \vdots \end{pmatrix} \cdots$$

$$U = \begin{pmatrix} \bigcirc & \triangle & \square & \cdots \\ \bigcirc & \triangle & \square & \cdots \\ \bigcirc & \triangle & \square & \cdots \\ \vdots & \vdots & \vdots & \end{pmatrix}$$

これはボクのやり方です　ハイゼンベルク

この U を、**ユニタリーマトリックス** というんだ。

ユニタリーマトリックス？何をするものだっけ、それって。

僕覚えてるよ。確か、このユニタリーマトリックス U と $U^\dagger$ で、Q° をはさんであげるとはじめて Q が求まるんだよね。

$$Q = U^\dagger Q^\circ U$$

そうだ、その通り。この Q の絶対値の2乗が、原子の出す光の強度になるんだ。

$$強度 = |Q|^2$$

ところでだ。私の式から Q と ξ が求められるという事は前に述べたね。しかしだね、ここから先、強度を出すためには・・・

わかった！シュレディンガーさんの式から求めた ϕ から ξ ができるのだから、ξ からユニタリーマトリックス U と $U^\dagger$ を求めて、Q° をユニタリー変換しなければ強度 $|Q|^2$ が求まらないんだ！

図で書くと・・・・

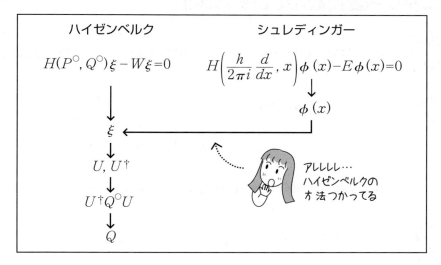

なるほど、ハイゼンベルクの式は必要なくなっても、強度を求めるときには、計算の中でハイゼンベルクのマトリックスの計算をしなければいけないんだね。

どうするの、シュレディンガーさん。

 仕方がない、あきらめるしか・・・

 そんなのだめだよ、これしきの事でめげたら。「いちいちめげてたら"ことば"を記述することばなんか見つける事はできないぞ」って、いつか言ったのはシュレディンガーさんじゃない！

 そうだ、そうだ。

 すまんが、君たちで何とかしてくれないか。

 よーし、私たちでやってみましょう！

 うん。

ユニタリー変換なんていらない！

 まず、関数 $\phi(x)$ からベクトル ξ を作る方法をもう一回見直してみようよ。

 よし。$\phi(x)$ から ξ を作るには、

$$\xi_n = \int \phi(x)\chi_n^*(x)\,dx$$

というふうに、$\phi(x)$ に直交関数 $\chi_n(x)$ をかけて、面積を求めればよかった。

 ところで、$\phi(x)$ってどんな形になってたんだっけ？

 えーっと、箱の中のド・ブロイ波を思い出すと、

$$\phi(x) = \sin\frac{n\pi}{L}x \qquad (n=1,2,3,\cdots)$$

っていう形になっていたな。

あれ、式に中に n が入ってるじゃん。

本当だ、すっかり忘れてたね。そうそう、$\phi(x)$ は

$$\phi_1(x) = \sin\frac{1\pi}{L}x$$
$$\phi_2(x) = \sin\frac{2\pi}{L}x$$
$$\phi_3(x) = \sin\frac{3\pi}{L}x$$

っていうふうに、たくさんの関数をまとめて書いてあげた形になってるんだね。まあ、言い方を変えれば関数の集まりってとこかな。

という事は、この ϕ_1、ϕ_2、ϕ_3・・・のひとつひとつから ξ を作ってあげなきゃ。えっと・・・、それぞれに直交関数をかけて面積を求めるんだから・・・

$$\xi_{n1} = \int \chi_n^*(x)\phi_1(x)\,dx$$
$$\xi_{n2} = \int \chi_n^*(x)\phi_2(x)\,dx$$
$$\xi_{n3} = \int \chi_n^*(x)\phi_3(x)\,dx$$

えっと…
こうなるよね

それで、できた ξ を全部集めたのがユニタリーマトリックス U になるのよね。

いい方法があるよ。ϕ_1、ϕ_2、ϕ_3 みたいに、添字（そえじ）がどんどん変わっていくんだったら、$\phi_{n'}$ とかってしてあげればいいじゃん。そうすれば、

$$\int \chi_n^*(x)\phi_{n'}(x)\,dx = U_{nn'}$$

はそのままユニタリーマトリックスになるじゃない！

なるほど、あったまいいー。あっ！

なんだよ、急に大きな声だして。どうかしたの？

ねえねえ、さっき $\phi(x)$ は何だって言ったっけ?!

 だから、関数の集まり・・・あっ!

 $\phi(x)$ は「直交関数系」だ!

 $\phi_n(x)$ は、それぞれが直交していたんだものね!

 しかも規格化されてる。確か、$\chi_n(x)$ は直交関数系で規格化されていれば何でもよかったんだよね。ということは・・・

$\chi_n(x)$ に $\phi_n(x)$ を使ってもいい!

 うんうん、さすがは自称「自然科学者」。これは素晴らしいアイディアだぞ!

 シュレディンガーさん、もう先がわかっちゃったの?
さすがね。私も早くシュレディンガーさんみたいになりたいわ。

 そんな事より先進もうよ。シュレディンガーさん曰く、素晴らしいアイディアなんだから。このまま進めばいいんだよ!

 ゴメンナサイ。えっと、じゃあ $\phi_n(x)$ を使って Q° と ξ を作ってみましょう。

$$Q^\circ_{nn'} = \int \phi_n^*(x) x \phi_{n'}(x) dx$$

$$U_{nn'} = \int \phi_n^*(x) \phi_{n'}(x) dx$$

あれ〜? $U_{nn'}$ を求める式、どっかで見た事があるような・・・。確か前の章の最後の方で・・・。

第5話　さらば、マトリックス　509

 僕、わかった!!

 言わないで！私だってわかるはずなんだから。えーっと・・・。わかった！この式、「直交の式」じゃない！

 そう、この式は・・・

 私に言わせて。

n と n' が違う数の時には、直交しているんだから面積は 0。
n と n' が同じ時は面積が 1。

という事はユニタリーマトリックス U は、

$$U = \begin{pmatrix} \int \phi_1^* \phi_1 dx & \int \phi_1^* \phi_2 dx & \cdots \\ \int \phi_2^* \phi_1 dx & \int \phi_2^* \phi_2 dx & \cdots \\ \vdots & \vdots & \end{pmatrix} = \begin{pmatrix} 1 & 0 & 0 & \cdots \\ 0 & 1 & 0 & \cdots \\ 0 & 0 & 1 & \cdots \end{pmatrix}$$

単位マトリックスだ！じゃあ $U^\dagger$ は？

U は
単位マトリックス！

 確か、$UU^\dagger = U^\dagger U = 1$ って式があったな。単位マトリックス U に何をかけたら 1、つまり単位マトリックスになるかを考えればいいんだな。

$$\begin{pmatrix} 1 & 0 & 0 & \cdots \\ 0 & 1 & 0 & \cdots \\ 0 & 0 & 1 & \cdots \end{pmatrix} \times \begin{pmatrix} ? \end{pmatrix} = \begin{pmatrix} 1 & 0 & 0 & \cdots \\ 0 & 1 & 0 & \cdots \\ 0 & 0 & 1 & \cdots \end{pmatrix}$$

やっぱり単位マトリックスだ！

$U^\dagger$ も
単位マトリックス！
P.●● も見てね。

 これで U と $U^\dagger$ がわかったんだから、今求めた Q° をユニタリー変換してみよう。

$$Q = U^\dagger Q^\circ U = 1 Q^\circ 1 = Q^\circ$$

あれ？ Q° に戻っちゃった。

なにとぼけてんだよ。$Q = Q^\circ$ になったんだろ。という事はだよ、

$$\int \phi_n^*(x) x \phi_{n'}(x)\,dx$$

からできるマトリックスが Q° だと思ってたのが、実はそうじゃなくて Q そのものになっているってことじゃないか！

$$Q_{nn'} = \int \phi_n^*(x) x \phi_{n'}(x)\,dx$$

これがマトリックスの計算を使わないでスペクトルの強度を求める方法なんだよ！！

なるほどね。ハイゼンベルクの方法よりはるかに簡単だわ。

万歳！できたよ、シュレディンガーさん！

もう何も言う事はないよ。本当に素晴らしい！よくやってくれた。

もう、ユニタリー変換なんていらない！

やったね！私あの行列の計算って面倒だし、難しくって大嫌いだったんだ！

さらにもうひとつすごいことがあるんだ。ハイゼンベルクの式は何度も言うようにスペクトルしか言い表していなかった。しかし、思えば前のド・ブロイ、シュレディンガーの章で作った

$$\nabla^2 \Psi + 4\pi i \mathfrak{M} \frac{\partial \Psi}{\partial t} - 8\pi^2 \mathfrak{MW} \Psi = 0$$

から求められる $|\Psi|^2$ では、

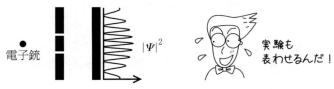

という干渉の実験が表せる。その他、時間に変化する電子の事も表せるんだった。

そこで、この式もハミルトニアンの形にしようと思う。そうすればますますハイゼンベルクを引きはなせるからね。

詳しい計算はここでははぶかせてもらうが、そうしてできる式は、

$$H\left(\frac{h}{2\pi i}\frac{\partial}{\partial x},\frac{h}{2\pi i}\frac{\partial}{\partial y},\frac{h}{2\pi i}\frac{\partial}{\partial z},x,y,z\right)\Psi(x,y,z,t)+\frac{h}{2\pi i}\frac{\partial\Psi}{\partial t}=0$$

これさえあれば、もう鬼に金棒だね。ハイゼンベルクには絶対に説明のつかない干渉の実験も、時間に変化する電子のことも表せるのだから。これで本当に、

描像が持てて、現象が完璧に説明できる

しかも、マトリックス力学よりもはるかに計算の簡単な

が今ここに誕生したわけだ!!

うわ〜、俺たちってすげー事したんだなあ。

うん、なんかシュレディンガーさんに近づいたって感じがするね。

ハッハッハ。ありがとう、助かったよ。
さあ、みんなで声を合わせて言おう！

5.4 危うしシュレディンガー方程式

シュレディンガー方程式の利点

シュレディンガーも、できたてホヤホヤの式を目の前にして、まだまだ興奮さめやらぬといった感じだ。

そこで、この式の素晴らしい点をここできちんとまとめておこう!!

$$H\left(\frac{h}{2\pi i}\frac{d}{dx}, x\right)\phi(x) - E\phi(x) = 0$$

シュレディンガー方程式のスゴイ点

1. 描像が描ける。

2. 計算がかんたん。

マトリックスなんていう訳のわからないめんどくさい、難しい計算をしないでいい!

3. 干渉が説明できる。＝$|\Psi|^2$ で計算できる。

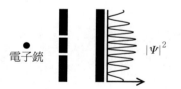

電子を二つの穴を開けたところにとばして得られる実験結果が $|\Psi|^2$ とピッタリ合う。

ハイゼンベルクは、この結果は説明できない。

うーん、本当にすごい！ハイゼンベルクの式で出来ない事が、この式を使うといろいろわかるんだね。

ボーアとの対決

　・・・ところで、
　思い出してみると、私たちトラカレ生がこの『量子力学の冒険』にのり出したのは、トラカレ入学のときの課題図書である一冊の本だった。

　ちょうど、シュレディンガーがあのスーパーな式をひっさげて、ハイゼンベルクの陣営に乗り込んでいくところが、「新世界への出発」という章にある。
　1926年夏、シュレディンガーはハイゼンベルクの師であるゾンマーフェルトに招かれて、ミュンヘンのゼミナールで彼の理論について講演したのである。勿論そこには、ハイゼンベルクもやって来ていた。

「・・・シュレディンガーは、まず波動力学の数学的な原理を水素原子の場合を例として分析してみせた。そしてヴォルフガング・パウリが非常に複雑な方法でしか解けなかった問題を、今や通常の数学的な方法で見事に、そして簡単に解決してみせたので、われわれは皆、大いに感心させられたのであった。」

　あまりにも簡単に水素原子が解けてしまったので、そこにいた人々は声もでなかった。ハイゼンベルクは反論を持ちだした。しかし、そんなものは小さな問題で、いずれそれもシュレディンガーさんの方法でいずれ全て解決されるであろうとそこにいた誰もが思った。

「・・・私に好意を寄せていたゾンマーフェルトでさえも、シュレディンガーの数学の説得力の前には無力であった。」

　それほどまでに、シュレディンガーの数式は完璧だった。しかし、ハイゼンベルクはこの事にどうしても釈然としなかった。そこでその晩のうちにこの日の出来事をボーアに書いて送ったのである。
　そしてそれがきっかけで、ボーアは秋にコペンハーゲンの自分の家にシュレディンガーを招いたのだった。何のために？それは勿論、量子の振る舞いの解釈について討論をするためだ。
　・・・ボーアとシュレディンガーの間の討論はすでにコペンハーゲンの駅から始まった。そして毎日早朝から深夜に至るまで延々と続けられた。シュレディンガーは、対話にいかなる邪魔も入らないように、ボーアの家に住んだ。
　そして、ふたりは量子力学に対する考えについて、どちらも一歩も譲らず、火花を飛び散らしたのだ。

・・・それでもあなた、ボーアさん！
量子飛躍の全描像は必然的にナンセンスに導かれることを理解しなければだめですよ。そこでは原子の中の定常状態にある電子は、まずどれかの軌道の中を放射しないで周期的にぐるぐる回るということが主張されているのに、**なぜ**放射しないのかということに対する説明がありません。マクスウェルの理論によれば電子は必然的に放射するはずです。

次に、電子は軌道の一つから他のそれに飛び移る際に放射するはずだというのです。この転移は、徐々にか、あるいは突然に起こるのでしょうか？もしそれが徐々に行われるのなら、電子はやっぱり徐々にその回転の振動数を、そしてエネルギーを変化させるに違いありません。その際に、それでもなお、スペクトル線の鋭い振動数がどうして与えられるのかは理解できません。

・・・ですから量子飛躍という全描像は全くのナンセンスに違いありません。

・・・そうですとも、あなたがおっしゃったことはあらゆる点で間違いありません。
しかし、それだけではまだ量子飛躍が存在しないということの証明にはなっていません。

それはただ、
それを想像してみることが我々にできないことを証明しているだけのことです。即ち、我々がそれを使って日常の生活および今までの物理学の実験を記述してきた直感的な概念が、量子飛躍の際の現象を記述するのには不十分であるということを証明しただけです。
　我々がここで取り扱っている現象は、直接の対象ではあり得ないということ、我々がそれを直接には体験し得ないのだから、われわれも概念もまたそれに対して十分ではないということを人が考えてみたならば、そうおっしゃってもこれは少しも奇妙なことではありませんよ。

私はあなたと概念構成についての哲学的な論争にはかかわり合いたくありません。それは後日、哲学者がすべきことです。そういうことではなく、

私は、ずばり、何が原子の中で起こっているのかを知りたいだけです。

その場合に、どのような言葉でそれについて話すかなど私には全くどちらでもよいことです。・・・だから粒子としての電子でなく、**電子波あるいは物質波というものが存在すると言ったその瞬間から全てがちがって見えるのです。** その時には、もはや振動の鋭い周波数について驚くことはありません。
・・・以前には、一見解決不可能のように見えていた矛盾が消滅します。

いいえ、それは残念ながら正しくありません。**矛盾は消え失せはしないで、それはただ他の場所へ移されただけ**のことです。
・・・突然に電子が霧箱を貫いて走ったりするのが見えます。あなたはこの飛躍的な出来事を簡単にすみに押しやって、そしてまるでそんなものは存在しなかったかのような顔をすることは許されません。

とにかくこの罰当たりの量子飛躍などというものを捨て去れないのなら、そもそも量子論に少しでも手を出したことを、私はたいへん残念に思います。

しかしわれわれ、あなた以外の者は、あなたが波動力学を生み出してくださったことに対してたいへん感謝しています。
なぜならばあなたの波動力学は、その数学的明快さと簡単さにおいて量子力学の今までの形式に対する巨大な進歩を表しているからです。

こんなふうに、毎日毎日、朝から晩に至るまで、原子についての討論が延々と続けられたのだった。

・・・数日の後、おそらく極度の緊張の結果であったろう、シュレディンガーは発病した。彼は熱を伴う風邪のためにベッドの中で静養しなければならなかった。・・・しかしボーアは枕元に坐ってシュレディンガーに話しかけた。
「しかしあなたはそれでも・・・ことを理解しなければならない」と。
当時両者とも、相手に示すべき完全な首尾一貫した量子力学の解釈を持っていなかったので、真の理解には到達することができなかった。

『部分と全体』より

　この討論を見ていると、なんだかあの完璧なシュレディンガーさんの式に何やら問題があるとボーアさんは指摘しているようだ。ムムム・・・
　どうやら、シュレディンガーさんの式が完璧で、問題がまるでないかのように見えたのは、シュレディンガーさんがその問題に触れなかったからみたいだ。それでは、私たちトラカレ生はトラカレ生の目で、もう一度シュレディンガーの式を振り返ってみよう！

シュレディンガー方程式の問題点

1. 霧箱
   コンプトン効果　　の実験は説明が全く出来ない
   光電効果

霧箱

こんな風に
見えるんだよ

　霧箱の実験は、電子の通ったあとを見れる。
　コンプトン効果、光電効果は電子と光がぶつかって跳ね返る現象。もし電子が波だったら、ふたつがぶつかった時には跳ね返らずにたされてしまうので、跳ね返る現象にはならない。

2. $\nabla^2 \phi + 8\pi^2 \mathfrak{M}(v-\mathfrak{B})\phi = 0$ の式から

$$H\left(\frac{h}{2\pi i}\frac{d}{dx}, x\right)\phi(x) - E\phi(x) = 0$$

の式を作るはじめに $\mathfrak{M}$、$\mathfrak{B}$、ν を $\mathfrak{M} \to \frac{m}{h}$、$\nu \to \frac{E}{h}$、$\mathfrak{B} \to \frac{V}{h}$ のように、粒のことばにかえたのはなぜ？

波の式のはずなのに、どういうことだ!?

3.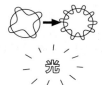

光が出るのは n の数が増えたり減ったり（左の図）する時。
それがいつどの様に起こるのかについては、ボーア同様なにも言っていない。

光

　それについてシュレディンガーはこう言っている。「電子がノミのようにジャンプするのは想像できないが、それを波で考える方が好感が持てる」と。

なんと、シュレディンガーさんの式はもう完璧って思っていたのに、こ、こんなに弱点があったんだ。

シュレディンガーさん、こんなにいっぱい弱点があるのに、いったいどうするんですか?!

・・・

シュレディンガーさんってば！この問題をどう説明しようと言うのですか？

フッフッフッ、そんな小さなことに気を取られて・・・。そんなもの

だいたいだ、この式は描像を持てるんだ！物理の基本だよ、基本。前にも言ったように、人は描像を頭の中に思い浮かべてはじめて理解したといえるんだ！この「描像」にくらべたら、今の問題点なんてちっぽけなことなのだよ！！

このように、シュレディンガーはかなり強気の発言だ。それもこれも、

という一点からみなぎる強さなのだ。ハイゼンベルクの「描像を捨てよう」という事にくらべれば、確かにこっちの式の方が素晴らしい！

失われた描像

ところが・・・。シュレディンガーの自信の源である"描像"について大変な事が発覚してしまったのだ！！それは電子が2個ある時の事をシュレディンガー方程式、つまり電子を波として考えた時の事だった。

えっと・・・。シュレディンガーさんの式

$$H\left(\frac{h}{2\pi i}\frac{d}{dx}, x\right)\phi(x) - E\phi(x) = 0$$

は電子が1つある場合を波で表していたんですよね。

ここでちょっと注意しておきたいことがある。私の式をド・ブロイの電子の波の方程式

$$\nabla^2 \phi + 8\pi^2 \mathfrak{M}(\nu - \mathfrak{B})\phi = 0$$

から作った時の事を思い出すと、Ψ が x, y, z についての二階偏微分だったので、面倒だから x 方向だけにしようといった事を覚えてるかい？

そういえば・・・。

$$\nabla^2 \Psi = \underline{\frac{\partial^2 \Psi}{\partial x^2}} + \frac{\partial^2 \Psi}{\partial y^2} + \frac{\partial^2 \Psi}{\partial z^2}$$

ここだけをかんがえてつくったのでしたね。

・・・という事は、本当は電子 1 個というのを表すには y 方向、z 方向もあわせて考えないといけないんですね。

その通りだ。

$$H\left(\frac{h}{2\pi i}\frac{d}{dx}, x\right)\phi - E\phi = 0$$

このままでは電子の x 方向の動きしかわからないからね。ではこの時の ϕ は何の関数になる？

H の中身を見ると、$\frac{d}{dx}$、つまり x の微分と x によって決まるから、ϕ も x の関数になるんじゃないかな？

その通りだ。H はもともとエネルギーを P（運動量）と V（位置）の関数で表すやり方で、ハミルトニアンというものだ。詳しくみてみると、

$$H(P_x, x) = \frac{P_x^2}{2m} + V(x)$$

だった。しかし我々はもう知っているように、P_x は全て $\dfrac{h}{2\pi i}\dfrac{d}{dx}$ として波のことばで表せる。つまり実際には

$$H\left(\dfrac{h}{2\pi i}\dfrac{d}{dx}, x\right) = \dfrac{1}{2m}\left(\dfrac{h}{2\pi i}\dfrac{d}{dx}\right)^2 + V(x)$$

として計算すればいい。要するに、H の中身が x の微分、x によって決まるという事は、その電子の波 ϕ もまた x という一方向だけによって決まるのだ。

ふーん・・・。じゃあ、電子1個をちゃんと表すには y 方向、z 方向についても考えるわけでしょ。すると今 H の中身が x だけだったのを、y, z によっても決まるという形にしたらいいってわけですね。うーんと、こんな感じかな。

$$H\left(\dfrac{h}{2\pi i}\dfrac{\partial}{\partial x},\dfrac{h}{2\pi i}\dfrac{\partial}{\partial y},\dfrac{h}{2\pi i}\dfrac{\partial}{\partial z}, x, y, z\right)\phi - E\phi = 0$$

すごい、すごい。その通りだよ。じゃあ、この時の電子の波は何と何と何の関数になっているかな？

カンタン、カンタン。$\phi(x, y, z)$ です。つまり x, y, z という3つによって決まる**3次元の波！**

そうだ。つまり

なんだ。3次元の波は身近にあって、音声の波なんかもそのひとつだ。そんな感じだと思えば、君の頭の中にも何となく思い描けるだろう。

はい。

・・・と、ここまでは順調にきたのだが、次に電子2個という状態を波で表すとどうなるかを考えてみたら・・・。

まず $H\phi - E\phi = 0$ のうち H を具体的に考えよう。

1つめの電子のエネルギーをハミルトニアンで表す。

$$H_1\left(\frac{h}{2\pi i}\frac{\partial}{\partial x_1}, \frac{h}{2\pi i}\frac{\partial}{\partial y_1}, \frac{h}{2\pi i}\frac{\partial}{\partial z_1}, x_1, y_1, z_1\right)$$

2つめの電子のエネルギーをハミルトニアンで表す。

$$H_2\left(\frac{h}{2\pi i}\frac{\partial}{\partial x_2}, \frac{h}{2\pi i}\frac{\partial}{\partial y_2}, \frac{h}{2\pi i}\frac{\partial}{\partial z_2}, x_2, y_2, z_2\right)$$

次に、電子2個が3次元空間にある場合のエネルギーをハミルトニアンで表す。

$$H\left(\frac{h}{2\pi i}\frac{\partial}{\partial x_1}, \frac{h}{2\pi i}\frac{\partial}{\partial y_1}, \frac{h}{2\pi i}\frac{\partial}{\partial z_1}, \frac{h}{2\pi i}\frac{\partial}{\partial x_2}, \frac{h}{2\pi i}\frac{\partial}{\partial y_2}, \right.$$
$$\left.\frac{h}{2\pi i}\frac{\partial}{\partial z_2}, x_1, y_1, z_1, x_2, y_2, z_2\right)$$

ということは、電子が2個あるというのをシュレディンガー方程式で表そうとすると、

$$H\left(\frac{h}{2\pi i}\frac{\partial}{\partial x_1}, \frac{h}{2\pi i}\frac{\partial}{\partial y_1}, \frac{h}{2\pi i}\frac{\partial}{\partial z_1}, \frac{h}{2\pi i}\frac{\partial}{\partial x_2}, \frac{h}{2\pi i}\frac{\partial}{\partial y_2}, \right.$$
$$\left.\frac{h}{2\pi i}\frac{\partial}{\partial z_2}, x_1, y_1, z_1, x_2, y_2, z_2\right)\phi - E\phi = 0$$

という、とてつもなく長い式になってしまう。長い短いはいいとして、この式をよくみてみよう。この時の ϕ は・・・あーっ！

 シュレディンガーさん大変です!! 私、電子が2個あるのをあなたの式で表したんですけど、これを見てください、この時の ϕ いったいどうしちゃったんでしょう。

 なんだい、あわてて。

この ϕ、今まで通り見てみると、この数式はなんと $x_1 y_1 z_1$、$x_2 y_2 z_2$ という6つによって決まる事になりませんか？

・・・！

私ははじめ、この $x_1 y_1 z_1$ も $x_2 y_2 z_2$ も同じ $x\,y\,z$ の中に含まれると思ったんですけど、数学的には別々の次元を表しているんですって！
ということは、電子が2個ある時は何と6次元の波になってしまうっていうことになりませんか？

・・・

電子2個を波で表すと6次元ということは、電子3個だと9次元、電子4個だと12次元・・・ということになっちゃって、私にはどうしてもそんな波を思い描けないんです。
　初め、私が思い描けないのは私の頭が足りないせいかと思ってあせってしまったんですが、そうじゃないんですよね！だって、人間は3次元までしか思い描けないでしょ？いったいこれってどういうことですか！！

・・・

私たちの体は、60兆個の細胞からできていて、1個の細胞は何兆という単位の原子からできているんですよね。ということは、電子の数はその何倍もあるんでしょう？？だから、もしこれをシュレディンガーさんの式であらわそうとしたら

ってことになってしまうんでしょうか！
もうだれも電子の波の描像を思い描けることなんてできない。

・・・　。○○（私も描けない）

シュレディンガーは、こうしてハミルトニアンという数学そのものが、こういう訳のわからないことを起こしてしまったのだということに今になって気付いた。

しかし、今となっては、もう遅い。シュレディンガーの頭の中には、いろいろな思いが交錯していた。

しまった・・・。しかし私の考えは間違っていないはずだ。
思えば
$$\nabla^2 \phi + 8\pi^2 \mathfrak{M}(\nu - \mathfrak{B})\phi = 0$$

の式をハイゼンベルクの式に似せて、ハミルトンの形にしてしまったことが間違いだったのかもしれん。

$$H\left(\frac{h}{2\pi i}\frac{d}{dx}, x\right)\phi(x) - E\phi(x) = 0$$

の式を作ってわかったとおり、ϕとEさえわかればスペクトルのνとQが求められる。即ち、描像を持ったまま実験が説明できるのだ。ここまでせっかく作ったがこの式を忘れ、前のままのドブロイ・シュレディンガーの

$$\nabla^2 \phi + 8\pi^2 \frac{m}{h}(E-V)\phi = 0$$

の式のままにしておくという訳にはいかないだろうか。なぜならこの式からϕとEを求めるということ止まりにすれば、この式には∇があるので3次元の描像のままで思い描ける。ϕとEが求まればνもQも求められることだし・・・。

・・・しかし、その考えもダメなのだ。なにせ、ハイゼンベルクの式とド・ブロイの式が正しい同じ答として一致するのは1粒子の場合だけだったからだ。2粒子以上になるともうド・ブロイの式からは正しい答は出せないのである。正しい答になるには、やっぱりシュレディンガーが作り上げたあのHの形の式なのだ。もう後戻りできない。

シュレディンガーは、一瞬気が遠くなってしまった。自分は、ハイゼンベルクの描像が持てないという一語に憤慨して、それを打倒すべく立ち上がったというのに、気がついたら自分もまた描像が描けないという式を作ってしまったのだから。

ハイゼンベルクの場合は、描像が持てないという前提で、実験（スペクトル）を表す式を作るのを目的にして、実際に作り上げた。

シュレディンガーの場合、描像という土台のもとにその理論を作り上げてきたのにいざ完成してみるとその土台がすっかり消えてしまった・・・といったところなのだ。

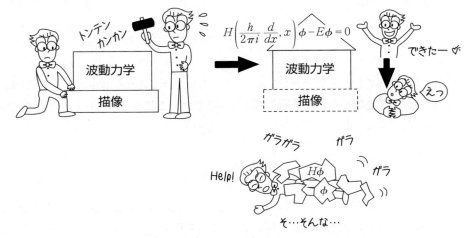

しかし、シュレディンガーはこんなことでめげる男ではない！彼はあくまでもこう言ったのだ。

今は、6次元だの訳のわからないことが起きているが、波動力学はまだ途中経過にすぎない。そのうち3次元ですべてをやり直してみれるものができてくるはずだ。なにしろ $|\Psi|^2$ が実際に観測されるんだからね。

電子は波なのだ。どんな困難もすべて、いずれ解決されるのだ。

フォッフォッフォッ。

おわりに

なんだかシュレディンガーさんかわいそう。せっかく頑張ってきたのに最後になってこんな結果になってしまうなんて。

そうだよなぁ。シュレディンガーさんの「描像が持てる」という強い意志があったからこそあのシュレディンガー方程式だってできたのに。

でも、シュレディンガーさんと一緒に数式作りができて本当によかったわ。何だか今までよりも数式がこわくなくなってきた。結局、数式だって最初から完成されていたものじゃなくてこうやって作っていったものだということがよくわかったんだもの。それに、数式もことばだってことも、なんとなく身を持って感じたって気がする。ハイゼンベルクの式って、単に現象を説明する、いわゆる数式って感じだったけど、シュレディンガーさんの式はことばと密接な関係にあったもんね。ただ数式を作るだけでなく、それを頭に思い描けるようなことばにするんだよね。そんな"自然を記述することば探し"、とっても楽しかった。

うん、そうだね。今までは完成されたものしか見てなかったから作っていく過程なんて知らなかったもんな。それにしても描像が持てない電子って一体何だろう。ふつう、ぼくたちが使っていることばでは何らかの描像を持つことが必ずできるはずなんだ。ことばってそういうものだろ。

うん、ことばには意味があってその描像が必ず持てるわ。だから、相手に意味が伝わるのよね。

それがないってことは、ぼくたちのことばでは説明できないってことなのかなあ。

そんなあ。それじゃあ、一体どうやって説明するっていうの。

ぼくもそう思うけど・・・

シュレディンガーさんがどれだけ必死になって描像を追い続けたかがよくわかるわ。

うん、他の物理学者たちも、ずいぶんシュレディンガーさんを応援していたんだって。

みんな描像をもてるということで安心しようとしたんだね。でも、それがなくなってしまったってことは何だかふりだしにもどってしまったみたいだわ。

 残念だけど、そうだな・・・前と同じに実験結果を説明することばは見つかったけど電子の振る舞いを説明することばは見つかってないってことだ。どうなるかわからないけど、次に進むしかないようだ・・・

さてこれから先、いったい電子はどうなるのだろう。本当に解決される日がくるのだろうか。

それでは、最後の冒険へみんなで Let's Go !

第6話

Max Born
and
Werner Heisenberg

新世界への出発

　「電子は粒」を出発点としたボーア、ハイゼンベルク。その結論は、「描像は持てない」というものだった。

　それに対して、必ず「描像は持てる」と信じ「電子は波」を出発点とした、シュレディンガー。だが、その結論もまた「描像は持てない」ものになってしまった。

　ここに至ってついに、冒険はクライマックスを迎える。

¿ハイゼンベルクが量子力学に与えた最終的な結論とは？

¿量子とはいったい何者なのか？

　新世界への出発は、今、はじまる。

6.1 量子討論会「20世紀の自然科学」

 ニールス・ボーアが言っています。

「人間は常に人生の大きなドラマの中において聴衆であり、同時に共演者であって」

量子とことばの世界に出会って以来、日々聞こえること、見えること、そして感じること全てが自然科学の対象になりました。この興奮のドラマをできるだけ多くの人たちと楽しみたいと思っています。

それは量子力学の完成を目前にしたある日のことだった。テレビのスイッチを入れ、チャンネルを換えているうちにTCLチャンネルで何やら番組が始まりかけていた。私はそのタイトルに引きつけられるままにその番組を見はじめた。

ヒッポ10周年記念 TCL特別番組

「20世紀の自然科学」

 テレビをご覧のみなさん、今日は「TCL特別番組20世紀の自然科学」と題しまして、「ミクロの世界―原子」について探っていきたいと思います。一番小さな世界はどんな風景なのでしょうか。私、司会進行のジャネット・ブラウンです。よろしくお願いします。まず出席者の方々をご紹介しましょう。

大きな楕円のテーブルに今世紀の物理学の英雄たちと3人のゲストが座っていた。その周りには見学者の人たちが座っていた。

 まず、私の左手から物理学者のマックス・プランクさんです。プランクさんはプランク定数 h を発見され、量子力学の道を最初に開かれた方です。こんばんは。

 こんばんは。私は量子の中でも光について特にお話ししたいと思います。

そのおとなり、相対性理論でおなじみのアインシュタインさんです。こんばんは。

　　こんばんは。今日はたいへん楽しみにしてきました。

　　おとなりはニールス・ボーアさんです。いつも奇抜な考え方で私たちを驚かせてくださいます。

　　今日はみなさんと自然科学することの醍醐味を味わいたいと思います。

　　そのおとなりはハイゼンベルクさんです。若くして大変な業績をお持ちです。

　　私は先輩のみなさんの開かれた道をさらに切り開いていっただけです。

姿勢良く座っているハイゼンベルクは出席者のなかでも群を抜いてさわやかな好青年であった。

　　そのおとなりはド・ブロイさんです。電子の波動性に最初に着目された方です。

　　僕は兄の持っていた論文を読んだのがきっかけで、この原子の世界に興味を持ちました。今日はのほほーんとやりましょう。

次はシュレディンガーさんです。最近、電子の波動方程式を完成されたばかりです。

 波動方程式をつくっていく過程で、数学も物理学と共に大きな進歩を遂げました。

 さて、物理学界の方が続きましたが、おとなりは冒険家のカバジン君です。カバジン君はいつも素朴な質問で鋭いところをつかれる方です。今日もどんな質問をされるのか楽しみです。

 僕はいつも不思議なことを探るのが好きなんだ。

 そのおとなりは評論家のカババのオババさんです。オババさんは主婦であり、母であり、という立場からいろいろご発言していただければと思っています。

 まぁ、生活に密着した主婦の目で自然科学についていろいろ解りたいと思ってますのよ。

 最後になりました。私の右手、トランスナショナル・カレッジ・オブ・LEX、通称トラカレの藤村由加さんです。

  「科学は人間によってつくられるものであります」というハイゼンベルクさんのことばが私は大好きです。その科学はことばによって記述されるものです。私は自然科学をことばの視点からいろいろ探っていきたいと思います。

さぁ、いよいよ始めたいと思います。まず最初にこの図を見てもらえますか。

その図は細長い帯に何本もの筋が入っているものだった。

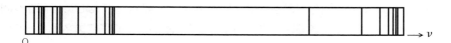

　これは水素原子のスペクトルです。私たちが原子から得られる情報というのは原子の大きさ、重さ、そしてこのスペクトルです。原子物理学の発見のほとんどは、この原子の放つスペクトルの解読にかかっていたと聞いています。

　原子の中を直接目で見ることはできません。ですが、私たちは目に見えない物でもその物について知ることができます。例えば真っ暗闇の中で石を投げたら「ポチャン」という音が聞こえた。目の前には何があると思いますか？

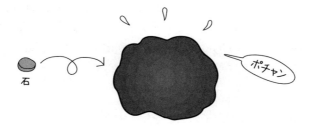

　池とか、水が溜まっている所があると思うな。

　そうです。もし「ガシャン」という音が聞こえたら、ガラスがあるのかなとか、私たちの目に見えない物でも何かをぶつけた反応から何があるかを想像できる。それも私たちにとってはどのような物かを知るということになるのです。

　じゃ、原子には何をぶつけてみるのですか？

　物をぶつけることは出来ませんが、原子をあらゆる条件のもとでその反応を見てどのような物か考えてみればいいのです。「実験する」とはそういう事です。

　僕は空を飛ぶ実験をしたことがあるんだけど、バナナの葉っぱをつけたという条件では、僕は飛べないということがわかったよ。

原子について知りたいとき、どんな実験をすればいいのですか？

それが問題です。やみくもに実験しても原子の何について見ようとしているのかがはっきりしていなければ何の答も得られません。理論があってはじめて何を観測できるかということを決定できるのです。先ほどのスペクトルは原子にエネルギーを与えると必ず出てくる反応です。

プランクさん、それはどんな仕組みなのでしょうか？

先ほどもいったように原子の中は見ることができません。ですが、この反応から原子について言えることがあります。エネルギーを与えるというのは原子に電気を流すことです。すると、原子の中の電子が運動して光を出します。その光をプリズムのような分光器を通して見たのが原子のスペクトルです。このスペクトルは原子によって決まっているものなのです。電子が運動すると光を出すことは電磁気学によって以前から知られていました。しかし、原子の中で電子がどのような運動をするのかがわからなかったのです。この電子の運動を明らかにすることが原子について私たちが理解するということになるのです。

それで、スペクトルが原子のことを解く大きなカギなんだ。

原子ごとに見られるスペクトルのことを考える前に、まず電子の出す光の正体について知る必要がありました。

「子を見て親を知る」ということかしら。電子は光を生み出す親みたいなものでしょ。子どもが河馬なら、親は象のわけはないし。人間の子は人間を生むように。電子についても光についてわかったことから想像すればいいのね。

その光というのも「見えているが見れないもの」ですよね。私たちは光がないと物が見えません。私たちの目は物に反射した光を受けとめて物を見ています。ですから、私たちの目は光を見ているのですが、光自体がどんな物なのかは見ることができない。

実は、光は波のようなものじゃないかと以前からいわれていました。波の性質を持っているものだと。

波の性質というのはどんなものなんですか？

波の性質というのは、振動が広がりながら伝わっていくものなんです。例えば水面に物を落とすとそこから、波が広がって動いていきますね。

私が池でひっくり返ったときに波が輪のようになって広がっていったのと同じね。

そうです。光はある点から、広がりながら伝わっていくものだと思われていました。だから、波の高さや速さ、振動数といったことばに当てはまる数が光からわかれば光は波の数式、波のことばで書けることになります。

波の性質じゃないものって何ですか？

粒のようなものです。広がったり、伝わったりしない。そのもの自体が運動するものです。ボールを投げたときの運動や、物が落ちるときの運動というのは、ニュートンが見つけた法則によって言い表すことができます。それはニュートン力学と呼ばれ、波の性質とは全く相容れないものです。波のような物は粒じゃない、粒のような物は波じゃないとはっきりいえるのです。

海や池の波は水面を伝わっていきますが、光の波は何を伝わっていくのですか？

実は性質が似ているというだけで、海の水のように波を伝える物があるわけじゃないんです。太陽の光が、地球まで伝わってくるように真空中でも光は伝わる。実に不思議なものなんです。しかし、ある光の現象が波のようだというので、波に使われている数式をもって光のことが記述できるのではと考えたのです。

ある現象というのは何ですか？

光が水面の波のように干渉するという事実です。池にオババさん一人がひっくり返ったのなら波の輪は変化することなくただ広がります。しかし、そこにカバジン君も飛び込めば輪は二人を中心に広がり始めます。そして、その波の輪がぶつかったところが問題です。

 波の高いところと、高いところが重なれば、重なった分だけ高くなり、低いところと低いところが重なれば、それもまた重なった分だけ低くなります。高いところと低いところが重なれば、打ち消されて高くも低くもないところが出来ます。このように波がお互いに影響し合うことを、波の干渉といいます。

 人が干渉するというのも、良くも悪くも相手に影響を与えてしまうことですね。

 ねぇねぇ、光が干渉する様子はどうやって見れるの？

 光を二つのスリットを通してみればわかります。こんな風にね。

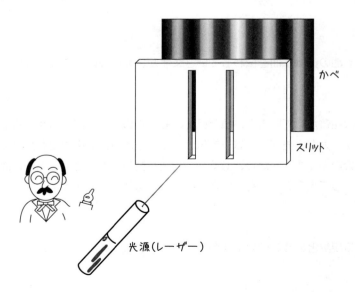

二つのスリットを通った光は、そこから波のように広がり、ぶつかったところが干渉する。そして、より明るいところと暗いところが交互に出来て、あの壁の縞模様を作っていると考えたのです。もし、光が粒のようなものならこうならない。もし粒なら、両方のスリットを同時に通ることはないので干渉することは決してない。ですから光は粒ではなく波なのだと。

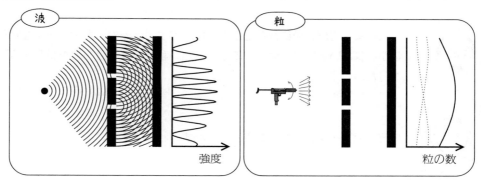

　では、光が波であるというのはあっていたのですね。

　ところが、ただの波だといいきれない実験結果が見つかってしまったのです。頭の痛い実験でした。空洞輻射と呼ばれるその実験は真空の比熱を測るものでした。

　その実験は何を意味していたのですか？

　実はその実験から振動数とエネルギーの関係を表すグラフが描けたのですが、これがなんとも奇妙なものだったのです。多くの人たちがそのグラフを表す数式を探した。長い年月、それはなかなか見つからなかったのですが、ついにそのグラフに合う数式を見つけたのです。

　その数式から、光について何がわかったの？

　数式を見つけたのは良かったのだが、光について何をその数式は語ろうとしているのか私にはしばらく聞こえてこなかった。しかし、不眠不休の末、私は一つの結論に達してしまったのです。

プランクは自分の見つけた結論なのに、少し残念そうに話した。

ν という振動数で振動する光のエネルギーは、$h\nu$ という値の整数倍の値、$E = nh\nu$ しかとることがない。とびとびの値しかとらない。その間の値を決してとることはない。これはエネルギーの変化が連続でないことを意味しています。

私にはそのことがあまり大変なことのように思えなかった。

　　　　　このままでは、単に波だと言えないのですよ。光のエネルギーがなぜかとびとびの値しか取れないという結果が出てしまった。私たちはそのことを説明することばが必要になったのです。

　　　　　そこでアインシュタインさんが登場するわけですね。

腕を組んで考えていたアインシュタインが前に乗り出した。

　　　　　光を粒として考えれば説明がつくのです。

なんて、大胆な。アインシュタインだけのことはある。

　　　　　粒だとすればどうなるのでしょう？

　　　　　粒だったら連続な値を取らなくったって不思議でも何でもない。

　　　　　1円玉みたいなものかしらね。0.5円玉がなくても当たり前だわ。

　　　　　光のエネルギーが $h\nu$ の整数倍の値をとる。そこで、n を個数だと思えばいいじゃないか。一粒が $h\nu$ というエネルギーを持った光の粒というわけです。一粒の光のエネルギーが、$E = h\nu$ と書けるのです。

私はあまりの方向転換にびっくりしてしまった。さらにアインシュタインの説得は続いた。

光電効果とコンプトン効果の実験を思い出してほしい。

　アインシュタインはそれまで光が波だとしたら、どうしても説明のつかなかった二つの実験について延々と説明した。すると、魔法にかけられたように光が粒の性質を持った物として納得できるようになってしまった。さらに、アインシュタインは粒としての光の運動量も求められることを付け加えた。そして、大きく二つの式を書いてみせた。

$$\text{光のエネルギー} \quad E = h\nu$$
$$\text{光の運動量} \quad p = \frac{h}{\lambda}$$

　もう、すっかり光は粒だということに落ちつきかけていた。

　　ちょっと待って！　さっきの光が干渉するっていうのはどうなるの？　粒だったら干渉しないでしょう。

　そうだった。もともと光は干渉するから波だといいはじめたんじゃないか。

　　それに、粒の振動数ってぼくには想像できないよ。振動数って波のことばじゃない。光は粒じゃないとは思ってないんだけど。でも、それだけじゃやっぱり光の全てを説明したことになっていないんじゃないかな？

　　実は光は波でもあり、粒でもある二重性を持ったものだというのが結論です。そしてエネルギーと振動数の関係、運動量と波長の関係の二本の数式ができたことは、粒の式と波の式をつなげるトンネルを見つけたことになるのです。

　　その式は量子力学の大切なかなめとなって、最後まで電子の不思議な振る舞いにつきまとうのですよね。

　アインシュタインがちょっと苦い顔をしたのを私は見逃さなかった。

二重性っていうのは、一つのものが全く相容れない二つの側面を持っていることなんですね。

お話を聞いていて、ことばのことに似てるなぁと思いました。ことばにも二重性があるって。ことばを音として扱えるときは波の性質で、意味として扱えるときは粒の性質で見ているような気がします。そして、その二つを結びつける「ことばの h」のようなものがあったらおもしろいなって。

光の二重性が本当ならば、それを放つ電子が一体何者なのかますます知りたくなりますね。そこで、ボーアさんの発見につながっていくんですね。

電子の運動をまず粒の運動として見ます。その粒の運動によって $E = h\nu$ という光の粒が生み出される。それが私の出発点でした。

電子が粒の運動をしていると原子の中で電子はどうしているのでしょう。

電子は原子核の周りをぐるぐる回っている。そして、その運動が光を出していると考える。

電子は光を出しながら周り続けられませんよね。だって光を出すということはエネルギーを消耗する事だから、電子は遠心力を失ってだんだん力尽きて原子核にくっついていっちゃう。

そこで電子が回っているときは光を出さず、回っている軌道を移るときに光を出すことにする。

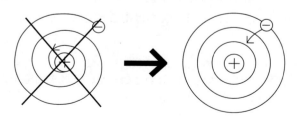

そんなこと勝手に決めてしまっていいんですか？

いいんですよ。それまでの古典力学の考え方では実験結果を説明しきれない。ということは古典力学で慣れていた描像は期待できないということを言っているのです。かといって古典力学をすっかり捨てる必要はないと思います。古典力学を量子用に書き直してどの実験結果とも矛盾がない数式が得られた時こそ、原子について私たちが理解したことになるでしょう。

では、電子は軌道から軌道へ移るときに光を出すと考えると、原子についてうまく説明できるんですね。

とりあえずは。電子が光を出す仕組みは考えたことになります。軌道から軌道へ電子が移るときに光一粒分のエネルギー、$E = h\nu$ を放出するとする。

ボーアの展開に私は驚くばかりだった。

バイオリンの弦もあるだけじゃ音は出ないけど、それを弾くと音がでる。電子も軌道と軌道の間を振るわせて光を出しているみたいだ。

ことばもアーとか同じ音を出し続けてもことばには聞こえず、アーイとか音の変化があってはじめてことばとして聞こえるような気がします。

スペクトルと $E = h\nu$ の式はどのようにつながっていくのですか？

まず、スペクトルが振動数と振幅の数値で表されていたことを思い出してください。そして、それは光が運んだ情報だったのです。ですから、スペクトルの振動数と振幅が h と ν を使った式で表せると予想しました。

振動数や振幅の数のならび具合に秩序はあるのですか。

一見するとバラバラの数値のならびに見えます。そこで、スペクトルといえば何か思い出しませんか？

はーい！フーリエ。

 そうです。フーリエは複雑な波も単純な波のたし合わせとして記述する方法でした。このフーリエの方法が役に立たないかと考えました。まず何か似ているものや役立ちそうなものでとりあえず間に合わせてみようじゃないかと。私は山小屋に行ったときのことを思い出します。汚い洗い水と汚いふきんとでそれでも皿やコップをきれいにすることに成功しています。

 フーリエはそのまま当てはまったのですか？

 まさか、そんなことなら苦労はありません。フーリエが使えるものの最大の条件である「整数倍の振動数の値をとる」ということが満たされていない。原子から出る光のスペクトルが等間隔の振動数のたし合わせだったらすぐさまフーリエを使ってますよ。

 ではお手上げですか？

 ところが、振動数がものすごく低いところだったらフーリエで計算できる。そのことに励ましを受けて、ある程度はフーリエだけでいこうとしました。

 フーリエで皿やコップはきれいになりましたか？

 原子を記述するためにはどうしてもフーリエだけでは不十分である。これが私の結論です。古典力学だけで記述できなかったことから、電子も光と同じように電子のことばを必要としていることがわかったのです。そこで足りないものを補充する必要が生まれる。それが量子にだけ特有に与えてやらなければならない条件、量子条件なのです。

 量子条件を加えることでうまくいくのですか？

 振動数については記述することに成功できました。しかしスペクトルのもう一つの要素である振幅についてが表せなかったのです。

そこで活躍されるのがハイゼンベルクさんなんですね。

そうです。彼は私にはない勇気を持っていたために、量子条件を使わずにたった一本の式で原子のスペクトルを全て言い表してしまうのです。

いえ、ボーア先生の勇気こそ賞賛されるものです。持ちうる限りのことばで言い表すことからまず出発して、壁にぶつかる度に新しい考えを取り込み、完成させていくというこのやりかたは今では当たり前のように使われていますが、当時は物理学の新しい進め方として画期的なものでした。この進め方は対応原理と呼ばれ、私の問題の進め方でもあります。

私ができなかったことは軌道を捨てるということでした。電子の遷移について言うためにどうしても軌道、いわゆる運動を表すための位置ということばが必要だった。遷移すると言ったときに、いつ、どうやってということが言えなくなっていたのに、どこで、ということにだけ未練があったのです。ついに彼は、どこで、ということまでも言うことをあきらめてしまった。

ハイゼンベルクさんの結論というのはどういうものなんですか。

量子のためのフーリエを作ったのです。原子のスペクトルの振動数についても振幅についても全て説明できるようになったのです。それも量子条件といったことばをつけ加えなくても表せてしまったのです。

それはすごい。電子の運動は古典力学で書き表せたのですね。

そうです。

しかし、電子の運動は粒の運動のように思い描けないということになったのですよね。

アインシュタインは少し冷たく言い放った。

そうです。電子の運動はどのようなものですかと聞かれたらその数式を見せて、この数式のように運動するものですとしかいいようがないものになってしまいました。電子の運動を絵に描いたり、何かと同じようになどという表現はできなくなってしまったのです。しかし、たいへん誇りに思っていることがあるのです。

なんですか。描像を捨ててまで引換に得られた利点とは？

それは私たちの持ち合わせていた古典力学のことばのみで言い表せたということなんです。振動数が低かろうと高かろうと、時間によって変化する振幅だって全て一本、たった一本の式にまとめられてしまったのです。対応原理を究めていったら古典に全て対応できてしまったというわけです。ただ、ことわっておかなければならないことは古典でいう位置の所に当てはめた値は電子の位置を意味していません。

ことばの習得過程もまさしく対応原理ですね。赤ちゃんはとにかくことばをまねっこしますよね。私たちもヒッポでCDのまねっこをする。ところが普通はまねだけでは話せるようになると思えない。ことばのまねっこから自由自在に話せるようになるまでには、何か条件が必要だと最近まで思ってきました。ところが、ことばのまねっこだけで後は何か条件をたさなくても話せるようになるということがヒッポファミリークラブではわかってきています。そのことはボーアさんもおっしゃっていますね。遠い国に漂着した航海者のような立場であると。そこに住んでいる人間のことばは聞いたことのないものだった。そこで意志の疎通を求められた時、私たちはどうするでしょう。身振り手振りから始まって、そのとき、そのとき習得したことばをめいっぱい使って話していくことでしょう。最終的には初めて出会ったことばでも私たちは征服できるのです。

私は料理に例えられるなって思ったわ。原子という料理の味を出すために、最初は古典力学という材料に量子条件という人工調味料が必要だった。味というのはスペクトルのこと。ところが時間をかけてみるとその材料からうま味がでて、人工調味料をいれなくても原子の味が出せるということがわかったって感じかしら。

第6話 新世界への出発 543

　ボーアさんとハイゼンベルクさんが古典力学をよく煮込んだのですね。

　あまりに煮込んでしまったので材料の形は跡形もなくなってしまいました。しかし、味はバッチリ原子という料理と一致するというわけです。もともと原子という料理の見た目は誰も見ていないのですから、形はともかく味について一致すれば原子について解決できたといえるでしょう。

　料理手順はどんなものですか？

　材料は古典力学でマトリックス力学という料理手順によって作り出します。この料理手順は熟練者の技を必要とするたいへん難しいものです。誰でも家庭で手軽にできるというものではありません。

　大胆な展開の繰り返しでしたね。原子については描像の持てないものという結論になってしまいましたね。

　いいえ。これで終わったわけではありません。私たちはそう簡単に描像を捨てちゃいけない。出発点が間違っているってことだってありますからね。

　そこでド・ブロイさんの電子の波動性のお話になるのですね。

　ボーアさんは電子を粒の運動に当てはめようとして、描像を捨てる羽目になってしまった。しかし、私はもう一つの道が残されていることに気がついたのです。光は波としても捉えられるということですよ。そこから、電子を波の式で書くということに挑戦してみたのです。水中の光の屈折も波と粒の両方の側面から説明できますよね。電子の運動を粒じゃなく波として記述すれば描像を捨てずに済むのではないかと思ったのです。

　ド・ブロイさんの電子の波の運動方程式は描像が持てたのですね。

　もちろんです。量子条件といった特別なことばも必要なかったのです。電子の波の式は波動力学といってシュレディンガーさんが最後は仕上げてくれました。

波動力学で電子の運動が言い表せるということはどういうことかわかりますか。電子は波だといっているのですよ。描像が持てる。自然科学はこうでなくちゃ。そのうえ波動力学のシュレディンガー方程式は計算が簡単。しかもマトリックス力学と全く同等だということもわかったし。

　　なんでもうまくいけばいいってもんじゃない。安易ですよ。難しくたって、描像が持てなくたって、原子のスペクトルを表している美しい数式には変わりないのだから。マトリックス力学は立派な量子力学のことばです。それに描像が持てるというけれど複素数の波じゃないですか。それに二つ以上の電子を計算すると3次元を越えた式になってしまうことはどう説明できるのですか。

　　そんなことはいずれ解決されるさ。

　　シュレディンガーさんはご自分では描像が持てることがすごいとおっしゃいますが、私は違うところがすごいと思っているんですよ。

　　それは何ですか。

　　私の打ち出したマトリックス力学は、計算が難しい。それを計算し易いように微分方程式の形にしてくれたことにとても感謝しています。さらに電子が波の式から出発しても粒の式から出発しても、同等の数式を得られたことはすばらしいことですよ。

　　シュレディンガー方程式が完成される過程で私たちは1つ大きな発見をしましたね。それは数式の性質が全く違うと思われていた微分方程式とマトリックスが「働き」を見るということで同じものだとできるということです。これは画期的でした。フランス語と中国語はまるで違うもののようだけど、同じ働きを可能にしている。例えば、どちらも水がほしいということを言えたりしますからね。そこがとても面白いと思います。

　　いえ、シュレディンガー方程式は勝っています。描像という最高の栄誉を得ているのですよ。

　　描像が持てるわけがありません。

　　どうしてですか。

　　マトリックス力学だから描けないのではなくて、描けないものだということを証明しているのですよ。

　　いいですか。電子を波だと考えれば頭の中で思い描くこともできるし、マトリックス力学のような計算の難しい数式もいらなくなるのです。シュレディンガー方程式のみで電子のことは全て言い表せるのですよ。

　シュレディンガーの説明に誰もが電子は波であると思った。そして同時に彼は電子が粒でないということを強く言っていた。

　　それは違うと思います。

　　電子についての数式が波の性質から出発した式であっても描像を持とうなんて無理なはずです。マトリックス力学の結論はただ単に原子のスペクトルの秩序を数式にしただけでなく電子は思い描けないということも重要なことだったのです。

　論争の中、番組は終わりの時間を迎えた。原子のことはその後どうなったのだろうか。

6.2 ボルンの確率解釈

新世界への出発

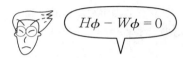

電子を粒として考え、ニュートン力学を出発点とした　マトリックス力学。

電子の振る舞いを波として考え、波動力学が出発点の　シュレディンガー方程式。

まったく相容れない2つの考え方から生まれたこれらの式は、なんと数学的には同じことを表していたのでした。

そして電子の描像にあれほどこだわって作られたシュレディンガー方程式も、

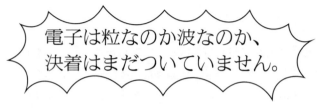

というマトリックス力学と同じ運命になってしまいました。

> 電子は粒なのか波なのか、
> 決着はまだついていません。

はたして、電子はどのようなものなのか？
量子力学のたどり着く結論とは？
これから最後の冒険に向かいましょう。

確率によるアプローチ

～シュレディンガー方程式も捨てたものではない～

 それにしても、シュレディンガー方程式はマトリックス力学に比べると計算が簡単！描像が持てないということだけでシュレディンガー方程式をあきらめてしまうには、おしい。

と思ったマックス・ボルンは、なんとかシュレディンガー方程式の描像を取り戻すようなうまい方法はないかと考えました。もちろん、シュレディンガーも考えましたがなかなかうまくいきませんでした。その原因はどうも「電子は波」という描像にこだわり過ぎたからのようです。

さて、ボルンはどういう人だったかというと、元々は「電子は粒」だと考えていた人です。でも、波の式であるシュレディンガー方程式もとっても気に入っていました。

> **ボルン　Check**
>
> 1882年生まれ。相対論をはじめとして熱力学、量子力学など広範囲で物理に貢献した。
> 1925年にハイゼンベルク、ヨルダンと一緒に、あの行列力学を作った人である。ここで紹介する「シュレディンガー方程式の確率解釈」で1954年度ノーベル物理学賞を受賞した。

そこで、ボルンは電子のことを

$$\text{描像は粒で式はシュレディンガー方程式で}$$

表そうという、大胆極まりない理論を打ち出したのです。

そのきっかけは、あのスリットの実験とシュレディンガー方程式の関係でした。

これまで、シュレディンガーはスリットの実験結果 $|\Psi|^2$ を、「電子が波のように伝わり、スリットを通ったあと2つの波が干渉した結果」であると考えていました。

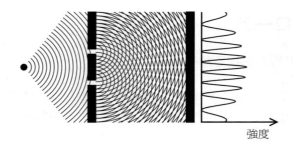

ところが、このスリットの実験結果 $|\Psi|^2$ を粒の振る舞いとして説明できるとボルンは考えたのです。

電子を粒として測定する器械があります。ガイガーカウンターといって電子が1個到達すると「カチッ」と1回カウントする単純な器械です。この器械は例えば電子が2分の1個分では「カチッ」といいません。電子がまるまる1個分来たときにだけ1回カウントするのです。

それを壁の所に設置し、飛ばした電子をカウントすると、その結果はやはり $|\Psi|^2$ と一致します。

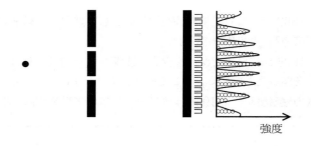

スリットの実験結果 $|\Psi|^2$ は波の強さとも粒の個数ともとれるのです。しかし、電子をたくさん飛ばしたときはどちらでも説明できますが、問題は電子を1個飛ばしたときのことです。

シュレディンガーのように電子を波だと考えると、電子が1個のときでも、壁のところでは干渉した波の強さが見えることになります。

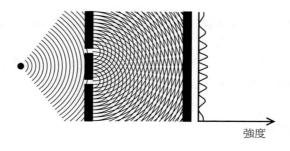

しかしボルンは「そうはならない」と思いました。

電子はあくまで粒で、1個だけ飛ばすと、壁のある1点に到達すると考えたのです。

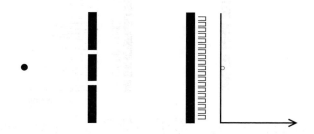

こんなことは確かめればすぐにわかりそうなことですが、当時は電子を1個ずつ飛ばす技術がなかったので簡単には確かめられませんでした。

最近になって、スリットの実験で電子を1個ずつ飛ばすことが実際にできるようになりました。
電子を1個飛ばすと、

壁にはポツンと1個の点が確かにできます。
50個飛ばせば、

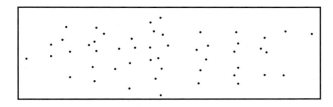

さらに飛ばして3000個くらいになると、

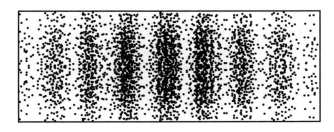

このように「点々が密集しているところとそうでないところ」、つまり「電子の多く飛んで来るところとそうでないところ」ができるのです。こうして、ボルンの言っていた通り、シュレディンガーの波動関数 $|\Psi|^2$ が1粒1粒やってくる電子の個数の分布を表していたことが実験で見れるようになりました。

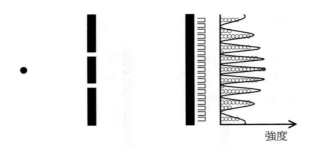

　このように電子を何回も飛ばした場合の、**電子の個数**がシュレディンガーの波動関数 Ψ の2乗で表されるのなら、1個の電子に対しては Ψ の2乗は、

 ある場所に電子が到達する確率

を表すことになります。
　ボルンさんの頃にはこのように電子を一個ずつ飛ばす実験はできませんでしたが、電子を「一個ずつ捕らえる」という事実はいろいろな実験から確かなものだったのです。

　シュレディンガー方程式をこのように「確率解釈」すると、式の意味がどのように変わるか見てみましょう。

$$H\phi - W\phi = 0$$

この式を解くと、固有値

$$W_1, W_2, W_3, \cdots\cdots W_n, \cdots\cdots$$

と、それに対する固有関数

$$\phi_1, \phi_2, \phi_3, \cdots\cdots \phi_n, \cdots\cdots$$

を求めることができました。
　Ψ はこれらの固有関数 ϕ_n のたし合わせだったので、

$$\begin{aligned}\Psi(q, t) &= \sum_n A_n(t)\phi_n(q) \\ &= \sum_n A_n \phi_n(q) e^{\frac{i2\pi W_n t}{h}}\end{aligned}$$

と表すことができます。
　この「単純な波」ϕ_n がたし合わされると、電子は W_1 というエネルギーを持つ状態、W_2 というエネルギーを持つ状態・・・を同時に持ってしまう、ということになります。
　しかし電子は「粒」であり、そのエネルギーは、実験で測定されるとき必ず1つの値を持っているのです。2つ、3つのエネルギーが同時に測定されることはありません。

第6話　新世界への出発　551

　ここで問題は、先の「Ψ の意味をどう解釈するか」ということとまったく同じものになります。

　Ψ の2乗 $|\Psi(q,\,t)|^2$ は、シュレディンガーの考えによれば、ある場所 q における「波の強度」ですから、連続なたくさんの値をとってしまいます。にもかかわらず、実験では粒である電子が、ある「一つの場所」に観測されるだけでした。そこでボルンは $|\Psi(q,\,t)|^2$ が、「電子がある場所 q にいる確率」であると考えたのでした。

　そこで今の場合にも同じように考えてみましょう。エネルギーは

$$\Psi(q,\,t) = \sum_n A_n \phi_n(q) e^{\frac{i2\pi W_n t}{h}}$$

の式によればたくさんの値を同時に持ってしまうことになりますが、ここで「電子が W_n というエネルギーをもつことを表す単純な波」ϕ_n の強度 $|A_n|^2$ が、

電子が W_n というエネルギーを持つ確率

を表すとするのです。

「シュレディンガーとボルンの解釈の違い」まとめの表

シュレディンガー	$\rightarrow$	ボルン
電子の物質密度 電子は薄く引き延ばされたように、どの位置でも密度がある。	$|\Psi|^2$	電子がいる確率 電子は粒のようにある1点にしか存在しない。その電子の位置の確率を表している。
電子の単純な波 n は電子の波の振動数に対応している。「単純な波」ϕ_n は W_n という固有値を持っている。	ϕ_n	電子の状態 n は W_n の n と対応している。ϕ_n は電子の粒が W_n というエネルギーの値を持つ状態を表す。
電子の持つエネルギーの値	W_n	電子の持つエネルギーの値
波の振幅 振幅を2乗すると波の強さになる。	A_n	確率振幅 2乗すると W_n というエネルギーを持つ状態 ϕ_n の確率になる。

ボルンの包含式〜いろいろな物理量の確率が求められる〜

ところでこの係数 A_n を求めるには、どうしたら良いでしょう。
Ψ は ϕ のたし合わせ

$$\Psi(q, t) = \sum_n A_n(t)\phi_n(q)$$

でした。ところでこの ϕ_n はすべて直交していました。

直交した状態のたし合わせと言えば・・・

ド・ブロイ、シュレディンガーのところで見てきたように、フーリエ展開と同じようにそれぞれの ϕ_n の振幅が求められます。

「複雑な波 Ψ に求めたい単純な波 ϕ_n をかけて積分する」のと同じように、

$$A_n(t) = \int \Psi(q, t)\phi_n^*(q)\, dq$$

としてやればいいわけです。

ボルンはこのようにして計算した「エネルギーの確率」を実際に実験結果と比べてみました。
その結果は、なんと計算通りになっていたのです。

ボルンはさらに他の場合についても、確率で考えてみることにしました。しばらくの試行錯誤の結果、ボルンが到達したのが、次の式です。

$$\boxed{\Omega\phi - \omega\phi = 0}$$

トラカレではこの式を、ボルンの包含式と呼んでいます。実は、あらゆる電子の物理量がこの式一本で求められるのです。

例えば、この式を使ってエネルギーを求めてみましょう。ボルンの包含式の Ω を H（エネルギーの演算子）に変えて、ω を（固有値）W に変えると、

$$H\phi - W\phi = 0$$

これは、おなじみのシュレディンガー方程式になります。

さて、電子を粒と言った以上、電子の位置と運動量についても求めてあげましょう。位置と運動量というのは粒のことを表す基本的な物理量ですから、電子を粒として考えるときにはとても重要なのです。

位置と運動量についても、エネルギーと同じ手順で求めてやることができます。

運動量について求めるときには、Ω を運動量の演算子 P に、ω を固有値 p_x にします。

$$\Omega\phi \quad - \quad \omega\phi \quad = 0$$
$$\downarrow \qquad\quad \downarrow$$
$$P\phi \quad - \quad p_x\phi = 0$$

（この式の ϕ は ϕ_{p_x} とも書きます。）

この式から P_x に対応した固有関数 ϕ_{p_x} が求まります。あとはエネルギーの時と同じように運動量の状態 ϕ_{p_x} の確率を求めることができます。

$$A_{p_x} = \int \Psi(q)\phi_{p_x}^{\ *}(q)\,dq$$

運動量の確率 $P(p_x) = \left|A_{p_x}\right|^2$

確率解釈のきっかけとなった位置の確率についても求めましょう。

位置について求めるときには、Ω を位置の演算子 q に、ω を固有値 q_0 にします。

$$q\phi - q_0\phi = 0$$

（この式の ϕ は ϕ_{q_0} とも書きます。）

この式から求まる ϕ_{q_0} は、電子がある位置 q_0 にいる状態を表しています。さらに展開して、A_{q_0} を求め、

$$A_{q_0} = \int \Psi(q)\phi_{q_0}^{\ *}(q)\,dq$$

あとは、2乗すれば位置の確率が求まります。

$$q_0 \text{ に電子がいる確率 } P(q_0) = \left|A_{q_0}\right|^2$$

ここまでは、エネルギーや運動量の時となんら変わりありません。しかし、この位置の確率 $\left|A_{q_0}\right|^2$ がどんな値になるか、さらに計算してみるととてもおもしろいことがわかります。

位置を求める包含式は、

$$q\phi_{q_0} - q_0\phi_{q_0} = 0$$

です。この式を ϕ_{q_0} でくくります。

$$(q - q_0)\phi_{q_0} = 0$$

このような式の場合、ϕ_{q_0} と $(q - q_0)$ との間に1つの決まりごとがあります。$(q - q_0)$ が0のとき ϕ_{q_0} は値を持てますが、$(q - q_0)$ が0にならないときは ϕ_{q_0} が0にならなければなりません。このような ϕ_{q_0} と $(q - q_0)$ の関係を δ（デルタ）関数と言います。

$$(q - q_0) = 0 \quad \text{のとき} \quad \phi_{q_0} \neq 0$$

$$(q - q_0) \neq 0 \quad \text{のとき} \quad \phi_{q_0} = 0$$

このような関係は次のような式で表します。

$$\phi_{q_0} = \delta(q - q_0)$$

さて、この ϕ_{q_0} の複素共役をとり、A_{q_0} の式に入れます。

$$A_{q_0} = \int \Psi(q)\phi_{q_0}{}^*(q)\,dq$$

$$= \int \Psi(q)\delta(q - q_0)^*\,dq$$

さて、この式の右辺はどのような値をとるでしょうか。

ここで、デルタ関数の公式をひとつご紹介します。

$$\int f(x)\delta(x - x_0)dx = f(x_0)$$

この公式を使うと右辺は次のようになります。

$$\int \Psi(q)\delta(q - q_0)^*dq = \Psi(q_0)$$

結局、A_{q_0} は $\Psi(q_0)$ となり、

$$A_{q_0} = \Psi(q_0)$$

$$\left| A_{q_0} \right|^2 = \left| \Psi(q_0) \right|^2$$

ボルンの包含式から求めた位置の確率 $\left| A_{q_0} \right|^2$ が、最初にボルンが仮定した通りに $\left| \Psi \right|^2$ となったではありませんか！

シュレディンガーの考えでは、電子はあくまで「波」でした。ところが実際に実験してみると、電子は「粒」として観測されます。だからこれまで、シュレディンガー方程式を解くことにより得られる計算結果と実験結果とがどのように関係があるのかは、誰にもわかりませんでした。

しかしこのようにボルンさんが「確率解釈」することにより、さまざまな物理量の「確率」を計算し、それを実験結果と比べてみることができるようになりました。

しかもその計算結果と実験結果とは、完璧に合っていたのです！

確率で考えると描像がかえってくる。しかし・・・

ところで確率解釈をすると、シュレディンガーのところで無くなってしまった「描像」がかえってくるのです。電子1個がある時刻 t に x, y, z という位置にいる確率は、

$$P(x, y, z, t) = \left| \Psi(x, y, z, t) \right|^2$$

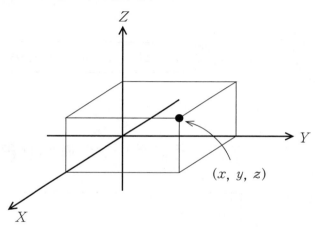

で表すことができます。今度は電子2個の位置の確率も表してみましょう。

$$P(x_1, y_1, z_1, x_2, y_2, z_2, t) = \left| \Psi(x_1, y_1, z_1, x_2, y_2, z_2, t) \right|^2$$

これは「電子1個は x_1, y_1, z_1 に、もう1個は x_2, y_2, z_2 にいる」ということで、図で見るとこういうことです。

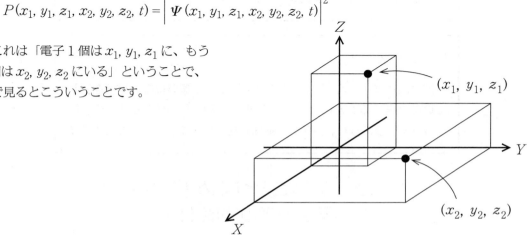

電子が2個の場合のシュレディンガー方程式について解くと、Ψの変数は6個になってしまいます。これは電子を「波」と考えていた場合には「6次元空間の波」を表してしまい、これを人間が想像することはできませんでした。

ところが、2個の電子の場合でも確率で考えれば「1個はx_1, y_1, z_1に、もう1個はx_2, y_2, z_2にいる確率」となり、3次元のまま想像することができます。3個、4個と、いくら電子が増えても空間は3次元のままで考えられるのです。確率解釈することで、なんと電子が何個でも

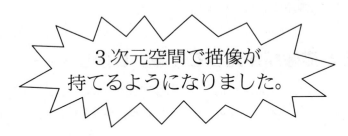

3次元空間で描像が持てるようになりました。

やった！私はシュレディンガー方程式の描像を取り戻せたぞ！！

このようにボルンの確率解釈により、量子力学は

いいこと　その1

電子については、シュレディンガー方程式のままでマトリックス力学よりはるかに簡単な数式で表せます。

いいこと　その2

波動関数Ψについても、それが電子1個1個の位置の確率を表していると考えることによって、電子が2個以上の時でも3次元空間で表せるようになり、待望の「描像」を取り戻すことができたのです。

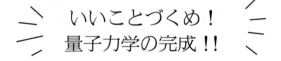

いいことづくめ！
量子力学の完成！！

ところがその時、

ハイゼンベルクとボーアが口をはさみました。

私は、ボルンの確率解釈はすばらしいと思います。しかし、シュレディンガー方程式で「霧箱の実験」はどう説明できるのでしょう？ 霧箱の中を走るあの電子の軌道は波のように広がったりはしません！

霧箱実験とは

ここで、トラカレで実際に行った霧箱実験をご紹介しましょう。

アルコールは常温では気体ですが、低い温度では液体になります。ドライアイスを使って温度を下げた小さな箱の中にアルコールをたらします。するとアルコールは蒸発しますが、温度が低いため、今にも液体に戻ろうとします。その中に電子を飛ばしてみるのです。

均一に広がっているアルコールの気体の中を電子が飛ぶと筋ができます。電子が通ることにより気体だったアルコールが小さな水滴になり、それが電子が通る道筋に沿って連続的に起きて1本の筋になるのです。この様子は肉眼で見ることができ、いかにも電子が通った軌道のように見えます。

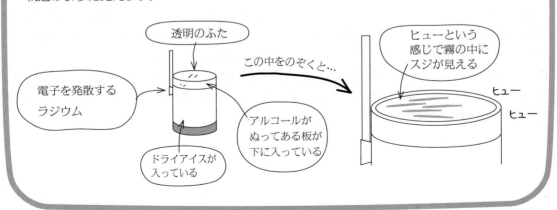

電子が霧箱の中で一直線の軌跡を描くという事実と、シュレディンガー方程式で表した電子の振る舞いとは、このままでは全く相容れないものになります。というのは、シュレディンガーの波動関数 Ψ が、数学的に「波」を表すものである以上、それが「確率の波」であったとしても、時間と共に広がり続けるはずです。なのに霧箱の中の電子は広がらず、ほぼ一直線に飛んで行きます。

粒のように軌道を描く電子と、波のように広がって干渉する電子は同じものなのに、その両方を矛盾なく説明することばを私たちはまだ持ち合わせていないのです。

　ボルンが確率解釈をしても、Ψ が「波」であることに変わりはありません。ですから「霧箱の中」において、電子ははじめ1点に集まっていたとしても、それからあとは「広がり続ける」ことになります。その広がった波の波面のどこかに「確率的に」電子は存在するというのですから、次の図のようにランダムな電子の点が広がっていくはずです。（図－1）
　しかし実際の霧箱の中では、電子は一直線の「軌道」を描いて飛んでいくように見えるのです。（図－2）

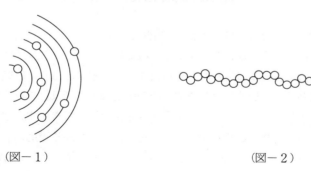

　　　　　（図－1）　　　　　　　　　　　（図－2）

　この矛盾を解決するために、ボーアとハイゼンベルクは数ヵ月間に渡り対話を続けました。2人で「霧箱の中の電子」についての思考実験を徹底的に論じ合ったのです。霧箱実験に見られる電子の軌道と、シュレディンガー方程式の数式とを調和させることに努力しました。
　ところが満足のいく結果は得られず、2人は疲れ果ててお互い別々になり休暇を取ることにしました。
　1人になってもハイゼンベルクはこの問題を考え続けるうちに、以前アインシュタインが言ったあることばを思い出したのです。

「理論があって初めて何を観測できるのかということを決定するのだ」

そして、今必要な理論とは何なのか、それによって何を観測するのかもう一度考えてみました。

私たちはこれまで、霧箱の中で

「電子の軌道を見ることができる」

と気やすく言ってきた。

　そしてその「電子の軌道」と、波である「Ψ」を調和させようとしてうまくいかなかったのだ。

　私たちが「軌道」というとき、それは太さがない「線」のことである。しかし、実際には霧箱の中では

電子よりもはるかに太く広がった水滴の列

を見ているだけなのだ。

　ということは・・・

　もしかしたら私たちは電子の軌道など「見ていなかった」のではないだろうか。

　もし、私たちが霧箱の中に電子の軌道そのものを見ていたのではないとしたら、問題の立て方が変わってくる。
　波の式 Ψ で「電子の軌道」を表すことを考えるのではない。電子によって作られる「太い水滴の列」を説明すればよいのだ！

　こうして問題を立て直し、出てきた結論は「不確定性原理」と呼ばれる電子の観測の限界を示すものでした。そして、それは量子力学の不思議な結末を意味するものでもありました。

6.3 不確定性原理

電子の宿命　位置と運動量の不確定性

　ここで次のような実験を考えます。「電子の波」がスリットを通り抜けると、波が「どのように広がっていくのか」を調べるのです。

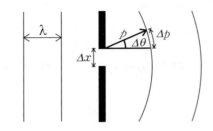

　　λ：波の波長 λ（ラムダ）
　Δx：スリットの幅 Δx（デルタ x）
　$\Delta \theta$：スリットを通った後の波の広がる角度 $\Delta \theta$（デルタシータ）
　　p：電子の運動量 p
　Δp：電子の運動量のばらつき Δp（デルタ p）

　これからこの5つの値の関係を見ていきますが、一度に全部の変数の関係を見るのは難しいので、まず3つずつ関係を確かめながら式を作っていきましょう。

1．同じ波長での「スリットの幅 Δx と波の広がり $\Delta \theta$ との関係」

　この関係を知るにはまず波長を揃えておいて、スリットの幅を変えながら波の広がり具合いを見ます。すると図のように、スリットの幅 Δx が大きいと波の広がり $\Delta \theta$ は小さくなり、Δx が小さいと $\Delta \theta$ は大きくなることがわかります。これは反比例の関係です。

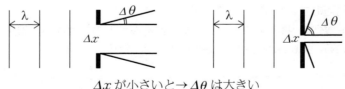

Δx が小さいと→$\Delta \theta$ は大きい
Δx が大きいと→$\Delta \theta$ は小さい

$\Delta \theta$ と Δx は反比例の関係

２．同じスリットの幅での「波長 λ と波の広がり Δθ の関係」

　今度はスリットの幅が同じで、波長を変化させてその波の広がり具合いを見ます。すると、下図のように波長 λ が大きいと波の広がり Δθ は大きくなり、λ が小さいと Δθ は小さくなるのがわかります。これは正比例の関係です。

　波長の大きな波は、波長の小さな波より広がりやすいのです。身近な所でもこの現象はあります。波長の大きな AM の電波は、波長の小さな FM やテレビの電波に比べてビルの影や谷間などにも入って行きやすいのです。

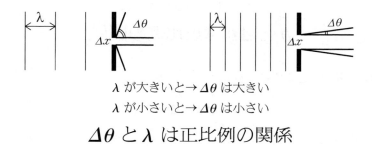

λ が大きいと→Δθ は大きい
λ が小さいと→Δθ は小さい

$Δθ$ と $λ$ は正比例の関係

　さて、1. と 2. の 2 つの関係をまとめて式にすると

$$Δθ = \frac{λ}{Δx} \qquad 式1-2$$

となります。

３．同じ運動量での「運動量のばらつき Δp と波の広がり Δθ との関係」

　波の広がり Δθ が大きくなれば、運動量 p の方向のばらつきは増えます。

Δθ が大きいと→Δp は大きい
Δθ が小さいと→Δp は小さい

$Δθ$ と $Δp$ は正比例の関係

4．同じ波の広がりでの「運動量のばらつき Δp と運動量との関係」

波の広がり $\Delta\theta$ を変えずに運動量 p を大きくすれば、図からもわかるように運動量のばらつき Δp は増えます。これは 3．と同じように正比例の関係です。

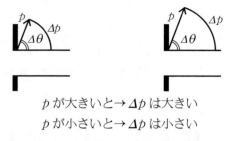

p が大きいと→Δp は大きい
p が小さいと→Δp は小さい

p と Δp は正比例の関係

3．と 4．の 2 つの関係をまとめて式にすると、

$$p\Delta\theta = \Delta p$$

この両辺を p で割ります。

$$\Delta\theta = \frac{\Delta p}{p} \qquad 式3-4$$

さて、式 1-2 と式 3-4 をまとめます。
どっちも $\Delta\theta =$ ＊＊＊＊という形の式ですから、一本の式にまとめられます。2 つの式をドッキングしてみましょう。すると、

$$\frac{\lambda}{\Delta x} = \frac{\Delta p}{p}$$

となりました。分数の形を整えると $\Delta x \cdot \Delta p = \lambda p$ と書き換えられます。

次に、量子ならではの式を登場させましょう。アインシュタインのところで出てきた

$$p = \frac{h}{\lambda}$$

という式です。これは電子の運動量と波長の関係を表した式でした。この式を p の所に代入してみます。すると、

$$\Delta x \cdot \Delta p = \lambda \frac{h}{\lambda} = h$$

$$\Delta x \cdot \Delta p = h$$

という、スリットの幅 Δx と電子の運動量のばらつき Δp の掛けた値はプランク定数 h になる、という関係が出てきます。この電子の位置と運動量の不確定性を意味した式こそが物理学に大きな波紋を起こしたハイゼンベルクの「不確定性原理」の式です！

この式のプランク定数 h は決まった値ですから Δx が小さくなれば、それだけ Δp は大きくならなければ式が合いません。もちろん Δp が小さくなれば、その分 Δx は大きくならなければなりません。

Δx はスリットの幅でしたから、これは「Δx のどこかを電子が通った」という電子の「位置のばらつき」だと言えます。一方、Δp は「運動量のばらつき」です。

電子の不確定性を一言でいうなら「位置を細かく正確に見ようとすればするほど、運動量はわからなくなってしまい、逆に運動量を正確に知ろうとすればするほど電子の位置はわからなくなってしまう」ということなのです。

不確定性原理で説明する　霧箱の中の電子

電子の位置と運動量の不確定性がわかったところで、いよいよ霧箱の中の電子について考えてみましょう。

あるとき霧箱の中に、Δx の大きさのアルコールの霧粒ができたとします。これは電子が霧粒の大きさの範囲内にいるのがわかった、ということですから

「電子の位置が Δx という範囲で測定された」

ことになります。

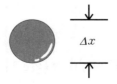

ところで「$\Delta x \cdot \Delta p = h$」なので、$\Delta x$ が決まれば電子の運動量 p は Δp というばらつきを持つことになります。Δp は波の広がり具合ですから、その Δp が値を持つということは、

「波が広がってしまう」

ということになってしまいます。しかし、霧粒の大きさ Δx はプランク定数 h よりもはるかに大きな値なので、運動量のばらつき Δp は非常に小さなものになります。

　大切なことは Δp がどんなに小さくても 0 ではないので、確率波は霧粒を作る度に再びわずかではあるけれど広がり始めるということです。

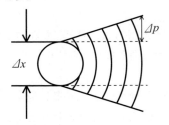

そして、確率波があまり広がらないうちに、すぐにまた広がった波面のどこかに次の霧粒ができます。

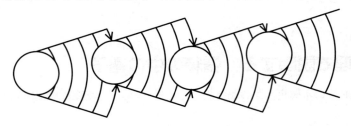

　霧粒ができるというのは、「電子が霧粒の大きさ Δx の範囲内にいる」のがはっきりするということでした。ということは、「電子はその外側にはいない」のですから、一旦広がった確率波は、その霧粒の大きさ Δx まで縮んだことになってしまうのです！

　このように確率波が霧粒ができる度に「縮む」結果、波は大きく広がってしまうことなく、霧粒がほぼ一直線に並ぶことが説明できるのです。

　しかし、

霧粒を作る度に電子の確率波が広がることをやめてしまう

なんて、どう説明されてもなかなか納得できないのが普通です。

確率波が「縮む」？

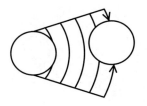

これをサイコロの例で考えてみましょう。

サイコロは振られる前までは6種類の目が出る可能性を持っています。しかしそれが振られたとき、6つの可能性の中から1つの目が選ばれます。つまりサイコロの目が出た途端、他の目が出る可能性はもう無くなってしまうのです。

確率波とは、その波面のどこかに電子を見つけることができるという可能性を表します。いわば、「可能性の波」なのです。サイコロの例と同じように、「そこに電子がいる」ということがわかった瞬間に、他の場所に電子がいる可能性はなくなり、可能性の波は「縮んでしまう」ことになるのです。

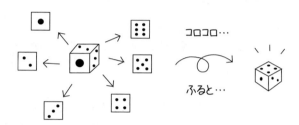

不確定性原理〜電子について私たちが知ることのできる限界〜

電子は絶対に目で見ることができません。

ですから、「電子がどこにいるか」とか「電子はどのような運動量を持っているか」ということを知るためには、「電子によって作られた霧粒を見る」とか、「電子に当たった光を見る」とかということをしなければなりません。そのような「観測」をしなければ、電子のことは何も知ることができないのです。

ところが、電子を観測した途端、「位置と運動量の不確定性」が成立してしまい、必ず測定値にばらつきがでてきてしまうのです。

どんなに位置だけでも細かく見ようとしても運動量にばらつきが出てしまいますし、運動量だけでも細かく見ようとしても位置がばらついてしまいます。

このような不確定性原理の式、「$\Delta x \cdot \Delta p = h$」は、「プランク定数 h よりも細かい精度で電子の位置と運動量について知ることは決してできない」という

電子についての観測の限界

を示していたのです。

プランク定数 h に始まった量子力学の冒険は、やはりプランク定数がキーワードとなって終わりを迎えようとしています。

さて、ボルンが「確率的に表す」といったときの「確率」の意味は明確ではありませんでした。確率とは普段でもよく使います。それは多くの場合、「その粒がどのように動いていくのかは、その気になれば本当は知ることができるけれど、条件が多かったりして面倒くさいので確率で表してしまう」というものです。

しかし、ハイゼンベルクの不確定性原理によって「確率的に表す」ということが、電子についての最終的結論になってしまいました。
位置や運動量は必ずばらついてしまい、それらは「絶対に確率的にしか表すことができない」ということが決定的になったのです。

これほど奇妙なものは、古典力学の世界では考えられませんでした。しかしそれが量子力学の結論するものであり、そう考えなければ、霧箱の中の電子の軌跡を説明する事が決してできないのです。

粒と波の2重性〜スリットの実験の矛盾を解く〜

スリットの実験をすると、電子は「干渉する」。それにもかかわらず電子は「粒として」到達します。しかし、不確定性原理によって、この「スリットの実験」の矛盾も解決することができます。

電子が「波」として干渉するためには、電子は2つのスリットの「両方を」同時に通り抜けなくてはなりません。しかし電子が壁に到達するときのように「粒」であるのならば、電子は2つのスリットの「どちらかを」通らなければならないのです。しかし、そのようなことは絶対に有り得るはずがありません。

ここで次のような実験を考えます。

次の図のように2つのスリットの間に電球を置きます。この電球をつけて置くと、電子がスリットを通ったときに光って見えます。それによって電子がどちらのスリットを通ったか知ることができるのです。

電子は目で見ることができません。ですから、何らかの実験により「観測」しなければ、電子が2つのスリットのうちどちらを通ったかを知ることができないのです。

電子のふるまいと確率の波として波の図として表わすことは実際にはできないけどあえて想像で図にしてみたよ。
そして、壁への到達度を表すグラフはたくさんの例の中の1つとしてみてね。

はじめに電球をつけないで電子を飛ばしてみると、電子はもちろん干渉します。

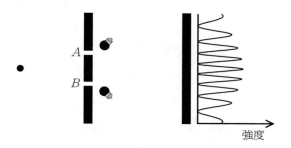

次に電球をつけて電子を飛ばしてみます。そうすると確かに電子はスリット A か、スリット B の「どちらかを」通っていることがわかります。

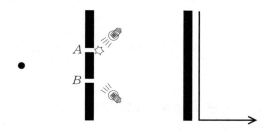

なんだ、やっぱり電子はどちらかのスリットを通っていたのだ。

ところが！このように電子がどちらのスリットを通ったかがわかるような実験をしたときには、「電子は干渉しない」のです！！

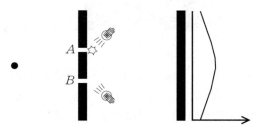

なんということでしょう。今この実験をしたのは、干渉する電子がどのようにスリットを通るかを知りたかったのに、そのような実験をする事はできないというのです。

しかし、この実験結果は不確定性原理により説明することができます。

電球をつけるということは、電子がどちらのスリットを通ったかを「観測する」ということだったのです。

例えばスリット A を通ったということが観測されたとすると、その瞬間に、スリット B を通る可能性はなくなってしまいます。この時、両方のスリットに到達していた電子の波はスリット A のところに「縮んで」しまうのです。

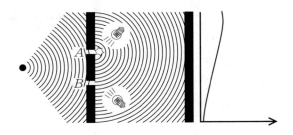

そうすると結局電子の波はスリット A だけから出ていくことになりますから、干渉が起こることはないわけです。

それに対してどちらのスリットを通ったかを「観測しなかった場合」には、電子の波が縮むことはありません。ですから波は両方のスリットを通って出ていき干渉が起こります。

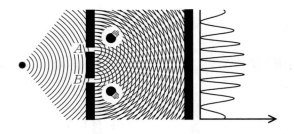

電子が「どちらかのスリットを通る」という場合と、「両方のスリットを通る」という場合は、電子がどちらのスリットを通ったかが「観測された場合」と「観測されない場合」という、「別々の場合」に起こることなのであり、2つの場合が「同時に起こっているのではない」のです。ですからこのことは矛盾ではなかったのです。

これまで「観測されると電子の波が縮む」ということにより、数々の実験を説明してきました。しかし電子の波は、どのようなメカニズムにより縮むのでしょう？

まず当然のことですが、これは人間が実際に「目で見る」ということには関係しません。

例えば先の「スリットの実験」で、電球をつけただけで人間が目で見ていなかったとします。しかしそれでもやはり干渉は起こりません。目で見ても見なくても、電球をつけて結果を記録していれば干渉は起こらないのです。

それならば次に、電子は観測に使う電球の光と「何らかの相互作用をする事により」縮むと考えることもできます。電子はとても小さいので、光が「ぶつかる」ことにより電子の運動がかき乱されてしまう。

しかしそうではないということが、次のような実験でわかります。

先ほどのスリットの実験で、電球を「スリット A だけに」向けてつけるのです。だからスリット A を電子が通ったときには電子は光りますが、それ以外の場合には光りません。

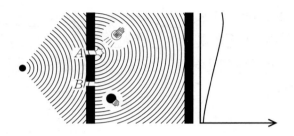

しかし「それ以外の場合」とは、ひとつしかないのです。つまり、「電子はスリット B を通った」ということです。スリット A で電子が光らなければ、スリット B を通ったということを人間は結論する事ができるのです。

そして何と、この実験において電子は干渉することはありません。

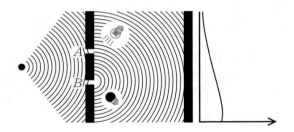

ということは、電子の波は、スリット A で電子が「光らなかった」ということのために、スリット B に縮んでしまうのです。電子はスリット A では光らなかったのですし、スリット B にはもともと電球はありません。だからこの場合電子と光との相互作用は何もないのです。つまり、電子の波はどちらのスリットを通ったのかを「人間が知り得る場合」に縮むということになってしまうのです。

6.4 量子力学の結末

観測する人間と電子の振る舞いの不思議

これまで長い間、電子は「波なのか、粒なのか」ということを考えてきました。その問題にようやく決着がつきました。

電子は観測されていないときには波のように、そして観測されたときには粒のように振る舞う

しかしこの時、「波」と言っても「可能性の波」という実際の物質の波ではありませんし、「粒」と言っても、不確定性原理によって「位置と運動量を同時に正確に知ることのできない」ものになってしまいました。

また、電子について「私たちが観測する」ということが、電子の状態に影響を与えてしまうということになったのです。

そのようなことは、私たちの常識からすればとても奇妙なことです。しかしこう考えなければ、電子についての全ての実験事実を説明することができないのです。

これまでの自然科学において、その本質は、物体が「いつ、どこにいるか」ということを知ることに集約されてきました。それは物事を「客観的な世界」として記述するということです。しかし量子の世界では、それを完全に正確に知ることは不可能であることがわかってしまったのです。このことはすぐに素直に受け入れられるわけがありません。

不確定性原理を打ち出したハイゼンベルクとボーアに対して、アインシュタインは厳しく反論しました。

そんな結論、私は絶対に許せない！

アインシュタインは、確率的な記述をする事自体には反対しませんでした。そのようなことはこれまでも、特に粒子の数が膨大である場合などには行われてきたからです。

しかしその場合には、ひとつひとつの粒子の位置と運動量を知ることは、「やろうと思えばできる」というものでした。やろうと思えばできるけれど、あまりにも大変なのでやらないというものだったのです。

ところがハイゼンベルクは不確定性原理によって、量子についてはその位置と運動量の両方を正確に知ることは「絶対にできない」と言ってました。

アインシュタインはそれを許すことができませんでした。

『部分と全体』のⅥ章「新世界への出発」に、ボーアとアインシュタインの激烈な討論の模様が書いてあります。

ベルギーのブリュッセルで行われたソルベー会議において、ハイゼンベルクとボーアは徹底的にアインシュタインから反論を受けます。電子について確率的にしか知ることができないこと。さらに観測するということが、電子の振る舞いに影響を与えてしまうことによって客観的記述が許されないこと。これらのことにアインシュタインは全く納得がいきませんでした。

ソルベー会議の期間中毎日、アインシュタインは不確定性原理が成り立たないような思考実験を考えては、ボーアとハイゼンベルクに難問を出しました。

朝、問題を出されたボーアとハイゼンベルクは、一日かけて考え、夕方には解答をアインシュタインの前に出します。するとアインシュタインは、もっと複雑で、今度こそ不確定性原理が成り立たないだろうと思われるような新しい思考実験を考えてくるのです。しかしそれもやはり、ボーアとハイゼンベルクによって打ち破られてしまいます。

この様子を見ていたアインシュタインの友人は言ったそうです。「アインシュタイン、私は君のために恥ずかしいよ。なぜなら君は、相対論に反対した君の敵対者がやったのとまさに同じように、新しい量子論に反対の議論をするじゃないか」と。

しかし、その忠告もアインシュタインの心には届きませんでした。

それから約25年ののちに、アインシュタインは亡くなりました。彼は「神はサイコロを振り給わず」と言い続けて、最後の最後まで、この量子論の結末を許すことができませんでした。

シュレディンガーもまた、この量子の世界に足を踏み入れたことを後悔して、分子生物学の世界に移っていってしまいました。

1927年に不確定性原理が発見されて以来、数多くの物理学者が試みているにもかかわらず、不確定性原理をくつがえすような事実も理論も、未だに見つかってはいません。今日でもハイゼンベルクたちによって完成された量子力学は正しいとされています。それどころか、量子力学は現在の文明社会を支えている科学の分野において、なくてはならないものなのです。

ことばと人間〜21世紀の自然科学に向けて〜

　量子力学によって電子がとても人間味のあるもののように見えてきました。また、逆に人間にもある量子力学のような振る舞いが見つけられます。

　人間は生まれた時、何にでもなれる可能性を持っています。ところが、社会という霧箱の中のひとつひとつの体験によって、人は人の目で観測されていきます。人に評価される、その途端、その人はその評価されたり確認された状態以外は考えられなくなります。でもそこからまたその人の可能性は広がります。
　ヒッポでもことばを歌うたびに仲間に「スゴイ！」と言われると嬉しくなり、楽しくなってまた頑張れてしまう。人は人の観測に影響されることなく人生を過ごすことはできないのです。

　また、不確定性原理を通して赤ちゃんがことばを獲得していく過程を思い出しました。赤ちゃんも観測すると様子が変わってしまいます。人の影響のないところで、赤ちゃんのことばのでき方だけを観察することはできません。赤ちゃんを一人部屋の中に閉じ込めたところで、ことばはできるようにはならないからです。赤ちゃんだけの振る舞いは絶対に見ることができないのです。
　私たちがものを見る、というときには光のシャワーの中で見ます。同じ様に、赤ちゃんがことばができるようになる、というときには、私たちが送ることばのシャワーの中でみているのです。それは電子と赤ちゃんに少なからず影響を与えてしまいます。
　電子の振る舞いと赤ちゃん、光とことばは似ていることがあります。
　「電子の振る舞いと光の関係式」から、今度は「ことばと赤ちゃんの関係の方程式」を見つけるヒントがもらえるかもしれません。

　それにしても、電子と光の世界は常識では考えられない、まったく予期しなかった結果になってしまいました。

　最近ホーキングという物理学者がおもしろい話をしています。電子のようなミクロの世界とは反対に、マクロの世界、宇宙の話ですがたいへん興味深いものです。

ブラックホールは全ての物質、光すらも吸い込んでしまう空間だと思われてきました。そこからは何も出てこない。光すらも。ですから黒く見えてブラックホールと名付けられたのです。ところが、この空間に不確定性原理が効いてしまうというのです。ブラックホールは小さな空間に、物質も光もギューギュー詰めになるまで吸い込み続ける。するとブラックホールの中では Δx がどんどん小さくなり、その分、運動量のばらつき Δp が極大になる。そして、遂には光の中でも光速を超えるものが出てきて、なんとブラックホールの吸い寄せる力に勝ってそこから飛び出してしまう光や物質が生まれる、というのです。もちろん物質なら絶対に光速を超えることはないのですが、「可能性の波」ゆえにそういうものが存在するというわけです。

最初は理論でしかなかったこの話がホーキング博士によって実際に観測され、不確定性原理が宇宙というマクロな世界でも効力を持つことがわかったのです。

私たちが日常暮らしている世界はマクロの世界ですが、もとをたどれば電子と光で構成されています。また、宇宙から見ればとても小さな存在です。そんな原子の世界と宇宙の世界に挟まれた私たち人間について語るとき、この量子力学の考え方なしには語れないことがあると思います。

特に、人間のことばについては、量子力学をもってして初めてみることができるものが秘められているように思われます。ことばによって、私たちは未来へも過去へも、ミクロの世界へも宇宙へも、想像をめぐらすことができます。そんな時空を越えることのできる不思議なことばは、一体どんなふうに記述できるのでしょうか。

ことばを自然科学する私たちにとって、ハイゼンベルクの著した『部分と全体』という本は、探求心と勇気を与えてくれるものです。迷い、考え、絶望する時にこそ、ページを開きたい本でもあります。まだまだ私たちにとって当たり前であって、しかし、知らない世界がたくさんあるに違いありません。そんな世界をこれからもどんどんことばにしていく時、先人達の知恵と勇気を思い出していくことでしょう。

量子力学の冒険を通して、この壮大なドラマを体験した私たち全員が、「21世紀の自然科学」の共演者となる日も、そう遠くないかもしれません。

おわりに

「量子力学」のことばがとび交う楽しい公園で精一杯遊んだ気分である。

去年この演習に参加した者たちには、すでに少しは馴じんだことばだったろうが、初めて演習に参加した新入生にとっては、全く初めはちんぷんかんぷんのことばだった。

親の転勤でアメリカにやってきた5歳の太郎君が初めて町の公園に遊びにいった時、そこに飛び交っていることばは、それまでまったく聞いたこともない「英語」だった。見ようみまねで、どうにかいっしょに遊んでいるうちに、1、2ヵ月もたったころには、アメリカの子の言っていることばがどうにかぼんやりと解るような気がしてきた。それからもう1ヵ月、2ヵ月、どんどんハッキリと解るようになったと感じられるころには、いつの間にかたどたどしく自分でも何か言い始めている。アメリカのお友達が寄ってきて、何を言っているのか、一生懸命耳を傾けてくる。何とか通じたらしい。目を輝かせてまたことばを投げ返してくれる。ことばが通じるということは何という快感だろう。ことばが通じると遊びの楽しさもどんどん、大きくなるようだ。そして1年、もう何不自由なく話せるようになっている。そんな自然な風景と、私たちの「量子力学演習」の楽しかった活動が、二重写しに見えてくる。

「自然はこんな風にやっているんだ、振る舞っているんだよ」

自然科学とは、自然がどのように振る舞っているか、行っているかを記述することばを見つけることなのだ。人間は大昔から、自分を取りまいている自然がどうなっているのか、またその自然の中に存在する自分自身、人間とはどのようなものか、その時代時代の最高の知識をふり絞って観察し、それを説明することばを探し続けてきた。観察の対象は、自然の中で繰り返し起こることに限られる。1度しか起きないような現象は二度と確かめようがないからである。星の動きとか、春夏秋冬の気象がどう変化するのかということなどである。最初はごくごく大まかなところから、やがて少しずつ細かいところまで説明できることばを見つけてきた。

ニュートンによって近代の自然科学の新しい扉が開かれたという。彼は自然の振る舞いを記述するために、数学という、一見抽象的な、厳密なことばを駆使して大成功をおさめた。

しかし、大きなものの説明から、徐々に細かい世界、たぶん、物質の存在を可能にしているであろう原子の世界などを説明しようというあたりで、ニュートンのことばでは説明ができなくなってしまったのだ。

原子を構成しているといわれる部品、電子とか原子核（陽子）、また、その電子が動くときに発する光とは何か。その電子や光はもう小さすぎて目で見ることはできない。それがどんな風に振る舞っているのか。目に見えないのだから、こう動いてるに違いないということしかできない。ニュートン力学の世界は違って、ここではもう可能性しか論ずることができないということになったのである。

それでも、こう振る舞っているに違いないという考え方（理論）さえあれば、その考え方が本当に正しいかどうかを調べる（実験）工夫はできる。実験が成功し、その理論（ことば）の通りになり、その正しさが証明されたとき、初めて自然がそのことばのように振る舞っているということになる。ここではもう理論（ことば）が自然の現象を記述しているというよりも、自然がその理論（ことば）

の正しいか否か（リアリティー）を検証しているとでも言った方がふさわしい。その新しいハイゼンベルクとその仲間たちが構築した理論（ことば）である量子力学は、電子や光の振る舞いを説明するのに大成功をおさめたのだった。その理論はすでにニュートン力学の枠組みを大きくはみ出すものだったのである。

　この半年、量子力学語の飛び交う公園で遊んで、ハイゼンベルクはもちろん、彼の仲間たちとますます親しくなったように思う。量子力学が大体は理解できたなどとは夢にも思わない。私たちなりに、ちょっとはその内側を垣間みたといった程度であろう。ただ、自然とそれを記述することばとのきわどく、また美しい緊張を目の当たりにした思いがするのである。

　自然はことばで記述される、このことは、誰もが異議がないとしても、私たちはことばそのものがまた自然に属していると思わずにはいられない。ようやく私たちの目標である、ことばそのものを自然現象として記述しようという試みがよって立つ、確かな大地を踏みしめた思いがする。

　祭酒（トラカレ学長）がいつも言っているように、「ことばが可能的に記述し得るその外側に、私たち人間にとっての自然は存在しないのだから・・・」

参考文献

W． ハイゼンベルク	「部分と全体」	みすず書房
W． ハイゼンベルク	「現代物理学の思想」	みすず書房
朝永振一郎	「量子力学Ⅰ」「量子力学Ⅱ」	みすず書房
朝永振一郎	「量子力学的世界像」	みすず書房
K． プルチプラム	「波動力学形成史」	みすず書房
N． ボーア	「原子理論と自然記述」	みすず書房
R． P． ファインマン	「ファインマン物理学 全5巻」	岩波書店
R． P． ファインマン	「光と物質のふしぎな理論」	岩波書店
戸田盛和他	「物理入門コース 全10巻」	岩波書店
P． A． M． ディラック	「量子力学」	岩波書店
中村誠太郎・小沼通二編	「ノーベル賞講演物理学 3巻、4巻、5巻、7巻」	講談社
ジョン・グリビン	「シュレディンガーの猫上下巻」	地人選書
H． R． パージェル	「量子の世界」	地人選書
西義之・井上修一・横谷文孝訳	「ボルン・アインシュタイン往復書簡集」	三修社
スピーゲル	「数学公式・数表ハンドブック」	マグロウヒル
スティーブン・ワインバーグ	「電子と原子核の発見」	日経サイエンス社
物理学辞典編集委員会編	「物理学辞典」	培風館
榊原陽	「ことばを歌え！こどもたち」	筑摩書房
藤村由加	「人麻呂の暗号」	新潮社
藤村由加	「額田王の暗号」	新潮社
トランスナショナルカレッジ オブ・レックス	「フーリエの冒険」	言 語 交 流 研 究 所 ヒッポファミリークラブ

索 引

【あ行】

アーヘン湖畔　263
アインシュタイン Einstein, Albert　84,
　303, 313, 536
　——からの反論　571
　——の関係　94
　——の小箱の実験　86
位相速度　328
位相平面　157
位置エネルギー　66
　フックの場の——　378
ウィーンの公式　70
運動エネルギー　66
エネルギー準位　77
エネルギー準位の式　148
　水素の——　139
エネルギー等分配の法則　63
エネルギー保存則　255, 323
エネルギー量子仮説　134
エルミート Hermite, Charles　268
エーレンフェスト Ehrenfest, Paul　164
演算子　460, 462
　エルミト的　495, 496
　——からマトリックスを作る　483
　——のかけ算　469
　——のたし算　466
遠心力　176
オイラーの公式　350

【か行】

角運動量　153, 181
　——保存の法則　185
　円運動の——　185
確率

——的に表すということ　566
　遷移の——　164, 172
確率解釈　546, 547
確率波　564
　——が縮む　564
　可能性の波　565, 570, 573
加速度　176, 215, 216
枯草熱　233, 264
干渉
　電子の——　318, 547, 566
　波の——　52
　光の——　54
観測　565, 570
軌道 n　146
　とびとびの——　135
　軌道を捨てる　304
強行突破　238, 284, 304
霧箱の実験　106, 557
　霧箱の中の電子　557, 563
空洞輻射　57, 61
クーロン力　179
クロネッカーデルタ $\delta_{nn'}$　276
原子　120, 196, 441
　——核　128
　——の構造　125
　——のスペクトル　121, 441
原子モデル
　トムソンの——（スイカモデル）　126
　長岡の——（土星モデル）　126
　ラザフォードの——　129
向心力　176
合成関数の微分　385
光電効果　89, 91, 96
光量子仮説　84, 88

古典論・古典力学　116, 120, 148, 194, 169, 204, 213, 214
　　——の光の強度　165
ことばを自然科学する　3, 193
固有関数　550
固有値　366, 401
固有値問題　274, 290, 301
コロンブス Columbus, Christopher　175
コンプトン効果　97, 106

【さ行】
祭酒　12
自然科学　575
ジャーマー Germer, Lester Halbert　317
自由度
　　分子の——　65
シュレディンガー Schrödinger, Erwin　320, 444
　　——のおえかきうた　357
シュレディンガー方程式　330, 335, 338, 444, 499, 502, 512, 547
　　規格化　424
　　——の問題点　517
　　失われた描像　518
進行波　355
振動数　60
振幅　52
水素原子　125, 203
　　——のエネルギー準位の式　139
　　——のスペクトル　199, 531
スペクトル　58, 120, 199
　　帯状——　121
　　——の強度　61, 199, 204, 210
　　線——　121
スペクトルの系列
　　パッシェンの——　124, 140
　　バルマーの——　140
　　ブラケットの——　124, 140
　　ライマンの——　124, 140

スリット　111
スリットの実験　52, 547
正準な交換関係　273, 278, 473
　　部分——　420
　　部分——の公式　497
遷移　203
　　——の確立　164
　　——成分　172, 235, 265, 266
前期量子論　120, 143
ソルベー会議　571
ゾンマーフェルト Sommerfeld, Arnold Johannes Wilhelm　156
　　ボーア・——の量子条件　161

【た行】
対応原理　143, 149, 166, 205
対角線マトリックス　275
ダヴィソン Davisson, Clinton Joseph　317
単振動
　　古典力学で——をとく　214
　　ハイゼンベルクの式を——でとく　453
　　量子力学で——をとく　239
直交　416, 424, 478
直交関数系　479, 500
粒と波の2重性　566
定常状態　135, 137
テイラー展開　391
展開定理　426
電子がいる確率　551
電子波　319
電子の位置　172
電子の軌道　108, 135, 559
ド・ブロイ de Broglie, Duc Louis Victor　312
　　——のおえかきうた　337
　　——波の方程式　330
トムソン J. J. Thomson, Sir Joseph John　125
　　——の原子モデル（スイカモデル）　126

トルク　183

【な行】

長岡半太郎　126
　　長岡の原子モデル（土星モデル）　126
波の強度　52
波の質量　326
ニュートン　Newton, Sir Isaac　102
　　——の運動方程式　170
　　——力学　170, 533, 546

【は行】

ハイゼンベルク　Heisenberg, Werner Karl
　　192, 233, 263, 303, 557
ハイゼンベルクの運動方程式　279, 284, 290
パウリ　Pauli, Wolfgang　254, 264, 513
パッシェン　Paschen, Louis Carl Heinrich
　　Friedrich　124
　　——系列　124, 140
波動関数　328
波動方程式　327
波動力学　320
ハミルトニアン　282
ハミルトン　Hamilton, Sir William Rowan
　　282
　　——の正準運動方程式　281
バルマー　Balmer, Johann Jakob　122
　　——系列　140
　　——の公式　122
光　51, 110, 194
　　——の干渉　54
　　——の運動量　102, 105
　　——のエネルギー　83
　　——の強度　163, 172
　　——のスペクトル　58
非調和振動子　250
微分
　　積の——　386
　　合成関数の——　385

偏——　279
描像　167, 524, 540
フーリエ級数　132, 170
フーリエ展開　415, 480
不確定性原理　560
位置と運動量の不確定性　560
霧箱の中の電子　563
　　——の式　563
複素共役　230, 268, 417
複素数の波　336
二つのスリット　534
フックの場　375, 377
　　——の位置エネルギー　378
物質波　515
物質密度　336
部分と全体　9, 10, 18, 134, 143, 167, 169,
　　175, 200, 255, 263, 274, 303, 304, 305,
　　306, 439, 513, 514, 515, 516, 528, 530,
　　571, 573
ブラケット　Blackett Patric Maynard Stuart
　　124
　　——系列　124, 140
フランク　J. Franck, James　140
プランク　Plank, Max Karl Ernst Ludwig
　　56, 71
　　——定数　75
　　——の公式　$E = nh\nu$　77
ヘルゴランド島　233, 263
ヘルツ　G.L. Hertz, Gustav Ludwig　140
ボーア　N.H.D.Bohr, Niels Henrik David
　　133, 202, 513
　　——・ゾンマーフェルトの量子条件　161
　　——の仮説　133, 135, 137
　　——の振動数関係の式　137, 202
　　——の量子条件　156, 226, 316
　　——半径　151
ボルツマン定数 k　63
ボルン　Born, Max　546
　　——の確率解釈　546

———の包含式　552

【ま行】

マクスウェル Maxwell, James Clerk　55
　　———の電磁気学　181
マトリックス　264, 463, 483
　　エルミト———　268
　　エルミト的な———　495, 496
　　単位———　276
　　———のかけ算　470
　　———の計算ルール　269
　　———のたし算　469
　　———力学　264, 302
「門前小僧」効果　435

【や行】

ヤング Young, Thomas　52
ユニタリー変換　298
　　ユニタリーマトリックス　299

【ら行】

ライマン Lyman, Theodore　124

———系列　124, 140
ラザフォード Rutherford, Sir Ernest　127
　　———の原子モデル　129
　　———のα粒子散乱実験　127
ランジュバン Langevin, Paul　320
リュードベリ Rydberg, Johannes Robert
　　123
　　———の公式　123
量子　49
量子条件　156, 226, 316
量子飛躍　514
量子力学のかけ算　251
レイリー・ジーンズの理論　62
レーナルト Lenard, Philipp Eduard Anton
　　89
ローレンツ Lorentz, Hendrik Antoon　164

【わ行】

ワイル Weyl, Hermann　449

協　力

\<シニアフェロウ\>

赤 瀬 川 原 平	（画家・作家）
太 田 次 郎	（お茶の水女子大学／分子生物学）
G・メランベルジェ	（上智大学／言語社会学）
金　思　燁	（ソウル東国大学校／日本学研究所所長）
坂 田　　明	（ミュージシャン）
榊 原　　担	（情報工学）
佐 藤　　浩	（東京大学名誉教授／流体力学）
清 水　　博	（東京大学／生物物理学）
須 之 部 量 三	（杏林大学／国際関係学）
塚 原 祐 輔	（凸版印刷株式会社　総合研究所）
泥 堂 多 積	（東京理科大学／電気工学）
中 野 矢 尾	（言語交流研究所フェロウ）
中 村 桂 子	（三菱化成生命科学研究所　名誉研究員）
並 木 美 喜 雄	（早稲田大学／物理学）
西 江 雅 之	（早稲田大学／文化人類学）
長 谷 川 龍 生	（詩人）
林　　　　輝	（東京工業大学／精密機械工学）
藤 田　　肇	（音響学）
前 田 豊 生	（元 IHI 中央研究所／物性論）
三 井 田 純 一	（原子力データセンター／熱・統計力学）
南　　繁　行	（大阪市立大学／電磁氣学）
村 井　　実	（大東文化大学／教育学）
山 崎 和 夫	（京都大学／理論物理学）

\<学　長\>

榊 原　　陽	（言語交流研究所顧問）

\<名誉学長\>

榊 原　　巖	（青山学院大学名誉教授）

\<その他\>

ヒッポファミリークラブの皆さん

講座「量子力学の冒険」に参加された皆さん

制 作

トランスナショナルカレッジ・オブ・レックス

一期生	二期生	三期生	四期生	五期生
北村まりえ	梶原　敏子	安藤　圭人	越沢　康輝	植田　祥子
佐藤　昌一	楠　光太朗	大竹　章裕	坂井知恵子	鵜沼　淑子
佐藤まなつ	佐藤加奈子	川田真由紀	榊原　末礼	榊原江太郎
猿渡　景子	関口　清美	粉川　珠美	初芝　理恵	田山　　透
椎木　伴子	中山摩利子	権　　鮎美	古田　　務	中根　早苗
高野加津子	福島　秀一	富田さゆり	松本　純枝	渡辺　美豊
高野　俊一	村田智津子	中村　純子		
田代　洋子	村田　幹雄	花田由希子		
伴　　隆志	渡部　克子	藤井　　潤		
平岡　一武	渡辺　裕子	脇　　康子		
平岡　由布				
水野かおる				
宮原　美佳				
脇　　隆二				
渡辺　千穂				

六期生	七期生	八期生	協力者	リニューアル版編集
石川　尚実	石川　昌郎	井内　わか	上斗米正子	村田　幹雄（2期生）
神山　　修	石川　寛子	大塚　政利	坂口　靖彦	古田　　務（4期生）
小松　未季	風間　百合	鈴木留美子	鈴木　堅史	平山　絹恵（11期生）
高沢　昌代	熊谷　明彦	武井　信子	細原　照世	松本　佳子（13期生）
	桜井　由佳	長沢　　忍	関　　勝培	千代田美奈子（18期生）
	高山　優子	船橋　弘路		
	田代　　健	舞田　麻子		
	谷村　篤司			
	藤川　　隆			
	山元　秀樹			

量子力学の冒険　新装改訂版　　　　　　　　　　定価：本体 3700 円＋税

発行日　初　版　2019 年 7 月 1 日
　　　　第 2 刷　2020 年 9 月 1 日

発　行　言語交流研究所　ヒッポファミリークラブ
　　　　〒150-0002 東京都渋谷区渋谷 2-2-10　電話（03）5467-7041（代）

印刷所　藤原印刷株式会社　　　　　　　　　　　　Printed in Japan
　　　　　　　　　　　　　　　　　　　　　　　ISBN978-4-906519-16-3

この本は 1991 年に発刊された『量子力学の冒険』を元に、一部加筆・装丁を新たにしたものです。